ELEMENTARY PROBABILITY THEORY

기초확률론

이 외 숙 지음

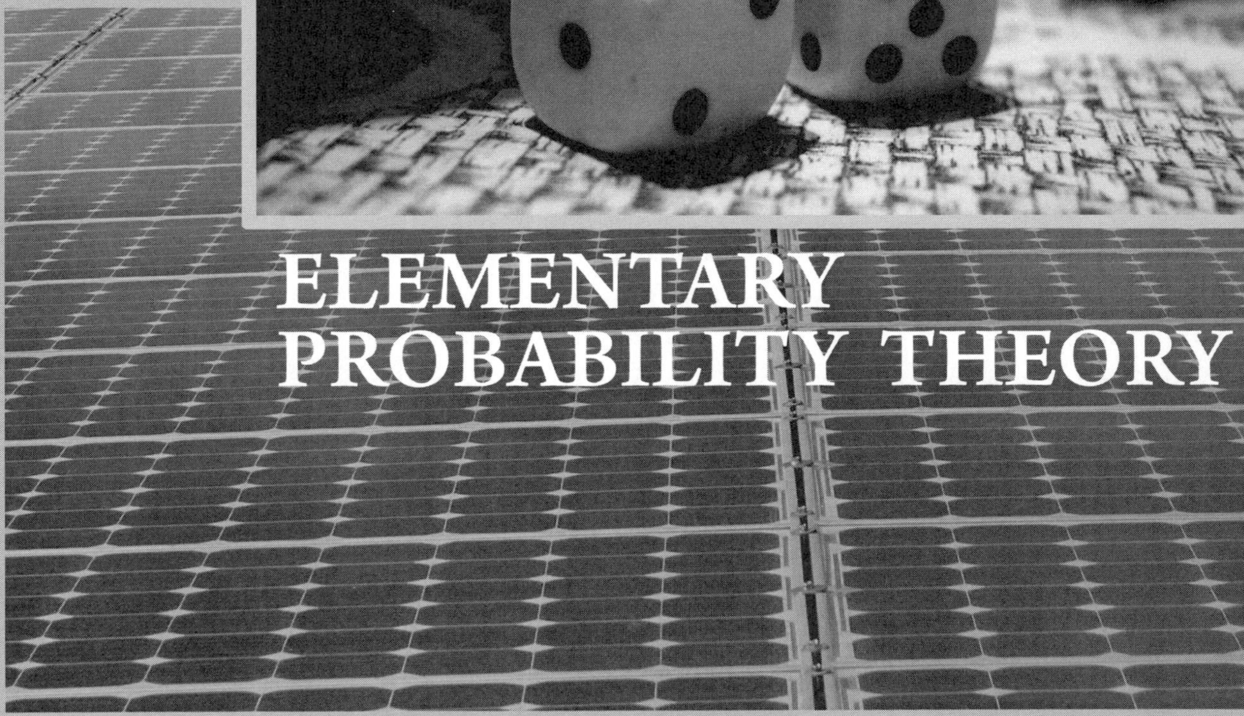

ELEMENTARY
PROBABILITY THEORY

KYOWOO

머리말

불확실성에 대한 문제는 옛날에는 신의 영역으로만 여기고 순응하며 살아왔다. 그러나 17세기 중반 도박이나 게임의 승산을 수학적으로 정확히 계산하기 위하여 파스칼(Pascal), 페르마(Fermat), 호이겐스(Huygens) 등 당대 최고의 수학자들이 확률문제에 관심을 갖게 되면서 확률은 수학의 한 분야로 주목받게 되었다. 그 후 발전을 거듭하던 확률이론은 1933년 콜모고로브(Kolmogorov)가 공리적 확률을 정의하면서 또다시 발전의 한 획을 긋게 되었고 이 후 현재에 이르기까지 인간 생활에서 발생하는 불확실성을 설명하는 중요한 도구로 자리 잡고 있으며 현대의 생활 속이나 여러 학문분야에서 뗄 수 없는 위치에 이르렀다.

저자는 지난 25년 동안 기초확률론을 강의해 왔다. 그동안 Professor Ross, Scheaffer, Weiss 등 저명한 학자들의 저서들을 교재로 사용하여 왔으며 이러한 교재들이 강의하는데 많은 도움이 되었다. 그러나 시간이 지나면서 우리말로 된 교재의 필요성을 느꼈고 언젠가는 마음에 드는 책을 펴리라 생각하며 틈틈이 자료들을 모아 놓았으나 이를 실천에 옮기기까지 오랜 시간이 걸렸다. 책을 쓴다는 것이 너무나 많은 시간을 요구하는 작업이기 때문이다.

이 책의 내용은 기본적으로 저자의 강의 노트를 기본으로 하였으며 수학, 확률, 통계학 분야는 물론 의학, 공학, 자연과학, 경영, 경제를 포함한 사회과학 등의 분야를 전공하는 학생들을 위하여 기초 확률이론에 관한 참고용 도서나 한 학기 강의용으로 적당하도록 쓰여 졌다. 기초적인 집합이론이나 무한급수, 편미분, 중적분을 포함한 미분적분학의 기본적인 내용에 익숙한 학생을 대상으로 하였으며 확률을 이론적으로 접근하는 첫 단계로 보면 되겠다. 단순한 공식의 나열이나 컴퓨터를 이용하여 얻은 결과를 기계적으로 해석하기 보다는 직관적 통찰과 수학적 이론을 결합하여 보다 확실한 개념을 가지고 수식들을 이해하고자 하였다. 이는 보다 심도 있는 이론적 공부를 위한 기초가 됨은 물론 응용분야에서도 응용력의 향상을 가져 오리라고 본다.

대부분의 기초확률론 강의는 한 학기동안 이루어지기 때문에 제 1장부터 제 8장 까지 한 학기 동안 다룰 수 있는 정도의 양만을 넣기로 하였다. 새로운 용어를 정의하고 관련 명제들을 기술한 후에는 여러 예제들을 통하여 용어의 개념이나 이론 전개 과정을 이해하도록 하였다. 개념 형성을 위해서는 가능한 많은 문제를 다루어 보는 것이 필요하다고 생각하여 많은 예제를 두었으나 이 모두를 강의 시간에 다루는 것은 불가능하므로 학생 스스로 해 보기 바란다. 또한 몇몇 복잡한 문제들은 본문의 흐름에 방해가 되지 않도록 연습문제A에 풀이와 같이 모아 두었다. 연습문제A는 예제라 생각하고 숙지해 두면 좋겠다. 또한 연습문제B는 쉬운 문제부터 어려운 문제까지 다양한 난이도의 문제들을 제시하였고 풀이는 뒷부분에 첨부하였다. 이는 강의를 듣는 학생은 물론 기초적인 확률이론을 스스로 학습하고자 하는 학생들을 위해서도 도움이 되리라고 본다. 또한 필요할 때 쉽게 찾아 볼 수 있도록 기본적인 분포나 생성함수에 대한 요약과 미분적분학에 나오는 간단하지만 중요한 공식들을 부록으로 따로 정리하여 두었다.

지난 학기 동안 채 완성되지 못한 강의노트로 공부하느라 애쓰고 또 여러 오류를 지적해 준 기초확률론 수강생들에게 미안한 마음과 감사의 마음을 전한다. 또한 교정하는데 바쁜 시간을 할애해 준 이대 통계학과 대학원생 이 현주, 남 해별과 이 은솔에게도 감사의 마음을 전한다. 나의 가장 큰 지지자요 후원자인 사랑하는 남편과 두 아들에게도 늘 고맙고 미안한 마음 전하고 싶다.

끝으로 부족한 원고를 잘 다듬어 책으로 나올 수 있게 애써준 교우사 편집진들께도 감사의 마음을 드린다.

2013년 1월
이화동산 연구실에서

차 례

4장 확률변수와 이산확률분포

5장 연속확률변수

6장 결합확률분포

7장 기대값, 분산, 공분산

Chapter 01 집합과 계수기법

친구와 점심 메뉴로 무얼 먹을 것인지를 동전을 던지거나 가위 바위 보를 해서 결정한다든지 명절 때 식구들이 모여서 윷놀이나 화투놀이를 하는 등 주변에서 흔히 하는 게임이나 복권을 산다거나, 아파트 동시 청약 시에 어느 지역을 선택할 것인가, 주가나 파생상품 투자 등 경제와 관련된 문제 등 우리 주변에는 확률 즉 불확실성과 관련된 일들이 많이 있다. 아침에 우산을 들고 나갈 것인가 하는 작은 문제에서부터 일생을 좌우할 만한 큰 결정에 이르기까지 많은 문제들이 불확실성과 관련된 문제이다. 수학적 도구는 이러한 불확실성의 문제를 이해하고 판단하는데 도움을 줄 수 있다. 1장에서는 확률을 정의하는 데 필요한 집합개념과 유한집합에서 확률을 결정하기 위하여 필요한 경우의 수를 효율적으로 찾는 방법에 대해 알아보자.

1.1 집합

확률이란 순수하게 수학적인 입장에서 본다면 집합족 위에서 정의된 실수값 함수이다. 확률에 대해 공부하려면 필연적으로 집합과 관련된 문제에 접하게 된다. 따라서 먼저 집합에 대해 간단히 살펴보자.

집합이란 원소들의 모임이다(A set is a collection of elements). 전체집합을 Ω로 표시하고 $a, b, c, \cdots, x, y, z$ 등은 원소를 나타내고 $A, B, C, \cdots$ 등은 전체집합 Ω의 부분집합을 나타내기로 하자. x가 집합 A의 원소이면 $x \in A$로 나타내고 A의 원소가 아니면 $x \notin A$로 쓴다. 집합과 관련된 여러 가지 정의를 나열하면 다음과 같다.

정의 1.1

$\varnothing$는 공집합(empty set)을 나타내는 기호이다

$A \cup B = \{\omega \in \Omega | \omega \in \mathrm{A}$ 또는 $\omega \in \mathrm{B}\}$는 A와 B의 합집합(union)이다.

$A \cap B = \{\omega \in \Omega | \omega \in \mathrm{A}$ 그리고 $\omega \in \mathrm{B}\}$는 A와 B의 교집합(intersection)이다.
$A^c = \{\omega \in \Omega | \omega \not\in \mathrm{A}\}$는 A의 여집합(complement of A)을 나타낸다.
$\omega \in A$일 때 $\omega \in B$이면 $A \subset B$ (또는 $A \subseteq B$)라고 한다.
$A = B$은 $A \subset B$이고 동시에 $B \subset A$일 때를 가리킨다.

공집합 $\varnothing$은 모든 집합의 부분집합이 되며 $A \cap B = \varnothing$이면 A와 B는 서로 배반(mutually exclusive 또는 disjoint)이라고 한다. $A - B$는 A에는 있으나 B에는 들어 있지 않은 즉 A 집합에서 B의 원소를 뺀 나머지 원소들의 모임이고 $A \triangle B$(symmetric difference of A and B)는 A 또는 B에 들어 있으나 A와 B에 동시에 들어가지 않는 원소들의 모임이다. 다시 쓰면 $A \triangle B = (A - B) \cup (B - A)$이다.

위에서 언급한 몇 가지 집합관계를 벤다이어그램(Venn Diagram)으로 나타내 보자.

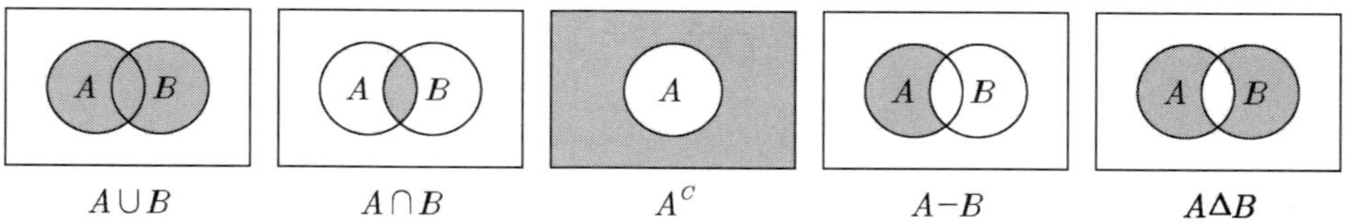

[그림 1-1]

빈번히 접하게 되는 집합으로 실수 R, 유리수집합 Q, 정수집합 Z, 그리고 자연수집합 N을 들 수 있으며 실수의 부분집합으로 다음과 같은 구간들(intervals)을 들 수 있다.

$$(a,\ b) = \{x \in R \mid a < x < b\},\ (-\infty,\ b] = \{x \in R \mid x \le b\},$$
$$[a,\ b] = \{x \in R \mid a \le x \le b\},\ (a,\ \infty) = \{x \in R \mid x > a\},$$
$$(a,\ b] = \{x \in R \mid a < x \le b\}$$

한편 $A \times B = \{(a,\ b) \mid a \in A,\ b \in B\}$는 순서쌍 집합으로 A와 B의 **곱집합**(Cartesian product)이라고 부른다. 예를 들어 $[0,1] \times [0,1]$은 평면상에 있는 $\{(x,\ y) \mid x,\ y \in [0,1]\}$인 단위사각형을 가리킨다.

예 1.1

(1) $\{1,\ 2,\ 3\} \times \{4,\ 5\} = \{(1,\ 4),\ (1,\ 5),\ (2,\ 4),\ (2,\ 5),\ (3,\ 4),\ (3,\ 5)\}$

(2) $[a,\ b]\times[c,d]=\{(x,y)\mid a\le x\le b,\ c\le y\le d\}$.

위의 두 곱집합을 그림으로 그리면 아래와 같다.

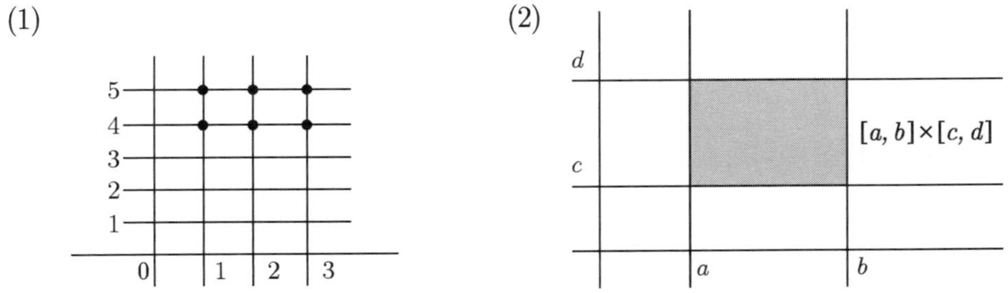

[그림 1-2]

합집합, 교집합과 관련하여 다음과 같은 기본적인 관계식이 성립한다.

명제 1.1

A, B, C가 전체집합 Ω의 부분집합일 때 다음이 성립한다.

(1) 교환법칙 $A\cup B=B\cup A$, $A\cap B=B\cap A$

(2) 결합법칙 $(A\cup B)\cup C=A\cup(B\cup C)$, $(A\cap B)\cap C=A\cap(B\cap C)$

(3) 분배법칙 $(A\cup B)\cap C=(A\cap C)\cup(B\cap C)$, $(A\cap B)\cup C=(A\cup C)\cap(B\cup C)$

(1)의 교환법칙과 (2)의 결합법칙은 직관적으로 명백하다. (3)의 분배법칙은 벤다이어그램을 이용하거나 수학적으로 간단히 증명할 수 있다. (연습문제 1.1)

유한개의 집합 A_1, A_2, A_3, $\cdots$, A_n의 합집합과 교집합은 다음과 같이 정의된다.

정의 1.2

A_1, A_2, A_3, $\cdots$, A_n이 전체집합 Ω의 부분집합일 때 이들의 합집합은 적어도 하나의 A_i에 들어가는 원소들의 모임이고 교집합은 모든 $A_i(\ i=1,\ 2,\ \cdots,\ n)$에 공통으로 들어가는 원소들의 모임이다.

$$\bigcup_{i=1}^{n} A_i = \{\omega \in \Omega \mid \omega \in A_i \text{인 } i\text{가 } 1, 2, \cdots, n\text{중에 적어도 하나 존재한다.}\}$$

$$\bigcap_{i=1}^{n} A_i = \{\omega \in \Omega \mid \text{모든 } i,\ i = 1, 2, \cdots, n\text{에 대해 } \omega \in A_i\text{를 만족한다.}\}$$

$A_1, A_2, A_3, \cdots$ 등 무한개의 집합의 합집합은 $\bigcup_{n=1}^{\infty} A_n$로 나타내고 $\omega \in \bigcup_{n=1}^{\infty} A_n$라 함은 ω를 포함하는 A_n이 적어도 하나 존재함을 의미하며 $\omega \in \bigcap_{n=1}^{\infty} A_n$은 모든 A_n, $n = 1, 2, \cdots$가 ω를 포함하여야 한다.

$A_1 \subset A_2 \subset A_3 \cdots$일 때 $A = \bigcup_{n=1}^{\infty} A_n$이라 두면 A_n은 A로 증가하는 집합들의 열이고 $\lim_{n\to\infty} A_n = A$가 된다. 이 경우 $A_n \uparrow A$라 쓴다. 마찬가지로 $A_1 \supset A_2 \supset A_3 \cdots$일 때 $A = \bigcap_{n=1}^{\infty} A_n$이라 두면 $\lim_{n\to\infty} A_n = A$가 되고 이 경우 $A_n \downarrow A$라 쓴다.

위 명제 1.1의 분배법칙은 다음과 같이 무한개의 집합으로 확장할 수 있다.

B와 $A_1, A_2, \cdots$가 Ω의 부분집합일 때 다음이 성립한다(연습문제 1.2).

$$B \cap (\bigcup_n A_n) = \bigcup_n (B \cap A_n),\quad B \cup (\bigcap_n A_n) = \bigcap_n (B \cup A_n)$$

다음은 **드모르간의 법칙**(De Morgan's laws)이라 부르는 합집합, 교집합 그리고 여집합이 관련된 정리이다(연습문제 1.5).

명제 1.2 (드모르간의 법칙)

A_i, $i = 1, 2, \cdots$가 Ω의 부분집합일 때 다음이 성립한다.

$$(\bigcup_n A_n)^c = \bigcap_n A_n^c,\quad (\bigcap_n A_n)^c = \bigcup_n A_n^c$$

$A_1, A_2, A_3, \cdots$에서 $i \neq j$이면 $A_i \cap A_j = \varnothing$일 때 $A_1, A_2, A_3, \cdots$는 **(짝으로) 배반사상**((pairwise) disjoint 또는 mutually exclusive)이라 한다. $B_1, B_2, \cdots, B_n$이 $\bigcup_{i=1}^{n} B_i = \Omega$이고 $B_i \cap B_j = \varnothing$ $(i \neq j)$이면 $B_1, B_2, \cdots, B_n$을 Ω의 **분할**(partition)이라고 부른다. 이 경우 유한의 n을 ∞로 바꿀 수 있다.

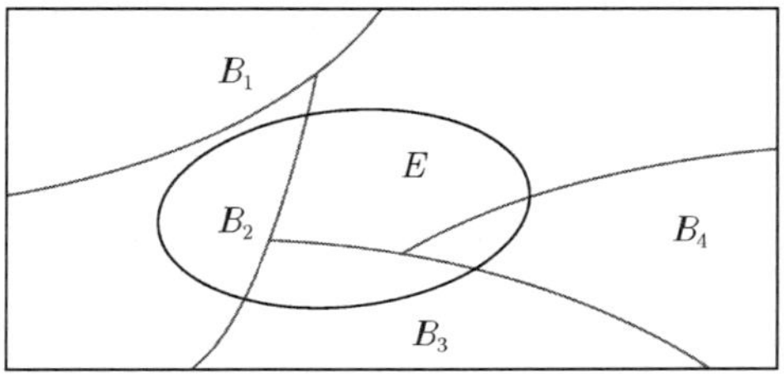

[그림 1-3] 분할

예 1.2

위의 [그림 1-3]에서 B_1, B_2, B_3, $\cdots$가 Ω의 분할이면 $E \subset \Omega$에 대하여 $E \cap B_n$, $n = 1, 2, \cdots$는 E의 분할이 됨을 알 수 있다.

즉 $\bigcup_n (E \cap B_n) = E$이고 $(E \cap B_i) \cap (E \cap B_j) = \varnothing \ (i \neq j)$이 성립한다.

■

집합의 원소의 개수에 대해 생각해 보자. 원소의 개수를 집합의 크기(size, cardinality)라고 한다. A가 유한(finite)집합일 때 A의 원소의 개수가 n이면 집합 A의 크기가 n이라고 한다. A가 무한인 경우에는 **가산무한**(countably infinite)과 셀 수 없는 **비가산무한**(uncountable)으로 나뉜다. 가산무한집합은 자연수 집합과 일대일 대응관계가 있는 집합으로 하나, 둘, 셋 …과 같이 세거나 늘어 놓을 수 있으며 정수 또는 유리수 집합을 예로 들 수 있다. 유한집합과 가산무한집합을 합하여 **가산집합**(countable set)이라 한다. 비가산무한집합의 예는 실수집합, 무리수집합, 임의의 구간(interval) (a, b), $a < b$ 등을 들 수 있다. 비가산무한 집합은 유한집합이나 가산무한집합과는 다른 성질을 많이 가지고 있는데 그중 하나로 0(zero)을 가산무한 개 만큼 더하면 다시 0이 되지만 0을 비가산무한 개 만큼 더한 결과는 무엇이 될지 알 수 없다.

1.2 계수기법

우리는 이미 중고등학교 과정에서 기초 확률이론에서 필요로 하는 계수기법에 대해 충분히 배웠다. 따라서 본 절에서는 계수기법에 대해 간단히 복습하고자 한다.

경우의 수를 세는 방법으로 직관적이고 효율적인 방법은 **나무그림**(tree diagram)을 그려보는 것이다.

예제 1.1

전화를 걸어 물건을 파는 통신판매원이 있다. 소비자에게 전화를 건 결과는 성공(S)과 실패(F)로 나눌 수 있다. 두 번 실패하거나 총 4통의 통화가 끝날 때까지 전화를 걸었다고 할 때 다음 두 사상 A, B를 찾아라. $A=$한 번의 성공이 있는 사상, $B=$실패가 하나 있는 사상.

풀이 나무그림을 그려보면 다음과 같다.

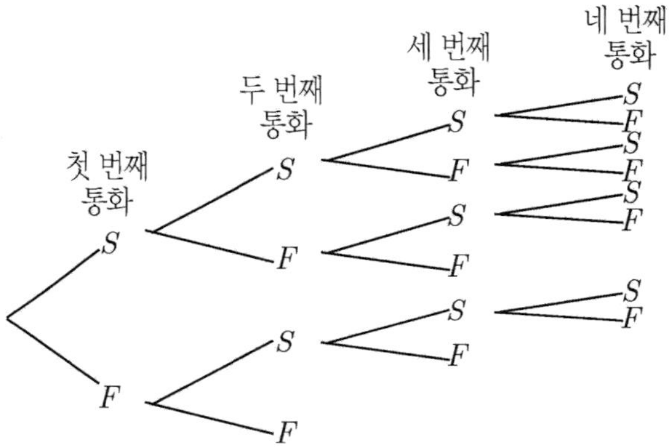

[그림 1-4] 나무그림

$$A=\{\text{FSF,SFF}\},\quad B=\{\text{FSSS, SFSS, SSFS, SSSF}\}$$

다음으로 주사위를 두 번 연속해서 던졌을 때 얻을 수 있는 모든 순서쌍의 수는 $6\times6=36$이다. 이는 처음 얻을 수 있는 결과가 6가지, 두 번째 얻을 수 있는 결과도 6가지이며 이 두 숫자 6과 6을 곱하여 얻는다. 내과의사 3명, 안과의사 2명씩 있는 동네 병원이 두 군데 있는데 이중 하나를 골라 두 가지 진료를 동시에 받고자 한다. 의사를 선택할 수 있는 경우의 수는 얼마인가? $2\times3\times2$이다. 즉 병원 선택 방법 2가지 곱하기 내과의사 선택 방법 3가지 곱하기 안과의사 선택방법 2가지이다. 이 때에도 다음과 같은 나무그림을 그려 보면 쉽게 이해할 수 있다.

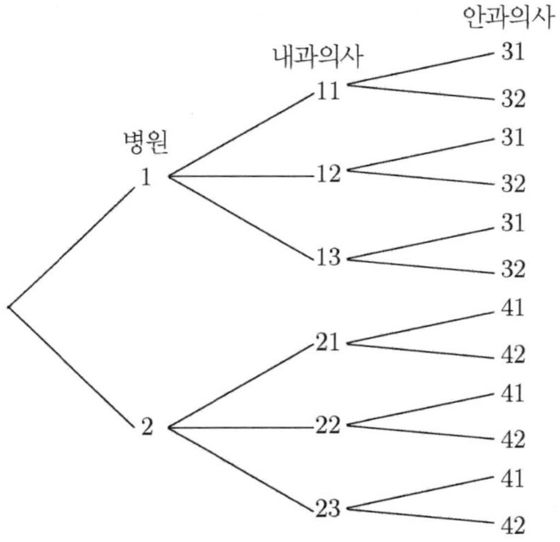

[그림 1-5] 나무그림

나무그림과 함께 경우의 수를 세는 가장 기본적인 법칙으로 다음을 들 수 있다.

명제 1.3 기본셈 법칙(basic counting rule)

k개의 원소로 이루어진 순서쌍 집합(k-tuples)에서 첫 번째 원소는 n_1 가지, 두 번째 원소는 n_2 가지, ... k번째 원소는 n_k 가지를 각각 선택을 할 수 있다면 가능한 순서쌍의 개수는 각 가지 수의 곱인 $n_1 n_2 \cdots n_k$이다.

예제 1.2

4 자리로 구성된 핀 번호(PINs)가 있다. 컴퓨터에 의해 핀 번호가 자동 할당된다면 몇 가지나 가능한가. 단 첫 자리는 0이 아니다. 또한 서로 다른 숫자로 구성된 핀 번호는 몇 가지인가?

풀이 첫 자리에 올 수 있는 숫자는 9가지, 두 번째, 세 번째, 네 번째는 각 10가지씩이므로 구하는 가지 수는 $9 \times 10 \times 10 \times 10 = 9000$ 가지. 네 숫자가 모두 다르다면 가능한 가지 수는 $9 \times 9 \times 8 \times 7 = 4536$(가지)이다.

■

n개의 서로 다른 원소들이 있다. 이중에서 k개를 선택하는 방법이 몇 가지나 있는가? 이 때 순서가 있는 부분집합(ordered subset)은 **순열**(permutation)이라하고 ${}_nP_k$로 쓰며 순서가 없는(unordered) 부분집합은 **조합**(combination)이라 하고 ${}_nC_k$ 또는 $\binom{n}{k}$로 쓴다.

이 때 다음이 성립한다.

(1) ${}_nP_k = n(n-1)(n-2)\cdots(n-k+1) = \dfrac{n!}{(n-k)!}$

(2) ${}_nC_k = \dfrac{{}_nP_k}{k!} = \dfrac{n!}{k!(n-k)!}$

(3) ${}_nC_0 = 1$

n개에서 k개를 뽑아 나열하는 가지 수는 먼저 k개의 자리가 있다 생각하고, n개 중 하나를 뽑아 첫 번째 자리에 두는 가지 수는 n, 두 번째 자리에 들어갈 수 있는 가지 수는 n개에서 하나가 빠진 $n-1$, … 그리고 마지막 k번째 자리에는 남은 $n-k+1$개 중 하나가 들어가면 되므로 이들의 곱인 $n(n-1)(n-2)\cdots(n-k+1)$이 된다. 두 번째 식이 성립하는 이유는 k개의 서로 다른 원소로 만들 수 있는 순열이 $k!$이므로 순서가 있는 부분집합의 개수 ${}_nP_k$를 $k!$로 나누면 순서 없는 부분집합의 가지 수가 나오게 된다. 또한 위 식으로부터 ${}_nC_k = {}_nC_{n-k}$임을 쉽게 알 수 있다.

예제 1.3

8명에게 일렬로 자리를 배정하고자 한다.

(1) 8명을 일렬로 앉히는 방법은 몇 가지인가?

(2) 8명 안에 세 쌍의 커플이 있고 각 커플은 서로 옆에 앉도록 배려하고자 한다. 총 가지수는?

(3) 8명은 남자 4명, 여자 4명으로 구성되어 있고, 남자는 남자끼리 여자는 여자끼리 모여 앉히고자 한다. 앉히는 방법은 몇 가지나 될까?

풀이 (1) $8! = 40320$

(2) $5!(2)(2)(2) = 960$

(3) $4!(4!)(2) = 1152$

예제 1.4

20명의 학생으로 구성된 클래스가 있다. 다음을 구하라.

(1) 20명에게 지정석을 배정하고자 한다. 몇 가지 방법이 있는가?

(2) 20명 중 3 사람을 뽑아 회장, 부회장, 총무의 일을 맡기고자 한다. 몇 가지 방법이 있는가?

(3) 20명 중 두 명을 뽑아 같은 문제를 발표 시키고자 한다. 몇 가지 방법이 있나?

(4) 20명을 두 편으로 갈라 게임을 하고자 한다. 나누는 방법은 몇 가지인가?

(5) 20명을 10명씩 나누어 각기 다른 두 가지 프로젝트 A, B를 주고자 한다. 몇 가지 방법이 있는가?

풀이 (1) 20명을 일렬로 세우는 가지 수와 같으므로 20!가지이다.

(2) 20명 중에서 3명을 뽑는 가지 수는 $\binom{20}{3}$. 그런데 세 사람이 다른 임무를 가지므로 선정된 세 사람이 만들 수 있는 가지 수는 3!. 따라서 총가지 수는 $\binom{20}{3}\times 3!$가지이다.

(3) 이는 20명 중 2명을 뽑는 가지 수 $\binom{20}{2}$가 된다.

(4) 20명을 10명씩 나누는 방법은 $\binom{20}{10}$가지이다. 그러나 팀의 구별이 없으므로 이를 다시 2로 나누어야 한다. 따라서 총가지 수는 $\binom{20}{10}\times\frac{1}{2}$이다.

(5) 두 팀이 구별이 되므로 $\binom{20}{10}$ 가지이다.

■

다양한 문제를 풀 때 다음에 주어진 조합과 관련된 관계식들을 이용하면 편리할 때가 많다. 이에 대한 증명은 연습문제 1.6, 1.7에서 보도록 하자.

(1) $\binom{n}{k}=\binom{n-1}{k}+\binom{n-1}{k-1}$

(2) $\binom{n}{k}=\sum_{r=k}^{n}\binom{r-1}{k-1},\quad n\ge k$

(3) $\binom{n+m}{r}=\sum_{k=0}^{r}\binom{m}{k}\binom{n}{r-k},\quad r\le \min\{m,\, n\}$

(4) $\binom{2n}{n} = \sum_{k=0}^{n} \binom{n}{k}^2$

(5) $k\binom{n}{k} = n\binom{n-1}{k-1}$

다음은 같은 원소가 있는 경우의 예를 살펴보자.

예제 1.5

미국에서 제일 긴 강의 이름은 미시시피(Mississippi)강이다. MISSISSIPPI의 열 한 글자로 만들 수 있는 서로 다른 순열은 몇 가지인가?

풀이 일단 11 글자가 모두 다르다면 11!이 될 것이다. 그러나 11 글자 중에서 4S, 4I, 2P는 서로 구별되지 않으므로 $4! \times 4! \times 2!$ 가지 수 만큼 개수가 줄게 된다. 따라서 서로 다른 결과의 수는 $\dfrac{11!}{4! \times 4! \times 2!}$ 이다.

■

이항전개식이 다음과 같이 됨을 상기하자.

이항전개식

$$(x+y)^n = \binom{n}{0}y^n + \binom{n}{1}y^{n-1}x + \cdots + \binom{n}{n-1}yx^{n-1} + \binom{n}{n}x^n$$
$$= \sum_{k=0}^{n}\binom{n}{k}x^k y^{n-k}$$

여기서 $x^k y^{n-k}$의 계수는 $\binom{n}{k}$이다.

이제 항이 세 개 이상인 경우의 전개식을 생각해 보자. 즉 $(x+y+z)^n$은 $(x+y+z)$을 n번 곱하는 것이고 이는 x, y, z 중 하나를 선택하는 것을 n번 반복하고 선택된 것들을 곱하여 하나의 항을 얻게 된다. x^n은 매번 선택 때 마다 x를 골라 그것들을 곱하여 얻은 것이다. $x^{k_1}y^{k_2}z^{k_3}(k_1+k_2+k_3=n)$는 n번 중 x를 k_1번 선택하고, y를 k_2번 선택하고,

z를 k_3번 선택하여 나온 결과이다. 즉 매 시행마다 x, y, z 중 하나를 독립적으로 선택하는 시행을 n번 반복할 때 x를 k_1번, y를 k_2번 그리고 z를 k_3번 선택하는 가지 수가 $x^{k_1}y^{k_2}z^{k_3}$의 계수가 된다. 이는 n개의 자리 중에서 x가 들어갈 k_1개의 자리를 우선 선택하고 나머지 $n-k_1$개의 자리 중에서 y가 들어갈 자리 k_2개를 선택하는 가지 수와 같다. 즉 $\binom{n}{k_1}\binom{n-k_1}{k_2}$와 같다.

따라서 다음이 성립한다.

$$(x+y+z)^n = \sum_{k_1+k_2+k_3=n} \binom{n}{k_1,\ k_2,\ k_3} x^{k_1} y^{k_2} z^{k_3},$$

여기서 $\binom{n}{k_1,\ k_2\ ,k_3} = \binom{n}{k_1}\binom{n-k_1}{k_2}$이다.

이를 일반화하면 다음이 성립한다.

다항전개식

$$(x_1+x_2+\cdots+x_r)^n = \sum_{\substack{k_1+\cdots+k_r=n \\ 0\le k_i\le n}} \binom{n}{k_1,\ k_2,\ \cdots,\ k_r} x_1^{k_1} x_2^{k_2} \cdots x_r^{k_r}$$

여기서 Σ은 합이 n이 되는 모든 비음의 정수값을 갖는 순서쌍 $(k_1,\ k_2,\ \cdots,\ k_r)$에 대해서 계산 한다. $\binom{n}{k_1,\ k_2,\ \cdots,\ k_r}$은 **다항계수**(multinomial coefficients)라 부르며 다음과 같이 정의된다.

다항계수

n개의 서로 다른 원소를 크기가 각각 $k_1,\ k_2,\ \cdots,\ k_r$인 r 가지의 서로 다른 그룹으로 나누는 가지 수는 다음과 같다. (각 그룹이 서로 구별 된다.)

$$\binom{n}{k_1,\ k_2,\ \cdots,\ k_r} = \frac{n!}{k_1!k_2!\cdots k_r!}, \quad k_1+k_2+\cdots+k_r = n$$

위 식은 총 n개에서 먼저 k_1가지 뽑고 나머지 $(n-k_1)$에서 k_2개 뽑고…를 반복하여 얻을 수 있다. 즉 다음이 성립한다.

$$\binom{n}{k_1,\ k_2,\ \cdots,\ k_r} = \binom{n}{k_1}\binom{n-k_1}{k_2}\binom{n-k_1-k_2}{k_3}\cdots\binom{n-k_1-\cdots-k_{r-1}}{k_r}$$

또한 $k_1+k_2+\cdots+k_r=n$인 비음의 정수값으로 이루어진 순서쌍 $(k_1,\ k_2,\ \cdots,\ k_r)$은 몇 가지나 될까? 이는 연습문제 1.8에서 해보도록 하자.

예제 1.6

20명의 학생으로 구성된 클래스가 있다. 20명을 5명씩 4팀으로 나누어 같은 과제(team project)를 주고자 한다. 나누는 방법은? 이 때 과제가 서로 다르다면 몇 가지 방법으로 나눌 수 있는가?

풀이 20명을 5명씩 4팀으로 나누는 가지 수는 $\binom{20}{5,5,5,5}$이다. 이 때 각 그룹은 서로 구별이 된다. 따라서 같은 과제를 부여한다면 팀을 구별할 필요가 없으므로 이를 다시 4! 로 나누어야 한다. 즉 구하는 가지 수는 $\binom{20}{5,\ 5,\ 5,\ 5}\times\frac{1}{4!}$이다. 과제가 서로 다르다면 팀을 구별하게 되므로 $\binom{20}{5,\ 5,\ 5,\ 5}$이 된다.

■

예제 1.7

$(x+y+z+w)^{10}$ 을 전개했을 때 $x^2y^3z^4w$의 계수를 찾아라.

풀이 $\binom{10}{2,\ 3,\ 4,\ 1}=\frac{10!}{2!3!4!1!}=12600$

■

참고

I. $(a_i)_{i\ge 1}$는 실수값 수열이고 $s_n=\sum_{i=1}^{n}a_i$는 부분합을 가르킨다.

$n\to\infty$ 일 때 $s_n\to s<\infty$ 이면 급수(series) $\sum_{i=1}^{\infty}a_i$가 s로 수렴한다고 말하고

$\lim_{n\to\infty}\sum_{i=1}^{n}a_i=\sum_{i=1}^{\infty}a_i=s$라 쓴다.

II. 독자의 편의를 위해 고등학교 때 보았던 몇 가지 수식들을 정리하였다. 앞으로 종종 이용하게 될 것이다.

1. $\sum_{i=1}^{n} i = \frac{1}{2}n(n+1)$

2. $\sum_{i=1}^{n} i^2 = \frac{1}{6}n(n+1)(2n+1)$

3. $\sum_{i=1}^{n} i^3 = (\sum_{i=1}^{n} i)^2 = \frac{1}{4}n^2(n+1)^2$

4. $\sum_{i=0}^{n} x^i = \frac{1-x^{n+1}}{1-x}$

5. $\sum_{i=0}^{\infty} \binom{n+i-1}{i} x^i = (1-x)^{-n}$(negative binomial theorem)

6. $\sum_{i=0}^{\infty} x^i = \frac{1}{1-x}, \quad |x| < 1$

7. $e^x = \sum_{i=0}^{\infty} \frac{x^i}{i!}$

8. $-\log(1-x) = \sum_{i=1}^{\infty} \frac{x^i}{i}$

9. $(1+\frac{x}{n})^n \to e^x \ (n \to \infty)$

10. $\sum_{i=1}^{\infty} \frac{1}{i^2} = \frac{\pi^2}{6}$

연습문제 A Exercises

1.1 명제 1.1의 분배법칙을 벤다이어그램(Venn Diagram)을 이용하는 방법과 수학적 방법으로 각각 증명하라.

풀이 벤다이어그램을 이용한 증명:

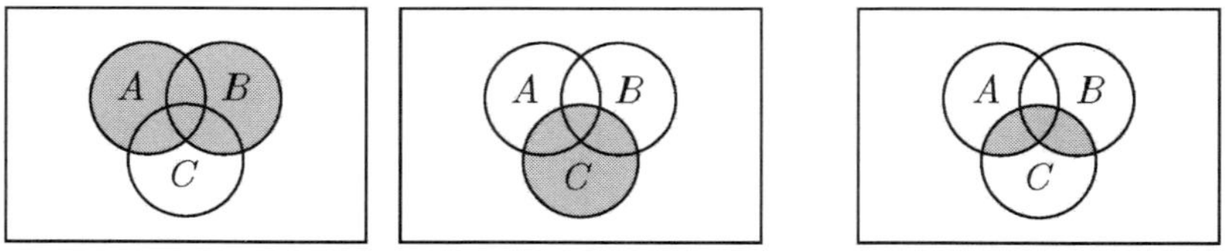

$A \cup B \quad \cap \quad C \quad = \quad (A \cup B) \cap C$

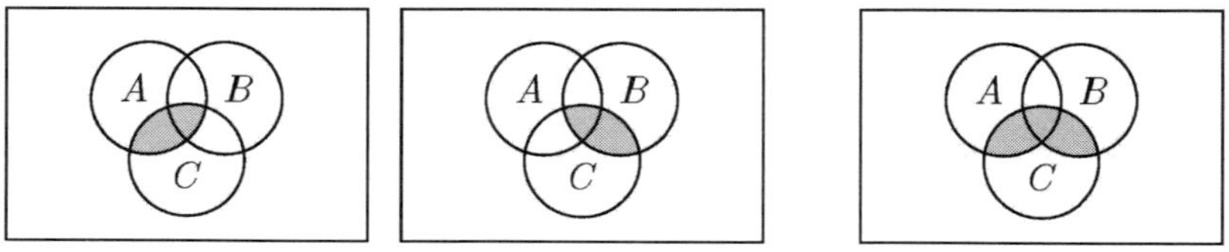

$A \cap C \quad \cup \quad B \cap C \quad = \quad (A \cap C) \cup (B \cap C)$

수학적 방법을 이용한 풀이:

$x \in (A \cup B) \cap C$ $\Leftrightarrow x \in (A \cup B)$ 그리고 $x \in C$

$\Leftrightarrow x \in A$ 또는 $x \in B$ 그리고 $x \in C$

$\Leftrightarrow x \in A$ 그리고 $x \in C$ 또는 $x \in B$ 그리고 $x \in C$

$\Leftrightarrow x \in A \cap C$ 또는 $x \in B \cap C$

$\Leftrightarrow x \in (A \cap C) \cup (B \cap C)$

$(A \cap B) \cup C = (A \cup C) \cap (B \cup C)$도 같은 방법으로 증명할 수 있다.

1.2 $B \cap (\bigcup_n A_n) = \bigcup_n (B \cap A_n)$, $B \cup (\bigcap_n A_n) = \bigcap_n (B \cup A_n)$를 증명하라.

풀이 $x \in B \cap (\bigcup_n A_n)$ $\Leftrightarrow x \in B$ 그리고 $x \in \bigcup_n A_n$

$\Leftrightarrow x \in B$ 그리고 $x \in A_n$인 n이 존재

$\Leftrightarrow x \in B \cap A_n$인 n이 존재

$\Leftrightarrow x \in \bigcup_n (B \cap A_n)$

1.3 다음의 (1)-(4)가 성립함을 보여라

(1) $A - B = A \cap B^c$

(2) $(A \cup B) \cap C \subset A \cup (B \cap C)$

(3) $A \times (B \cup C) = (A \times B) \cup (A \times C)$

(4) $A \cap (B \Delta C) = (A \cap B) \Delta (A \cap C)$

(5) $A \cup (B \Delta C) = (A \cup B) \Delta (A \cup C)$이 참 또는 거짓인지를 판단하라.

풀이 (1) $x \in A - B \Leftrightarrow x \in A$ 그리고 $x \notin B$

$\Leftrightarrow x \in A$ 그리고 $x \in B^c$

$\Leftrightarrow x \in A \cap B^c$

(2)

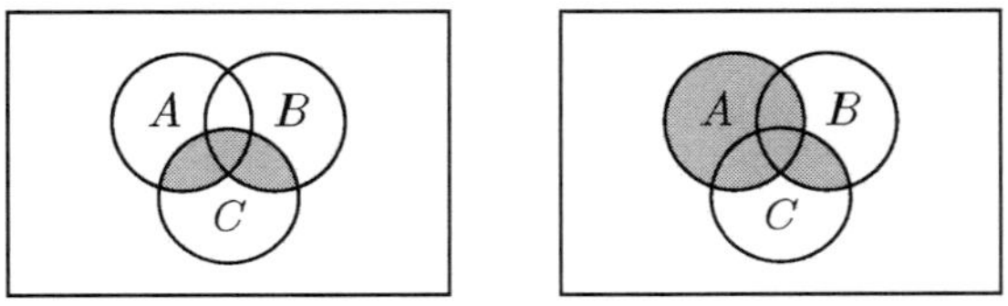

$(A \cup B) \cap C \quad \subset \quad A \cup (B \cap C)$

(3) $A \times (B \cup C) = \{(x, y) | x \in A, y \in (B \cup C)\}$

$= \{(x, y) | x \in A,$ 그리고 $y \in B$ 또는 $y \in C\}$

$= \{(x, y) | x \in A, y \in B$ 또는 $x \in A, y \in C\}$

$= \{(x, y) | x \in A, y \in B\} \cup \{(x, y) | x \in A, y \in C\}$

$= (A \times B) \cup (A \times C)$

(집합기호 안의 ","는 그리고(and)를 의미한다.)

(4)

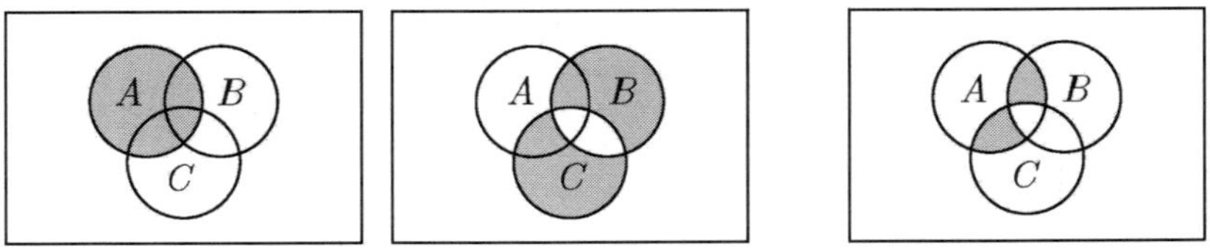

$A \quad \cap \quad B \Delta C \quad = \quad A \cap (B \Delta C)$

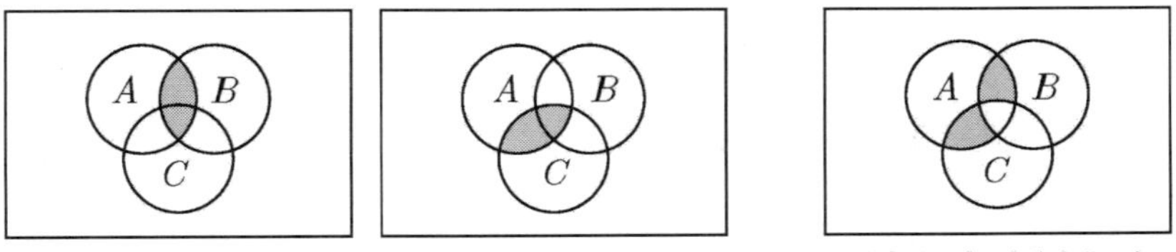

$A \cap B \quad \Delta \quad A \cap C \quad = \quad (A \cap B) \Delta (A \cap C)$

(5) 거짓

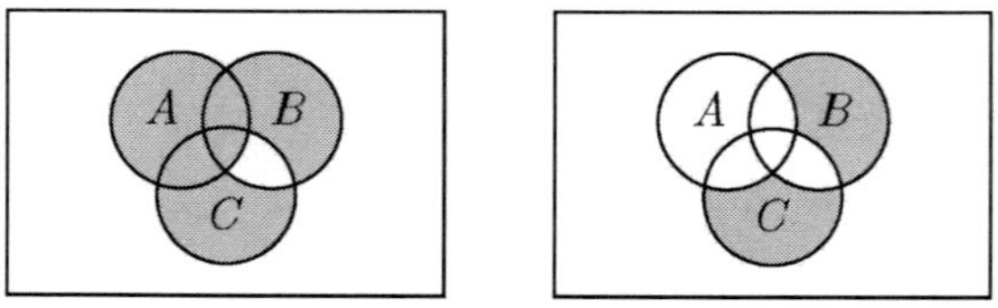

$A \cup (B \Delta C) \quad \neq \quad (A \cup B) \Delta (A \cup C)$

1.4 $A_n = [\frac{1}{n}, 2]$, $B_n = [0,\ 1 + \frac{1}{n})$ $(n = 1, 2, \cdots)$일 때 A_n, B_n 각각의 합집합과 교집합을 구하여라.

풀이 $\bigcup_n A_n = (0, 2]$, $\bigcap_n A_n = [1, 2]$, $\bigcup_n B_n = [0, 2)$, $\bigcap_n B_n = [0, 1]$

1.5 명제 1.2 드모르간의 법칙을 증명하라.

풀이 $(\bigcup_{i=1}^{n} A_i)^c = \bigcap_{i=1}^{n} A_i^c$을 증명하자.

$$\begin{aligned} \omega \in (\bigcup_{i=1}^{n} A_i)^c &\Leftrightarrow \omega \not\in (\bigcup_{i=1}^{n} A_i) \\ &\Leftrightarrow \omega \not\in A_i,\ {}^\forall i \\ &\Leftrightarrow \omega \in A_i^c,\ {}^\forall i \\ &\Leftrightarrow \omega \in \bigcap_{i=1}^{n} A_i^c \end{aligned}$$

$(\bigcap_{i=1}^{n} A_i)^c = \bigcup_{I=1}^{n} A_i^c$의 경우도 같은 방법으로 증명하면 된다.

1.6 다음 등식을 증명하라

(1) $\binom{n}{r} = \binom{n}{n-r}$

(2) $\binom{n}{k} = \binom{n-1}{k} + \binom{n-1}{k-1}$

(3) $\binom{n}{k} = \sum_{r=k}^{n} \binom{r-1}{k-1}$, $n \geq k$

풀이 (1) $\binom{n}{r} = \dfrac{n!}{r!(n-r)!} = \binom{n}{n-r}$

(2) 우변을 풀어서 정리하면 좌변을 얻는다.

(3) (2)의 식을 연속 적용하면 다음을 얻는다.

$$\begin{aligned}\binom{n}{k} &= \binom{n-1}{k-1}+\binom{n-1}{k} \\ &= \binom{n-1}{k-1}+\binom{n-2}{k-1}+\binom{n-2}{k} \\ &= \binom{n-1}{k-1}+\binom{n-2}{k-1}+\binom{n-3}{k-1}+\binom{n-3}{k} \\ &= \cdots = \text{우변}\end{aligned}$$

1.7 다음 등식을 증명하라.

(1) $\binom{n+m}{r} = \sum_{k=0}^{r}\binom{m}{k}\binom{n}{r-k}$, $r \le \min\{m, n\}$

(2) $\binom{2n}{n} = \sum_{k=0}^{n}\binom{n}{k}^2$

(3) $k\binom{n}{k} = n\binom{n-1}{k-1}$

풀이 (1) 우변을 전개하여 좌변을 얻을 수도 있고 또는 다음과 같이 상황을 설정하여 답을 구할 수도 있다. 즉 m명의 여성과 n명의 남성 중에서 r 명을 뽑아 위원회를 구성한다고 할 때 가능한 가지 수는 먼저 $(m+n)$에서 r명을 뽑는 가지 수가 되고 이는 여성과 남성으로 나누어 보면 m명의 여성 중 k명을 그리고 n명의 남성 중 $r-k$명을 뽑는 가지 수를 모든 가능한 k $(k = 0, 1, 2, \cdots, r)$에 대해 더한 것과 같다.

(2) (1) 식에서 $m = n = r$이라 두고 $\binom{n}{k} = \binom{n}{n-k}$를 이용하면 성립한다.

(3) n명 중에서 k명을 뽑은 후 그 중 한 명의 위원장을 뽑는 가지 수는 n명 중 위원장 1명을 먼저 뽑고 나머지 $n-1$명 중에서 $k-1$명의 위원을 뽑는 것과 같다.

1.8 n개의 동전을 r $(n \ge r)$명의 친구에게 나누어 주고자 한다.

(1) 1 인당 적어도 한 개 이상씩 나누어주는 방법은 몇 가지인가?

(2) 하나도 갖지 못하는 경우도 있을 때 나누는 총 가지 수는?

풀이 (1) n개의 동전을 일렬로 놓으면 동전과 동전 사이는 $(n-1)$군데가 되고 이중 $(r-1)$개를 고르면 전체 n개의 동전을 r개의 그룹으로 나누게 된다. 따라서 가지 수는 $(n-1)$에서 $(r-1)$을 선택하는 가지 수와 같으므로 $\binom{n-1}{r-1}$

가지이다.

(2) 하나도 갖지 못하는 것을 허용하게 되면 (1)과 같이 구할 수 없다. 이 때에는 전체 n개에 r개를 더하여 $n+r$개로 만든 다음 이를 1인당 적어도 하나 이상씩 돌아가도록 나누고 각자에서 하나씩 회수하면 결국 하나도 받지 못하는 경우를 허용하면서 나누는 가지 수와 같아진다. 따라서 구하는 가지 수는 $n+r$개를 r개의 그룹으로 나누되 1인당 한 개 이상 갖도록 하는 방법은 $\binom{n+r-1}{r-1}$과 같다.

1.9 1000만원의 종자돈을 마련하여 국내주식펀드, 해외주식펀드, 그리고 정기예금에 나누어 투자하고자 한다.

(1) 100만원 단위로 투자하고 최소 100만원 이상 투자하고자 한다면 투자 방법은 몇 가지나 될까?

(2) 100만원 단위로 투자하고자 한다면 투자 방법은 몇 가지나 될까?
(최소 투자금액 없음)

풀이 (1) x_1 : 국내주식펀드에 투자한 돈,

x_2 : 해외주식펀드에 투자한 돈,

x_3 : 정기예금에 투자한 돈. (단위 : 백만원)

$\Rightarrow x_1+x_2+x_3=10,\ x_i>0,\ (i=1,\ 2,\ 3)$

○∨○○○○○○○∨○○ : 첫 번째 체크 앞에 있는 ○개수를 x_1, 첫 번째 체크와 두 번째 체크 사이에 있는 ○개수를 x_2, 두 번째 체크이후에 있는 ○개수를 x_3이라하면 체크 두 개가 9개의 자리 중 2군데 들어가는 경우의 수가 문제의 $(x_1,\ x_2,\ x_3)$개수와 같다. (체크는 ○ 사이에만 들어갈 수 있다.)

따라서 구하는 가지 수는 $\binom{10-1}{3-1}=\binom{9}{2}=36$(가지)

(2) $x_1+x_2+x_3=10,\ x_i\geq 0,\ i=1,\ 2,\ 3$

따라서 구하는 가지 수는 $\binom{10+3-1}{3-1}=\binom{12}{2}=66.$

참고 위 문제를 중복조합을 이용하여 설명할 수 있다.
중복 조합은 n개 중에서 중복을 허용하면서 r개를 뽑고 그 종류만 고려하는 것이다. a, b, c에서 중복을 허용해서 2개를 뽑는 경우를 보면, aa, ab, ac, bb, bc, cc와 같다. 이를 ${}_nH_r$이라고 표현하고 그 값은 ${}_nH_r={}_{n+r-1}C_r$이다. 국내주식, 해외주식, 정기예금을 각각 a, b, c라 하면 a, b, c에서 중복순열을 뽑는 것이 된다.

(1) 최소 한 단위씩 투자해야 하는 경우는 각 a, b, c를 한번 씩 뽑았다고 보고 다시 a, b, c 세 개에서 중복허용하면서 7개를 뽑는다고 보면 되므로 ${}_3H_7 = {}_{3+7-1}C_7 = {}_9C_7 = {}_9C_2 = 36$이다.

(2) a, b, c에서 중복허용하면서 10개를 뽑는 가지 수를 구하면 된다. 따라서 다음을 얻는다. ${}_3H_{10} = {}_{3+10-1}C_{10} = {}_{12}C_{10} = {}_{12}C_2 = 66$이다.

1.10 관계식 $k\binom{n}{k} = n\binom{n-1}{k-1}$ 을 이용하여 다음을 증명하라.

(1) $\sum_{k=1}^{n} k\binom{n}{k} = n2^{n-1}$

(2) $\sum_{k=1}^{n} k^2\binom{n}{k} = n(n+1)2^{n-2}$

풀이

(1) $\sum_{k=1}^{n} k\binom{n}{k} = \sum_{k=1}^{n} n\binom{n-1}{k-1}$

$= n\sum_{k=0}^{n-1}\binom{n-1}{k} = n(1+1)^{n-1} = n2^{n-1}$

(2) $\sum_{k=1}^{n} k^2\binom{n}{k} = \sum_{k=1}^{n}(k(k-1)+k)\binom{n}{k}$

$= \sum_{k=2}^{n} n(n-1)\binom{n-2}{k-2} + \sum_{k=1}^{n} k\binom{n}{k}$

$= n(n-1)2^{n-2} + n2^{n-1}$

$= 2^{n-2}(n^2+n)$

연습문제 B

Exercises

1.11 $A \cap B^c = \varnothing$은 $A \subset B$의 필요충분조건이다. 이를 보여라.

1.12 (1) 10명의 선수들을 5명씩 두 편으로 나누어 한 팀은 A대학과 경기를 하고 다른 한 팀은 B대학과 경기를 하고자 한다. 팀을 나누는 방법은 몇 가지인가?

(2) 10명의 선수들을 5명씩 두 편으로 나누어 경기를 하고자 한다. 팀을 나누는 방법은 몇 가지인가?

1.13 공정한 주사위를 k번 던져서 6의 눈이 짝수번 나올 확률은?

1.14 주사위를 세 번 던져 첫 번째 결과는 100의 자리에 두 번째 결과는 10의 자리에 그리고 마지막 결과는 1의 자리에 두었을 때 만들 수 있는 숫자의 총 가지 수를 구하라.

1.15 10명의 학생을 두 명씩 짝지어 과제를 주고자 한다.

(1) 5팀에 서로 다른 과제를 주는 방법은 몇 가지인가?

(2) 5팀에 모두 같은 과제를 줄 때 나올 수 있는 가지 수는?

1.16 (1) 20명의 위원회가 구성되어 위원들이 처음 만나 서로 악수를 한다. 몇 번의 악수를 하게 되는가?

(2) 한 팀이 11명씩으로 구성된 두 팀의 축구팀이 만나 경기를 시작하기 전에 서로 상대방 팀과 악수를 나눈다. 총 몇 번의 악수가 이루어지는가?

1.17 10명의 학생을 일렬로 앉히는데 A와 B는 붙어 앉길 원하고 C와 D는 서로 사이가 나빠 옆에 앉기 싫어한다. 모두가 원하는 대로 앉힌다면 몇 가지 방법이 있는가?

1.18 다음을 구하라.

(1) $\bigcap_{n=1}^{\infty}(1-\frac{1}{n},\ 2+\frac{1}{n})$

(2) $\bigcap_{n=1}^{\infty}(n,\ \infty)$

(3) $\bigcup_{n=1}^{\infty}[2,\ 5-\frac{1}{n}]$

1.19 다음을 구하라

(1) $\{1, 2, 3\}\times\{3, 4\}$

(2) $\{0, 1\}\times\{0, 1\}\times\{0, 1\}$

(3) $\{\{a, b\}\cup\{a, c\}\}\times\{e, f\}$

1.20 등식 $(A \cup B)^c = A^c \cap B^c$이 성립함을 벤다이그램을 이용하여 보여라.

1.21 다음을 보여라.

(1) $A = A \cup B$일 필요충분조건은 $B \subset A$

(2) $A = A \cap B$일 필요충분조건은 $B \supset A$

1.22 $A_1, A_2, A_3, \cdots$는 Ω의 부분집합들의 열이다.

$$B_1 = A_1$$

$$B_n = A_n - (\bigcup_{i=1}^{n-1} A_i),\ n = 2, 3, 4, \cdots$$

라 두면 다음이 성립함을 보여라.

(1) $B_n,\ n = 1, 2, 3, \cdots$은 상호배반사상이다.

(2) $\bigcup_{n=1}^{\infty} A_n = \bigcup_{n=1}^{\infty} B_n$

1.23 전화번호는 세 자리 또는 네 자리의 국번과 뒤 4자리번호로 구성된다. 각 자리는 0~9까지의 숫자로 구성되나 국번은 0으로 시작되지 않는다면 가능한 전화번호는 몇 가지나 될까?

1.24 6자리로 된 암호를 만들려고 한다. 첫 4자리는 0~9의 숫자 중에서 고르고 마지막 2자리는 알파벳 a, b, c, d, e, f 중에서 고르고자 한다. 다음 각 경우 가능한 가지 수를 구하라.

(1) 아무런 제한이 없다.

(2) 숫자나 알파벳이 중복되는 것이 없도록 한다.

(3) 숫자 0이 적어도 한번은 들어가도록 한다.

1.25 11명의 축구선수가 있다. 이들을 공격수 4명, 수비수 4명 그리고 링커 2명, 골키퍼 1명으로 구분하여 나누고자 한다.

(1) 아무런 제한 없이 나눈다면 몇 가지 방법이 있는가?

(2) 공격수 2명과 수비수 1명 그리고 골키퍼는 이미 정해져 있을 때 나머지 선수들을 배치하는 방법은 몇 가지인가?

1.26 한국, 중국 일본 세 나라 육상선수들이 모여 100m 달리기 시합을 한다. 한국선수 3명, 중국선수 3명 그리고 일본선수 2명이 참여하였다. 각 나라별로 선수들이 차지하는 순위를 기록한다면 몇 가지 가능한 결과가 나올 수 있는가?
(**힌트**: 그룹은 구별되나 그룹 내에서는 순서가 없다)

1.27 다음과 같이 바둑판무늬의 길을 따라 A에서 B로 가고자 한다. 오른쪽이나 위쪽으로만 갈 수 있다고 할 때 다음을 구하라.
(1) A에서 B로 가는 가능한 가지 수를 구하라.
(2) 이 때 C 지점을 거쳐서 가는 방법은 몇 가지인가?

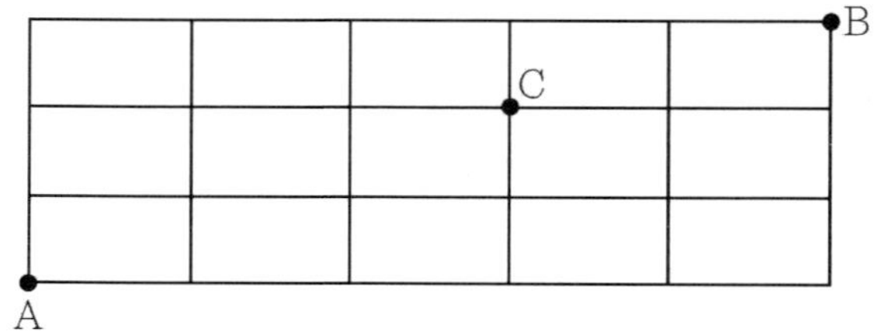

1.28 $(x+y+z)^5$을 전개하라.

1.29 $n>0$일 때 다음을 보여라.

(1) $\sum_{k=0}^{n}\binom{n}{k}=2^n$

(2) $\sum_{k=0}^{n}(-1)^k\binom{n}{k}=0$

Chapter 02 확 률

다음 대통령 선거에서 특정 정당 후보가 당선 될 확률은 얼마나 될까? 외계인이 지구를 왔다 갔을 확률은? 특정 피고인이 죄가 있을 확률은 얼마나 될까? 오늘 소개팅에서 마음에 드는 상대를 만날 확률은? 이러한 문제는 확률의 법칙과는 무관하게 개인적인 의견으로서 확률을 예측해 볼 수 있으며 이를 주관적 확률이라 한다. 이는 확률이론에서 요구하는 확률의 성질을 다 만족할 필요는 없음을 의미한다. 먼저 확률의 사전적 의미를 살펴보자. 네이버 국어사전을 보면 확률이란 일정한 조건 아래에서 어떤 사건이나 사상이 일어날 가능성의 정도 또는 그런 수치. 영영사전에서 probability는 The probability of something happening is how likely it is to happen, sometimes expressed as a fraction or a percentage 라고 되어 있다. proportion, relative frequency, 믿음 또는 가능성의 정도 등의 용어들이 확률을 대체하기도 한다. 2 장에서는 확률, 통계 분야에서 사용하는 학문적 용어로서의 확률의 정의에 대해 알아보자.

2.1 표본공간과 사상

확률을 정의하기 위해서는 확률이 정의되는 공간인 표본공간(sample space)과 사상(event)에 대한 정의가 필요하다.

정의 2.1

표본공간이란 통계적 실험(random experiment)이나 시행의 결과 일어날 수 있는 모든 가능한 결과들의 모임을 일컬으며 표본공간의 부분집합을 **사상**이라 한다.

여기서 통계적 실험이나 시행이란 결과가 무엇이 될지 꼭 집어서 확신할 수 없지만 모든 가능한 결과들의 집합은 알 수 있음을 가정한다. 예를 들어 주사위를 던지면 분명히 1에서 6사이의 눈이 나오겠지만 이 중 어느 눈이 나올지는 확신할 수 없다. 표본공간은 Ω, 사상은 이들의 부분집합이므로 $A, B, C, \cdots$ 등의 문자를 사용하여 나타낸다. 표본공간의 원소를 근원사상이라 부른다.

예 2.1

어느 부부에게 두 자녀가 있다. 두 명 중 적어도 한 명은 여자일 사상은? 이 때 $\Omega=\{(g, g), (g, b), (b, g), (b, b)\}$. (g, b)는 첫 째는 여아, 둘째는 남아를 의미한다. 따라서 둘 중 적어도 한 명이 여아일 사상을 A 라 하면 $A=\{(g, g), (g, b), (b, g)\}$가 된다. 두 명의 성별이 같은 사상을 B라 하면 $B=\{(g, g),(b, b)\}$이다. $A\cup B=\Omega$, $A\cap B=\{(g, g)\}$, $A^c=\{(b, b)\}$가 된다.

■

예 2.2

두 개의 공정한 주사위를 던진다면 모든 가능한 결과 $\Omega=\{(i, j): i, j=1, 2, \cdots, 6\}$이 될 것이다. 이 때 눈의 합이 5인 사상 $A=\{(1, 4), (2, 3), (3, 2), (4, 1)\}$이 되고 첫 번째 결과가 1 인 사상 $B=\{(1, 1), (1, 2), \cdots, (1, 6)\}$이 된다. A, B의 합집합, 교집합, 여집합 등을 생각해 보라.

■

예 2.3

오전 5시 이후 ○○대학병원 응급실에 첫 환자가 들어올 때까지의 경과된 시간을 조사한다면 표본공간 $\Omega=[0, \infty)$라 할 수 있고 5시 30분부터 6시 사이에 첫 환자가 들어오는 사상 A를 5시를 기준으로 경과된 시간을 계산하여 나타내면 $A=[\frac{1}{2}, 1)$이라 할 수 있다.

■

2.2 유한 표본공간에서의 확률

확률의 개념은 우선 전체에 대한 부분의 비(proportion or ratio of a part to a whole), 또는 퍼센트의 개념으로 생각할 수 있다. 예를 들어 10명으로 구성된 위원회가 남자 7, 여자 3으로 구성되어 있다면 위원회의 여성비는 3/10, 즉 30%라고 말할 수 있으며, 이를 위원회 구성원이 여자일 확률이 0.3이라고 할 수 있다.

표본공간 Ω가 유한개의 원소로 이루어져 있고 각 원소가 선택될 확률이 동등할 때의 확률은 정의하기 쉽다. 즉 사상 A가 일어날 확률 $P(A)$는 다음과 같다.

$$P(A) = \frac{\#(A)}{\#(\Omega)}$$

여기서 #(A)는 A의 원소의 개수를 의미한다.

예 2.2에서 $P(A) = 4/36 = 1/9$, $P(B) = 6/36 = 1/6$이 된다.

예 2.4

1부터 100까지 기록되어 있는 공에서 임의로 하나를 꺼냈을 때 결과가 한 자리 숫자일 확률은 한 자리 숫자일 사상을 A 라 할 때 $A = \{1, 2, \cdots, 9\}$이므로 $P(A) = 9/100$이다. 여기서 임의로 (at random) 하나를 꺼낸다는 말은 모든 공이 선택될 확률이 같다는 것을 의미한다.

■

예 2.5

생산라인에서 품질관리를 위하여 제품 중 일부를 뽑아 이상이 없는지를 조사한다. 100대의 TV 중 5대를 뽑아 정밀조사를 하기로 했다. 만약 100대 중에 6대의 불량품이 들어 있다고 가정할 때 100대 중 5대를 뽑아 정확히 2대의 불량품을 얻게 될 확률은 얼마인가? 100대 중에서 5대를 선택하는 가지 수는 $\binom{100}{5}$이고 100대 중 5대를 선택할 때 2대의 불량품이 들어가는 가지 수는 $\binom{6}{2}\binom{94}{3}$이 된다. 따라서 구하는 확률은 다음과 같다.

$$\frac{\binom{6}{2}\binom{94}{3}}{\binom{100}{5}} = \frac{2{,}010{,}660}{75{,}287{,}520} \approx 0.0267$$

■

유한 표본공간에서 각 원소들이 갖는 확률이 같다고 가정 할 수 없을 때는 각 원소에 대한 확률을 먼저 결정해 주어야한다. 동전을 앞면이 나올 때 까지 던지되 최대 5번 까지만 반복한다면 이 때 얻게 되는 표본공간 $\Omega = \{H, TH, TTH, TTTH, TTTTH, TTTTT\}$이 되고 각 원소에 대한 확률은 순서대로 1/2, 1/4, 1/8, 1/16, 1/32, 1/32이다. 그러나 경우에 따라서는 각 원소에 할당되는 근원확률이 분명하지 않을 때가 있다. 예를 들어 신생아의 성별 Ω ={남아, 여아}에서 남아일 확률을 결정하고자 한다. 편의에 의해 각 확률을 1/2로 가정하는 경우가 많으나 자료에 의하면 남아가 태어날 확률은 약 0.513(미국, 1974-1981 자료)이다. 이는 이 기간 동안 태어난 약 2400만 명의 신생아에서 남아의 비율을 구한 것이다. 이는 상대도수로서 n번 시행에서 사상 A가 일어난 횟수의 비를 $P_n(A)$라 할 때 $P_n(A)$는 n이 커짐에 따라 $P(A)$에 근사한다(대수의 법칙, law of large numbers)는 이론을 이용하는 것으로 실제로는 근사값을 확률로 이용하게 된다.

유한 표본공간에서의 확률은 먼저 표본공간의 원소들을 나열하고 근원사상 즉 표본공간의 각 원소에 대한 확률을 결정한다.

$$\omega_i \leftrightarrow P(\{\omega_i\})$$

사상에 대한 확률은 사상에 들어 있는 각 근원사상에 대한 확률의 합으로 얻을 수 있다. 즉 $A = \{\omega_1, \omega_2, \cdots, \omega_k\}$에 대한 확률 $P(A) = \sum_{i=1}^{k} P(\{\omega_i\})$를 이용하여 구할 수 있다. 이 경우 $A \cap B = \varnothing$이면 $P(A \cup B) = P(A) + P(B)$이 성립한다든가 $P(A^c) = 1 - P(A)$ 등 확률의 기본 법칙들도 쉽게 확인할 수 있다.

2.3 무한 표본공간에서의 확률

무한 상태공간은 크게 이산의 경우와 연속인 경우로 나눌 수 있다. 이산이란 원소의 개수가 유한이거나 가산 무한일 때를 가리킨다. 원소의 수가 무한이면 이산이든 연속이든 각 원소가 같은 크기의 양(positive)의 확률을 가질 수는 없다. 왜냐하면 아무리 적은 양의 값이라도 무한개를 합하면 무한 값을 갖기 때문에 전체 확률값이 1이라는 사실에 모순이 되기 때문이다. 동전을 앞면이 나올 때까지 연속해서 던지는 실험을 한다고 하면 이산의 무한 상태공간 $\Omega = \{H,\ TH,\ TTH,\ \cdots\}$를 얻는다. 이 때 각 근원사상에 대한 확률은 $1/2,\ 1/2^2,\ 1/2^3,\ \cdots$가 되며 각 원소에 대한 확률은 양의 값을 갖고 이들의 합은 1이 된다. 이처럼 표본공간의 원소의 수가 가산 무한이면 표본공간의 원소를 나열하고 각 원소에 확률을 할당 한다. 표본공간 $\Omega = \{\omega_1, \omega_2, \omega_3, \cdots\}$일 때 $p_n = P(\{\omega_n\})$이라 두면 $p_n \geq 0$와 $\sum_{n=1}^{\infty} p_n = P(\Omega) = 1$이 성립한다. 확률의 개념에서 보면 이산의 무한 상태공간을 다루는 방법은 유한 상태공간의 문제를 다룰 때와 크게 다르지 않다.

반면 연속 표본공간(연속은 모두 비가산 무한)에서의 확률은 이산의 경우와는 다른 접근 방법을 요구한다. 즉 각 원소에 확률을 할당하는 방법으로는 접근 할 수 없으며 다른 측도를 도입하여야 한다. 예를 들어 $\Omega = (0,1) \times (0,1)$의 단위정사각형에서 임의의 한 점(모든 점이 선택될 확률이 같다)을 선택할 때 각 점이 선택될 확률은 같고 또한 0이다. 그리고 사상 $A \subset \Omega$가 일어날 확률, 즉 선택된 점이 A에 포함될 확률은 A의 넓이와 같게 됨을 알 수 있다. 따라서 확률을 계산하기 위해 넓이의 개념이 필요하게 된다.

예제 2.1

중심으로부터 반경 5cm, 10cm, 20cm의 세 영역으로 구분된 다트판이 있다. 반경 5cm에서 10cm 사이를 맞출 확률은 얼마인가? (단 다트판의 각 점들은 맞출 확률이 모두 같다.)

풀이 다트판 위의 점들은 맞출 확률이 모두 같으므로 어떤 영역 위의 점을 맞출 확률은 면적에 비례한다고 할 수 있다. 전체 면적은 $(20)^2\pi$이고 5cm에서 10cm 사이의 면적은 $(10)^2\pi - 5^2\pi = 75\pi$. 따라서 구하는 확률은 75/400이 된다.

■

이 때 동등 확률이 아니면 어떻게 될까? 예를 들어 (0, 1) 구간에서 임의의 한 점을 선택하는 경우라면 동등 확률을 갖는 경우이므로 구간 $A = (a, b) \subset (0, 1)$의 확률 $P(A)$는 A의 길이, 즉 $P(A) = b - a$임을 쉽게 파악할 수 있다. 그러나 각 점이 선택될 확률이 다르다면, 즉 $x \in (0, 1)$ 근방의 점이 선택될 확률이 $f(x)\Delta x$ 라면 $(a, b) \subset (0, 1)$의 확률 $P((a, b))$는 (a, b)에서 적당한 점들 $x_1, x_2, \cdots, x_k$를 선택하여 $f(x_1)\Delta x_1 + f(x_2)\Delta x_2 + \cdots + f(x_k)\Delta x_k$ 값으로 근사할 수 있다.

$$P((a,b)) \approx \sum_i f(x_i)\Delta(x_i)$$

이는 확률을 구하는 문제가 적분의 문제와 관련됨을 보여준다. 즉

$$P((a, b)) = \int_a^b f(x)\, dx$$

이번에는 평면 위의 사각형 $(a, b)\times(c, d)$에서 한 점을 선택 할 때 $(x,y)\in(a, b)\times(c, d)$ 근방의 점이 선택될 확률이 $f(x, y)\Delta x\Delta y$ 라면 $A\subset(a, b)\times(c, d)$의 확률은 A 위의 적당한 점들 $(x_1, y_1),(x_2, y_2),\cdots,(x_n, y_n)$을 선택하여 다음과 같이 된다.

$$P(A)\approx\sum_i f(x_i, y_i)\Delta x_i\Delta y_i\approx\iint_A f(x, y)dxdy$$

예제 2.2

$(0, 1)$ 사이에서 한 점을 선택하고자 한다. 이 때 $(0, \frac{1}{4})$사이에 있는 점들은 서로 뽑힐 확률이 같고 또한 $(\frac{1}{4}, 1)$사이의 점들도 서로 뽑힐 확률이 같으나 $(0, \frac{1}{4})$에 있는 한 점은 $(\frac{1}{4}, 1)$에 있는 점에 비해 뽑힐 확률이 2배이다. 선택된 점이 $(\frac{1}{8}, \frac{1}{2})$ 사이에 있을 확률을 구하여라.

풀이 전체 확률이 1이어야 하므로 선택된 점이 $(0, \frac{1}{4})$에 있는 점일 확률은 0.4, $(\frac{1}{4}, 1)$ 사이의 점일 확률은 0.6이 된다. 따라서 구하는 확률은 $0.4\times\frac{1}{2}+0.6\times\frac{1}{3}=0.4$이다. ■

2.4 공리적 확률(Axioms of Probability)

지금까지 원소의 개수, 상대도수 또는 길이나 넓이 등과 같은 측도 등으로 확률을 정의하였다. 주어진 상황에 따라 확률을 정의하는 방법도 다르고 상대도수의 극한을 확률로 정하는 것과 같이 실제 사용에서는 근사값을 이용하게 되는 등의 빈틈도 있다. 이러한 고전적 확률이나 통계적 확률을 기반으로 하여 현대의 공리적 접근 방식이 제안(Kolmogorov, 1933)되었고 이와 같은 확률의 정의는 현대 통계추론 분야의 발전의 토대가 된다.

확률(또는 확률측도) (probability, probability measure)은 다음의 세 가지 공리(axiom)를 만족하는 집합함수이다.

정의 2.2 (공리적) 확률

공리 1 임의의 사상 A에 대하여 $P(A) \geq 0$

공리 2 $P(\Omega) = 1$

공리 3 $A_1, A_2, \cdots$이 서로 배반사상이면 즉 $A_i \cap A_j = \varnothing \ (i \neq j)$이면 다음이 성립한다.

$$P(\bigcup_{i=1}^{\infty} A_i) = \sum_{i=1}^{\infty} P(A_i)$$

다시 정리하면 확률 P는 Ω의 부분집합들의 모임을 정의구역으로 하며 공리 1, 공리 2, 공리 3을 만족하는 실수값을 갖는 집합함수이다. 이 때 $P(A)$는 A가 일어날 확률을 의미한다. 이 책에서는 표본공간의 모든 부분집합에 확률을 할당 할 수 있다고 가정한다.

앞에서 언급한 고전적 및 통계적 확률은 모두 위의 세 가지 공리를 만족한다. 앞으로는 확률이란 지금까지의 모든 확률개념을 포함하는 공리적 확률을 가리킨다.

위의 세 가지 공리를 이용하여 다음과 같은 확률의 기본적 성질들을 증명할 수 있다.

명제 2.1 확률의 기본 성질

(1) $P(\varnothing) = 0$

(2) $A_1, A_2, \cdots A_n$이 서로 배반사상이면 $P(\bigcup_{i=1}^{n} A_i) = \sum_{i=1}^{n} P(A_i)$

(3) $P(A) \leq 1$

(4) $P(A^c) = 1 - P(A)$

(5) $A \subset B$이면 $P(A) \leq P(B)$

(6) $P(A \cup B) = P(A) + P(B) - P(A \cap B)$

증명 (1) $A_1 = \Omega, A_2 = A_3 = \cdots = \varnothing$이라 두면 A_i는 서로 배반사상이므로 공리2, 공리3을 적용하면 다음이 성립한다.

$$1 = P(\Omega) = P(\bigcup_{i=1}^{\infty} A_i) = \sum_{i=1}^{\infty} P(A_i) = 1 + P(\varnothing) + P(\varnothing) + \cdots$$

따라서 $P(\varnothing) = 0$.

(2) $A_1, A_2, \cdots A_n$이 서로 배반사상이므로 $A_{n+1} = A_{n+2} = \cdots = \varnothing$이라 두면 A_i, $i = 1, 2, \cdots$는 서로 배반사상이 되어 공리 3과 (1)에서 증명한 $P(\varnothing) = 0$을 적용하면 다음과 같다.

$$P(\bigcup_{i=1}^{n} A_i) = P(\bigcup_{i=1}^{\infty} A_i) = \sum_{i}^{\infty} P(A_i) = \sum_{i=1}^{n} P(A_i).$$

(3) $1 = P(\Omega) = P(A \cup A^c) = P(A) + P(A^c)$ 그리고 공리 1에 의해 $P(A^c) \geq 0$. 따라서 $P(A) \leq 1$이 된다.

(4) 위 (3)에서 $P(A) + P(A^c) = 1$이고 $0 \leq P(A) \leq 1$이므로 $P(A^c) = 1 - P(A)$이 된다.

나머지 (5), (6)의 증명은 연습문제로 남기고자 한다.

예제 2.3

주사위를 던질 때 적어도 6의 눈이 한 번 이상 나올 확률이 1/2이상이 되려면 몇 번 이상 던져야 하나?

풀이 각 시행에서 6의 눈이 아닌 결과가 나올 확률은 5/6. n번 시행에서 모두 6의 눈이 아닐 확률은 $(5/6)^n$. 따라서 n번 시행 중 적어도 한 번 이상 6의 눈이 나올 확률이 1/2이상이 되기 위해서는 다음 식이 성립하는 것이다. $1 - (5/6)^n \geq 1/2$. 따라서

$$n \geq \frac{-\ln 2}{\ln(5/6)} \approx 3.8,$$

즉 $n = 4$회 이상 던져야 6의 눈이 한 번 이상 나올 확률이 1/2이상이 된다. ■

예제 2.4

의사, 변호사, 교수, 예술가 500명을 대상으로 본인의 직업과 자신의 인생에 대해 만족하는지의 만족도를 조사하였다. 20%가 직업과 인생 모두에 불만족이었고, 72%는 직업에는 만족하나 인생에는 불만족, 6%는 직업과 인생에 모두 만족하였다.

(1) 직업에만 만족하거나 인생에만 만족하는 확률은 얼마인가?

(2) 인생에 만족하는 확률은?

(3) 직업에는 만족하지 못하나 인생에는 만족하는 확률은?

(4) 직업에 만족하는 확률은?

풀이 벤다이어그램을 그려보면 쉽게 구할 수 있다.

(1) 72+2=74(%)

(2) 6+2=8(%)

(3) 2% (4) 78%

$B_1, B_2, B_3, \cdots$ 이 Ω의 분할 즉 $B_i \cap B_j = \varnothing \ (i \neq j)$이고 $\bigcup_n B_n = \Omega$이면 $E \subset \Omega$에 대해서 $E \cap B_i,\ i = 1, 2, \cdots$ 또한 E의 분할이 되므로 공리 3을 이용하면 다음이 성립한다.

$$P(E) = \sum_n P(E \cap B_n)$$

위의 확률의 기본성질 (6) 을 세 개의 사상으로 확대하면 다음과 같다.

$$P(A \cup B \cup C) = P(A) + P(B) + P(C) - P(A \cap B) - P(A \cap C) - P(B \cap C) + P(A \cap B \cap C)$$

이는 A, B, C 각 확률을 더하고 A, B, C의 두 개의 교집합의 확률을 모두 빼고 다시 A, B, C 모두의 교집합의 확률을 더한 것이다.

예제 2.5

서대문구 대현동에 사는 주민들을 대상으로 구독하는 일간지를 조사하였다. D일보를 구독하는 가정은 48%, C일보를 구독하는 가정은 36%, H일보를 구독하는 가정은 34%였다. 또한 D와 C를 구독하는 가정은 12%, D와 H는 16%, C와 H는 9% 그리고 세 신문을 모두 구독하는 가정은 5%였다. 다음을 구하라.

(1) 이 지역에서 임의로 한 가정을 선택했을 때 적어도 하나 이상의 신문을 구독할 확률은?

(2) C 또는 H를 구독하나 둘을 모두 구독하지는 않을 확률은?

(3) 세 신문 중 하나만 볼 확률은?

풀이 (1) $48 + 36 + 34 - 12 - 16 - 9 + 5 = 86$. 따라서 86%이다.

(2) $36 + 34 - 9 - 9 = 52$. 52%

(3) $(48 - 12 - 16 + 5) + (36 - 12 - 9 + 5) + (34 - 16 - 9 + 5) = 59$.
따라서 59%이다.

명제 2.1 (6)의 식을 일반화하여 다음과 같은 공식을 얻을 수 있다.

명제 2.2 확률의 합-차 공식(inclusion-exclusion formula)

$$P(A_1 \cup A_2 \cup \cdots \cup A_n) = \sum_{i=1}^{n} P(A_i) - \sum_{i_1 < i_2} P(A_{i_1} \cap A_{i_2}) + \cdots$$
$$+ (-1)^{r+1} \sum_{i_1 < i_2 < \cdots < i_r} P(A_{i_1} \cap A_{i_2} \cap \cdots \cap A_{i_r})$$
$$+ \cdots + (-1)^{n+1} P(A_1 \cap A_2 \cap \cdots \cap A_n)$$

여기서

$$\sum_{i_1 < i_2 < \cdots < i_r} P(A_{i_1} \cap A_{i_2} \cap \cdots \cap A_{i_r})$$

는 $\binom{n}{r}$개의 $\{1, 2, \cdots, n\}$에서 뽑을 수 있는 크기 r인 모든 부분집합에 대해서 합하는 것이다.

위 확률의 합-차 공식은 수학적 귀납법을 써서 증명할 수 있다. 연습문제 2.2에서 해보도록 하자.

예제 2.6

5명이 게임을 한다. 각자 1부터 5까지 적힌 숫자카드 중 하나를 봉투에 담고 잘 섞은 뒤 다시 하나씩 꺼내었을 때 원래 본인이 넣었던 숫자와 일치한 번호를 잡으면 승자가 되는 것이다. 5명 중 적어도 한 명이 승자가 될 확률을 구하여라.

풀이 A_i, $i = 1, 2, \cdots, 5$는 i번 째 사람이 자기번호를 잡는 사상이라 하자. 구하는 확률은 $P(\bigcup_{i=1}^{5} A_i)$ 가 된다. 이 때 $i = 1, 2, \cdots, 5$일 때

$P(A_i) = \dfrac{4!}{5!} = \dfrac{1}{5}$이고 $i \neq j$이면 $P(A_i \cap A_j) = \dfrac{3!}{5!} = \dfrac{1}{5 \cdot 4}$

왜냐하면 i와 j는 자기번호를 갖고 있으므로 나머지 세 사람이 가질 수 있는 번호의 가지 수는 3!이 되기 때문이다. 같은 방법으로

$P(A_i \cap A_j \cap A_k) = \dfrac{2!}{5!}, \cdots$

따라서 구하는 확률은 다음과 같다.

$$P(\bigcup_{i=1}^{5} A_i)=\binom{5}{1}P(A_i)-\binom{5}{2}P(A_i\cap A_j)+\binom{5}{3}P(A_i\cap A_j\cap A_k)$$
$$-\binom{5}{4}P(A_i\cap A_j\cap A_k\cap A_l)+P(A_1\cap \cdots \cap A_5)$$
$$=1-\frac{1}{2!}+\frac{1}{3!}-\frac{1}{4!}+\frac{1}{5!}$$

■

위의 예제에서 승자가 한 명도 없을 확률은

$$1-P(\bigcup_{i=1}^{5} A_i)=\frac{1}{2!}-\frac{1}{3!}+\frac{1}{4!}-\frac{1}{5!}$$

이 된다.

다음으로 정확히 2명이 자기 번호를 뽑을 확률을 구하여 보자. 먼저 5명 중 2명의 자기 번호를 가질 사람을 뽑는 가지 수는 $\binom{5}{2}$이다. 그리고 나머지 3명 중 승자가 한 명도 없어야 하므로 그 확률은 위에서 구한대로 $\frac{1}{2!}-\frac{1}{3!}$이고 따라서 3명 중 승자가 한 명도 없는 경우의 수는 $(3!)(\frac{1}{2!}-\frac{1}{3!})$. 종합하면 5명 중 정확히 2명이 자기번호를 갖게 되는 경우의 수는 $\binom{5}{2}(3!)(\frac{1}{2!}-\frac{1}{3!})$이 되고 이를 총 가지 수 5!로 나누면 원하는 확률이 된다.

위 예제에서는 간단히 전체 인원이 5명일 경우를 생각해 보았으나 임의의 N 명일 때도 이 개념을 그대로 확장할 수 있다(연습문제 2.3). 확률의 합-차 공식은 3장의 독립성과 결합하면 더욱 다양한 문제에 적용할 수 있다.

다음으로 확률의 중요한 성질로 연속성의 성질을 들 수 있다. 이는 확률을 함수로 보았을 때 연속함수가 갖는 성질과 같기 때문에 붙여진 이름이다. 이는 확률이론에 대해 보다 심도 있게 공부할 때 많이 접하게 된다.

명제 2.3 확률의 연속성 성질(continuity properties of probability measures)

사상 $A_1, A_2, A_3, \cdots$에 대하여 다음이 성립한다.

(1) $A_1 \subset A_2 \subset \cdots$ 을 만족하면 $P(\bigcup_{n=1}^{\infty} A_n)=\lim_{n\to\infty} P(A_n)$

(2) $A_1 \supset A_2 \supset \cdots$ 을 만족하면 $P(\bigcap_{n=1}^{\infty} A_n)=\lim_{n\to\infty} P(A_n)$

명제 2.3의 증명은 연습문제 2.4에서 하도록 하자.

예제 2.7

앞면이 나올 확률이 $\frac{1}{2}$인 동전을 던진다. 언젠가는 앞면을 얻는 사상을 A, n번까지의 시행의 결과 적어도 하나의 앞면이 있는 사상을 A_n이라 하자. 확률의 연속성 성질을 이용하여 $P(A)=1$임을 증명하라.

풀이 $A_1 \subset A_2 \subset \cdots$, $A=\bigcup_n A_n$이고 $P(A_n)=1-(\frac{1}{2})^n$이다. 따라서 확률의 연속성 성질을 이용하면 $P(A)=P(\bigcup A_n)=\lim_{n\to\infty}P(A_n)=\lim_{n\to\infty}\left(1-(\frac{1}{2})^n\right)=1$. ■

확률과 밀접한 관계가 있는 용어로 오즈 (어떤 일이 있을 공산(가능성) 또는 배당률)가 있다. 이는 원래 도박에서 많이 쓰던 용어로 예를 들어 어떤 사건이 일어날 확률이 p이면 그 사건이 일어날 오즈(odds)는 p 대 $1-p$라고 말한다. 즉 사상 A에 대한 오즈는 다음과 같이 정의된다.

$$\text{사상 } A\text{의 오즈} = \frac{P(A)}{1-P(A)}$$

(The odds are p to $1-p$ in favor of the event or the odds are $1-p$ to p against the event.) 어떤 사상에 호의적인 오즈가 a대 b 라면 이는 그 사상이 일어날 확률이 $\frac{a}{a+b}$라는 뜻이다. 예를들어 공정한 주사위를 던질 때 1의 눈을 얻는 사상에 호의적인 오즈는 $\frac{1}{6}/\frac{5}{6}=\frac{1}{5}$ 또는 1 : 5이다.

예 2.6

카지노의 룰렛게임(roulette)은 38개의 숫자중 하나를 고르고 숫자가 맞으면 상금을 받고 틀리면 걸었던 돈을 다 잃는 게임이다. 카지노에서 사건 A에 대항해서 odds 35 대 1을 (odds of 35 to 1 against an event A)제안하였다. 즉 1불을 걸었을 때 번호가 맞으면 1불 + 35불을 받는 것이고 맞지 않으면 걸었던 1불을 잃게 되는 게임이다. 이는 공정한 게임인가? 내가 이길 확률은 $\frac{1}{38}$이고 이 때 받게 되는 금액이 (1+35)이므로 $\frac{36}{38}=\frac{18}{19}$. 즉 1불을 내고 $\frac{18}{19}$불을 기대하는 것이 되므로 당연히 공정한 게임은 될 수 없으나 게임에 참여하는 것이 $\frac{1}{19}$불 이상의 즐거움을 준다면 할 만하다고 할 수 있겠다.

■

2.5 수리적 모형화

동전의 앞, 뒤가 나올 확률이 각 1/2이라고 가정하거나 주사위의 각 면이 나올 확률이 각각 1/6이라는 가정은 수학적 모형이라 할 수 있다. 현실의 문제를 수리적으로 모형화 한 다음 확률, 통계적 이론을 이용하여 계산하고 이를 다시 현실 문제로 풀어 해석하는 것이 일반적 접근 방법이다. 그러나 현실적으로 일어나는 모든 현상을 포함하는 모형을 만들기란 불가능하다. 대체로 현실을 적절히 표현하되 단순화된 모형이 유용하다. 현실을 잘 반영하겠다는 생각으로 너무 복잡한 모형을 만들다 보면 사용이 불편하여 쓰이지 않게 된다.

먼저 현실세계를 관찰하고 이를 잘 반영하는 실험이나 시행을 한다. 다음으로 이러한 실험이나 경험들을 잘 설명하는 규칙을 만든다. 이 때 단순화를 위하여 보통 수학적으로 접근한다. 세 번째는 수학적 이론을 이용하여 관심 있는 결과를 끌어내고 결과를 현실에서 얻어지는 자료와 비교한다. 이러한 모형화 과정을 단계별로 보면 관찰, 모형구성, 분석평가 그리고 수정의 단계를 생각할 수 있으며 이를 그림으로 그려보면 다음과 같다.

현실세계	실험 또는 측정, 관찰(A)	사용 ←	예측 (D)
	구성 ↓		해석 ↑
모형세계	모형설정 (B)	추론 →	정리 (C)

(A) → (B) 관찰이나 어떤 현상에 대한 경험, 관련지식, 또는 과거자료 등을 바탕으로 모형화 한다.

(B) → (C) 논리나 수학이론을 바탕으로 모형의 성질을 파악한다.

(C) → (D) (C)에서 얻은 모형의 특성을 이용하여 현실세계의 문제를 예측한다.

(D)에서의 예측이 현실세계를 잘 반영하는지를 보기 위하여 적절한 실험을 하고 해석된 결과가 현실세계를 잘 설명하면 모형화가 잘 되었다고 보고 이용하면 되겠고 그렇지 못하다면 다시 모형설정단계로 가서 모형을 변형하고 다시 C → D → A 단계로 이동하며 원하는 결과를 얻을 때까지 반복하게 된다.

이 교재에서 다루고자하는 여러 가지 확률 분포도 위에서 본 모형설정의 과정을 거쳐 만들어진 대표적인 것들이다.

참고

스터링의 공식(Stirling's formula)

$n!$은 수학적으로 계산하기가 불편하다. $n!$을 포함한 수식의 근사값을 구할 때 다음의 스터링 공식을 사용한다.

$$n! \sim (2\pi n)^{1/2} n^n e^{-n}$$

여기서 $a \sim b$의 의미는 a/b 가 n이 커지면 1에 접근한다는 뜻이다.

연습문제 A

Exercises

2.1 부울의 부등식(Boole's inequality)는 다음과 같다.

$$P(\bigcup_{i=1}^{n} A_i) \leq \sum_{i=1}^{n} P(A_i)$$

다음의 두 가지 방법으로 증명하라. 또한 $P(\bigcup_{i=1}^{\infty} A_i) \leq \sum_{i=1}^{\infty} P(A_i)$임을 보여라.

(1) $P(A \cup B) \leq P(A) + P(B)$와 수학적 귀납법을 이용.

(2) 등식 $B_n = A_n - (\bigcup_{i=1}^{n-1} A_i)$라 두고 공리 3을 이용.

풀이 (1) 먼저 $n=2$일 때 성립 : $P(A_1 \cup A_2) \leq P(A_1) + P(A_2)$

N일 때 성립한다고 가정하고 $N+1$일 때 성립함을 보이자.

$$P(A_1 \cup A_2 \cup \cdots \cup A_N \cup A_{N+1}) = P((A_1 \cup A_2 \cup \cdots \cup A_N) \cup A_{N+1})$$

$$\leq P(A_1 \cup A_2 \cup \cdots \cup A_N) + P(A_{N+1})$$

$$\leq \sum_{i=1}^{N} P(A_i) + P(A_{N+1}) = \sum_{i=1}^{N+1} P(A_i)$$

(2) $B_1 = A_1,\ B_2 = A_2 - A_1,\ \cdots,\ B_n = A_n - (\bigcup_{i=1}^{n-1} A_i)$ 라 두면 B_i는 서로 배반사상이며 $B_i \subset A_i,$ 그리고 $\bigcup_{i=1}^{n} A_i = \bigcup_{i=1}^{n} B_i$. 따라서 다음이 성립한다.

$$P(\bigcup_{i=1}^{n} A_i) = P(\bigcup_{i=1}^{n} B_i) = \sum_{i=1}^{n} P(B_i) \leq \sum_{i=1}^{n} P(A_i)$$

이 때 n 대신 ∞를 취할 때도 같은 방법으로 하면 된다. 즉

$$B_1 = A_1,\ B_n = A_n - (\bigcup_{i=1}^{n-1} A_i),\ n = 2, 3, 4, \cdots$$

라 두면 $\bigcup_{i=1}^{\infty} A_i = \bigcup_{i=1}^{\infty} B_i$이 되고 B_i는 서로 배반사상이므로

$$P(\bigcup_{i=1}^{\infty} A_i) = P(\bigcup_{i=1}^{\infty} B_i) = \sum_{i=1}^{\infty} P(B_i) \leq \sum_{i=1}^{\infty} P(A_i)$$을 얻는다.

2.2 확률의 합-차 공식을 수학적 귀납법으로 증명하라.

풀이 $n=1, 2, 3$일 때는 이미 위에서 보았다.

N일 때 성립한다고 가정하고 $N+1$일 때에도 성립함을 보이자.

$$P(\bigcup_{n=1}^{N+1} A_n) = P((\bigcup_{n=1}^{N} A_n) \bigcup A_{N+1})$$

$$= P(\bigcup_{n=1}^{N} A_n) + P(A_{N+1}) - P((\bigcup_{n=1}^{N} A_n) \bigcap A_{N+1}) \qquad (2.1)$$

N일 때 성립한다고 가정하였으므로 다음이 성립한다.

$$P(\bigcup_{n=1}^{N} A_n) = \sum_{i=1}^{N} P(A_i) - \sum_{1 \le i_1 < i_2 \le N} P(A_{i_1} \cap A_{i_2}) + \cdots$$
$$+ (-1)^{r+1} \sum_{1 \le i_1 < i_2 < \cdots < i_r \le N} P(A_{i_1} \cap A_{i_2} \cap \cdots \cap A_{i_r})$$
$$+ \cdots + (-1)^{N+1} P(A_1 \cap A_2 \cap \cdots \cap A_N) \qquad (2.2)$$

또한 다음이 성립한다.

$$P(\bigcup_{n=1}^{N} (A_n \bigcap A_{N+1}))$$
$$= \sum_{i=1}^{N} P(A_i \cap A_{N+1}) - \sum_{1 \le i_1 < i_2 \le N} P(A_{i_1} \cap A_{i_2} \cap A_{N+1}) + \cdots$$
$$+ (-1)^{r+1} \sum_{1 \le i_1 < i_2 < \cdots < i_r \le N} P(A_{i_1} \cap A_{i_2} \cap \cdots \cap A_{i_r} \cap A_{N+1})$$
$$+ \cdots + (-1)^{N+1} P(A_1 \cap A_2 \cap \cdots \cap A_N \cap A_{N+1}) \qquad (2.3)$$

위 식 (2.2)와 (2.3)을 (2.1)에 대입하면 $N+1$일 때 성립함을 증명할 수 있다.

2.3 (matching problem). 첫 줄에 1부터 N까지 쓰여진 카드를 순서대로 늘어놓은 다음 두 번째 줄에는 1부터 N 까지 숫자가 쓰여진 공을 임의로 늘어놓았다. 같은 열에 있는 카드와 공을 한 쌍으로 볼 때 숫자가 일치하는 쌍의 개수에 관심이 있다. 다음을 구하여라.

(1) 첫 번째 카드와 첫 번째 공이 일치할 확률은?

(2) 특정한 n개의 카드와 공의 숫자가 일치할 확률은?

(3) 같은 숫자를 갖는 쌍이 적어도 하나 이상일 확률을 구하여라.

(4) 정확히 k개의 쌍이 같은 숫자를 가질 확률은 얼마인가?

풀이 (1) 첫 번째를 제외한 $(N-1)$개를 일렬로 늘어놓는 가지 수를 N개를 일렬로 늘어놓는 가지 수로 나누면 된다. 따라서 구하는 확률은 $\dfrac{(N-1)!}{N!} = \dfrac{1}{N}$이다.

(2) 특정 n개를 뺀 나머지 $N-n$개를 일렬로 늘어놓는 가지 수를 N개를 일렬로 늘어놓는 가지 수로 나누면 된다. 따라서 구하는 확률은 다음과 같다.

$$\frac{(N-n)!}{N!}=\frac{1}{N(N-1)\cdots(N-n+1)}$$

(3) 예제 2.6을 확장하여 생각해 보자. A_i를 i번 째 열에 있는 쌍의 숫자가 서로 일치하는 사상이라 두면 구하는 확률은 $P(\cup_{i=1}^{N}A_i)$ 가 될 것이고

$$P(A_i)=\frac{(N-1)!}{N!}\ ,P(A_{i_1}\cap A_{i_2}\cap\cdots\cap A_{i_k})=\frac{(N-k)!}{N!}.$$

따라서 확률의 합, 차 공식을 쓰면 다음과 같다.

$$\begin{aligned}P(\cup_{i=1}^{N}A_i)&=\binom{N}{1}\frac{(N-1)!}{N!}-\binom{N}{2}\frac{(N-2)!}{N!}\\&\quad+\binom{N}{3}\frac{(N-3)!}{N!}-\cdots+(-1)^{N+1}\frac{1}{N!}\\&=1-\frac{1}{2!}+\frac{1}{3!}-\cdots+(-1)^{N+1}\frac{1}{N!}\end{aligned}$$

(4) N에서 k개를 고를 수 있는 방법은 $\binom{N}{k}$ 가지이고 나머지 $N-k$개에서 맞는 쌍이 없게 될 확률은 $1-(1-\frac{1}{2!}+\frac{1}{3!}-\cdots+(-1)^{N-k+1}\frac{1}{(N-k)!})$이다. 여기서 $(N-k)$개를 일렬로 세우는 가지 수는 $(N-k)!$ 가지이므로 k개를 뽑은 나머지 $(N-k)$개 중에서 맞는 쌍이 없게 되는 가지 수는

$$(N-k)!(\frac{1}{2!}-\frac{1}{3!}+\frac{1}{4!}-\cdots+(-1)^{N-k}\frac{1}{(N-k)!})$$

따라서 구하는 확률은 다음과 같다.

$$\binom{N}{k}(N-k)!(\frac{1}{2!}-\frac{1}{3!}+\frac{1}{4!}-\cdots+(-1)^{N-k}\frac{1}{(N-k)!})\ /\ N!$$

2.4 명제 2.3 확률의 연속성의 성질을 증명하라.

풀이 (1) $A_1\subset A_2\subset\cdots$라 가정하자.

$B_1=A_1,\ B_2=A_2-A_1,\ \cdots,\ B_n=A_n-A_{n-1},\ \cdots$라 두면 $B_1,\ B_2,\ B_3,\ \cdots$은 서로 배반사상이고 $\bigcup_{n=1}^{\infty}B_n=\bigcup_{n=1}^{\infty}A_n$ (확인해 보시오)이다.

따라서 다음이 성립한다.

$$\begin{aligned}P(\bigcup_{n=1}^{\infty}A_n)&=P(\bigcup_{n=1}^{\infty}B_n)=\sum_{n=1}^{\infty}P(B_n)\\&=\sum_{n=1}^{\infty}(P(A_n)-P(A_{n-1}))\ (A_0=\varnothing\text{이라 두자})\end{aligned}$$

$$= \lim_{m \to \infty} \sum_{n=1}^{m} (P(A_n) - P(A_{n-1}))$$

$$= \lim_{m \to \infty} P(A_m)$$

(2) $A_1 \supset A_2 \supset \cdots$ 의 경우에는 각 사상의 여집합을 취하면 $A_1^c \subset A_2^c \subset \cdots$ 로 변형되므로 (1)의 결과를 이용하면 된다. 즉

$$1 - P(\bigcap_{n=1}^{\infty} A_n) = P(\bigcap_{n=1}^{\infty} A_n)^c = P(\bigcup_{n=1}^{\infty} A_n^c)$$

$$= \lim_{m \to \infty} P(A_m^c) = 1 - \lim_{m \to \infty} P(A_m)$$

2.5 (de Mere's problem)

(1) 주사위를 4번 던졌을 때 적어도 6의 눈이 한 번 이상 나올 확률은 얼마인가?

(2) 주사위 2개를 동시에 던져 (6, 6)의 눈이 적어도 한 번 이상 나올 확률을 1/2 보다 크게 하려면 몇 번 이상 던져야 하나?

풀이 (1) $1 - (\frac{5}{6})^4 \approx 0.5177$

(2) $1 - (\frac{35}{36})^n > \frac{1}{2}, \quad n > \frac{\ln(1/2)}{\ln(35/36)} \approx 24.605$

따라서 25번 이상 던져야 확률이 1/2 보다 커진다.

위의 (1)의 경우 6의 눈이 나올 확률은 1/6이고 $n = 4$일 때 적어도 하나이상의 6의 눈이 나올 확률이 1/2 보다 크다면 (6,6)이 일어날 확률은 6이 일어날 확률의 1/6이므로 4를 6배한 24번 이상 던지면 (6,6)이 한 번 이상 나타날 확률이 1/2 보다 커지리라 예상할 수 있는데 사실은 25번 이상 던져야 확률이 1/2 보다 커진다.

참고: A, B 두 사람이 상금을 놓고 게임을 하고 있다. n번을 먼저 이기는 사람이 상금을 받기로 하였는데 부득이한 이유로 승자가 결정 나기 전에 게임을 더 이상 진행할 수 없게 되었다. 그렇다면 상금을 어떻게 나누어 주어야 할까? 이 문제는 Chevalier de Mere라는 도박사가 당시 유명한 수학자 Blaise Pascal에게 문의하면서 Pascal의 관심을 받게 되었다. Pascal은 이 문제를 동료인 Fermat와 의논하게 되었고 몇 가지 방법으로 답을 구하게 된다. 실제 이 문제는 과거 150년 가까이 해결되지 못했던 문제이며 Pascal은 몇 주 만에 답을 얻었다고 한다. 이 때가 1654년이다. 이 사건은 확률이 수학자의 관심 대상이 되는 계기가 되었고 1657 Huygens에 의해 확률이론서인 "On Games of Chance"이 출판되기에 이르렀으며 Pascal은 확률이론의 창시자의 위치에 올려진다.

2.6 각 게임에서 이기는 사람이 1점 얻는다. A가 경기에서 이기기 위해 a점이 더 필요하고 B는 b점을 더 얻으면 된다. 각 게임에서 A가 이길 확률은 p이다. $\alpha(a,b)$는 A가 이기기 위해서 a점, B가 이기기 위해서 b점이 필요할 때 A가 이길 확률을 나타낸다. $\alpha(a,b)$를 구하여라.

풀이 $A_k =$ A 가 처음으로 a점을 얻고 그 시점에서 B의 점수는 k인 사상
이라 두면 $A_k \cap A_j = \varnothing$, $k \neq j$이 성립한다.

$P(A_k) = P($A가 $a+k-1$번째 게임까지 $a-1$번이기고 $a+k$번째 게임을 이기는 사상$)$

$= p \cdot P($A가 $a+k-1$번의 게임에서 $a-1$번이기는 사상$)$

$= p^a (1-p)^k \binom{a+k-1}{a-1}$

따라서 구하는 확률 $\alpha(a,b) = \sum_{k=0}^{b-1} P(A_k)$가 된다.

2.7 (Banach's match box problem) Stefan Banach는 Scottish Coffee House에서 수학자들과 어울려 시간을 보내곤 하였다. 그는 그곳에 노트를 마련하여 흥미 있는 수학문제와 답을 기록하도록 하였는데 다음은 1941년 5월 31일 날짜의 노트에 마지막으로 기록된 문제이다. 어느 수학자가 n개의 성냥개비가 들어있는 성냥통 두 개를 각각 왼쪽 주머니와 오른쪽 주머니에 넣고 있다. 양 쪽 중 임의로 한 쪽을 선택하여 선택된 주머니에서 성냥개비를 하나씩 꺼내되 한쪽이 빌 때까지 계속한다. 한 쪽 상자가 빈 것이 확인된 시점에서 다른 주머니의 상자에는 정확히 k개의 성냥개비가 남아 있을 확률을 구하라.

풀이 먼저 비는 주머니가 오른쪽 주머니일 때를 생각해 보자. 오른쪽 주머니에서 성냥을 꺼내면 성공, 왼쪽 주머니에서 성냥을 꺼내면 실패라 하자. 성공률 $p = \frac{1}{2}$이고 $2n-k$번의 시행중 n번의 성공이 일어나고 $(2n-k+1)$번째 시행이 성공하면 되므로 확률은

$\frac{1}{2}\binom{2n-k}{n}(\frac{1}{2})^{2n-k}$

왼쪽 주머니도 똑 같은 확률을 가지므로 구하는 확률은 다음과 같다.

$2^{-(2n-k)}\binom{2n-k}{n}$

2.8 (birthday problem)

(1) 기초확률론 수업에 40명의 학생이 있다. 생일이 같은 사람이 적어도 2명 이상 있을 확률을 구하여라. (1년은 365일로 계산하여라.)

(2) 생일이 같은 사람이 2명 이상 있게 될 확률이 1/2 보다 크기 위해서는 최소한 몇 명의 학생이 있어야 하는가?

풀이 (1) $A=$ 40명의 학생의 생일이 모두 다른 사상

$$P(A)=\frac{(365)(364)(363)\cdots(365-40+1)}{(365)^{40}}\approx 0.1088$$ 구하는 확률

$1-P(A)\approx 0.8912$

(2) $1-\dfrac{(365)(364)\cdots(365-n+1)}{(365)^n}>1/2$를 풀면 $n\geq 23$을 얻는다.

2.9 (Bonferroni 부등식) 다음 부등식을 증명하라.

(1) $P(A\cap B)\geq P(A)+P(B)-1$

(2) (1)과 수학적 귀납법을 이용하여 다음을 증명하라.

$P(A_1\cap A_2\cap\cdots\cap A_n)\geq P(A_1)+P(A_2)+\cdots+P(A_n)-(n-1)$

풀이 (1) $P(A\cup B)=P(A)+P(B)-P(A\cap B)\leq 1$ 따라서 $P(A\cap B)\geq P(A)+P(B)-1$이다.

(2) $n=1$일 때 명백하다.

$n=k$일 때 성립한다고 가정하고 $n=k+1$일 때 성립함을 보이자.

$$\begin{aligned}P(A_1\cap A_2\cap\cdots\cap A_k\cap A_{k+1})&=P((A_1\cap A_2\cap\cdots\cap A_k)\cap A_{k+1})\\&\geq P(A_1\cap A_2\cap\cdots\cap A_k)+P(A_{k+1})-(2-1)\\&\geq P(A_1)+P(A_2)+\cdots+P(A_k)-(k-1)+P(A_{k+1})-1\\&\geq P(A_1)+P(A_2)+\cdots+P(A_k)+P(A_{k+1})-k\end{aligned}$$

$\because$ $n=k+1$일 때 성립

따라서 수학적 귀납법에 의해 다음 결론을 얻는다.

$$P(A_1\cap A_2\cap\cdots\cap A_n)\geq P(A_1)+P(A_2)+\cdots+P(A_n)-(n-1)$$

2.10 앞면이 나올 확률이 p인 동전을 $2n$번 던졌을 때 앞면이 나온 횟수와 뒷면이 나온 횟수가 같게 될 확률을 구하라. 또한 스터링의 공식(Stirling's formula 2장 참고에 있음)을 이용하여 n이 클 때의 확률의 근사값을 구하고 $n\to\infty$ 일 때의 극한값을 구하라.

풀이 $P(\text{앞면이 나온 횟수}=\text{뒷면이 나온 횟수}=n)=\dbinom{2n}{n}p^nq^n=\dfrac{(2n)!}{n!n!}(pq)^n$

$$\frac{(2n)!}{n!n!}(pq)^n\approx\frac{(2\pi 2n)^{1/2}(2n)^{2n}e^{-2n}}{2\pi nn^{2n}e^{-2n}}(pq)^n=\frac{1}{\sqrt{\pi n}}(4pq)^n\to 0,\ n\to\infty$$

$(\because\ 4pq\leq 1)$

연습문제 B Exercises

2.11 주사위를 던져 나온 눈의 수만큼 동전을 던진 후 얻은 앞면의 수를 조사하였다.

(1) Ω를 구하여라.

(2) 앞면이 나온 횟수가 짝수인 사상을 써라.

2.12 다음 확률의 기본성질을 증명하라.

(1) $A \subset B$이면 $P(A) \leq P(B)$

(2) $P(A \cup B) = P(A) + P(B) - P(A \cap B)$

2.13 두더지는 자신을 보호하기 위하여 아래와 같은 땅굴을 파고 산다. 매일 밤 두더지는 교차로중의 한 곳에서 잠을 자며 다음 날은 이웃 교차로로 옮겨간다. 이동할 길은 각 교차지점에서 동등 확률로 선택한다. 다음을 구하여라.

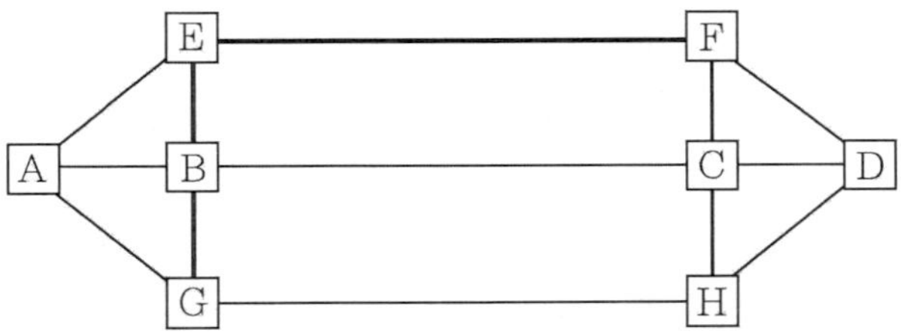

두더지 미로 그림

(1) 오늘 A지점에서 잤다. 모레는 C에서 잘 확률은?

(2) C에서 자고 이틀 뒤에 다시 C에서 잘 확률은?

(3) 오늘 두 마리 두더지는 중 한 마리는 A지점에서 다른 한 마리는 D지점에서 잤다. 이틀 뒤 두 마리 두더지가 같은 교차로에서 잘 확률은?

2.14 A군은 지도교수에게 취업을 위하여 네 회사에 보낼 추천서를 부탁드렸다. 교수는 네 회사에 보낼 추천서를 쓴 다음 봉투에 적힌 주소를 확인하지 않고 임의로 봉투에 넣는 실수를 했다.

(1) A군의 추천서 모두가 제대로 보내졌을 확률은?

(2) 적어도 하나의 추천서가 제대로 보내졌을 확률은?

(3) 제대로 간 추천서가 하나도 없을 확률은?

2.15 날씨를 맑음/비, 그리고 바람/바람없음으로 나누어 보면 $P(\text{비}) = 0.3$, $P(\text{바람}) = 0.5$, $P(\text{비와 바람}) = 0.2$이다. $P(\text{맑음})$, $P(\text{맑고 바람})$, $P(\text{비 또는 바람})$일 확률을 각각 구하여라.

2.16 4개의 숫자로 이루어진 비밀번호를 만들려고 한다. 이를 위하여 임의로 독립적으로 (비복원) $0,1,\cdots,9$ 중 4개의 숫자를 선택하려고 한다. 다음 확률을 구하여라.

(1) 선택한 4개의 숫자가 모두 5이상일 확률

(2) 0을 포함할 확률

(3) 각 자리 숫자가 모두 홀수일 확률

(4) 연속하는 숫자를 선택하는 확률을 구하여라. (예 3456, 8765)

2.17 대학보건소는 내방하는 환자를 성별 남(m)/녀(f), 학생(s)/교직원(p), 그리고 환자의 상태에 따라 경(g)/중(m)/심각(h)로 구분하여 기록하였다. 표본공간을 구하여라. 학생인 사상, 학생이고 심각한 상태인 사상을 나타내어라.

2.18 두 개의 주사위를 연속해서 n번 던졌다. (1,1)의 눈이 적어도 한 번 이상 나올 확률을 구하여라. 적어도 한 번 이상 (1,1)이 나올 확률이 1/2 보다 크기 위해서는 n은 얼마이상 되어야할까?

2.19 하나의 동전을 앞면을 얻을 때까지 던지는 시행에서 표본공간을 찾아라. A_n을 n번째까지 적어도 한번 앞면을 얻는 사상이라 했을 때 A_n을 써라.

$A_1 \subset A_2 \subset A_3 \subset \cdots$이 성립하는가? 또한 $\bigcup_{n=1}^{\infty} A_n$과 $(\bigcup_{n=1}^{\infty} A_n)^c$이 어떤 집합인지를 기술하고 각각의 확률을 구하여라.

2.20 (1) $P(A_i) = 0$, $^{\forall} i \geq 1$이면 $P(\bigcup_{i=1}^{\infty} A_i) = 0$임을 보여라

(2) $P(A_i) = 1$, $^{\forall} i \geq 1$이면 $P(\bigcup_{i=1}^{\infty} A_i) = 1$임을 보여라.

2.21 (1) 주사위를 6번 던져 적어도 6의 눈이 1번 이상 나올 확률

(2) 주사위를 12번 던져 적어도 6의 눈이 2번 이상 나올 확률

이 중 어느 경우가 더 큰 확률값을 갖는가?

2.22 $P(A)=\frac{3}{5}$, $P(B)=\frac{1}{2}$일 때 $\frac{1}{10}\le P(A\cap B)\le\frac{1}{2}$임을 보여라. $P(A\cup B)$의 최소값과 최대값을 구하여라.

2.23 2cm 길이의 바늘이 A, B를 끝점으로 하는 12cm 짜리 선 위에서 무작위로 움직인다. 바늘이 선 A, B 사이에서만 움직일 때 바늘이 선의 중심을 덮을 확률은 얼마인가?

2.24 다음과 같은 게임을 한다. 한 사람이 정사각형 $\{(x, y)|0\le x, y\le 1\}$에서 무작위로 한 점을 고른다. 만일 그가 고른 점의 좌표 x, y중에서 적어도 하나가 a보다 크면 그 경기자가 이기게 되는 어떤 수 a가 있다. 게임이 공정하게 되도록 a값을 정하라.

2.25 남녀 각각 20명씩 총 40명으로 구성된 클래스가 있다. 2인 1조를 한 팀으로 하여 같은 과제를 주려고 한다. 40명을 임의로 두 명씩 조를 짤 때 다음 확률을 구하여라.

(1) 모든 조가 동성으로 구성될 확률은?

(2) 모든 조가 남, 여 각 1명씩으로 구성될 확률은?

(3) 남, 여 각 1명씩으로 구성된 조가 4팀이 있을 확률은?

2.26 앞면이 나올 확률이 p, $(0<p<1)$인 동전을 연속하여 던지는 시행을 한다. A_n을 n번째 시행까지에서 적어도 한 번 앞면을 얻는 사상이라 하고 X를 앞면을 얻을 때까지의 총 시행 횟수라고 하자.

(1) $P(A_n)$을 구하여라.

(2) A를 언젠가는 앞면을 얻는 사상이라 할 때 $P(A)$를 $A_n\subset A_{n+1}$과 확률의 연속성의 성질을 이용하여 구하라.

(3) $P(X=k)$를 구하라.

2.27 A, B 두 사람이 테니스 경기를 하다 A는 3번, B는 2번 이긴 상태에서 게임이 중단되었다. 7 게임 중 4게임을 먼저 이기는 사람이 승자가 된다면 A가 이길 확률은 얼마인가?

2.28 A, B를 포함한 N 명을 일렬로 세우는데 A, B 두 사람이 서로 옆에 서게 되는 확률을 구하라.

2.29 n개의 조각으로 이루어진 퍼즐이 있다. 임의로 하나씩 골라 특정 위치에 놓아보고 맞지 않으면 버린다.

(1) k번째에 맞는 조각을 찾을 확률은?

(2) 맞지 않으면 다시 제자리로 돌려놓는 경우 k번째에 맞는 조각을 찾을 확률은?

2.30 수학전공생 10명과 통계전공생 10명으로 구성된 그룹을 10명씩 두 그룹으로 나누어 과제를 주려고 한다. 각 그룹이 수학전공 5명, 통계전공 5명으로 구성될 확률은?

2.31 여학생 a명과 남학생 b명이 임의로 일렬로 섰다(일렬로서 방법은 $(a+b)!$가지이고 각각이 일어날 확률은 같다). i번째 서 있는 사람이 여학생일 확률은?

Chapter 03 조건부 확률과 독립

2장에서 고전적 확률에서부터 공리적 확률에 이르기까지 확률의 일반적인 개념에 대해 알아보았다. $A \subset \Omega$일 때 $P(A)$는 $P(\Omega)=1$을 기준으로 전체 Ω에 대하여 A가 차지하는 부분(proportion, ratio, percentage)이 되겠다. 그러나 때때로 어떠한 사전 정보가 주어지는 경우가 있다. 예를 들어 범죄수사과정에서 피의자의 지문이 현장에서 발견되었다면 피의자가 범인이 될 확률이 크게 증가한다고 볼 수 있다. 혈액검사에서 콜레스테롤 수치가 높으면 고혈압 위험군에 들어갈 확률이 높아진다. 이처럼 사전 정보가 주어졌을 때 A가 일어날 확률은 아무런 정보 없이 구하는 $P(A)$와는 다를 수 있다. 어떠한 사전 정보가 있을 때의 확률을 사전 정보 아래서의 조건부 확률이라 한다. 경우에 따라 주어진 사전 정보가 A가 일어날 확률에 아무런 변화를 주지 않는다면 두 사상은 확률적으로 서로 독립이라 말할 수 있겠다. 이 장에서는 조건부 확률 및 독립과 관련된 내용을 다루고자 한다.

3.1 조건부 확률

조건부 확률의 개념을 파악하기 위하여 몇 가지 예를 먼저 살펴보자.

예 3.1

동전을 세 번 던져 앞면이 두 번 이상 나오면 이기는 게임을 한다고 하자. 이 때 이길 확률은 1/2이다. 처음 던진 결과가 앞면이라는 조건 아래서 게임에서 이길 확률과 뒷면일 때에 게임에서 이기게 될 확률은 각각 얼마인가? 처음 앞면이 나왔다면 나머지 두 번 중 한번만 앞면이 나와도 이기게 되므로 처음 앞면이 나왔을 때 이길 확률은 3/4이 된다. 반면 처음 뒷면이 나온 경우 이기려면 나머지 두 번이 모두 앞면이 나와야 하므로 이길 확률은 1/4이 된다.

예 3.2

나이와 혈압이 관련이 있을 것이라는 예상 아래 자료를 조사하여 다음 표를 얻었다. (가상자료임)

나이＼최고혈압	120미만	120이상 130미만	130이상	합계
30대	12	4	2	18
40대	8	10	6	24
50대	10	24	14	48
합계	30	38	22	90

30대인 사람의 혈압이 130이상일 확률은 1/9=0.11, 50대인 사람의 혈압이 130이상일 확률은 7/24=0.29, 나이에 대한 정보가 없을 때는 혈압이 130이상일 확률은 22/90=0.24가 된다.

■

예 3.3

상자 안에 같은 크기의 카드 3장이 있다. 한 장은 앞뒤 모두가 흰색, 또 한 장은 앞뒤 모두가 검은색, 나머지는 한 면은 검고 다른 한 면은 흰색이다. 임의로 한 장을 꺼내어 책상 위에 놓고 보니 검은색이었다. 선택된 카드의 반대편의 색이 흰색일 확률은 얼마인가 구하여 보자. 각 카드의 색깔을 고려하여 B1/B2, W1/W2, W3/B3로 나타내 보자. 각 면, B1, B2, B3, W1, W2, W3는 책상 위에 나타나는 면이 될 확률이 모두 같다. 책상 위에 나타난 면이 검은색이라면 B1, B2, B3중 하나가 책상 위에 나타난 것이고 뒷면이 흰색이라면 W3/B3 카드에서 B3가 나타나야한다. 따라서 구하는 확률은 1/3이다.

■

혹시 결과가 1/2이라고 생각하는가? 두 풀이의 차이는 무엇인가? 올바른 확률을 구하기 위해서는 표본공간이 무엇인지를 파악하는 것은 중요한 일이다. 이 문제는 다양한 방법으로 답을 낼 수 있다. 어떤 방법이 있는지 생각해 보라.

위의 예에서 보는 바와 같이 사전 정보가 있을 때와 그렇지 않을 때는 같은 사상이라도 확률이 달라진다. 이와 같이 추가적인 정보가 주어졌을 때의 확률을 조건부 확률이라고 한다.

정의 3.1 (조건부 확률)

$P(B)\neq 0$일 때 사상 B를 주어진 조건으로 하는 사상 A의 조건부확률(conditional probability of A given B) $P(A|B)$는 다음과 같이 정의된다.

$$P(A|B) = \frac{P(A\cap B)}{P(B)} \tag{3.1}$$

$P(B)=0$이면 B를 주어진 조건으로 하는 조건부 확률은 정의되지 않는다. (3.1) 식에서 B를 주어진 조건으로 한다는 말은 사상 B를 마치 새로운 표본공간으로 생각하고 $A\cap B$의 확률을 구하는 것과 같다. 당연히 $P(B|B)=1$이 성립한다.

위의 예 3.1에서 $A=$\{앞면이 두 번 이상 나오는 사상\}$=\{\mathrm{HHT, HTH, THH, HHH}\}$, $B=$\{첫 번째 결과가 앞면\}$=\{\mathrm{HHT, HTH, HTT, HHH}\}$라 두면 $P(A)=P(B)=1/2$이고 $P(A\cap B)=P(\{\mathrm{HHT,HTH,HHH}\})=3/8$이므로 $P(A|B)=\dfrac{P(A\cap B)}{P(B)}=\dfrac{3/8}{1/2}=3/4$가 된다.

예 3.3을 (3.1) 식을 이용하여 구하여보자. WW, BB, WB를 각각 양면 모두 흰색, 양면 모두 검은색, 한 면은 희고 한 면은 검은색 카드를 나타낸다고 하자. B를 책상위에 올라온 면이 검은색일 사상이라 하면 구하는 확률은 $P(WB|B)$가 된다. 다음이 성립한다.

$$\begin{aligned} P(WB|B) &= \frac{P(WB\cap B)}{P(B)} \\ &= \frac{P(WB)P(B|WB)}{P(WB)P(B|WB)+P(BB)P(B|BB)+P(WW)P(B|WW)} \\ &= \frac{1/3\cdot 1/2}{1/3\cdot 1/2+1/3\cdot 1+1/3\cdot 0} \\ &= \frac{1/6}{1/6+1/3} \\ &= 1/3 \end{aligned}$$

명제 3.1

조건부 확률도 확률이다. 즉 $P(B)>0$일 때 $P(\cdot|B)$는 Ω의 부분집합 위에서 정의되는 집합함수로 확률의 정의에서의 공리 1, 공리 2, 공리 3을 모두 만족한다.

증명 $P(A|B)=\dfrac{P(A\cap B)}{P(B)}\geq 0,\ \forall A\subset\Omega$

특히 $A=\Omega$이면 $P(\Omega|B)=\dfrac{P(B)}{P(B)}=1$이다.

다음으로 $A_1,\ A_2,\ \cdots$이 서로 배반사상이면 다음이 성립한다.

$$P(\cup_{i=1}^{\infty}A_i|B)=\frac{P((\cup_{i=1}^{\infty}A_i)\cap B)}{P(B)}=\frac{P(\cup_{i=1}^{\infty}(A_i\cap B))}{P(B)}$$
$$=\sum_{i=1}^{\infty}\frac{P(A_i\cap B)}{P(B)}$$
$$=\sum_{i=1}^{\infty}P(A_i|B)$$

위 식의 세 번째 등식은 $\{A_i\}$이 배반사상이면 $\{A_i\cap B\}$도 배반사상이기 때문에 공리3에 의해 성립한다. 따라서 $P(\cdot|B)$은 공리1-공리3을 만족하므로 확률이 된다.

$Q(\cdot)=P(\cdot|B)$ 라 두면 Q는 B가 일어날 확률이 1이 되는 Ω 위에서 정의되는 새로운 확률이다.

(3.1) 식의 양변에 $P(B)$를 곱하면 다음 식을 얻는다.

$$P(A\cap B)=P(B)P(A|B) \tag{3.2}$$

(3.2) 식의 좌변은 A 와 B를 바꾸어도 같으므로 $P(A\cap B)=P(A)P(B|A)$도 성립한다. 이는 교집합의 확률을 구할 때 유용하게 이용될 수 있다.

예제 3.1

어떤 시스템을 작동케 하는 두개의 부품이 있다. 일정기간 동안 부품1이 고장 날 확률은 0.1, 부품1이 작동하는 상태에서 부품2가 고장 날 확률은 0.02, 부품1이 고장 난 상태에서 부품2가 고장 날 확률은 0.15이다. 적어도 하나가 고장일 확률과 정확히 하나가 고장일 확률을 구하라.

풀이 P(적어도 하나의 부품이 고장)

$=1-P$ (두 부품 모두 작동)

$=1-P$(부품1 작동) P(부품2 작동 | 부품1 작동)

$=1-(0.9)(1-0.02)$

$=0.118$

$$
\begin{aligned}
P(\text{하나의 부품만 고장}) &= P(\text{부품1 작동, 부품2 고장}) + P(\text{부품1 고장, 부품2 작동}) \\
&= P(\text{부품1 작동})P(\text{부품2 고장} \mid \text{부품1 작동}) + \\
&\quad\ P(\text{부품1 고장})\ P(\text{부품2 작동} \mid \text{부품1 고장}) \\
&= (0.9)(0.02) + (0.1)(1 - 0.15) \\
&= 0.103.
\end{aligned}
$$

여기서 $P(A|B) = 1 - P(A^c|B)$ 임을 이용하였다.

■

(3.2) 식을 두 번 적용하면 다음을 얻는다.

$$P(A \cap B \cap C) = P(B \cap C)P(A|B \cap C) = P(C)P(B|C)P(A|B \cap C)$$

이는 다음과 같이 일반화 할 수 있다.

명제 3.2 (확률의 곱법칙)

$$P(A_1 \cap A_2 \cap \cdots \cap A_n) = P(A_1)P(A_2|A_1)P(A_3|A_1 \cap A_2) \cdots P(A_n|A_1 \cap \cdots \cap A_{n-1})$$

예제 3.2

전염병 전파나 대규모 공장 시설에서의 사고와 관련된 문제를 연구하기 위한 모형의 하나로 다음과 같은 Pólya's urn model을 들 수 있다. b개의 검은 공과 r개의 붉은 공이 들어있는 항아리에서 임의로 하나를 꺼내어 색깔을 확인하고 같은 색의 공을 c개 더 추가하여 항아리에 넣는다. 이와 같은 과정을 세 번 반복했을 때 첫 번째, 두 번째는 검은 공을 세 번째는 붉은 공을 꺼낼 확률을 구하여라.

풀이 첫 번째 검은 공을 꺼내는 사상을 B_1, 두 번째 검은 공을 꺼내는 사상을 B_2 그리고 마지막으로 붉은 공을 꺼내는 사상을 R_3라 했을 때 구하는 확률은 $P(B_1 \cap B_2 \cap R_3)$ 이다. 이 때

$$P(B_1) = \frac{b}{b+r},\quad P(B_2|B_1) = \frac{b+c}{b+r+c},$$

그리고 $P(R_3|B_1 \cap B_2) = \dfrac{r}{b+r+2c}$.

따라서 구하는 확률은 다음과 같다.

$$P(B_1 \cap B_2 \cap R_3) = P(B_1)P(B_2|B_1)P(R_3|B_1 \cap B_2)$$
$$= (\frac{b}{b+r})(\frac{b+c}{b+r+c})(\frac{r}{b+r+2c})$$

■

A 와 A^c는 전체집합 Ω를 분할한다. 따라서 $B = (B \cap A) \cup (B \cap A^c)$이며 오른쪽 항의 두 사상은 서로배반이므로 다음이 성립한다.

$$P(B) = P(B \cap A) + P(B \cap A^c)$$
$$= P(A)P(B|A) + P(A^c)P(B|A^c) \tag{3.3}$$

예제 3.3

GG 손해보험회사에서는 과거의 자료에 근거하여 새로이 계약하고자 하는 고객을 사고 성향이 높은 그룹과 그렇지 않은 그룹의 두 그룹으로 나눈다. 사고 성향이 높은 그룹에 속하는 계약자가 1년 동안 사고를 일으킬 확률은 0.2이고 사고 성향이 낮은 그룹에 속하는 계약자가 1년 내에 사고를 일으킬 확률은 0.05이다. 전체 계약자의 25%가 사고 성향이 높은 그룹에 속한다고 할 때 새로운 계약자가 1년 이내에 사고를 일으킬 확률은 얼마인가?

풀이 새로운 계약자가 사고 성향이 높은 그룹에 들어가는 사상을 A, 일 년 이내 사고를 일으키는 사상을 B라 하면 구하는 확률은 $P(B)$이다. 여기서 (3.3) 식을 이용하면
$P(B) = P(B|A)P(A) + P(B|A^c)P(A^c) = (0.25 \times 0.2) + (0.75 \times 0.05) = 0.0875$

■

보통 젊은 운전자들은 자동차 보험을 들 때 더 많은 보험료를 내곤 한다. 그 이유는 P(보험청구 | 젊은 운전자) >>P(보험청구)이기 때문이다. 이는 마치 생명보험료가 나이 든 사람에게 더 비싼 이유와 같다.

(3.3) 식을 일반화하여 다음을 얻는다.

명제 3.3 총확률(total probability)

$B_1, B_2, \cdots, B_n$이 Ω의 분할이고 $P(B_i) > 0 \ (i = 1, 2, \cdots, n)$이면 다음이 성립한다.

$$P(A) = \sum_{i=1}^{n} P(A \cap B_i) = \sum_{i=1}^{n} P(B_i)P(A|B_i) \tag{3.4}$$

증명
$$\begin{aligned} P(A) &= P(A \cap \Omega) \\ &= P(A \cap (\cup_{i=1}^{n} B_i)) \\ &= P(\cup_{i=1}^{n}(A \cap B_i)) \\ &= \sum_{i=1}^{n} P(A \cap B_i) \\ &= \sum_{i=1}^{n} P(B_i)P(A|B_i) \end{aligned}$$

세 번째 등식은 (1.1)의 분배법칙에 의해 성립하고 네 번째 등식은 예1.1에서 보여준 바와 같이 $\{A \cap B_i\}, i = 1, 2, \cdots, n$ 은 A의 분할이 되므로 성립한다.

예제 3.4

어떤 주유소에서는 고객의 20%가 경유를 주유하고 65%는 일반휘발유를 그리고 15%는 고급휘발유를 주유한다. 경유를 주유하는 고객의 30%, 일반휘발유를 주유하는 고객의 60% 그리고 고급휘발유를 주유하는 고객의 50%가 가득 채운다.

(1) 다음 고객이 경유를 가득 주유할 확률을 구하라.

(2) 다음 고객이 가득 채울 확률을 구하라.

풀이 (1) P(경유를 가득 주유)$=P$(경유 주유) P(가득 채운다 | 경유 주유)

$=(0.2)(0.3)=0.06$

(2) P(가득 채운다)$=P$(경유 주유)P(가득 채운다 | 경유 주유)

$+P$(일반휘발유 주유)P(가득 채운다 | 일반휘발유 주유)

$+P$(고급휘발유 주유)P(가득 채운다 | 고급휘발유 주유)

$=(0.2)(0.3) + (0.65)(0.6) + (0.15)(0.5)$

$= 0.525$

■

베르누이 시행의 결과 발생하는 어떤 사상의 확률을 구할 때 첫 시행의 결과를 조건으로 두는 조건부 확률을 이용하면 때로는 매우 효율적으로 원하는 확률을 구할 수 있다. 다음 예제를 보자.

예제 3.5

앞면이 나올 확률이 p인 동전을 던지는 게임을 한다. 짝수 번째 시행에서 처음으로 앞면을 얻게 될 확률을 구하여라.

풀이 E를 $2n,\ n=1,\ 2,\ \cdots$ 번째에서 처음으로 앞면을 얻게 되는 사상이라 두고 두 가지 방법으로 풀어보자.

(방법 1) $(2n-1)$번의 뒷면이 나온 후 $2n$번째에서 처음으로 앞면이 나올 확률은 $q^{2n-1}p$이다. 따라서 구하는 확률 $P(E)$는 다음과 같다.

$$P(E)=\sum_{n=1}^{\infty}q^{2n-1}p=\frac{q}{1+q}$$

(방법 2) 이번에는 조건부 확률을 이용하여 풀어보자.

첫 번째 시행을 결과를 조건으로 두면 다음과 같이 쓸 수 있다.

$$P(E)=P(E|H)P(H)+P(E|T)P(T)$$

여기서 $P(E|H)=0$이다. 이유는 처음에 앞면이 나왔기 때문에 짝수 번째에 처음으로 앞면이 나올 확률은 0이기 때문이다. 처음 시행의 결과가 뒷면이 나왔다면 두 번째 시행을 시작점으로 생각하면 E 가 일어난다는 것은 홀수 번째에 처음으로 앞면을 얻는 결과와 같게 된다. 따라서 $P(E|T)=P(E^c)=1-P(E)$가 된다. 따라서 $P(E)=(1-P(E))q$, 즉 $P(E)=\dfrac{q}{1+q}$가 되어 방법 1의 결과와 일치한다.

■

예제 3.6

주사위를 반복해서 던진다. 홀수 번째에 처음으로 6의 눈을 얻게 될 확률을 구하라.

풀이 A를 홀수 번째 시행에서 처음으로 6의 눈을 얻는 사상이라 하고 S를 첫 시행에서 6의 눈이 나오는 사상이라 하자. 첫 번째 시행의 결과를 조건으로 하는 조건부 확률과 총 확률 공식을 쓰면 다음을 얻는다. $P(A)=P(A|S)\dfrac{1}{6}+P(A|S^c)\dfrac{5}{6}$

여기서 $P(A|S)=1$이고 $P(A|S^c)=1-P(A)$이다. 왜냐하면 첫 시행에서 S^c을 얻었다면 두 번째 이후 짝수 번째에 S를 얻는 것이 결국 홀수 번째에 S를 얻는 것이 되기 때문이다. 이를 위 식에 대입하면

$$P(A)=P(A|S)\frac{1}{6}+P(A|S^c)\frac{5}{6}=1\times\frac{1}{6}+(1-P(A))\frac{5}{6}$$

따라서 $P(A) = \frac{6}{11}$ 이다.

조건부 확률을 이용하지 않은 일반적인 풀이는 다음과 같다.

$$\begin{aligned} P(A) &= \frac{1}{6} + (\frac{5}{6})^2 \frac{1}{6} + (\frac{5}{6})^4 \frac{1}{6} + \cdots \\ &= \frac{1}{6}(1 + (\frac{5}{6})^2 + (\frac{5}{6})^4 + \cdots) \\ &= \frac{1}{6} \frac{1}{(1-(5/6)^2)} = \frac{6}{11} \end{aligned}$$

■

조금 더 복잡한 문제를 생각해보자.

예제 3.7

이기면 +1점 , 지면 -1점을 받는다. 각 게임에서 이길 확률은 1/2이고 0점이 되거나 5점이 되면 게임은 끝난다. 2점에서 시작한 참가자가 5점으로 게임을 끝마칠 확률을 구하여라.

풀이 구하고자 하는 확률을 가능한 결과들을 늘어놓는 방법으로 구하기는 쉽지 않다. $\alpha_n = P(n$에서 시작해서 5점으로 게임을 끝내는 사상)이라 두고 첫 시행의 결과를 조건부로 두면 다음 식을 얻는다.

$$\alpha_n = \frac{1}{2}\alpha_{n+1} + \frac{1}{2}\alpha_{n-1},\ 1 \le n \le 4,\ \alpha_0 = 0,\ \alpha_5 = 1$$

따라서

$$\alpha_{n+1} = 2\alpha_n - \alpha_{n-1},\ n = 1, 2, 3, 4$$

이를 정리하면 $\alpha_2 = 2\alpha_1,\ \alpha_3 = 3\alpha_1,\ \alpha_4 = 4\alpha_1,\ \alpha_5 = 5\alpha_1 = 1$ 즉 $\alpha_1 = \frac{1}{5}$ 이고 $\alpha_n = \frac{n}{5},\ n = 1, 2, 3, 4, 5$. 따라서 구하는 확률 $\alpha_2 = \frac{2}{5}$ 이다.

반대로 $\beta_n = P(n$에서 시작해서 0 점으로 게임을 끝내는 사상)이라 두면 $\beta_0 = 1$ 이고 $\beta_n = 1 - \frac{n}{5},\ n = 1, 2, 3, 4, 5$ 가 된다. 이를 확인해 보라.

■

첫 시행의 결과를 조건으로 주는 풀이 방법이 매우 효과적인 예로 대표적인 문제가 위 예제를 일반화한 도박꾼 파산문제(Gambler's ruin problem) 가 있다. 이는 연습문제 3.8에서 생각해 보도록 하자.

조건부 확률을 구할 때 다음의 베이즈공식을 이용하면 편리할 때가 많다.

명제 3.4 베이즈 공식(Bayes's formula)

$B_1, B_2, \cdots, B_n$이 Ω의 분할이고 $P(B_i) > 0 (i = 1, 2, \cdots, n)$이다. $P(A) > 0$일 때 $P(B_j|A)$는 다음과 같이 구할 수 있다.

$$P(B_j|A) = \frac{P(B_j \cap A)}{P(A)} = \frac{P(B_j)P(A|B_j)}{\sum_{i=1}^{n} P(B_i)P(A|B_i)}$$

증명 명제 3.3의 총 확률 공식과 $P(A \cap B) = P(B)P(A|B)$을 이용하면 바로 증명된다.

예제 3.8

예제 3.4에서 가득 채우고 떠나는 고객이 고급휘발유를 넣었을 확률을 구하라.

풀이 P(고급휘발유 주유 | 가득 채운다)를 구하는 문제로 베이즈 정리를 이용하면 쉽게 구할 수 있다.

P(고급휘발유 주유 | 가득 채운다)= P(고급휘발유를 가득 채운다)/P(가득 채운다)

= P(고급휘발유 주유) P(가득 채운다 | 고급휘발유 주유)/P(가득 채운다)

= (0.15)(0.5) / 0.525

=0.14286

■

예제 3.9

예제 3.3에서 1년 동안 사고를 일으켰던 계약자가 다음해에 다시 사고를 일으킬 확률은?

풀이 먼저 1년 내에 사고를 일으킨 계약자가 사고 성향에 들어갈 확률을 구해보자.

$$P(A|B) = \frac{P(A)P(B|A)}{P(B)} = \frac{0.25 \times 0.2}{0.0875} = \frac{4}{7}$$

따라서 첫 해에 사고를 낸 계약자가 사고 성향에 들어갈 확률은 $\frac{4}{7}$로 0.25 보다 훨씬 커졌다. 첫 해에 사고를 낸 계약자가 두 번째 해에 또 사고를 일으킬 확률은 다음과 같다.

$$\frac{4}{7}\times 0.2+\frac{3}{7}\times 0.05=\frac{19}{140}$$

위 확률을 다음과 같이 구해보자.

C를 두 번째 해에 사고를 일으키는 사상이라 두면 구하는 확률은 $P(C|B)$가 된다.

$$\begin{aligned}P(C\cap B)&=P(A)P(C\cap B|A)+P(A^c)P(C\cap B|A^c)\\&=P(A)P(B|A)P(C|A\cap B)+P(A^c)P(B|A^c)P(C|A^c\cap B)\\&=0.25\times 0.2\times 0.2+0.75\times 0.05\times 0.05=0.011875\end{aligned}$$

위의 두 번째 등식은 다음 관계식에 의해 성립한다.

$$\begin{aligned}P(C\cap B\mid A)&=\frac{P(A\cap B\cap C)}{P(A)}\\&=\frac{P(A\cap B)}{P(A)}\times\frac{P(A\cap B\cap C)}{P(A\cap B)}\\&=P(B\mid A)P(C\mid A\cap B)\end{aligned}$$

또한 $P(C\mid A\cap B)=0.2$, 즉 사고성향이 높은 그룹에 속하는 계약자가 두 번째 해에 사고를 일으킬 확률은 첫 해에 사고를 일으킬 확률과 마찬가지로 0.2가 된다. 따라서 구하는 확률은

$$P(C\mid B)=\frac{P(C\cap B)}{P(B)}=\frac{0.011875}{0.0875}=\frac{19}{140}.$$

두 방법에 의한 답이 일치함을 볼 수 있다. ■

3.2 사상의 독립

동전을 세 번 던져서 세 번 모두 같은 결과가 나오는 사상을 A 라 하고 최대 한번의 앞면이 나오는 사상을 B 라 하면 $A=\{\text{HHH, TTT}\}$ 가 되고 $B=\{\text{TTT, HTT, THT, TTH}\}$ 이다. 여기서 B 조건 아래서의 A의 조건부 확률을 구해보면 다음과 같다.

$$P(A|B)=P(A\cap B)/P(B)=1/4=P(A)$$

이는 B 조건 아래서의 A의 확률은 조건 없는 A의 확률과 같음을 보여준다.

위의 예에서와 같이 $P(A|B)=P(A)$ 즉 사상 B 가 주어진 조건 아래서의 A의 조건

부 확률이 조건 없이 구한 A의 확률 $P(A)$와 같다면 (3.1) 식은 다음과 같게 된다.

$$P(A \cap B) = P(A \mid B)P(B) = P(A)P(B) \tag{3.5}$$

(3.5) 식이 성립할 때 두 사상 A와 B는 확률적으로 서로 독립(independent)이 된다. 즉 A 와 B 가 서로 독립이라는 의미는 A의 확률은 B의 성립 여부와는 상관없이 결정된다는 말이다. 물론 이 때 B의 확률도 A 조건의 만족 여부와 상관없이 결정된다.

정의 3.2 (두 사상의 독립)

다음 관계식을 만족하면 두 사상 A와 B는 서로 독립이라고 말한다.

$$P(A \cap B) = P(A)P(B)$$

예제 3.10

A와 B가 서로 독립이면 A와 B^c도 서로 독립이다. 이를 증명하라.

풀이
$$\begin{aligned} P(A \cap B^c) &= P(A) - P(A \cap B) \\ &= P(A) - P(A)P(B) = P(A)(1 - P(B)) = P(A)P(B^c) \end{aligned}$$

■

예제 3.10의 결과를 이용하면 A와 B가 서로 독립이면 A^c와 B^c도 서로 독립임을 쉽게 파악 할 수 있다. 또한 $P(A|B) = P(A|B^c)$도 성립한다.

세 개 이상의 사상에 대한 독립을 정의하기 위하여 먼저 다음 예를 살펴보자.

예 3.4

동전을 두 번 던져 얻은 결과는 $\Omega = \{\mathrm{HH, HT, TH, TT}\}$이다. A는 두 결과가 같은 집합, B는 첫 번째 결과가 H, C는 두 번째 결과가 H인 집합이다. 즉

$$A = \{HH,\ TT\},\ B = \{HH,\ HT\},\ C = \{HH,\ TH\}$$

다음이 성립한다.

$$P(A \cap B) = P(\{HH\}) = 1/4 = (1/2)(1/2) = P(A)P(B)$$
$$P(A \cap C) = P(\{HH\}) = 1/4 = (1/2)(1/2) = P(A)P(C)$$

$$P(B\cap C) = P(\{HH\}) = 1/4 = (1/2)(1/2) = P(B)P(C)$$

그러나

$$P(A\cap B\cap C) = P(\{HH\}) = 1/4 \neq (1/2)(1/2)(1/2) = P(A)P(B)P(C)$$

■

위 예 3.4에서 보는 바와 같이 세 개 이상의 사상의 독립은 2개씩 짝지은 쌍들이 서로 독립 (이 때는 pairwise independent라고 부른다)이어야 함은 물론 세 개 이상의 사상의 교집합의 확률이 각각의 확률의 곱이 된다는 조건도 따로 요구된다. 일반적으로 다음과 같이 정의한다.

정의 3.3 (세 개 이상의 사상의 독립)

$A_1, A_2, \cdots, A_n$이 다음 조건을 만족하면 (서로)독립 (mutually independent)이라고 한다.
임의의 k, $0 < k \le n$, $\{i_1, i_2, \cdots, i_k\} \subset \{1, 2, \cdots, n\}$에 대해서

$$P(A_{i_1}\cap A_{i_2}\cap \cdots \cap A_{i_k}) = P(A_{i_1})P(A_{i_2})\cdots P(A_{i_k})$$

예제 3.11

두 개의 검은색과 흰색 주사위를 던져서 나온 결과를 보았다.
$A=$ 검은색 주사위의 눈의 수가 짝수
$B=$ 흰색 주사위의 눈의 수가 짝수
$C=$ 두 주사위의 눈의 수의 합이 짝수
이 때 사상 A, B, C는 짝으로는 독립(pairwise independent)이나 독립 (mutually independent)은 아님을 보여라.

풀이 $P(A) = P(B) = P(C) = 1/2$
$P(A\cap B) = P(A\cap C) = P(B\cap C) = 1/4$
반면 $P(A\cap B\cap C) = 1/4 \neq P(A)P(B)P(C)$.

■

이번에는 예제 3.11에서 다음과 같이 세 사상을 정의하자.

$D=$ 검은색 주사위의 눈의 수가 1, 2, 3

$E=$ 검은색 주사위의 눈의 수가 3, 4, 5

$F=$ 두 주사위의 눈의 합이 5

이 때 $P(D\cap E\cap F)=P(D)P(E)P(F)$가 성립하나

$$P(D\cap F)=1/12\neq 1/18=P(D)P(F)$$

이므로 D, E, F는 서로 독립이 아니다.

예제 3.12

세 사상 A, B, C 가 서로 독립이면 $P(A^c\cap B^c\cap C)=P(A^c)P(B^c)P(C)$ 임을 보여라.

풀이 A, B가 서로 독립이면 A^c 와 B, A^c 와 B^c가 서로 독립이다(예제 3.10).
또한 $A\cup B$ 와 C가 서로 독립임을 보이자.

$$\begin{aligned} P((A\cup B)\cap C) &= P((A\cap C)\cup(B\cap C)) \\ &= P(A\cap C)+P(B\cap C)-P(A\cap B\cap C) \\ &= P(A)P(C)+P(B)P(C)-P(A)P(B)P(C) \\ &= (P(A)+P(B)-P(A)P(B))P(C) \\ &= P(A\cup B)P(C) \end{aligned}$$

따라서 $(A\cup B)$와 C가 서로 독립이므로 $(A\cup B)^c=A^c\cap B^c$와 C는 서로 독립이다. 따라서 $P(A^c\cap B^c\cap C)=P(A^c\cap B^c)P(C)=P(A^c)P(B^c)P(C)$이다. ■

위의 예제를 일반화하면 다음을 얻는다.

$A_1, A_2, \cdots, A_n$이 서로 독립이면 $A_1, A_2, \cdots, A_n$의 어떤 부분집합들로 만들어진 모든 집합은 나머지 부분집합들로 만들어진 모든 집합과 독립이 된다.

예를 들어 $A_1, A_2, \cdots, A_5$이 서로 독립이면 $A_1\cap A_3^c$는 $A_2\cup A_4\cap A_5$와 서로 독립이다.

예제 3.13

(회로문제) 회로에서 각 단자 1, 2, ⋯, 5가 닫힐 확률은 p_i, $i=1, 2, \cdots, 5$이고 각 단자가 닫히는지의 여부는 서로 독립적이다.

(1) 5개의 단자가 직렬(series system)로 연결되어 있으면 모든 단자가 닫혀있어야 시스템이 작동한다. 작동할 확률을 구하라.

(2) 5개의 단자가 병렬(parallel system)로 연결되어 있을 때는 5개의 단자중 하나만 닫혀있어도 시스템이 작동한다. 작동할 확률을 구하라.

(3) 5개의 단자가 연결된 회로가 다음 그림과 같을 때 S 지점을 흐르는 전류가 T지점을 통과할 확률을 구하여라.

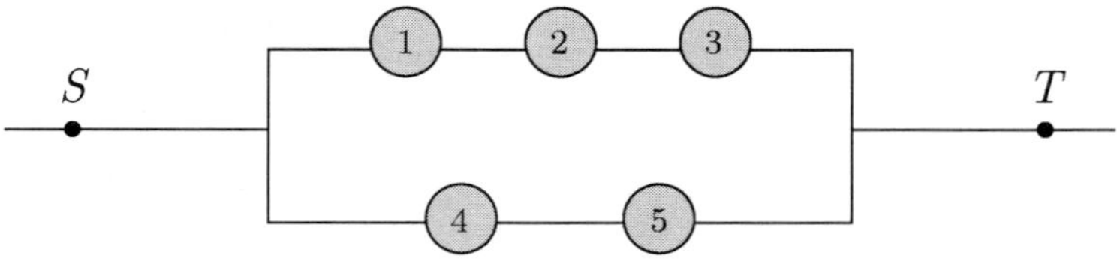

풀이 지점 1, 2, ..., 5가 닫히는 사상을 각각 $A_1, A_2, \cdots, A_5$라 하자.

(1) 구하는 확률은 $P(\bigcap_{i=1}^{5} A_i) = \prod_{i=1}^{5} p_i$

(2) 구하는 확률은 $P(\bigcup_{i=1}^{5} A_i) = 1 - P(\bigcap_{i=1}^{5} A_i^c) = 1 - \prod_{i=1}^{5}(1-p_i)$

(3) 회로가 위 그림과 같으면 구하는 확률은 $P((A_1 \cap A_2 \cap A_3) \cup (A_4 \cap A_5))$이 된다. 따라서 독립성과 확률의 성질을 이용하면 다음을 얻는다.

$$P((A_1 \cap A_2 \cap A_3) \cup (A_4 \cap A_5))$$
$$= P(A_1 \cap A_2 \cap A_3) + P(A_4 \cap A_5) - P(A_1 \cap \cdots \cap A_5)$$
$$= p_1p_2p_3 + p_4p_5 - p_1p_2p_3p_4p_5$$

■

예제 3.14

경마게임에 4번 연속해서 판돈을 걸었다. 각 게임에서 선택한 말이 이길 확률은 각각 p_1, p_2, p_3, p_4이다. 적어도 한번 이길 확률, 모두 질 확률, 두 번 이상 이길 확률을 구하라. 각 경기의 결과는 서로 독립적이라 가정한다.

풀이 A_i, $i = 1, 2, 3, 4$를 각 게임에서 이기는 사상을 나타낸다고 하자.

$$P(\text{모든 게임에서 진다}) = P(A_1^c \cap A_2^c \cap A_3^c \cap A_4^c) = P(A_1^c) \cdots P(A_4^c)$$
$$= (1-p_1)(1-p_2)(1-p_3)(1-p_4)$$

P(적어도 한번 이기는 사상)$=1-P$(모든 게임에서 진다)

또는 P(적어도 한번 이기는 사상)$=P(A_1 \cup A_2 \cup A_3 \cup A_4)$를 확률의 합-차공식 (inclusion-exclusion formula)를 이용하여 구할 수도 있다. 이 경우 두 값이 일치하는지 확인하라. 끝으로

P(두 번 이상 이긴다)$=1-P$(모두 진다)$-P$(한 번만 이긴다). 그리고

$$\begin{aligned} P(\text{한 번만 이긴다}) &= P(A_1 \cap A_2^c \cap A_3^c \cap A_4^c) + P(A_1^c \cap A_2 \cap A_3^c \cap A_4^c) \\ &\quad + P(A_1^c \cap A_2^c \cap A_3 \cap A_4^c) + P(A_1^c \cap A_2^c \cap A_3^c \cap A_4) \\ &= p_1(1-p_2)(1-p_3)(1-p_4) + (1-p_1)p_2(1-p_3)(1-p_4) \\ &\quad + (1-p_1)(1-p_2)p_3(1-p_4) + (1-p_1)(1-p_2)(1-p_3)p_4 \end{aligned}$$

■

예제 3.15

m개의 면을 가지고 있는 주사위 (각 면이 나타날 확률은 $1/m$)를 r번 던졌다. 각 면이 적어도 한번 이상 나타날 확률은 얼마인가?

풀이 A_i $=$ r번의 시행에서 i번째 면이 나타나지 않는 사상이라 할 때 2장의 확률의 합-차 공식(inclusion-exclusion formula)를 이용하면 구하는 확률 a는 다음과 같다.

$$\begin{aligned} a &= 1 - P(A_1 \cup A_2 \cup \cdots \cup A_m) \\ &= 1 - \sum_{i=1}^{m} P(A_i) + \sum_{i<j} P(A_i \cap A_j) - \cdots + (-1)^m P(A_1 \cap A_2 \cap \cdots \cap A_m) \end{aligned}$$

이 때 대칭성 및 독립성을 이용하면 다음이 성립한다.

$$P(A_i) = P(A_j) = (1-\frac{1}{m})^r,\ P(A_i \cap A_j) = P(A_k \cap A_l) = (1-\frac{2}{m})^r \cdots$$

따라서 구하는 확률은 다음과 같다.

$$\begin{aligned} a &= 1 - \binom{m}{1}(1-\frac{1}{m})^r + \binom{m}{2}(1-\frac{2}{m})^r - \binom{m}{3}(1-\frac{3}{m})^r \\ &\quad + \cdots + (-1)^{m-1}\binom{m}{m-1}(1-\frac{m-1}{m})^r \\ &= \sum_{k=0}^{m-1} (-1)^k \binom{m}{k}(1-\frac{k}{m})^r \end{aligned}$$

■

이번에는 A_i를 i번째 면이 나타나는 사상이라고 두고 풀이를 생각해 보라.

위의 예제는 소위 쿠폰 모으기 문제(coupon collecting problems)와 같다. 즉 N가지의 서로 다른 쿠폰이 있을 때 각 쿠폰을 얻게 될 확률이 서로 동등하고 독립적이라면 N가지 쿠폰을 적어도 한 개 이상 모으기 위해서 필요한 쿠폰 수가 n보다 클 확률을 구하여 보자.

$A_i(i=1,\ 2,\ \cdots,\ N)$를 n개의 쿠폰 중에 i번째 쿠폰이 없는 사상이라 하면 구하는 확률 P(필요한 쿠폰 수가 n개 보다 크다)= $P(\bigcup_{i=1}^{N} A_i)$가 되고 이를 구하기 위해 확률의 합차 공식을 쓰면 된다. 연습문제 3.5에서 구해보도록 하자.

끝으로 독립과 서로 배반사상과의 관계를 생각해 보자. 두 사상 A, B가 서로 배반사상이면 $A \cap B = \varnothing$이 된다. 따라서 $P(A \cap B) = P(\varnothing) = 0$이다. 한편 A, B가 서로 독립이라면 $P(A \cap B) = P(A)P(B)$가 성립해야하므로 서로 배반이면서 독립이 되기 위해서는 $P(A) = 0$ 또는 $P(B) = 0$이 되어야 한다. 다시 말해서 $P(A) > 0$이고 $P(B) > 0$이면서 동시에 독립이고 또한 서로 배반사상이 되는 경우는 일어나지 않는다.

연습문제 A Exercises

3.1 $P(A|B) > P(A)$이면 $P(B|A) > P(B)$ 과 $P(A^c|B) < P(A^c)$ 도 만족함을 보여라.

풀이 $P(A|B) > P(A)$이면 $P(A \cap B) > P(A)P(B)$ 따라서 양변을 $P(A)$로 나누면 $P(B|A) > P(B)$를 얻는다. 또한

$$P(A^c|B) = \frac{P(A^c \cap B)}{P(B)}$$
$$= \frac{P(B) - P(A \cap B)}{P(B)} < \frac{P(B) - P(A)P(B)}{P(B)} = P(A^c)$$

3.2 A가 자기 자신과 독립이면 $P(A) = 0$ 또는 $P(A) = 1$이다. 이유는?

풀이 $P(A) = P(A \cap A) = P(A)P(A)$ 따라서 $P(A) = 0$ 또는 $P(A) = 1$.

3.3 (Monty Hall problem) 미국의 "Let's Make a Deal"이라는 TV 프로그램의 사회자 이름을 딴 문제이다. 세 개의 문이 있고 세 개 중 하나의 문 뒤에는 고급 승용차가 있고 나머지 두 개의 문 뒤에는 염소가 있다. 사회자는 출연자에게 세 개의 문 중 하나를 고르게 하고 나머지 두 문 중 염소가 있는 문을 열어 보여 준 뒤 출연자에게 본인의 선택을 바꿀 수 있는 기회를 준다. 바꾸는 것이 유리한가?

풀이 먼저 베이즈 공식을 이용하여 구해보자. 출연자는 1번 문을 선택했고 사회자는 3번 문을 보여 주었을 때 2번 문 뒤에 승용차가 있을 확률을 구해보자. A=승용차가 있는 문 번호, B=출연자가 선택한 번호, C=사회자가 보여준 문 번호일 때 구하는 확률은 $P(A = 2|B = 1, C = 3)$이 된다. 베이즈 공식에 의하면 다음이 된다.

$$P(A = 2|B = 1, C = 3) = \frac{P(A = 2, B = 1, C = 3)}{P(B = 1, C = 3)}$$
$$= \frac{P(C = 3|A = 2, B = 1)P(A = 2|B = 1)}{P(C = 3|B = 1)}$$

따라서 구하는 확률은

$$P(A = 2|B = 1, C = 3) = \frac{1 \times 1/3}{1/2 \times 1/3 + 1 \times 1/3 + 0 \times 1/3} = 2/3$$

이를 다음과 같은 방법으로 생각해 보자.

세 문중 하나의 문 뒤에 승용차가 있으므로 처음 하나를 임의로 골랐을 때 승용차가 있는 문을 선택할 확률은 1/3이고 선택을 바꾸지 않는다면 승용차를 선택

할 확률은 1/3 그대로 있게 된다. 나머지 두 문 중 하나에 승용차가 있을 확률은 2/3일 것이고 이중 염소가 있는 문을 보여주었으므로 나머지 문에 승용차가 있을 확률의 합은 2/3이 되어 바꾸는 것이 유리하다.
다음과 같은 나무그림을 이용하는 방법도 있다.
참가자가 선택한 문은 문1일 때 다음과 같이 나무그림을 그릴 수 있다.

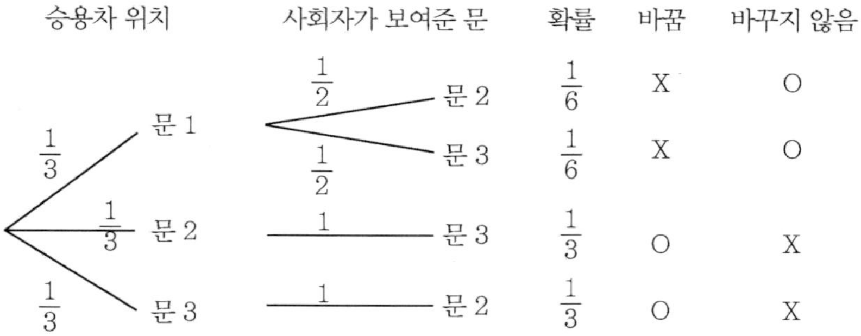

따라서 바꾸지 않을 경우 승용차를 탈 확률이 1/3인 반면 바꾸면 1/3+1/3=2/3가 된다.

3.4 2010 국민건강영양조사에 의하면 설문조사에 의한 여성 흡연률은 5%, 코티닌 (혈액 속 니코틴의 대사산물, 담배로 인한 것이라고 보면 된다고 함) 조사에 의한 흡연률은 25%에 달한다고 한다. 이처럼 설문조사 시 대답하기 꺼리거나 숨기고 싶은 내용에 대해서 질문할 때는 특별한 설계가 필요하다고 볼 수 있다.
설문조사할 때 대답하기 곤란한 질문들은 두 단계로 대답할 수 있도록 하여 보다 솔직한 답변을 하도록 유도한다. 예를 들어 학생에게 부정을 저지른 적이 있느냐 하는 질문을 할 때 이를 직접적으로 물어보지 않고 일단 동전을 던져서 앞면이 나오면 부정한 적이 있으면 "예" 없으면 "아니오" 라고 답하게 하고 뒷면이 나오면 "예"라고 답하도록 하면 "예" 라는 답변이 부정해서 "예"가 되었는지 아니면 동전의 뒷면을 얻어 "예"가 되었는지 조사자는 모르기 때문에 솔직한 답변을 유도 할 수 있다. 위와 같은 상황에서 부정을 저지를 확률은 a, "예"라고 답한 사람 중에서 실제 부정을 저지를 확률은 b라고 했을 때 a와 b의 관계식을 찾아라.

풀이 앞 면(H) - 부정을 저지른 적 있으면 "예"라고 대답
- 부정을 저지른 적 없으면 "아니오"라고 대답

뒷 면(T) - 무조건 "예"라고 대답 : $P(예|T)=1$

$a=P(부정)$: 부정을 저지를 확률

$b=P(부정|예)$: "예"라고 답한 사람 중 실제 부정을 저지를 확률

P(예|부정)$=1$: 두 단계 설계를 통해 솔직한 답변을 유도한다고 했으므로, 부정을 저지른 사람은 솔직하게 "예"라고 대답한다고 가정한다.

$$b=P(\text{부정}|\text{예})=\frac{P(\text{예}\cap\text{부정})}{P(\text{예})}=\frac{P(\text{부정})P(\text{예}|\text{부정})}{P(H\cap\text{예})+P(T\cap\text{예})}$$

$$=\frac{a\cdot 1}{P(H)P(\text{예}|H)+P(T)P(\text{예}|T)}=\frac{a}{\frac{1}{2}a+\frac{1}{2}}$$

3.5 N 가지의 서로 다른 쿠폰이 있을 때 각 쿠폰을 얻게 될 확률이 서로 동등하고 독립적이라면 N 가지 쿠폰을 적어도 한 개 이상 모으기 위해서 필요한 쿠폰 수가 n보다 클 확률을 구하라.

풀이 A_i $(i=1,2,\cdots,N)$를 n개의 쿠폰 중에 i번째 쿠폰이 없는 사상이라 하면 구하는 확률 P(필요한 쿠폰 수가 n개 보다 크다) $=P(\bigcup_{i=1}^{N}A_i)$가 된다.

이 때 $P(A_i)=\left(\frac{N-1}{N}\right)^n$, $P(A_i\cap A_j)=\left(\frac{N-2}{N}\right)^n$,

$P(A_{i_1}\cap A_{i_2}\cap\cdots\cap A_{i_k})=\left(\frac{N-k}{N}\right)^n$.

따라서 확률의 합-차 공식을 이용하면 다음을 얻는다.

$$P(\bigcup_{i=1}^{N}A_i)=\sum_{i=1}^{N-1}(-1)^{i+1}\binom{N}{i}\left(\frac{N-i}{N}\right)^n$$

3.6 앞면이 나올 확률이 p인 동전을 처음으로 연속 2회 뒷면이 나올 때까지 던진다고 할 때 $A_n=n$번의 시행이 필요한 사상이라 하고 $\alpha_n=P(A_n)$을 구하여라.

풀이 분할 H, TH, TT를 생각하자. 이들은 서로 배반사상이다. 이 분할을 조건부로 하는 조건부 확률을 계산하면 다음 식을 얻는다.

$\alpha_0=\alpha_1=0$

$$\alpha_n=P(A_n)=pP(A_n|H)+pqP(A_n|TH)+q^2P(A_n|TT)$$

$$=\begin{cases}q^2 & n=2\\ p\alpha_{n-1}+pq\alpha_{n-2} & \text{그 밖에서}\end{cases}$$

예를 들어 $\alpha_3=p\alpha_2+pq\alpha_1=pq^2$, $\alpha_4=p\alpha_3+pq\alpha_2=p^2q^2+pq q^2=pq^2$

같은 방법으로 $\alpha_5=p^2q^2(1+q)$이다. 5번째에 처음으로 2회 연속 뒷면을 얻는다면 결과는 $HTHTT$, $THHTT$, $HHHTT$의 세 가지 경우가 될 것이며 이것이 일어날 확률은 $2p^2q^3+p^3q^2=p^2q^2(2q+p)=p^2q^2(1+q)$가 되어 서로 일치함을 볼 수 있다.

3.7 (Craps) 두개의 주사위로 하는 게임 중에 CRAPS 라는 게임이 있다. 처음 두 주사위를 던져서 합이 7 또는 11이 나오면 이기고 합이 2, 3 또는 12가 나오면 진다. 그런데 처음 던진 눈의 합이 그 외의 숫자가 나오면 계속 던져서 합이 7이 나오기 전에 처음 나왔던 숫자가 다시 나오면 이긴다.

(1) 처음 던진 결과 눈의 합이 9였다면 이길 확률은 얼마가 될까?

(2) 게임에서 이겼다. 이 때 처음 나온 눈의 합이 4일 확률을 구하라.

풀이 (1) P(눈의 합이 7)$=\dfrac{1}{6}$, P(눈의 합이 9)$=\dfrac{1}{9}$이다. 따라서

$$P(\text{눈의 합이 7도 아니고 9도 아닌 사상})=1-\left(\frac{1}{6}+\frac{1}{9}\right)=\frac{13}{18}.$$

(방법 1) W=이기는 사상, W_n = n번째 던진 결과의 눈의 합이 9이고 $n-1$번째 까지는 7도 아니고 9도 아닌 사상이라 두면 $W=\bigcup_n W_n$이고 W_n은 서로 배반사상이다. 또한 $P(W_n)=\dfrac{1}{9}\times\left(\dfrac{13}{18}\right)^{n-1}$. 따라서 구하는 확률은 다음과 같다.

$$P(W)=\sum_{n=1}^{\infty}P(W_n)=\frac{1}{9}\sum_{n=1}^{\infty}\left(\frac{13}{18}\right)^{n-1}=\frac{1}{9}\times\frac{1}{1-\dfrac{13}{18}}=\frac{2}{5}.$$

(방법 2) E = 눈의 합이 9인 사상, F= 눈의 합이 7인 사상, G= 눈의 합이 9도 7도 아닌 사상이라고 하자. E, F, G는 Ω를 분할한다. 따라서 총 확률을 이용하면 다음 관계를 얻는다.

$$\begin{aligned}P(W)&=P(E)P(W|E)+P(F)P(W|F)+P(G)P(W|G)\\&=\frac{1}{9}\cdot 1+\frac{1}{6}\cdot 0+\frac{13}{18}P(W)\end{aligned}$$

따라서 $\dfrac{5}{18}P(W)=\dfrac{1}{9}$이므로 $P(W)=\dfrac{2}{5}$가 되고 이는 방법 1의 결과와 일치한다.

(2) A_n을 처음 결과의 합이 n인 사상, $2\le n\le 12$.

$$P(A_4)=P(A_{10})=\frac{3}{36},\ P(A_5)=P(A_9)=\frac{4}{36},\ P(A_6)=P(A_8)=\frac{5}{36}$$

$n=4, 5, 6, 8, 9, 10$일 때 다음이 성립한다.

$$P(W|A_n) = P(A_n)\sum_{k=1}^{\infty}\left(1-\left(\frac{1}{6}+P(A_n)\right)\right)^{k-1} = \frac{P(A_n)}{P(A_{n)})+\frac{1}{6}}$$

$$P(W|A_n)=\begin{cases} 1, & n=7,\ 11 \\ 0, & n=2,\ 3,\ 12 \\ \dfrac{P(A_n)}{P(A_n)+\frac{1}{6}}, & n=4,\ 5,\ 6,\ 8,\ 9,\ 10 \end{cases}$$

$$P(W)=\sum_{n=2}^{12}P(A_n)P(W|A_n)$$

$$=\frac{8}{36}+\sum_{n=4,\ 5,\ 6,\ 8,\ 9,\ 10}P(A_n)\cdot\frac{P(A_n)}{P(A_n)+\frac{1}{6}}=\frac{244}{495}$$

따라서 구하는 확률은 다음과 같다.

$$P(A_4|W)=\frac{P(A_4)P(W|A_4)}{P(W)}=\frac{1/36}{244/495}=\frac{495}{8784}\approx 0.0564$$

3.8 도박꾼파산문제(gambler's ruin problem) 이기면 한 단위만큼 상금을 받고 지면 한 단위씩 상금을 잃게 되는 경우를 생각하자. 각 게임에서 이길 확률은 p, 질 확률은 $q=1-p$이고 0이나 N에 도달하면 게임은 끝나게 된다. i를 초기자본으로 시작하는 사람이 N에 도달하기 전에 0에 먼저 도달하는, 다시 말하면 파산할 확률을 구하여라.

풀이 α_i를 초기자본 i로 시작한 사람이 파산에 이를 확률이라 하자. $\alpha_0=1$, $\alpha_N=0$이 됨은 명백하다. α_i를 처음 게임에서 이겼을 때와 졌을 때를 각각 조건으로 하는 조건부 확률로 나누어 쓰면 다음과 같다.

$$\alpha_i = p\alpha_{i+1}+q\alpha_{i-1}, \quad i=1,\ 2,\ \cdots,\ N-1$$

이와 같은 식을 차등방정식 (difference equation)이라 부른다.

이 식을 변형하면 다음을 얻는다.

$$\alpha_i=(p+q)\alpha_i=p\alpha_{i+1}+q\alpha_{i-1}$$

$$\alpha_{i+1}-\alpha_i=\frac{q}{p}(\alpha_i-\alpha_{i-1}), \quad i=1,\ 2,\ \cdots,\ N-1$$

바로 위 식에 $i=1$ 부터 $i=N-1$ 까지를 대입하면 다음이 된다.

$$\alpha_2-\alpha_1=\frac{q}{p}(\alpha_1-\alpha_0)$$

$$\alpha_3-\alpha_2=(\frac{q}{p})^2(\alpha_1-\alpha_0)$$

$$\vdots$$

$$\alpha_k - \alpha_{k-1} = (\frac{q}{p})^{k-1}(\alpha_1 - \alpha_0)$$

$$\vdots$$

$$\alpha_N - \alpha_{N-1} = (\frac{q}{p})^{N-1}(\alpha_1 - \alpha_0)$$

이의 좌 우변을 각각 더하면

$\alpha_N - \alpha_1 = (\alpha_1 - \alpha_0)(\frac{q}{p} + (\frac{q}{p})^2 + \cdots + (\frac{q}{p})^{N-1})$ 여기에 초기 조건 $\alpha_0 = 1$, $\alpha_N = 0$을 대입하여 α_1을 구하면 다음과 같다.

$$\alpha_1 = \frac{(\frac{q}{p}) - (\frac{q}{p})^N}{1 - (\frac{q}{p})^N}$$

위의 관계식과 α_1을 이용하면 다음 결과를 얻는다.

$$\alpha_i = \begin{cases} \dfrac{(\frac{q}{p})^i - (\frac{q}{p})^N}{1 - (\frac{q}{p})^N}, & p \neq q \\ 1 - \dfrac{i}{N} & p = q \end{cases}$$

3.9. A 장난감 회사에서 아이들이 좋아하는 장난감 전자자동차를 내놓았다. 그런데 이 자동차는 인기가 너무 좋아 해적판이 나돌고 있다고 한다. 해적판의 시장 점유율은 10%이다. A 회사에서 만든 정품의 불량률은 0.001인데 반해 해적판의 불량률은 0.3에 달한다.

(1) 전자자동차를 한 대 샀는데 이것이 불량품일 확률은?

(2) 해적판은 A/S를 받을 수가 없다. 내가 산 자동차가 불량품일 때 이것이 해적판일 확률은?

풀이 (1) $A=$ A 회사 제품을 사는 사상, $B=$해적판을 사는 사상, $F=$불량품을 사는 사상이라 하면 구하는 확률은 다음과 같다.

$$P(F) = P(A)P(F|A) + P(B)P(F|B) = 0.9 \cdot 0.001 + 0.1 \cdot 0.3 = 0.0309$$

(2) 베이즈 공식을 이용하자.

$$P(B|F) = \frac{P(B)P(F|B)}{P(F)} = \frac{0.03}{0.0309} \approx 0.9708$$

3.10 (Three Prisoners problem : Martin Gardner's Mathematical Games. Column in Scientific American in 1959) A, B, C 세 사람의 사형수가 각각 독방에 있다. 그런

데 세 사람 중 한 명을 임의로 뽑아 특별사면을 한다고 알려져 있고 간수는 그가 누군지 알고 있다. A는 누가 특별사면을 받는지 궁금하여 간수에게 자기(A) 외의 나머지 두 사람 중 사면되지 못하는 사람이 누구냐고 물었다. 간수는 내가 누군지 말하면 A가 사면 될 확률이 1/2 로 높아지기 때문에 말할 수 없다고 했다. 간수의 말이 맞는지 알고자 한다. 간수가 B라고 말했다면 A가 사면될 확률은? 이 때 C가 사면될 확률을 구하여라.

풀이 세 사람 중 임의로 한 명을 뽑아 사면하므로 A, B, C 각각이 사면될 확률은 1/3이다. 간수가 B는 사면되지 못한다고 말 했을 때 A는 이제 A와 C 중 한 사람이 사면되므로 자기가 사면될 확률이 1/2라 생각할 수 있다. 하지만 B, C 중 누가 사면되지 못하느냐를 아는 것이 A가 사면될 확률을 바꾸지는 않는다. 그러나 C는 처음 사면될 확률이 1/3이었지만 B가 사면되지 못한다는 사실을 아는 순간 사면될 확률이 2/3가 된다. 왜냐하면 원래 B, C 두 사람 중 한 사람이 사면될 확률이 2/3이였는데 사면되는 사람이 B가 아니라면 C일 것이기 때문이다. 즉 A가 사면될 확률은 변하지 않고 C가 사면될 확률은 2/3가 된다. 따라서 간수의 말은 틀린다.

연습문제 B Exercises

3.11 오늘 비가 올 확률은 0.4, 내일 비가 올 확률은 0.5, 오늘과 내일 모두 비가 올 확률은 0.3이다. 오늘 비가 왔을 때 내일 또 비가 올 확률은 얼마인가?

3.12 아래와 같은 회로가 있다. 각 단자가 닫힐 확률이 p일 때 A 지점을 통과한 전류가 B지점을 지나갈 확률은?

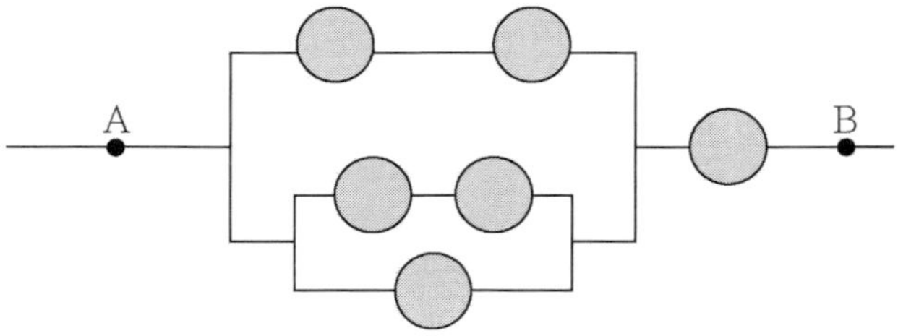

3.13 두개의 주사위를 눈의 합이 5나 7이 나올 때까지 던진다. 7이 나오기 전 5가 먼저 나올 확률을 구하여라.

3.14 3개의 붉은색 공과 7개의 검은색 공이 들어 있는 항아리에서 A, B 두 사람이 한 개씩 $ABABABA\cdots$의 순서로 비복원추출을 한다고 할 때 붉은색 공을 A가 먼저 꺼낼 확률을 구하여라.

3.15 $P(A)=0.1$, $P(B)=0.3$ 그리고 A와 B는 서로 독립인 사상이다. 다음 사상에 대한 확률을 구하여라.

(1) 적어도 한 사건이 일어나는 사상

(2) A도 일어나지 않고 B도 일어나지 않는 사상

(3) 정확히 둘 중 하나가 일어나는 사상

3.16 두 상자가 있다. 첫 번째 상자에는 3개의 흰 공과 2개의 검은 공이 들어있고 두 번째 상자에는 3개의 흰 공과 4개의 검은 공이 들어있다. 한 상자 중 하나를 임의로 선택하여 한 개의 공을 꺼내어 색을 확인하였다. 나무그림을 이용하여 꺼낸 공이 검은색일 확률을 계산하라.

3.17 $P(A)=0.5$, $P(A\cup B)=0.7$이다. 다음을 구하여라.

(1) A와 B가 상호 배반사상이 되기 위한 $P(B)$값은 ?

(2) A와 B가 서로 독립이 되기 위한 $P(B)$값은 ? 이 때 $P(A\cap B)$는 얼마인가?

3.18 상자 안에 앞 뒤 면이 모두 흰색인 카드가 30%, 한 쪽은 희고 한 쪽은 검은색인 카드가 50%, 그리고 앞 뒤 모두 검은색인 카드가 20% 들어 있다. 카드를 잘 섞은 뒤 임의로 한 장을 꺼내어 책상 위에 올려놓으니 윗면이 검은색 이었다. 이 카드의 반대편 색이 흰색일 확률은 얼마인가?

3.19 전체인구의 0.1%에 해당하는 사람이 특정 질병을 갖고 있다고 한다. 피 검사를 통하여 이 질병의 유무를 검사하는데 이러한 검사는 건강한 사람에게 잘못된 양성반응을 보일 확률이 0.05, 그리고 질병을 갖고 있는 사람에게 잘못된 음성반응을 보일 확률은 0.02이다. 임의의 한 사람을 선택하여 특정질병 유무를 판단하기 위해

피 검사를 하였다. 다음을 구하여라.

(1) 양성반응을 보일 확률

(2) 선택된 사람은 질병이 없고 검사 결과 또한 건강하다고 판단될 확률

(3) 양성반응이 나왔을 때 실제로 질병을 갖고 있을 확률

3.20 세 사상 A, B, C는 서로 독립이고 각각 1/3, 1/4, 1/5의 확률을 갖고 있다. 다음을 구하라.

(1) $P(A\cap B\cap C)$

(2) $P(A\cup B\cup C)$

(3) 정확히 셋 중에 하나만 일어날 확률

3.21 n명의 학생이 살고 있는 기숙사가 있다. 어떤 소문을 처음 들은 학생은 나머지 $n-1$명의 학생 중 임의의 한 명에게만 소문을 전한다. 그리고 이 소문을 전해들은 학생은 소식을 전해준 한 학생을 제외한 나머지 학생 중 한 명을 임의로 선택하여 소문을 전한다.

$P_m=$ 이미 소문을 들은 학생에게 소문이 다시 전해지기 전에 m번 전달될 확률.

(마지막 전달 과정은 넣지 않는다)

이 때 명백히 $P_0=P_1=0,\quad P_n=0$이다.

$P_m,\ 2\leqq m\leqq n-1$을 구하라. 또한 $n=200$일 때 P_{20}을 구하라.

3.22 다음을 증명하라.

A와 B가 서로 독립이면 A^c와 B, A와 B^c, A^c와 B^c도 각각 독립이다.

3.23 $P(A|B)=1$이면 $P(B^c|A^c)=1$임을 보여라.

3.24 (1) $P(A)=0$이면 모든 $B\subset\Omega$와 A는 서로 독립이다.

(2) $P(A)=1$이면 모든 $B\subset\Omega$와 A는 서로 독립이다.

3.25 (Screening test) 특정 질병이 있는 사람에 대해 95% 양성반응을 보이는 혈액검사가 있다. 이 혈액검사는 이 질병이 없는 사람에게도 1%의 잘못된 양성반응을 보인다.

전체인구의 0.5%의 사람이 이 질병을 보유한다고 할 때 양성반응을 보인 사람 중 몇 %가 실제 질병에 걸려 있는가?

3.26 n가지 $R_1, R_2, \cdots, R_n$의 결과가 나올 수 있는 시행을 독립적으로 반복하고 있다. 각 시행에서 R_i가 나올 확률은 $P(R_i) = p_i$, $(1 \le i \le n,\ p_1 + p_2 + \cdots + p_n = 1)$이다. 이러한 시행을 k번 반복하고 $A_i = \{k$번 중에서 R_i 가 최소한 한번 이상 일어나는 사상$\}$, $i = 1, 2, \cdots, n$이라 할 때 다음 확률을 구하여라.

(1) $P(A_i)$ (2) $P(A_i \cup A_j)$

(3) $P(A_i \cap A_j)$ (4) $P(A_i | A_j)$

3.27 성공률 p인 베르누이 시행을 반복하고 있다.

(1) n번 시행하여 적어도 한번 성공할 확률은?

(2) 모든 시행의 결과가 성공일 확률은?

3.28 두 개의 공정한 주사위를 던졌을 때 다음 확률을 구하라.

$A = \{$두 눈의 수가 다르다$\}$

$B_i = \{$두 눈의 합이 i이다$\}$

$C = \{$적어도 하나의 눈의 수가 5이다$\}$

$D = \{$첫 번째 눈의 수가 6이다$\}$

(1) $P(C|A)$

(2) $P(C|B_i)$, $i = 5, 6, 7, 8, 10$

(3) $P(D|B_i)$, $i = 5, 6, 7, 8, 10$

3.29 두 명의 자녀를 둔 부부가 있다.

(1) 첫째가 딸 일 경우 두 자녀 모두 딸일 확률은?

(2) 둘 중 한 아이가 딸이라는 것을 알 경우 둘 다 딸일 확률은?

3.30 어느 도시에 거주하고 있는 유권자의 정치적 성향을 조사해보니 진보, 보수 및 중도성향이 각각 45%, 30%, 25%였다. 이번 대선에 진보성향의 32%, 보수성향의 유권자의 60% 그리고 중도성향의 55%가 투표에 참여하였다고 한다.

(1) 이 도시 전체 유권자의 몇 %가 투표에 참여하였는가?

(2) 투표에 참여한 사람을 임의로 선택하였을 때 진보성향의 사람이 선택될 확률은?

3.31 5개의 흰색공과 9개의 검은 공이 들어 있는 항아리에서 하나를 임의로 선택하여 색깔을 확인한 다음 같은 색의 공을 3개 더 추가하여 항아리에 넣는다. 4번 반복하여 흰색, 검은색, 검은색, 흰색을 차례로 얻게 될 확률을 구하여라.

3.32 수영이와 지훈이는 두 명이 한 팀이 되어 퀴즈게임에 참가하였다. 두 사람 각각이 정답을 맞힐 확률은 p로 같다고 할 때 다음 확률을 구하여라. 수영이가 정답을 맞힐 확률은 p_1, 지훈이가 정답을 맞힐 확률은 p_2 $(p_1 > p_2)$라 할 때는 어떠한가?

(1) 두 사람 중 한 명이 대표로 답한다고 할 때 정답을 맞힐 확률은?

(2) 두 사람이 의논하여 정답을 맞히도록 하였다. 두 사람의 의견이 일치하지 않을 때는 동전을 던져 앞면이 나오면 수영이 답을, 뒷면이 나오면 지훈이가 답을 말하기로 하였다. 정답을 맞힐 확률은 얼마인가?

3.33 A, B, C 세 사람의 죄수 중 두 명이 특별사면을 받는다고 알려졌다. A는 간수에게 B, C중 누가 사면 받는지를 물어볼까 하였으나 B 와 C중 누가 사면 받는지를 아는 순간 자기 자신이 사면 받을 확률이 2/3에서 1/2로 줄어든다고 생각되어 물어보는 것을 포기하였다. 왜냐하면 만약 간수가 B가 사면된다고 말했다면 A와 B, 또는 B와 C가 사면되게 되어 A가 사면될 확률이 1/2이라 생각하였다. A의 생각이 맞는지에 대한 의견을 말하라. 이를 나무그림으로 설명해 보시오.

3.34 (Carlton, 2005) 햄스터의 털 색깔은 검은색(B)이 갈색(b)에 대해 우성이다. 즉 유전인자가 Bb이면 검은색 털을 갖게 되고 bb일 때만 갈색 털을 갖게 된다. 1 세대의 유전인자는 수컷이 BB, 암컷이 Bb라 하자. 여기서 난 2 세대 수컷과 Bb 인자를 갖고 있는 암컷이 결합하여 3 세대를 얻고 보니 검은 털을 갖고 있다. 3 세대 자녀의 인자가 Bb일 확률을 구하여라.

3.35 A의 어머니는 혈우병(hemophilia) 보균자이다. 따라서 A양이 혈우병 보균자일 확률은 1/2이고 A 양의 아들이 혈우병 환자일 확률도 1/2이다. A양은 세 아들을 두었는데 모두 정상이다.

(1) A의 세 아들이 모두 정상일 확률은?

(2) A가 보균자일 확률은 얼마인가?

(3) 넷째 아들을 낳았을 때 넷째 아들이 혈우병 환자일 확률은 얼마인가?

3.36 예제 3.3 과 예제 3.9 관련 문제이다. 첫 번째 해에 사고가 없는 계약자가 다음 해에는 사고를 일으킬 확률은?

3.37 어떤 피고가 유죄인 사상을 G, 그리고 제시된 증거가 사실인 사상을 T라 하자. 검사는 $P(G|T) = P(T|G)$의 논리를 펴고 있다. $P(G|T) = P(T|G)$일 필요충분조건은 $P(G) = P(T)$임을 증명하라.

3.38 특정질병의 치료약이 개발되었다. 이 약은 부작용이 일어나지 않는 경우에는 치료율이 99%에 달한다. 부작용이 있을 때의 치료율은 30%이고 부작용을 일으킬 확률은 5%이다. 이 약을 복용하여 치료가 될 확률은 얼마인가? 부작용 없이 치료될 확률은 얼마인가?

3.39 갑, 을 두 사람이 주사위로 게임을 하고 있다. 갑, 을 두 사람이 차례로 번갈아 가면서 주사위를 던지는데 갑은 1 또는 2의 눈이 나오면 이기고 을은 1, 3, 5 중 하나의 눈이 나오면 이긴다. 갑이 먼저 시작하면 이 게임에서 갑이 이길 확률은 얼마인가. 을이 먼저 시작하는 경우는 어떤가?

3.40 (1) 갑, 을 두 사람이 테니스 경기를 하고 있는데 40 : 40 으로 듀스가 되었다. 듀스가 되면 두 번을 연속으로 이겨야 게임에서 이기게 된다. 갑이 포인트를 얻을 확률이 p라면 이 게임에서 갑이 이길 확률은 얼마나 될까?

(2) 갑, 을 두 사람이 게임을 하고 있다. 점수는 (0, 15, 30, 40, game)이다. 40 : 40이면 듀스로 간다. 갑이 포인트를 얻을 확률은 p이다. 갑이 게임을 이길 확률을 구하라.

3.41 상자 1에 있는 20개의 제품 중 5개가 불량이고 상자2에 있는 30개의 제품 중 7개가 불량이다. 상자1과 상자 2중 임의로 하나를 선택하여 3개의 제품을 꺼낸 다음 불량품의 수를 세었다. 만약 세 개 중 하나가 불량일 때 상자1을 선택했을 확률을 구하여라.

Chapter 04 확률변수와 이산확률 분포

통계적 실험이나 조사 결과 얻게 되는 모든 가능한 결과들의 모임을 표본공간이라 하는데 표본공간은 정성적으로 표현되거나 정량적인 값을 갖는다. 병원에서 정기검진을 끝내면 검사 결과는 매우 여러 가지 항들로 나타날 것이다. 그 중에서 키, 몸무게, 혈압, 콜레스테롤 수치, 당뇨 수치 등의 기본적인 관심값들을 본다면 이들은 모두 실수값을 갖는다. 이번에는 정성적인 표본공간을 갖는 예를 생각해 보자. 현 정권의 경제정책에 대해 의견을 묻는다고 하자. 결과를 {강력히 지지, 지지, 무관심, 반대, 강력히 반대} 등 다섯 가지에서 하나를 선택하도록 한다면 주어진 다섯 가지가 표본공간을 이룬다. 이 경우에 다섯 가지 결과에 $1, 2, \cdots, 5$까지의 점을 대응시킨다면 우리가 얻은 결과를 실수를 이용하여 나타낼 수 있게 되고 여러 측면에서 다루거나 표현하기 쉽게 된다. 동전을 세 번 연속해서 던져서 앞면이 두 번 이상 나오면 이기는 게임을 한다고 하자. 시행의 결과는 다음의 8가지이다. $HHH, HHT, HTH, THH, HTT, THT, TTH, TTT$ 이 때 실제 관심 있는 값은 앞면의 수이므로 각 결과에 앞 면의 수를 대응시키면 {0,1,2,3}중의 한 점에 대응되게 되고 앞면의 수가 $k, k=0, 1, 2, 3$인 각 점에서의 확률 $p(k)$를 구할 수 있다. 이 장에서는 시행의 결과 얻은 표본공간을 우리의 관심에 따라 적절한 실수의 부분 집합으로 옮겨 놓는 함수에 관하여 알아보고자 한다. 또한 가산개의 값을 갖는 대표적 이산확률분포와 그의 성질에 대해서 알아보자.

4.1 확률변수의 정의

동전던지기에서 n번의 시행에서 나타난 앞면의 수에 관심이 있다고 하면 얻을 수 있는 수는 0부터 n에 이르는 정수 중의 하나가 된다. 또한 한 변의 길이가 1인 정사각형에서 임의로 한 점을 선택하고 왼쪽 아래의 모퉁이로부터 선택된 점까지의 거리를 측정한다고 가정해 보자. 이 때 표본공간은 $\Omega = \{(x,y)|0 \le x \le 1,\ 0 \le y \le 1\}$에 들어가는 모든 순서쌍 (x,y)로 구성되어 있지만 측정된 거리는 0 과 $\sqrt{2}$ 사이의 모든 실수가 될 것이다. 즉 Ω의 각 원소 (x,y)에 대해 실수 $\sqrt{x^2+y^2}$이 대응된다. 이 두 가지 예에서 볼 때 실제 관심을 갖는 부분은 각 시행의 결과 그 자체가 아니라 결과에 대응되는 실수이다.

확률분야에서 중요한 관심 있는 실험 및 조사의 결과는 수치로 나타내어지는 경우가 많다. 수치가 아닐 경우에는 각 결과에 실수 값을 대응시킬 수 있다. 그런 생각을 하는 이유는 우선 표현하거나 다루기가 쉽기 때문이다. 또한 어떠한 표본 공간을 갖든 표본공간의 모든 점을 실수 위로 옮겨 놓으면 모든 경우의 문제를 같은 실수 위에서 일반적인 방법으로 처리 할 수 있게 되는 장점도 있다. 이처럼 표본공간에서 실수로 가는 함수를 **확률변수**(random variable)라고 한다. 일반적으로 확률변수는 X, Y, Z, U, ... 등의 문자를 사용하여 나타낸다.

정의 4.1

표본공간 위에서 정의된 실수값 함수를 확률변수라고 한다. 즉 $X: \Omega \rightarrow R$ 인 함수 X를 확률변수라고 한다.

$\omega \in \Omega$에 할당된 실수값을 $X(\omega)$, $Y(\omega)$, $\cdots$ 등과 같이 나타낸다. 어떠한 방법으로 각 ω에 함수값 $X(\omega)$를 할당할 것인가? Ω가 단지 몇 개의 원소로 이루어졌다면 방법은 간단할 것이다. 동전 던지기를 n번 시행해서 얻은 앞면의 수를 세는 경우라면 다음과 같다.

$$\Omega = \{HH\cdots HH, HH\cdots HT, HH\cdots TT, \cdots\cdots, TT\cdots TT\}$$

$$X(\omega) = \omega \text{에서의 앞면의 수}$$

또한 앞면의 수가 k인 사건에 대한 확률은 다음과 같이 표기한다.

$$P(X=k) = P(\{\omega \mid X(\omega)=k\})$$

즉 $P(X=k)$값은 $X(\omega)=k$가 되는 표본공간 위의 모든 ω에 대응하는 확률을 합해서 얻는다.

예 4.1

동전을 연속하여 세 번 던지는 예를 보자. 각 시행의 결과를 앞면의 수에 대응시키는 함수를 X라 하면 X가 갖는 값 0, 1, 2, 3은 각각 다음과 같은 확률값을 갖는다.

$$P(X=0) = P(\{TTT\}) = 1/8$$

$$P(X=1) = P(\{HTT, THT, TTH\}) = 3/8$$

$$P(X=2)=P(\{HHT,\ HTH,\ THH\})=3/8$$

$$P(X=3)=P(\{HHH\})=1/8$$

■

동전을 n번 던져 나온 결과에서 Y를 앞면의 수라 하면 Y는 $\{0,1,2,\cdots,n\}$ 중 한 값을 가지게 되며 각 점에서 다음과 같은 확률을 갖는다.

$$P(Y=i)=\binom{n}{i}2^{-n},\quad i=0,\ 1,\ 2,\ \cdots,\ n$$

이번에는 앞면이 나올 확률이 p, $0<p<1$인 동전을 앞면을 얻을 때까지 던지는 시행에서 앞면을 얻을 때까지 던진 총 시행횟수를 Z라 하면 Z가 갖는 값은 $\{1,\ 2,\ 3,\ \cdots\ \}$이 되며 $Z=i$라 함은 $i-1$개의 뒷면을 연속해서 얻은 후 i번째 시행에서 앞면을 얻는 경우이므로 다음의 확률을 갖는다.

$$P(Z=i)=P\left(\left\{\underbrace{TTT\cdots}_{i-1}\ TH\right\}\right)=(1-p)^{i-1}p,\quad i=1,\ 2,\ \cdots$$

예 4.2

기초확률론을 수강하는 학생 50명을 대상으로 가정에 보유하고 있는 컴퓨터 대수를 조사하여 다음 표를 얻었다.

보유대수	0대	1대	2대	3대	4대
인원수	1	16	21	9	3

컴퓨터 보유대수를 X라 할 때 X가 갖는 값과 각 값에서의 확률을 구하면 다음과 같다.

$$P(X=0)=\frac{1}{50},\ P(X=1)=\frac{16}{50},$$

$$P(X=2)=\frac{21}{50},\ P(X=3)=\frac{9}{50},\ P(X=4)=\frac{3}{50}.$$

■

예 4.2의 각 X값에 할당된 확률은 엄밀히 말하면 비율이다. 비율과 확률 사이의 관계는 다음과 같다.

예 4.3

예 4.1에서 앞, 뒷면이 나올 확률이 같은 동전을 3번 던져서 앞면이 나온 횟수와 그의 확률을 구하였다. 또한 컴퓨터 모의실험을 1000번 반복하여 아래의 비율을 얻었다.

앞면의 수	비율	이론적 확률
0	0.131	0.125
1	0.377	0.375
2	0.369	0.375
3	0.123	0.125
	1.000	1.000

여기서 이론적 확률과 비율은 반복회수가 커지면 더욱 근사한 값이 될 것이다. 따라서 이론적 확률이 없을 때에는 비율을 이용하여 확률을 대신한다.

이번에는 Ω가 연속값을 갖는 경우를 생각해 보자. 예를 들어 입력값이 [−5, 5]사이에서 임의로 선택되고 이것이 주어진 장치를 통과하여 얻어지는 산출량은 투입된 양의 제곱값이 될 때 산출량이 0과 4사이에 들어갈 확률은 얼마인가? 입력값이 [−5, 5] 사이에서 임의로 선택되므로 [−5, 5] 사이의 임의의 한 구간을 잡으면 그 구간에 대한 확률은 구간의 길이의 1/10이 할당될 것이다. 관찰된 변수는 선택된 입력값의 제곱값이므로 $X(\omega)=\omega^2$이 된다. $\omega^2 \leq 4$를 만족하는 ω는 $-2 \leq \omega \leq 2$이므로 $P([-2,\ 2])=4/10$이 구하는 확률이 된다. 즉 $P(0 \leq X \leq 4)=4/10$이 된다. 또한 적당한 구간들의 합 A에 대하여 $P(X \in A)$를 구할 수 있다.

예 4.4

전구의 수명에 대해 조사 한다고 하자. 수명은 양의 값을 가지므로 표본공간은 $\Omega=\{\omega \in R \mid \omega \geq 0\}$으로 둘 수 있다. 이 때 확률변수 $X: \Omega \rightarrow R$은 표본공간 $\Omega=R^+$이므로 항등함수 $X(\omega)=\omega$로 정의하면 확률변수가 된다. 이 경우에는 $X=\omega$가 될 확률 $P(X=\omega)$값은 0으로 보는 것이 타당하다. $0<a<b$인 임의의 a, b에 대하여 $P(\{\ \omega \mid X(\omega) \in (a,\ b)\})= P((a,\ b))$인 확률을 생각할 수 있다.

예 4.5

미장원에 들어가 서비스를 받기까지 기다리는 시간을 X라 두면 X는 시간을 나타내는 값이 되므로 음이 아닌 값을 갖는다. 또한 임의의 $a > 0$에 대해 $P(X = a) = 0$이라 가정할 수 있으나 경우에 따라서는 기다리지 않고 바로 서비스를 받을 수 있으므로 $a = 0$일 때는 $P(X = 0) > 0$라 가정할 수 있다.

확률변수는 표본공간에 있는 모든 점들을 실수 위로 옮겨 놓는 함수일 뿐 아니라 표본공간의 부분집합 위에서 정의된 확률도 실수의 부분집합 위로 옮겨놓게 된다. 이처럼 확률변수에 의해 실수의 부분집합에 확률을 주는 대응관계를 확률변수의 **(확률)분포**(probability distribution)라고 한다. 즉 확률변수 X의 분포는 표본공간이 갖고 있는 확률 구조를 실수 위로 옮겨 놓은 것으로 임의의 $B \subset R$에 대해 $P(\{\omega \in \Omega \mid X(\omega) \in B\})$을 대응시키는 관계를 말한다. $P(\{\omega \in \Omega \mid X(\omega) \in B\})$는 간단히 $P(X \in B)$ 또는 $P_X(B)$로 쓰기로 한다.

어떤 확률변수 X의 분포는 무엇인가? 라고 물으면 이는 모든 사건 $B \subset R$에 대한 $P(X \in B)$값이 얼마인가?를 의미한다. 하지만 셀 수 없을 만큼 무한히 많은 사건들이 있을 때 어느 누구도 각각의 B에 대한 $P(X \in B)$를 나타냄으로써 분포를 말할 수는 없다. 따라서 가능한 방법은 임의의 B에 대하여 $P(X \in B)$를 계산할 수 있도록 충분한 정보를 주는 것이다. 간단히 X가 $1, 2, 3, \cdots, n$에서 값을 갖는다면 X의 분포는 다음과 같은 n개의 수에 의해 결정된다.

$$P(X = 1),\ P(X = 2),\ \cdots,\ P(X = n)$$

이러한 수들이 주어지면 쉽게 X가 임의의 구간 I에 들어갈 확률을 구할 수 있다. 예를 들어

$$P(3.3 < X \le 5.7) = P(X = 4) + P(X = 5)$$

확률변수 X가 갖는 값이 가산개 일 때는 $P(X = x)$를 알면 다음과 같이 실수의 모든 부분집합에 확률이 결정된다. 즉 분포가 결정된다.

$$P(X \in B) = \sum_{x \in B} P(X = x), \quad B \subset R$$

예 4.6

어느 부품이 고장 날 때까지의 시간을 T (단위: 일)라 할 때 T는 다음과 같은 분포를 따른다고 한다.

$$P(T > t) = e^{-0.1t}$$

사용자는 그 부품이 작동 첫 주에 망가지면 0, 첫 주 이후에는 하루당 2000원, 반나절에는 1000원의 부품값을 지불한다고 할 때 다음을 구하여보자.

(1) 지불한 값이 0일 확률은 $P(T \le 7) = 1 - e^{-0.1 \times 7} = 1 - e^{-0.7}$.

(2) 부품값으로 10,000원에서 15,000원 사이의 값을 지불하려면 첫 일주일이 지난 후 5일에서 7.5일 사이에 고장이 나야하므로

$$P(12 \le T \le 14.5) = e^{-1.2} - e^{-1.45}$$

(3) 20,000원을 초과할 확률은 $P(T \ge 17) = e^{-1.7}$

위의 예에서 보듯이 확률변수가 갖는 값이 자연수와 같이 셀 수 있는 만큼의 가산개의 값 일수도 있고 양의 실수와 같이 비가산개의 값을 가질 수도 있다. 실제로 확률변수는 아래의 세 가지 중 한 가지 형태를 갖는다.

정의 4.2

여러 가지 확률변수는 아래 세 가지 중 한 가지 형태를 갖는다.

(1) 확률변수 X가 갖는 값이 x_1, x_2, x_3, $\cdots$ 와 같이 가산개이면 X를 **이산확률변수** (discrete random variable)라 하고 X의 분포는 $P(X = x_i)$에 의해 결정된다. 이러한 분포를 **이산(확률)분포**라 하고 임의의 사건 A의 확률은 A에 들어 있는 $x_1, x_2, \cdots$ 에 해당하는 확률을 합한 것이다. 즉

$$P(X \in A) = \sum_{\{i \mid x_i \in A\}} P(X = x_i).$$

이 때 $p_X(x) = P(X = x)$를 X의 **확률질량함수**(probability mass function)라 한다.

(2) 확률변수의 값들이 어떤 구간에서 연속적으로 변화하고 그것의 분포는

$$P(X \in A) = \int_A f(x)dx$$

와 같이 어떤 양의 값을 갖는 함수 $f(x)$를 적분함으로써 구해진다면 X를 연속확률변수, 이러한 분포를 **연속(확률)분포**라 부르고 $f(x)$를 X의 **확률밀도함수**(probability density function)라 부른다.

(3) 위의 (1)과 (2) 두 가지 혼합형태.

이산분포에서는 $\sum_i P(X=x_i)=1$이고 연속분포인 경우 확률밀도함수 $f(x)$는 다음을 만족한다.

$$f(x) \geq 0, \quad \int_{-\infty}^{\infty} f(x)dx = 1$$

예 4.7

동전을 던져 앞면이 나오면 $X(\omega)=1$을 취하고 뒷면이 나오면 $[0,1)$에서 임의로 한 점을 선택하여 $X(\omega)$라 하자. 그러면 $P(X=1)=1/2$이다. 그러나 임의의 $x \in [0,1)$에 대해서는 $P(X=x)=0$이 되고 임의의 구간 $I \subset [0,1)$에 대해서는 $P(X \in I)=(1/2)\times(I$의 길이)와 같다. 이는 혼합형태의 예가 될 것이다. ■

4.2 누적분포함수

확률분포를 결정하는 함수로서 위의 확률질량함수나 확률밀도함수와 더불어 누적분포함수를 이용하면 편리할 때가 많다.

정의 4.3

확률변수 X에 대하여 다음과 같이 정의된 함수 $F_X : R \to R$를 확률변수 X의 **(누적)분포함수**(cumulative distribution function)라고 부른다.

$$F_X(x) = P(X \leq x), \quad x \in R$$

확률변수 X에 대해서 확률 $P(X \leq x)$는 x에 의존한다. 즉 x가 변하면 $P(X \leq x)$ 값도 변하므로 이는 x의 함수이다. 분포함수는 이산확률변수나 연속확률변수 모두에 공통으로 사용할 수 있는 함수로서 F_X는 확률의 가법성을 이용하여 X의 분포를 결정한다. 즉 임의의 두 수 $x_1 < x_2$에 대하여 다음이 성립한다.

$$P(X \in (x_1, x_2]) = P(X \le x_2) - P(X \le x_1) = F_X(x_2) - F_X(x_1)$$

물론 X가 $x_1, x_2, \cdots$ 값을 갖는 이산확률변수이면 X의 분포함수와 확률질량함수는 다음의 관계가 있다.

$$F_X(x) = \sum_{\{i : x_i \le x\}} p_X(x_i)$$

즉 확률질량함수를 합하여 분포함수를 얻을 수 있고 반면 분포함수의 차로서 확률질량함수를 얻을 수 있다. 즉 $x_1 < x_2 < x_3 < \cdots$ 일 때 $p_X(x_i) = F_X(x_i) - F_X(x_{i-1})$이 성립한다. 혼돈의 우려가 없으면 $F_X(x)$나 $p_X(x)$는 간단히 $F(x)$, $p(x)$라 쓴다.

예 4.8

동전을 연속 3회 던져 나온 앞면의 수를 X라 할 때 X의 확률질량함수 및 분포함수는 다음과 같다.

$$p_X(0) = p_X(3) = 1/8,\ p_X(1) = p_X(2) = 3/8$$

$$F_X(x) = \begin{cases} 0, & x < 0 \\ 1/8, & 0 \le x < 1 \\ 1/2, & 1 \le x < 2 \\ 7/8, & 2 \le x < 3 \\ 1, & x \ge 3 \end{cases}$$

■

위의 확률질량함수 $p_X(x)$와 분포함수 $F_X(x)$의 그래프를 그려보면 다음과 같다.

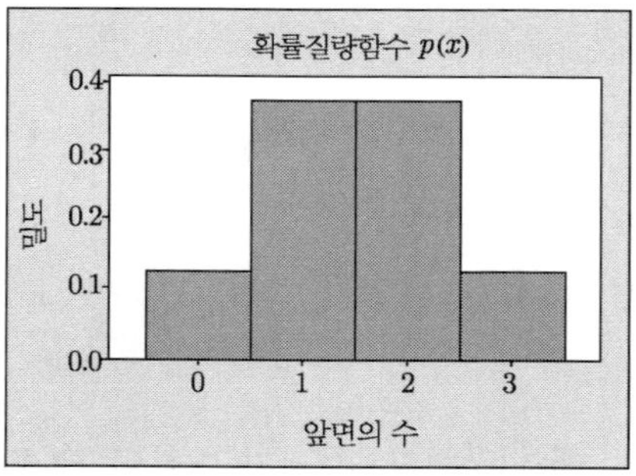

[그림 4.1] 확률질량함수 $p_X(x)$의 그래프

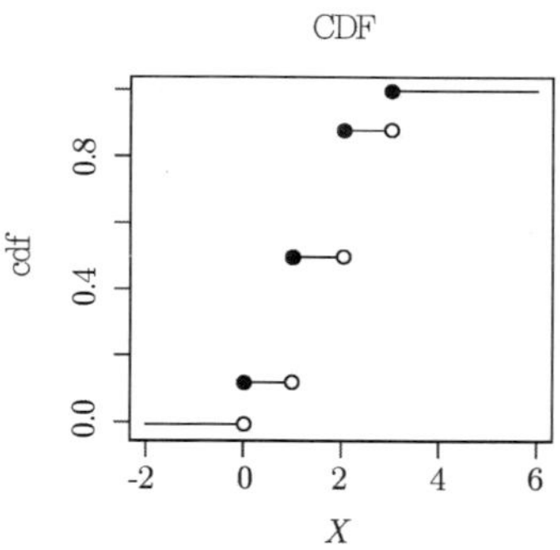

[그림 4.2] 분포함수 $F_X(x)$의 그래프

이산확률변수의 분포함수 $F(x)$의 그래프는 0에서 1사이의 값을 가지며 stay and jump를 반복하는 계단함수 모양을 하고 점프가 일어나는 지점에서의 점프의 크기는 바로 그 점에서의 확률에 해당한다. 따라서 분포함수를 안다는 것은 확률질량함수를 아는 것과 같음을 확인할 수 있다.

예 4.9

예 4.7에서 주어진 혼합형태의 분포에 대한 분포함수와 그의 그래프를 그려보면 아래와 같다.

$$F(x)=\begin{cases} 0, & x<0 \\ \frac{1}{2}x+\frac{1}{2}, & 0 \le x < 1 \\ 1, & x \ge 1 \end{cases}$$

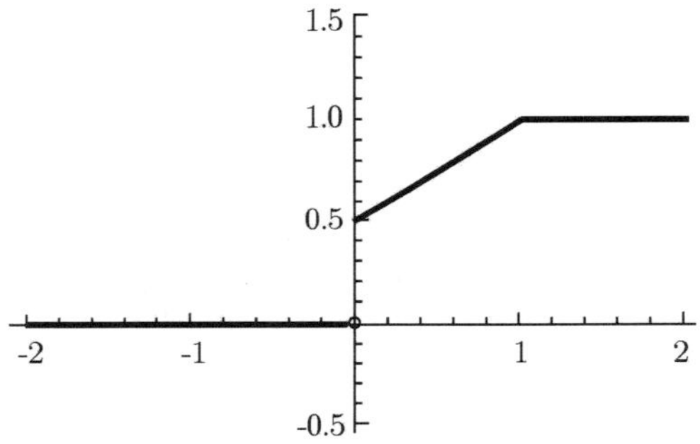

[그림 4-3] $F(x)$의 그래프

X가 연속분포를 가지면 확률밀도함수 $f(x)$ 와 분포함수 사이에는 다음과 같은 관계가 있다.

$$F(x)=\int_{-\infty}^{x} f(y)dy \tag{4.1}$$

위 (4.1) 식으로부터 연속확률변수의 분포함수는 연속함수이고 $F(x)$의 모든 미분가능 점에서 다음 관계가 성립한다.

$$f(x)=\frac{dF(x)}{dx} \tag{4.2}$$

예제 4.1

X의 확률밀도함수가 다음과 같이 주어졌다.

$$f(x)=\begin{cases}1/2, & -1\le x\le 1\\ 0 & \text{그 밖에서}\end{cases}$$

X의 분포함수를 구하고 그래프를 그려보라.

풀이

$$F_X(x)=\begin{cases}0 & x<-1\\ \frac{1}{2}x+\frac{1}{2} & -1\le x<1\\ 1 & x\ge 1\end{cases}$$

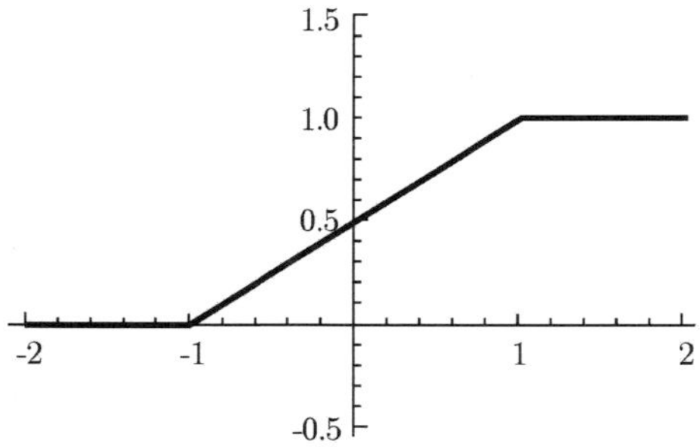

[그림 4-4] $F(x)$**의 그래프**

위의 예 4.8, 4.9, 예제 4.1에서 X가 어떤 형태의 분포를 갖든지 상관없이 분포함수는 비감소함수(nondecreasing function)이고 오른쪽 연속함수(right continuous function)이며 마이너스 무한대에서는 0, 플러스 무한대에서는 1의 값을 가짐을 관찰해 보라. 다음이 성립한다.

명제 4.1 (분포함수의 성질)

확률변수 X의 분포함수 $F: R \to R$은 다음 성질을 만족한다.

(1) F는 비감소함수이다. 즉 $x<y$일 때 $F(x)\le F(y)$를 만족한다.

(2) 오른쪽 연속함수이다. 즉 $\lim_{x\downarrow a}F(x)=F(a)$

(3) $\lim_{x\to\infty}F(x)=1$

(4) $\lim_{x\to-\infty}F(x)=0$

위 명제 4.1의 증명은 연습문제 4.2에서 보도록 하자.

예 4.10

1. $P(a < X \le b) = P(X \le b) - P(X \le a) = F(b) - F(a)$
2. X가 정수값을 가지면 정수 a에 대하여 $P(X = a) = P(X \le a) - P(X \le a-1)$
   $= F(a) - F(a-1)$.

■

일반적으로 $F(b-) = \lim_{x \uparrow b} F(x)$라 두면 다음이 성립한다.

$$P(a < X \le b) = P(X \le b) - P(X \le a) = F(b) - F(a)$$
$$P(a < X < b) = P(X < b) - P(X \le a) = F(b-) - F(a)$$
$$P(a \le X \le b) = P(X \le b) - P(X < a) = F(b) - F(a-)$$
$$P(a \le X < b) = P(X < b) - P(X < a) = F(b-) - F(a-)$$

예 4.11

예제 4.1에서 주어진 X가 어떤 구간에 들어가는 확률을 다음과 같이 분포함수를 이용하여 확률을 쉽게 구할 수 있다.

$$P(\frac{1}{3} < X \le \frac{1}{2}) = F_X(\frac{1}{2}) - F_X(\frac{1}{3}) = \frac{1}{2}\frac{1}{2} + \frac{1}{2} - (\frac{1}{2}\frac{1}{3} + \frac{1}{2}) = \frac{1}{12}$$

■

다음은 확률변수의 함수로 이루어진 새로운 확률변수의 분포를 구하는 문제를 생각해 보자.

예 4.12

이산확률변수 X의 확률질량함수가 다음과 같이 주어졌을 때 $Y = X^2$의 확률질량함수를 구하여 보자.

x	-3	-2	-1	0	1	2	3
$p_X(x)$	0.15	0.1	0.2	0.1	0.15	0.2	0.1

$Y = X^2$이 갖는 값은 $0, 1, 4, 9$이므로 각각에 대하여 확률값을 계산하면 다음과 같다.

$$P(Y=0)=P(X=0)=0.1$$

$$P(Y=1)=P(X=1)+P(X=-1)=0.35$$

$$P(Y=4)=P(X=2)+P(X=-2)=0.3$$

$$P(Y=9)=P(X=3)+P(X=-3)=0.25$$

즉 $p_Y(0)=0.1$, $p_Y(1)=0.35$, $p_Y(4)=0.3$, $p_Y(9)=0.25$이다.

■

위의 예 4.12에서 $g(x)=x^2$라 두면 $Y=g(X)$이고 다음과 같이 쓸 수 있다.

$$p_Y(y)=P(Y=y)=P(g(X)=y)=P(X\in g^{-1}(\{y\}))=\sum_{\{x\in g^{-1}(\{y\})\}} p_X(x)$$

여기서 $g^{-1}(\{y\})=\{x|g(x)=y\}$를 나타낸다. 즉 g^{-1}는 역상(inverse image)을 의미하며 역함수일 필요는 없다.

일반적으로 다음과 같이 정리할 수 있다.

명제 4.2

X는 $p_X(x)$를 확률질량함수로 갖는 이산확률변수이고 $g: R\to R$는 함수이다. $Y=g(X)$라 할 때 Y의 확률질량함수 $p_Y(y)$는 다음과 같다.

$$p_Y(y)=\begin{cases}\displaystyle\sum_{\{x\,:\,g(x)=y\}} p_X(x), & y\in Y\text{의 치역}\\ 0, & \text{그 밖에서}\end{cases}$$

예제 4.2

X가 예 4.12의 확률질량함수를 가질 때 $Y=2X+3$의 확률질량함수를 찾아라.

풀이

x	-3	-2	-1	0	1	2	3
$p_X(x)$	0.15	0.1	0.2	0.1	0.15	0.2	0.1
$y=2x+3$	-3	-1	1	3	5	7	9

이는 X와 Y가 일대일 대응관계에 있는 예가 되고 Y의 확률질량함수는 위 표의 아래 두 칸을 읽으면 된다.

■

예제 4.3

$P(X=k)=\frac{\lambda^k e^{-\lambda}}{k!}$, $k=0, 1, 2, 3, \cdots$ ($\lambda>0$ 인 상수)일 때 $Y=|X-3|$의 분포를 구하라.

풀이 $P(Y=0)=P(X=3)=\frac{\lambda^3 e^{-\lambda}}{3!}$

$P(Y=1)=P(X=2)+P(X=4)=\frac{\lambda^2 e^{-\lambda}}{2!}+\frac{\lambda^4 e^{-\lambda}}{4!}$.

아래 확률도 같은 방법으로 구하면 된다.

$$P(Y=2)=P(X=1)+P(X=5)$$
$$P(Y=3)=P(X=0)+P(X=6)$$
$$P(Y=y)=P(X=3+y),\ y\geq 4$$

■

X가 연속확률변수일 때 $Y=g(X)$의 분포를 구하는 문제는 일반적으로 복잡하다.

예 4.13

X의 확률밀도함수 $f(x)=\frac{1}{2}$, $-1<x<1$이고 $Y=X^2$일 때 Y의 확률밀도함수를 구하여 보자.

풀이 먼저 Y의 분포함수 $F_Y(y)$를 구하면 다음과 같다.

$y<0$이면 $F_Y(y)=0$, $y\geq 1$이면 $F_Y(y)=1$이다. $0\leq y<1$인 y에 대하여 다음이 만족된다.

$$\begin{aligned} F_Y(y) &= P(Y\leq y)=P(X^2\leq y)=P(-\sqrt{y}\leq X\leq \sqrt{y}) \\ &= F_X(\sqrt{y})-F_X(-\sqrt{y}) \quad (\because P(X=-\sqrt{y})=0) \\ &= \frac{1}{2}(\sqrt{y}+1)-\frac{1}{2}(-\sqrt{y}+1) \\ &= \sqrt{y} \end{aligned}$$

위식의 다섯 번째 등식을 예제 4.1에서 구한X의 분포함수 $F(x)=\frac{1}{2}(x+1)$을 대입하여 얻는다.

따라서 Y의 확률밀도함수 $f_Y(y)$, $0 \le y < 1$는 (4.2) 식을 이용하여 구하면 다음과 같다.

$$f_Y(y) = \frac{dF_Y(y)}{dy} = \frac{1}{2\sqrt{y}}, \quad 0 < y < 1$$

■

이러한 문제는 추후 좀 더 자세히 다루기로 한다.

4.3 확률변수의 기대값

4.3.1 확률변수의 기대값

확률변수의 기대값은 확률변수와 관련된 가장 중요한 모수 중의 하나이다. 기대값은 평균이다. 예를 들어서 10, 10, 10, 20, 20, 30의 여섯개의 숫자의 (산술)평균은 어떻게 구하는지 잘 알고 있을 것이다. $(10+10+10+20+20+30)/6$, 즉 모든 값을 더해서 자료의 개수로 나누면 된다. 이를 다시 쓰면 $10(3/6)+20(2/6)+30(1/6)$와 같이 되며 3/6, 2/6, 1/6는 6개의 자료에서 값이 10, 20, 30이 되는 확률이다. 즉 (자료가 갖는 값)×(자료가 갖는 확률)를 모든 자료에 대해 각각 구하고 이를 합하면 평균이 된다. X가 1이 될 확률이 1/3이고 5가 될 확률이 2/3라고 가정하자. 이와 같은 분포를 가진 실험을 독립적으로 여러번 반복한다면 총 시행횟수의 1/3 정도는 1의 값을 갖고 2/3 정도는 5의 값을 갖게 될 것이다. 따라서 X의 평균값은 다음과 같다.

$$1 \cdot 1/3 + 5 \cdot 2/3 = 11/3$$

임의의 확률변수의 평균값도 이와 같은 방법으로 접근할 수 있다. 즉 많은 독립시행을 통하여 확률변수의 평균값을 구하는 것이다. 예를 들어 X가 갖는 값이 $1, 2, 3, \cdots, N$이고 각각이 갖는 확률이 $p_1, p_2, p_3, \cdots, p_N$이라면 평균값은 다음과 같다.

$$p_1 + 2\,p_2 + 3\,p_3 + \cdots + N\,p_N$$

이러한 평균값을 기대값이라 부르고 이산확률변수 X가 갖는 값의 평균(mean)은 확률변수 X의 **기대값**(expected value 또는 expectation)이라 하고 $E(X)$로 나타낸다.

확률변수 X의 분포를 나타내는 히스토그램과 X의 기대값의 위치를 보면 다음과 같다

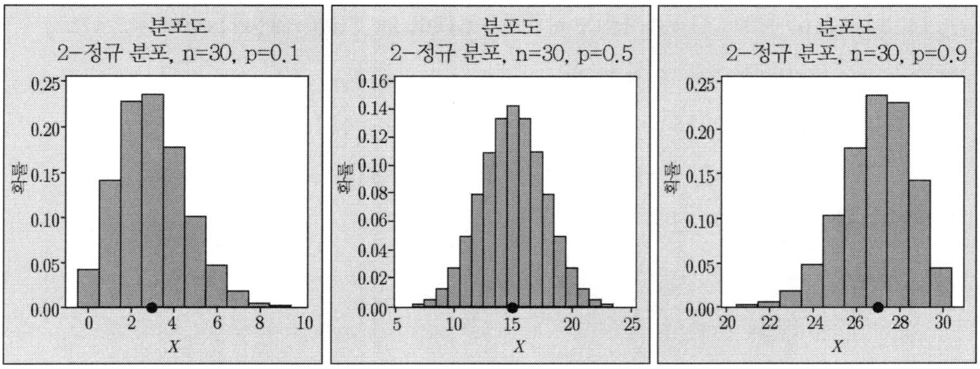

(1) $n=30, p=0.1$, 기대값$=3$, (2) $n=30, p=0.5$, 기대값$=15$, (3) $n=30, p=0.9$, 기대값$=27$

[그림 4-5] 히스토그램과 기대값(무게중심의 위치)

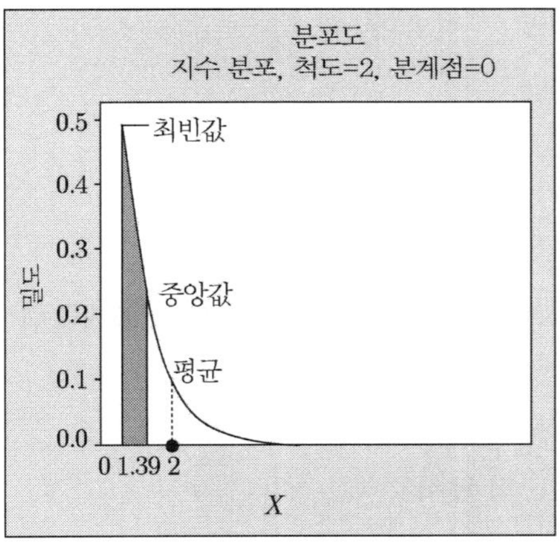

[그림 4-6] 최빈값 $x=0$, 중앙값 $x=1.39$, 평균 $x=2$

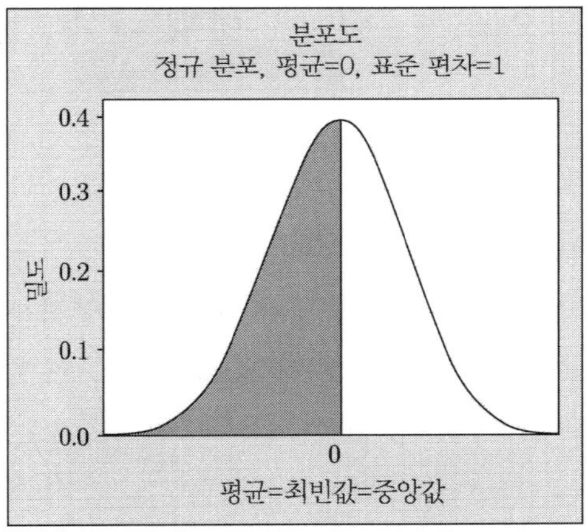

[그림 4-7] 평균, 중앙값, 최빈값이 같은 곳에 위치

예 4.14

다음은 400명의 통계학과 학생들이 한 학기에 듣는 과목 수를 조사하여 얻은 표이다.

x	1	2	3	4	5	6	7	8	합
$p(x)$	0.0075	0.015	0.0325	0.1125	0.15	0.65	0.0225	0.01	1
학생수	3	6	13	45	60	260	9	4	400

X를 학생들이 수강하는 과목 수라 할 때 X의 기대값은 다음과 같다.

$\{1(3)+2(6)+3(13)+4(45)+5(60)+6(260)+7(9)+8(4)\}/400=5.4725.$

여기서 기대값의 정의를 이용하면

$$E(X)=1.(0.0075)+2(0.015)+3(0.0325)+4(0.1125)$$
$$+5(0.15)+6(0.65)+7(0.0225)+8(0.01)=5.4725.$$

두 값이 같음을 알 수 있다.

■

예 4.15

어느 변호사는 성공하면 100, 실패하면 50을 받기로 하고 사건을 담당하였다. 이 사건에서 이길 확률이 $p(0<p<1)$라고 하면 이 사건에 대한 기대값은 다음과 같다.

$$E(X)=100p+(1-p)50=50+50p$$

■

예제 4.4

한 학생이 직업을 얻기 전까지 써야 하는 이력서의 수를 X라 할 때 X의 확률질량함수가 다음과 같이 주어졌다고 하자.

$$p(x)=\begin{cases} k/x^2, & x=1,2\cdots \\ 0, & \text{그 밖에서} \end{cases}$$

상수 k값과 X의 기대값 $E(X)$를 구하라.

풀이 먼저 k 값을 구해 보자. $p(x)$가 확률질량함수이므로 합이 1이 되어야 한다.

따라서 $\sum_{x=1}^{\infty} k(1/x^2)=1$이다. 수학적 지식을 이용하면 $\sum_{x=1}^{\infty}(1/x^2)=\frac{\pi^2}{6}$.

따라서 $k=\frac{6}{\pi^2}$이다. 기대값을 구하면 다음과 같다.

$$E(X)=\sum_{x=1}^{\infty} x\cdot k(1/x^2)=k\sum_{x=1}^{\infty}1/x=\infty$$

따라서 유한의 기대값은 존재하지 않는다.

■

$E(X) = \sum x\, p_X(x)$이 유한이기 위한 조건은 $E|X| = \sum |x| p_X(x) < \infty$이다. 특히 $\sum x p_X(x) = \infty - \infty$ 꼴이 될 수 있으며 이 경우 기대값은 존재하지 않는다.

X가 연속인 값을 취하는 경우를 살펴보자. 확률변수 X의 기대값은 극한의 개념을 사용하여 정의된다. 먼저 수직선을 아주 작은 구간으로 나눈다.

$$\Delta x_1,\ \Delta x_2,\ \Delta x_3,\ \cdots\cdots$$

이 때 $x_1, x_2, x_3, \cdots$ 는 각 구간의 중심이다. S를 다음과 같이 정의하자.

$$S = \sum_{i=-\infty}^{\infty} x_i P(X \in \Delta x_i)$$

위의 S가 대략적인 평균값이 된다. 구간들을 점점 더 잘게 나누면 그 합들은 어떤 극한값에 수렴하는 경우가 있는데 이 때 이 극한값을 X의 기대값으로 정의한다.

모든 ω에 대하여 $a \le X(\omega) \le b$일 때 Δx_i가 $[a, b]$ 밖에 있다면 확률 $P(X \in \Delta x_i) = 0$이 되므로 위의 합 S와 그의 극한값 $E(X)$도 a와 b사이에 있는 값이 될 것이다.

$P_X(\Delta x_i) = P(X \in \Delta x_i)$ 즉 확률변수 X가 Δx_i에 들어갈 확률이므로 S는 다음과 같이 쓸 수 있다.

$$S = \sum_{i=-\infty}^{\infty} x_i P_X(\Delta x_i)$$

또한 기대값 $E(X)$는 Δx_i의 최대길이를 0으로 보낼 때의 S의 극한값이 된다.

확률변수에 대한 기대값은 다음과 같이 정의할 수 있다.

정의 4.4

확률변수 X의 기대값 $E(X)$는 다음과 같이 정의된다.

(1) X가 $x_1, x_2, x_3, \cdots$ 값을 갖는 이산확률변수일 때

$$E(X) = \sum_{i=1}^{\infty} x_i\, p_X(x_i)$$

(2) X가 연속확률변수일 때

$$E(X) = \int_{-\infty}^{\infty} x P_X(dx)$$

이제 분포가 확률밀도함수 $f(x)$를 갖는다면 다음이 성립한다.

$$P_X(\Delta x) = \int_{\Delta x} f(x)dx \approx f(x)\Delta x$$

이는 확률변수 X가 x 근방의 아주 작은 구간에 들어갈 확률이 대략 $f(x)\Delta x$와 같음을 보여준다. 따라서 확률밀도함수를 이용하여 기대값의 근사값을 나타내면 다음과 같다.

$$E(X) \approx \sum_{i=-\infty}^{\infty} x_i f(x_i)\Delta x_i$$

따라서 확률밀도함수 $f(x)$를 갖는 연속확률변수 X의 기대값은 다음과 같다.

$$E(X) = \int_{-\infty}^{\infty} x f(x)\, dx$$

예 4.16

X의 확률질량함수 $p_X(k) = \dfrac{\lambda^k e^{-\lambda}}{k!}$ $(k = 0, 1, 2, \cdots, \lambda > 0)$가 주어졌을 때 $E(X)$를 구하여 보자.

$$\begin{aligned} E(X) &= \sum_{k=0}^{\infty} kP(X=k) \\ &= \sum_{k=0}^{\infty} k\frac{\lambda^k e^{-\lambda}}{k!} \\ &= \lambda e^{-\lambda}\sum_{k=0}^{\infty}\frac{\lambda^k}{k!} \\ &= \lambda \end{aligned}$$

■

예 4.17

X의 확률밀도함수 $f(x) = \lambda e^{-\lambda x}$, $x > 0$이면 기대값은 다음과 같다.

$$E(X) = \int_{-\infty}^{\infty} xf(x)dx = \int_0^{\infty} x\lambda e^{-\lambda x}dx = \frac{1}{\lambda}$$

■

4.3.2 $Y=g(X)$일 때 $E(Y)$

이제 확률변수의 함수로 이루어진 새로운 확률변수의 기대값 구하는 문제를 생각해 보자.

확률변수 X가 $x_1, x_2, x_3, \cdots, x_n$에서 확률 $p_X(x_1), p_X(x_2), p_X(x_3), \cdots, p_X(x_n)$ 값을 갖는다고 할 때 X^2의 기대값은 얼마인가? $X=x_1$이면 $X^2=x_1^2$이므로 X^2이 갖는 값은 각각 $x_1^2, x_2^2, x_3^2, \cdots$이 되고 각각의 확률은 $p_X(x_1), p_X(x_2), p_X(x_3), \cdots, p_X(x_n)$이므로 $E(X^2)=\sum_{i=1}^{n} x_i^2\, p_X(x_i)$이 된다. 임의의 함수 g에 대한 $Y=g(X)$의 기대값도 같은 개념으로 확장할 수 있다.

$$E(g(X))=\sum_{i=1}^{n} g(x_i)\, p_X(x_i) \tag{4.3}$$

예제 4.5

○○판매회사는 제조회사로부터 컴퓨터를 50만원에 3대를 들여놓기로 했다. 컴퓨터 판매가격은 1 대당 100만원이고 6개월 동안 팔리지 않으면 제조회사가 20만원에 다시 가져가기로 했다. X 가 6개월 동안 팔리는 컴퓨터 대수라 할 때 X의 확률질량함수는 $p(0)=0.1,\ p(1)=0.2,\ p(2)=0.3,\ p(3)=0.4$이다. 판매회사가 기대하는 이익에 대한 기대값을 구하라.

풀이 판매회사가 갖는 이익금 Y는 판매량 X의 함수이다.

$$Y=50X+(-30)(3-X)=80X-90$$

$X=0, 1, 2, 3$일 때 Y는 각각 $-90, -10, 70, 150$이며 확률은 $0.1, 0.2, 0.3, 0.4$이다. 따라서 이익의 기대값 $E(Y)$는 다음과 같다.

$E(Y)=(-90)(0.1)+(-10)(0.2)+(70)(0.3)+(150)(0.4)=70$(만)

■

예제 4.5에서 다음이 성립한다.

$$\begin{aligned} E(Y)=&(80\cdot 0-90)p_X(0)+(80\cdot 1-90)p_X(1)\\ &+(80\cdot 2-90)p_X(2)+(80\cdot 3-90)p_X(3) \end{aligned}$$

이를 다시 쓰면 다음과 같다.

$$E(Y) = E(80X - 90) = \sum_{x=0}^{3} (80x - 90) p_X(x)$$

$$= 80 \sum_{x=0}^{3} x p_X(x) - 90 \sum_{x=0}^{3} p_X(x) = 80E(X) - 90.$$

예제 4.6

X가 갖는 값이 $-2, -1, 0, 1$이고 $Y = X^2$이라 할 때 $E(Y)$를 구하라.

풀이

X 값	-2	-1	0	1
$p_X(x)$	0.2	0.1	0.3	0.4
Y 값	4	1	0	1

$P(Y=0) = P(X=0) = 0.3,$

$P(Y=1) = P(X=1$ 또는 $X=-1) = P(X=1) + P(X=-1) = 0.5$

$P(Y=4) = P(X=-2) = 0.2$

따라서 구하는 기대값은 $E(Y) = 0 \cdot 0.3 + 1 \cdot 0.5 + 4 \cdot 0.2 = 1.3$

(4.3) 식을 이용하여 $E(Y)$를 다음과 같이 계산하여도 같은 값을 얻는다.

$E(Y) = (-2)^2(0.2) + (-1)^2(0.1) + 0^2(0.3) + 1^2(0.4) = 1.3.$

■

(4.3) 식은 일반적인 확률분포로 확장시킬 수 있으며 특히 X가 연속확률변수이면

$$E(g(X)) = \int_{-\infty}^{\infty} g(x) f(x) dx$$

가 됨을 짐작할 수 있다.

예제 4.7

X는 $f(x) = 1,\ 0 < x < 1$을 확률밀도함수로 갖는 연속확률변수이다. $Y = X^m$ (m은 자연수)이라 할 때 $E(Y)$를 다음의 두 가지 방법으로 구하고 값을 비교하라.

(1) 먼저 Y의 확률밀도함수를 찾고 이를 이용하라.

(2) $E(X^m) = \int_0^1 x^m dx$를 계산하라.

풀이 (1) 먼저 X의 분포함수를 구하면 다음과 같다.

$$F_X(x) = x, \quad 0 < x < 1$$

Y의 분포함수를 다음과 같이 구할 수 있다.

$$\begin{aligned} F_Y(y) &= P(X^m \le y) = P(0 \le X \le y^{1/m}) \\ &= F_X(y^{1/m}) - F_X(0) \\ &= y^{\frac{1}{m}}, \quad 0 < y < 1 \end{aligned}$$

따라서 $f_Y(y) = \dfrac{dF_Y(y)}{dy} = \dfrac{1}{m} y^{\frac{1}{m}-1}, \quad 0 < y < 1.$

이를 이용하여 Y의 기대값을 구하면 다음과 같다.

$$E(Y) = \int_0^1 \frac{1}{m} y^{\frac{1}{m}} dy = \frac{1}{m+1}$$

(2) $\displaystyle\int_0^1 x^m dx = \frac{1}{m+1} x^{m+1}\Big]_0^1 = \frac{1}{m+1}$이 되어 위의 결과와 같아진다.

■

다음이 성립한다.

명제 4.3 $Y = g(X)$의 기대값

X는 함수값 $x_1, x_2, \cdots$와 $p_X(x_i), \quad i = 1, 2, \cdots$를 확률질량함수로 갖는 이산확률변수이다. g가 R에서 R로 가는 함수일 때 새로운 이산확률변수 $Y = g(X)$의 기대값은 다음과 같이 얻을 수 있다

$$E(Y) = \sum_i g(x_i) p_X(x_i)$$

X가 $f(x)$를 확률밀도함수로 갖는 연속확률변수이면 다음이 성립한다.

$$E(g(X)) = \int_{-\infty}^{\infty} g(x) f(x) dx$$

이 때 $Y = aX + b$ (a, b는 상수)이면 다음이 성립한다.

$$E(Y) = aE(X) + b$$

이산확률변수 X에 대한 위의 증명은 연습문제 4.4에서 해보자. 연속확률변수에 대한

증명은 5장에서 다루도록 한다.

$E(X^n)$이 존재하면 이를 확률변수 X의 n**차 모멘트**(n-th moment)라 하고, $E(X)=\mu$ 일 때 $E[(X-\mu)^n]$ 을 X의 n**차중심모멘트**(n-th central moment)라 부른다.

예제 4.8

X의 확률밀도함수 $p_X(x)=(1-p)^{x-1}p, \quad x=1, 2, 3, \cdots$이고 $m>0$인 정수일 때 $Y=\min\{X, m\}$의 기대값을 구하라.

풀이 위의 명제 4.3을 이용하여 구하여 보자.

$$E(Y)=\sum_{x=1}^{\infty} min\{x, m\}p_X(x)$$

$$=1p_X(1)+2p_X(2)+\cdots+(m-1)p_X(m-1)+m\sum_{x=m}^{\infty} p_X(x)$$

■

이번에는 예제 4.8에서 Y의 분포를 구하여 보자. Y는 1 부터 $m-1$까지는 X값과 일치하고 $X\geq m$이면 $Y=m$이 된다. 즉

$$Y=\begin{cases} X, & X\leq m-1 \\ m, & X\geq m \end{cases}$$

따라서 $p_Y(k)=p_X(k),\ k=1, 2, \cdots, m-1,\ p_Y(m)=\sum_{x=m}^{\infty} p_X(x)$이다.

예제 4.9

$X\sim Poisson(3)$ 즉 $P(X=k)=\dfrac{3^k e^{-3}}{k!}, \quad k=0, 1, 2, \cdots$를 따른다.

$Y=|X-3|$일 때 $E(Y)$를 구하라. 또한 X의 3차 모멘트와 3차 중심모멘트를 구하라.

풀이 명제 4.3을 이용하면 다음을 얻는다.

$$E(Y)=\sum_{x=0}^{\infty}|x-3|p_X(x) = \sum_{x=0}^{3}(3-x)p_X(x)+\sum_{x=4}^{\infty}(x-3)p_X(x).$$

X의 3차 모멘트는 $E(X^3)=\sum_{x=0}^{\infty} x^3 p_X(x)$이고 $E(X)=3$이므로 X의 3차 중심

모멘트는 $E((X-3)^3) = \sum_{x=0}^{\infty}(x-3)^3 p_X(x)$이다. 구체적은 계산은 다음 절에서 하자.

4.3.3 분산, 표준편차

예 4.18

oo 카지노에는 일정금액의 참가비를 내고 할 수 있는 게임이 세 가지가 있다.
게임1: 성공률 2/3인 게임을 하여 성공하면 150만원 받는다.
게임2: 성공률 1/2인 게임을 하여 성공하면 200만원 받는다.
게임3: 성공률 1/100인 게임을 하여 성공하면 1억을 받는다.

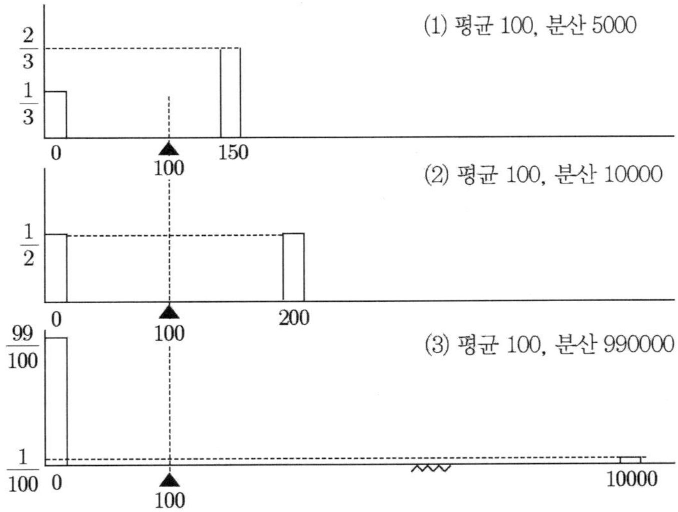

[그림 4-8] 평균100으로 모두 같고 분산은 각각 (1) 5000, (2) 10000, (3) 990000

세 가지 게임 모두 같은 기대값을 가지고 있으나 이 중에서 어느 게임을 선택할지는 참가자의 성향에 따라 결정될 것이다. 절대안정을 추구하면 게임1을 리스크를 즐긴다면 게임3을 선택할 것이다.

위 게임들의 확률적 분포를 보면 평균은 같으나 자료가 퍼져 있는 정도는 크게 다르다.

X와 X의 기대값 $E(X)$와의 차 $X-E(X)$를 편차라고 한다. 편차의 기대값 $E(X-E(X))$은 항상 0이다. X가 갖는 값들이 X의 중심 $E(X)$에서 얼마나 떨어져 있는지, 즉 자료들이 퍼져있는 정도를 수치화하는 방법의 하나로 편차의 제곱값들의 기대값 $E[(X-E(X))^2]$을 생각할 수 있다. 위 [그림 4-8]은 평균은 같으나 자료가 퍼져 있는 정도가 다른 예를 보여준다.

이와 같이 자료가 퍼져 있는 정도를 나타내는 값으로 분산(variance)과 표준편차를 정의한다. 분산은 편차를 제곱하여 얻으므로 X와 단위가 달라진다. 따라서 분산의 제곱근인 표준편차(standard deviation)를 쓰기도 한다.

정의 4.5

확률변수 X의 분산은 $Var(X)$, 표준편차는 $SD(X)$로 나타내며 아래와 같이 정의된다.

$$Var(X)=E[(X-E(X))^2], \quad SD(X)=\sqrt{Var(X)}$$

X가 이산확률변수일 때 $E(X)=\mu$라 두면 다음이 성립한다.

$$\begin{aligned}Var(X) &= E[(X-\mu)^2] \\ &= \sum_x (x-\mu)^2 p_X(x) \\ &= \sum_x x^2 p_X(x) - 2\mu \sum_x x p_X(x) + \mu^2 \\ &= E(X^2)-\mu^2\end{aligned}$$

X가 연속확률변수인 경우에도 적분의 성질을 이용하여 같은 등식을 유도할 수 있다.

예제 4.10

$Var(aX+b)$를 $Var(X)$를 이용하여 나타내라.

풀이
$$\begin{aligned}Var(aX+b) &= E[(aX+b-E(aX+b))^2] \\ &= E[(a(X-E(X))^2] \\ &= a^2\,Var(X)\end{aligned}$$

또한 $SD(aX+b)=|a|SD(X)$임을 알 수 있다.

어떤 확률변수 X의 평균과 표준편차를 각각 μ와 σ라 하면

$$Y=\frac{X-\mu}{\sigma}$$

로 정의되어진 Y는 항상 평균 0, 분산 1인 표준화된 확률변수가 된다.

X가 가산개의 값을 갖느냐 비가산개의 값을 갖느냐에 따라 확률과 관련된 문제를 다루는 방법에 차이가 있음을 보았다. 4장의 후반부에서는 가산개의 값을 갖는 확률변수, 이를 좀 더 정확히 표현하면 0 보다 큰 확률값을 갖고 해당 확률을 더하면 1이 되는 점들이 가산개인 확률변수와 그의 분포를 다루고자 한다. 연속확률변수와 관련된 문제는 5장에서 자세히 다루도록 한다.

4.4 여러 가지 이산확률분포

실제의 문제를 확률을 이용하여 해결하고자 할 때에는 실제상황을 모형화 할 필요가 있다. 모형화 과정에서 대표적인 확률분포에는 어떠한 것들이 있는지 알고 있다면 많은 도움이 될 것이다.

확률변수 $X:\Omega\rightarrow R$이 갖는 가능한 값이 가산개인 확률 변수를 **이산확률변수**(discrete random variable)라고 한다. 1장에서 정의한 바와 같이 가산개는 유한이거나 셀 수 있는 만큼의 무한 (즉 자연수와 일대일 대응)을 가리킨다. X가 이산확률변수일 때 X의 확률질량함수(probability mass function)는 실수값 함수로서 $p_X(x)=P(X=x)$와 같이 정의되고, $p_X(x)>0$인 x는 가산개이므로 다음이 성립하는 가산개의 x_1, x_2, $x_3, \cdots$가 존재한다.

$$p_X(x_i)\geq 0, \quad \sum_{i=1}^{\infty} p_X(x_i)=1.$$

X가 갖는 값 x_i에서의 확률 $p_X(x_i)$가 주어지면 X와 관련된 모든 문제를 해결할 수 있다. 중요한 이산분포에는 어떠한 것들이 있으며 각 분포의 성질에 대해 알아보자.

가장 쉽게 생각할 수 있는 이산분포는 유한표본공간에서 각 원소가 갖는 확률이 같은 경우이다. 전체의 원소의 개수가 N이면 각 원소가 갖는 확률은 $\frac{1}{N}$이 되는 것이다. 균일분포 외에 다양한 이산분포에 대해 알아보자.

거의 대부분의 중요한 이산분포는 베르누이 시행에서 시작된다고 볼 수 있다. **베르누이 시행**(Bernoulli trial)은 다음의 세 가지 조건을 만족한다.

정의 4.6

다음의 세 가지 조건을 만족하는 시행을 베르누이 시행이라 한다.
(1) 각 시행의 결과는 성공과 실패 두 가지로 분류할 수 있다.
(2) 각 시행에서 성공률은 일정하다.
(3) 각 시행은 서로 독립적이다.

예 4.19

하나의 동전을 연속해서 던지는 시행이나 복원 추출 등은 베르누이 시행의 좋은 예이다. 농구선수의 자유투 성공여부나 야구 선수의 안타 여부 그리고 품질관리(quality control)에서 불량품 조사 등도 베르누이 시행으로 볼 수 있다. 후자의 예들을 베르누이 시행으로 보기위해서는 어떠한 가정이 필요할까?

■

이러한 베르누이 시행을 어느 관점에서 보느냐에 따라 베르누이 분포(Bernoulli distribution), 이항분포(binomial distribution), 기하분포(geometric distribution) 음이항분포(negative binomial distribution)가 되며 이항분포의 극한분포인 포아송 분포(Poisson distribution)가 있다. 또한 타입 1, 타입 2의 두 가지 형태로 분류되는 유한모집단에서 자료를 추출할 때 복원추출(with replacement)하면 이항분포가 되나 비복원추출(without replacement)의 경우에는 초기하분포(hypergeometric distribution)를 얻는다. 초기하분포는 적당한 조건 아래서 이항분포에 근접한다. 이러한 여섯 가지 분포가 대표적인 이산분포라 할 수 있으며 각각에 대해 살펴보기로 하자.

4.4.1 베르누이 분포와 이항분포

성공률 p인 베르누이 시행을 한번 시행하면 결과는 성공(s) 아니면 실패(f)일 것이다. 따라서 표본공간 $\Omega = \{s, f\}$이며 $X(s) = 1$, $X(f) = 0$라 정의한 확률변수 X가 갖는 분포가 베르누이 분포이다. 즉 $P(X=1)=p$, $P(X=0)=1-p$일 때 X는 성공률 p인 베르누이 분포를 따른다고 한다.

예 4.20

$A \subset \Omega$에 대하여 다음과 같이 정의된 함수 $I_A : \Omega \to R$를 A에서의 **지시함수**(indicator function)라고 한다.

$$I_A(\omega) = \begin{cases} 1, & \omega \in A \\ 0, & \omega \notin A \end{cases}$$

I_A가 갖는 값은 0 또는 1이므로 I_A는 이산확률변수이다. 또한 $P(I_A=1)=P(A)$, $P(I_A=0)=1-P(A)$가 되어 I_A는 베르누이 분포를 따른다. 이를 특별히 지시분포(indicator distribution)라 부르기도 한다.

이번에는 성공률 p인 베르누이 시행을 n번 반복하여 성공한 횟수를 X라 하자. 이 때 표본공간의 각 원소는 n개의 s와 f의 조합 $\Omega = \{sss\cdots s, fss\cdots s, sfs\cdots s, \cdots\cdots, fff\cdots f\}$으로 모두 2^n개의 원소로 이루어졌다. X는 각 원소에서 s의 수를 나타내므로 다음이 성립한다.

$$\begin{aligned}
(X=0) &= \{fff\cdots f\} \\
(X=1) &= \{sff\cdots f, fsf\cdots f, ffs\cdots f, \cdots\cdots, fff\cdots s\} \\
&\vdots \\
(X=n) &= \{sss\cdots s\}
\end{aligned}$$

따라서

$$\begin{aligned}
P(X=0) &= (1-p)^n \\
P(X=1) &= \binom{n}{1} p(1-p)^{n-1} \\
P(X=2) &= \binom{n}{2} p^2(1-p)^{n-2} \\
&\vdots \\
P(X=n) &= p^n
\end{aligned}$$

여기서 $(X=2)$는 n번의 시행중 두 번의 성공이 있는 사상을 가리키므로 $P(X=2)$는

n개의 자리 중 두 자리를 뽑아 s로 두고 나머지는 f가 되는 총가지 수 $\binom{n}{2}$에 두 번의 성공확률 p^2과 $(n-2)$번의 실패확률 $(1-p)^{n-2}$를 곱한 값이 된다. 일반적으로 다음이 성립한다.

$$P(X=k)=\binom{n}{k}p^k(1-p)^{n-k}, \quad k=0,\,1,\,2,\,\cdots,\,n \tag{4.4}$$

여기서 이항전개식을 이용하면 $\sum_{k=0}^{n}\binom{n}{k}p^k(1-p)^{n-k}=(p+(1-p))^n=1$이 됨을 알 수 있다. (4.4)와 같은 확률질량함수를 갖는 확률변수 X를 이항확률변수라 하고 X의 분포를 이항확률분포 또는 간단히 **이항분포**라 한다. (4.4) 식은 시행횟수 n과 성공률 p에 의해 결정되므로 X는 모수 n과 p를 갖는 이항분포라 하고 간단히 $X\sim B(n,p)$라 표현한다.

예제 4.11

생명표에 의하면 20세 청년이 65세까지 생존할 확률이 80%이다. 임의로 선택한 20세 청년 5명중 65세까지 생존하는 사람 수를 X라 할 때 다음을 구하여라.

(1) $P(X=5)$

(2) 적어도 한 사람은 65세까지 생존할 확률

(3) 정확히 2명이 65세까지 생존할 확률

풀이 65세까지 생존하는 것을 성공으로 보면 $X\sim B(5,0.8)$이다.

(1) $P(X=5)=(0.8)^5$

(2) $P(X\geq 1)=1-P(X=0)=1-\binom{5}{0}(0.8)^0(0.2)^5=0.99968$

(3) $P(X=2)=\binom{5}{2}(0.8)^2(0.2)^3=0.0512$

[그림 4-9]에서 보는 바와 같이 이항분포의 확률밀도함수 $p(x)$는 x가 증가함에 따라 같이 증가하다가 $x=[(n+1)p]$에서 최고점에 이른 후 차차 감소하는 형태이다. 여기서 $[x]$는 x를 넘지 않는 최대 정수를 가리킨다(연습문제 4.8).

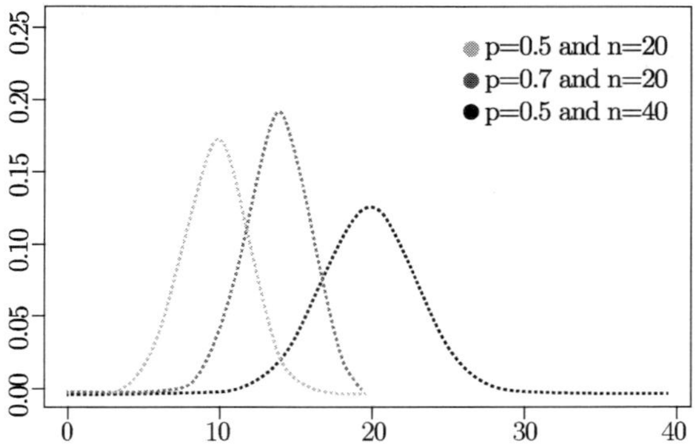

[그림 4-9] $p=0.5, n=20$, $p=0.7, n=20$, $p=0.5, n=40$ **인 이항분포의 확률질량함수 그래프**

예제 4.12

$X \sim B(20, p)$ 분포이다. 다음 각 성공률 p, $p=0.25$, $p=0.5$, $p=0.7$에 대하여 $p_X(k)$ 값이 최대가 되는 k를 찾아라.

풀이 $n=20$이므로 $p=0.25$일 때는 $[(20+1)(0.25)]=[5.25]=5$따라서 $k=5$일 때 $p_X(k)$ 값이 최대가 된다. $p=0.5$이면 $[(21)(0.5)]=[10.5]=10$일 때 최대값을, $p=0.7$일 때는 $[(21)(0.7)]=[14.7]=14$일 때 최대값을 갖는다. 따라서 확률질량함수의 그래프의 모양은 성공률 p값이 작을 때는 빨리 증가하고 천천히 감소하며 p값이 크면 천천히 증가한 후 빨리 감소하는 형태를 갖게 된다.

4.4.2 기하분포와 음이항분포

이번에는 베르누이 시행을 성공할 때까지 시행했을 때의 총 시행 횟수에 대한 분포를 생각해 보자. 성공률 p인 베르누이 시행을 처음 성공할 때까지 계속한다고 할 때에 처음 성공 때까지(마지막 시행도 포함) 총 시행횟수을 X라 하면 X는 시행횟수이므로 $1, 2, 3, \cdots$ 등의 자연수 값을 가지며 $(X=k)$ 라 함은 $(k-1)$번 연속하여 실패한 후 k번째 시행에서 처음으로 성공한 것이다. 따라서 다음이 성립한다.

$$p_X(k) = P(X=k) = (1-p)^{k-1}p, \qquad k=1,2,3,\cdots \tag{4.5}$$

(4.5)의 $p_X(k)$를 확률질량함수로 갖는 확률변수 X를 기하확률변수(geometric random variable)라 하고 모수 p를 갖는 **기하분포**(geometric distribution)를 따른다고 하고 간단히 $X \sim Geo(p)$로 나타낸다.

$\sum_{k=1}^{\infty}(1-p)^{k-1}p = 1$이 성립하여 (4.5) 식이 확률질량함수가 됨을 확인할 수 있다.

모수 p인 기하분포의 확률질량함수 $p_X(k) = p(1-p)^{k-1}$, $k = 1, 2, \cdots$의 그래프를 그려 보면 다음과 같다.

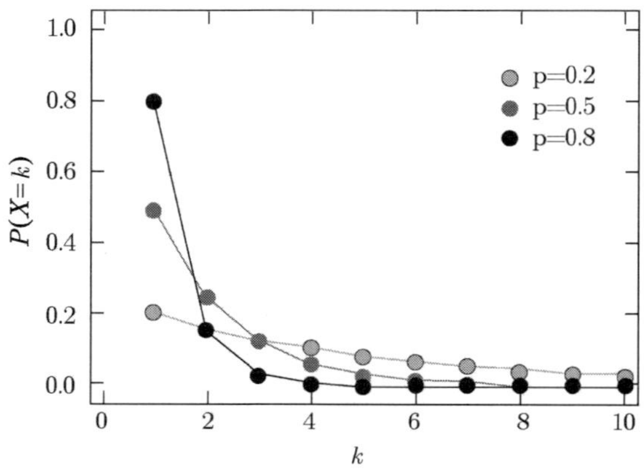

[그림 4-10] $p = 0.2,\ 0.5,\ 0.8$ **일 때의 기하분포의 확률질량함수 그래프**

당연히 $(1-p)$가 1 보다 작으므로 k가 증가함에 따라 $p_X(k)$값은 감소하게 된다.

예제 4.13

$X \sim Geo(p)$일 때 $P(X > n)$을 찾고 이를 이용하여 다음이 성립함을 보여라.

$$P(X > n+k \mid X > n) = P(X > k) \tag{4.6}$$

풀이 먼저 X의 꼬리확률(tail probability)을 구하여 보자.

$$\begin{aligned} P(X > n) &= P(X \geq n+1) \\ &= (1-p)^n p + (1-p)^{n+1} p + (1-p)^{n+2} p + \cdots \\ &= p\frac{(1-p)^n}{1-(1-p)} \\ &= (1-p)^n \end{aligned}$$

따라서 꼬리확률을 이용하면 다음이 성립한다.

$$\begin{aligned} P(X > n+k \mid X > n) &= \frac{P(X > n+k)}{P(X > n)} \\ &= \frac{(1-p)^{n+k}}{(1-p)^n} \\ &= (1-p)^k \\ &= P(X > k) \end{aligned}$$

■

$P(X > n+k|X > n) = P(X > k)$의 의미를 살펴보자. X를 앞면을 얻을 확률이 p인 동전 던지기에서 앞면이 나올 때까지 던진 횟수라 할 때 $X > n$의 의미는 n번 시행까지 앞면을 얻지 못했다는 것이다. $X > n$ 조건 아래서 $X > n+k$이 성립할 확률은 n번까지 앞면을 얻지 못했을 때 $n+k$번까지 앞면을 얻지 못하는 확률이고 이는 n번째 이후 k번을 더 시행함에도 앞면을 얻지 못했다는 뜻이 된다. 또한 이 확률이 $P(X > k)$와 같다는 뜻은 처음부터 k번까지 앞면을 얻지 못하는 확률과 같다는 의미이다. 여기서 우변은 n과 상관없는 값임에 주목하자. 이와 같은 성질은 n번째 시행까지의 결과는 다 잊고 마치 $n+1$번째 시행이 첫 번째 시행인 듯 여기는 것과 마찬가지라 하여 **비기억성**(memoryless property, 또는 lack of memory property)이라고 부른다. 이산분포에서 비기억성을 갖는 유일한 분포가 기하분포이다 (연습문제 4.9).

예제 4.14

N개의 흰색 공과 M개의 빨간색 공이 들어 있는 주머니가 있다. 임의로 하나의 공을 꺼내 보고 색깔을 확인 한 다음 다시 주머니에 집어넣고 다시 한 개의 공을 꺼내보는 시행을 반복한다고 하자. 빨간색 공을 얻을 때까지의 시행횟수를 X라 할 때 X가 갖는 분포를 찾아라. 또한 빨간색 공을 얻기까지 최소 10번 이상 반복할 확률을 구하라.

풀이 하나의 공을 꺼내 보고 색만 확인한 다음 다시 집어넣고 다시 하나를 꺼내는 복원추출이므로 각 시행의 결과는 성공률, 즉 각 시행에서 빨간 공을 얻을 확률 $p = \frac{M}{N+M}$은 일정하고 각 시행은 서로 독립이므로 베르누이 시행이 되고 성공 때까지의 시행횟수는 모수 $p = \frac{M}{N+M}$를 갖는 기하 분포를 따른다. 또한 빨간색 공을 얻기까지 최소 10번 이상 반복할 확률은 $P(X \geq 10)$이고 (4.6) 식을 이용하면 다음과 같다.

$$P(X \geq 10) = P(X > 9) = (1-p)^9 = (1 - \frac{M}{N+M})^9$$

■

예제 4.15

X가 모수 p인 기하분포를 따를 때 두 자연수 k, n, $k > n$에 대하여 $P(X=k|X>n)$을 다음 각 방법에 따라 구하여라.

(1) 비기억성을 이용하지 말고 구하라.

(2) 비기억성 (즉, 식 (4.6))을 이용하여 구하라.

풀이 (1) $P(X=k|X>n) = \dfrac{P(X=k, X>n)}{P(X>n)}$

$$= \frac{P(X=k)}{P(X>n)} = \frac{p(1-p)^{k-1}}{(1-p)^n} = p(1-p)^{k-n-1}$$

(2) $P(X=k|X>n) = P(X>k-1|X>n) - P(X>k|X>n)$

$$= P(X>k-n-1+n \mid X>n) - P(X>k-n+n \mid X>n))$$

$$= P(X>k-n-1) - P(X>k-n)$$

$$= (1-p)^{k-n-1} - (1-p)^{k-n}$$

$$= p(1-p)^{k-n-1}$$

■

예제 4.16

로또복권에 당첨될 확률(3등 이상)은 0.028이다. 매주 복권을 1장씩 산다.

(1) 1년 이내에 당첨될 확률은 얼마인가?

(2) 당첨될 확률이 90%이상 되기 위해서는 얼마 동안 복권을 사야 할까?

(3) 작년 한 해 동안 당첨되지 못하였다. 올해에는 당첨될 확률은?

풀이 X를 당첨 될 때까지의 경과된 시간(단위: 주(week))이라 하면 X는 성공률 0.028인 기하분포를 따른다.

(1) $P(X \le 52) = 1 - P(X > 52) = 1 - (1-0.028)^{52}$

$$= 1 - (0.972)^{52} \approx 1 - 0.22837 = 0.77163.$$

(2) $P(X \le n) \ge 0.9$ 즉 $P(X > n) = (1-0.028)^n = (0.972)^n \le 0.1.$

$n \ge 81.08.$ 즉 82주 이상 복권을 사야 당첨확률이 90%이상 된다.

(3) $P(X \le 104|X>52) = P(X \le 52) \approx 0.77163$

■

다음으로 $r(r \geq 1)$번째 성공 할 때까지의 총 시행횟수를 Y 라 했을 때 Y의 분포에 대해 알아보자. $(Y=k)$라 함은 r번째 성공을 얻을 때까지의 총 시행 횟수가 k번이 되어야 하므로 $(k-1)$번째 시행까지 $(r-1)$번의 성공을 거두고 k번째 시행에서 r번째 성공을 거두면 된다. 즉 $(k-1)$번의 연속 시행에서 $(r-1)$번의 성공 그리고 k번째에서 성공할 확률을 구하면 다음과 같다.

$$\begin{aligned} P(Y=k) &= \binom{k-1}{r-1} p^{r-1}(1-p)^{(k-1)-(r-1)}p \\ &= \binom{k-1}{r-1} p^{r}(1-p)^{k-r}, \quad k=r,\, r+1,\, r+2,\, \cdots \qquad (4.7) \end{aligned}$$

위의 (4.7)의 확률값을 갖는 확률변수 Y를 음이항확률변수라 하고 모수 r과 p를 갖는 음이항분포(negative binomial distribution)를 따른다고 한다. 모수 r과 p를 갖는 음이항분포에서 $r=1$이면 기하 분포가 된다. 음이항분포는 r, p에 의해 결정되므로 간단히 $Y \sim NB(r, p)$로 나타낸다.

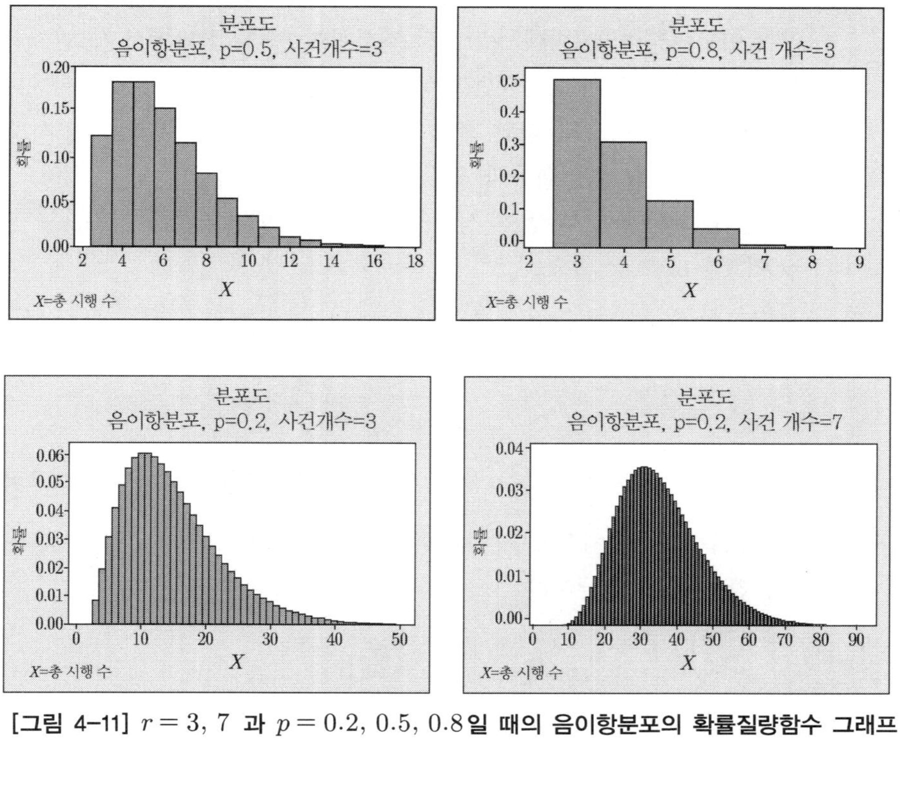

[그림 4-11] $r=3,\ 7$ **과** $p=0.2,\ 0.5,\ 0.8$**일 때의 음이항분포의 확률질량함수 그래프**

예제 4.17

보험 설계사 L씨는 한 고객을 상담하여 계약을 성사시킬 확률이 0.15이다. 각 상담결과 계약 여부는 서로 독립적이다.

(1) 두 번째 계약이 여섯 번째 만나는 고객과 이루어질 확률은?

(2) 두 번째 계약이 여섯 번째 만나는 고객과 이루어지고, 다섯 번째 계약이 14번째 만나는 고객과 이루어질 확률을 구하여라.

풀이 각 고객과의 상담결과 계약 성사 여부에 따라 성공과 실패로 나누면 각 상담은 성공률 $p = 0.15$인 베르누이 시행이 된다.

(1) X를 두 번째 성공 때까지 만나는 고객 수로 두면 $X \sim NB(2,\ 0.15)$가 된다. 따라서

$$P(X=6) = \binom{6-1}{2-1}(0.15)^2(0.85)^4 = (5)(0.0225)(0.5220) \approx 0.058725$$

(2) 각 시행은 서로 독립이다. 따라서 두 번째 계약을 성사시킨 6번째 상담까지와 그 이후 7번째부터 14번째까지는 서로 독립이므로 14번째 상담에서 5번째 계약이 이루어지려면 7번째 상담부터 계산하여 8번째 상담에서 세 번째 성공을 이루면 된다. 따라서 Y를 7번째 상담부터 계산하여 세 번째 성공이 이루어질 때까지의 상담 횟수라 하면 $Y \sim NB(3,\ 0.15)$가 되고 X와 Y는 서로 독립이다. 구하는 확률은 다음과 같다.

P(6번째 상담에서 두 번째 성공, 14번째 상담에서 5번째 성공)

$$= P(X=6)P(Y=8)$$

$$= \binom{6-1}{2-1}(0.15)^2(0.85)^4 \times \binom{8-1}{3-1}(0.15)^3(0.85)^5$$

■

이항계수 $\binom{n}{m}$은 $n > 0, \quad 0 \le m \le n$을 만족하는 정수에 대하여 정의된다. 그러나 연습문제 4.7에서 볼 수 있듯이 이항계수는 좀 더 넓은 범위의 n, m 즉 n은 실수, m은 정수일 때 다음과 같이 확장 가능하다.

$$\binom{n}{0} = 1$$

$$\binom{n}{m} = 0, \quad m < 0$$

$$\binom{n}{m} = \frac{n(n-1)(n-2)\cdots(n-m+1)}{m!}, \qquad m > 0$$

따라서 확장된 이항계수를 사용하면 음이항분포에 나오는 이항계수는 다음과 같이 쓸 수 있다.

$$\binom{k-1}{r-1} = (-1)^{k-r}\binom{-r}{k-r} \tag{4.8}$$

음이항분포라는 이름이 식 (4.8)에서 보는 바와 같이 이항계수가 음수를 가지고 있음에 근거하여 붙여진 이름이라 할 수 있다.

4.4.3 포아송 분포

포아송 분포(Poisson distribution)는 이항분포의 일정한 조건 아래에서의 극한분포로 볼 수 있다. X가 모수 n, p를 갖는 이항분포라면 이항분포의 확률질량함수 (4.4)에서 $np=\lambda$, $n \to \infty$를 취하면 다음이 성립한다.

$$\begin{aligned} P(X=k) &= \binom{n}{k} p^k (1-p)^{n-k} \\ &= \frac{n(n-1)(n-2)\cdots(n-k+1)}{k!}\left(\frac{\lambda}{n}\right)^k \left(1-\frac{\lambda}{n}\right)^{n-k} \\ &= \frac{\lambda^k}{k!}\,\frac{n(n-1)(n-2)\cdots(n-k+1)}{n^k}\left(1-\frac{\lambda}{n}\right)^{-k}\left(1-\frac{\lambda}{n}\right)^{n} \\ &\to \frac{\lambda^k}{k!}e^{-\lambda} \end{aligned}$$

여기서 $\dfrac{\lambda^k e^{-\lambda}}{k!}$은 모든 $k(k=0,1,2,\cdots)$에서 비음값을 가지며 $\displaystyle\sum_{k=0}^{\infty}\frac{\lambda^k e^{-\lambda}}{k!}=1$이므로 이는 새로운 확률분포를 나타낸다. 따라서 다음 관계를 만족하는 분포를 모수가 λ인 **포아송 분포**라 하고 간단히 $X \sim Poisson(\lambda)$라 나타낸다. 모수 λ인 포아송 분포의 확률질량함수는 다음과 같다.

$$P(X=k) = \frac{\lambda^k e^{-\lambda}}{k!}, \quad k=0,1,2,3,\cdots$$

[그림 4-12]에서 관찰된 바와 같이 포아송 분포는 이항분포와 같이 k가 커짐에 따라 $P(X=k)$가 증가하다 최고점에 이른 후 감소하게 된다. 이 때 최고값을 갖는 k값은 $k=[\lambda]$ 즉 k가 모수를 넘지 않는 최대 정수일 때 $P(X=k)$가 최대값이 된다.

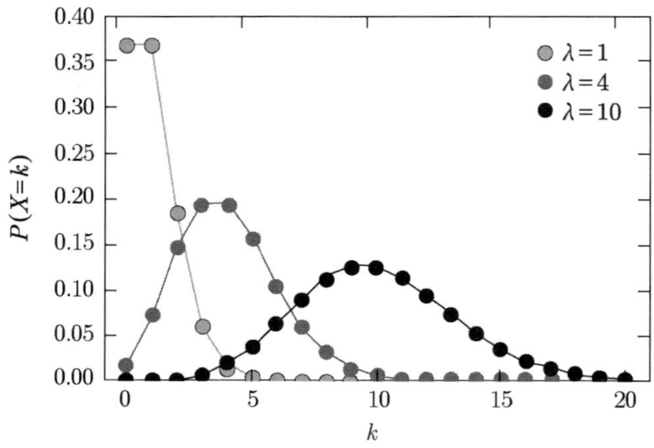

[그림 4-12] 포아송 분포의 확률질량함수(λ=1, 4, 10)

포아송 분포는 어떤 상황에서 사용될까? 앞에서 이항분포는 성공률 p인 시행을 n번 반복했을 때의 성공횟수를 나타낸다고 하였다. 이 때 $np=\lambda$ 로 두고 $n\to\infty$ 로 둔다는 뜻은 np가 고정되어 있으므로 n이 무한대로 가면 상대적으로 p는 작은 값을 갖게 된다. 따라서 성공률은 작고 시행횟수가 많은 이항분포는 포아송 분포와 근사하다고 말할 수 있을 것이다. 특히 $X\sim B(n,\ p)$, $Y\sim Poisson(np)$일 때 다음 관계식이 성립한다 (Ross pp.454-456).

$$|P(X\in A)-P(Y\in A)|\leq np^2,\ A\subset R$$

이는 np^2값이 작을수록 이항분포와 포아송 분포는 가까운 확률값을 갖게 됨을 의미한다.

〈표 4-1〉 $n=500,\ p=0.0045$인 이항분포와 포아송 분포의 근사표 ($np^2=500(0.0045)^2=0.01$)

성공회수 $X=k$	이항분포의 확률값	포아송 분포의 확률값
0	0.1049	0.1054
1	0.2370	0.2371
2	0.2673	0.2668
3	0.2006	0.2001
4	0.1127	0.1126
5	0.0505	0.0506
6	0.0188	0.0190
7	0.0060	0.0061
8	0.0017	0.0017
9	0.0004	0.0004
10	0.0001	0.0001
11	0.0000	0.0000

다음의 예를 보자

어느 oo상담소에 10시부터 11시까지 1시간 동안 들어오는 고객수의 분포에 대해 가정하고자 한다. 과거 1년 동안의 자료에 의하면 평균 5명의 고객이 다녀갔다. 이를 다음과 같이 생각해 보자.

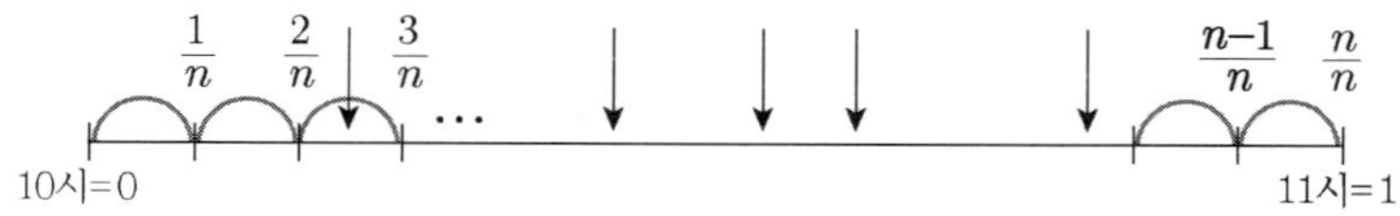

[그림 4-13]

먼저 10시- 11시를 10등분 하여 각 구간의 길이를 6분으로 하자. 한 시간 동안 5명이 고객이 들어왔으므로 10개의 구간 중 손님이 들어온 시점이 있는 구간은 5개(하나의 작은 구간에는 고객이 들어오거나 들어오지 않거나 둘 중 하나라고 가정한다.) 즉 시행횟수 $n = 10$, 성공률 $p = 1/2$이라 할 수 있다. 이 때 $np = 5$이다. 이제 구간을 100등분하여 보자 $n = 100$개의 작은 구간 중 고객이 들어온 구간은 5개가 있으므로 성공률은 5/100=1/20. 구간을 $n = 1000$ 등분하면 성공률은 5/1000=1/200. n을 크게 하면 성공률은 점점 작아진다. 하지만 어떤 경우라도 $np = 5$ 로 일정하다. 따라서 일정시간 들어온 고객수를 모형화 할 때 포아송 분포로 가정하는 것이 적절하다는 것을 알 수 있으며 모수 $\lambda = np$는 평균값이 된다. 이처럼 포아송 분포는 일정시간 또는 일정공간에서 드물게 일어나는(그래야만 작은 구간에 사건이 한번 일어나거나 일어나지 않거나 한다는 가정이 가능하다) 사건 발생수를 나타낼 때 적절히 사용될 수 있는 분포이다.

다음은 포아송 분포를 갖는 예이다.

(1) 하루 중 잘못 걸려온 전화 수

(2) 어떤 지역의 일정시간 동안의 지진 발생 건 수

(3) 일정시간 동안 특정 상담소를 방문하는 고객 수

(4) 어떤 책의 한 페이지에 있는 오타 수

(5) 어떤 지역의 100세 이상 노인 수

예 4.21

일정 공간에서 일어난 사건 수의 분포를 알아보는 예로 2차 세계대전 중에 영국 런던의

남부지역에 떨어진 포탄 수에 대한 자료가 있다. 해당 지역을 $1/4Km^2$ 단위로 576개의 구역으로 나누어 각 구역에 떨어진 포탄수를 조사하여 아래 표를 얻었다.

포탄 수	0	1	2	3	4	5이상
해당 구역 수	229	211	93	35	7	1
$Poisson(\lambda)$로 예측한 구역수	226.74	211.39	98.54	30.62	7.14	1.57

떨어진 포탄 수는 총 537개였다 하니 구역당 평균 포탄 수 = $\lambda = 537/576 \approx 0.9323$. 모수 $\lambda = 0.9323$인 포아송 분포를 이용하여 각 포탄 수에 해당하는 구역수를 계산하면 위 표의 세 번째 줄에 있는 값을 얻게 된다. 실제 조사한 값과 이론적으로 계산한 값이 근사함을 볼 수 있다. (출처: Feller, p.150 또는 R.D Clarke J. Institute of Actuaries, Vol.72 p.48)

예제 4.18

삼삼 생명보험에 든 계약자 중에서 1년 동안 사망하는 사망자 수는 모수가 λ인 포아송 분포를 따른다고 한다. $\lambda = 5$일 때 사망자 수가 적어도 3명 이상일 확률을 구하라.

풀이 $P(X \geq 3) = 1 - P(X=0) - P(X=1) - P(X=2)$

$$= 1 - \frac{5^0 e^{-5}}{0!} - \frac{5^1 e^{-5}}{1!} - \frac{5^2 e^{-5}}{2!}$$

$$\approx 0.8753$$

4.4.4 초기하분포

흰색 공 20개, 검은색 공 30개 등 총 50개의 공이 담겨 있는 항아리에서 5개를 꺼냈을 때 흰색 공이 3개 나올 확률은 얼마인가? 하는 문제는 이미 중고등학교에서 다루어 본 문제이다. 구하는 확률은 50개에서 5개를 뽑는 총 가지 수 $\binom{50}{5}$와 5개중 흰색 공이 3개인 가지 수 $\binom{20}{3}\binom{30}{2}$의 비 즉 $\binom{20}{3}\binom{30}{2}/\binom{50}{5}$이 된다.

초기하분포는 앞에서 설명한 분포들이 베르누이 시행에서 시작된 것과는 달리 유한 모집단에서의 추출에서 유래된다. 물론 베르누이 시행이 성공과 실패의 두 가지 결과만 있듯이 모집단 안의 원소는 I, II의 두 가지 타입으로 분류된다. 모집단의 크기 N, 타입 I의 원소의 수 r, 타입 II의 원소의 수 $N-r$인 모집단으로부터 n개의 원소를 뽑았을 때 n개에 들어있는 타입 I의 개수를 X 라 하자. $X=k$가 될 확률은 위의 예에서와 같이 다음과 같이 구할 수 있다.

$$P(X=k)=\frac{\binom{r}{k}\binom{N-r}{n-k}}{\binom{N}{n}},\quad 0\le k\le r,\ k\le n,\ n-k\le N-r$$

위 식을 확률질량함수로 갖는 분포를 모수 N, r, n을 갖는 초기하분포(hypergeometric distribution)라 하고 $HG(N, r, n)$으로 나타내기로 한다.

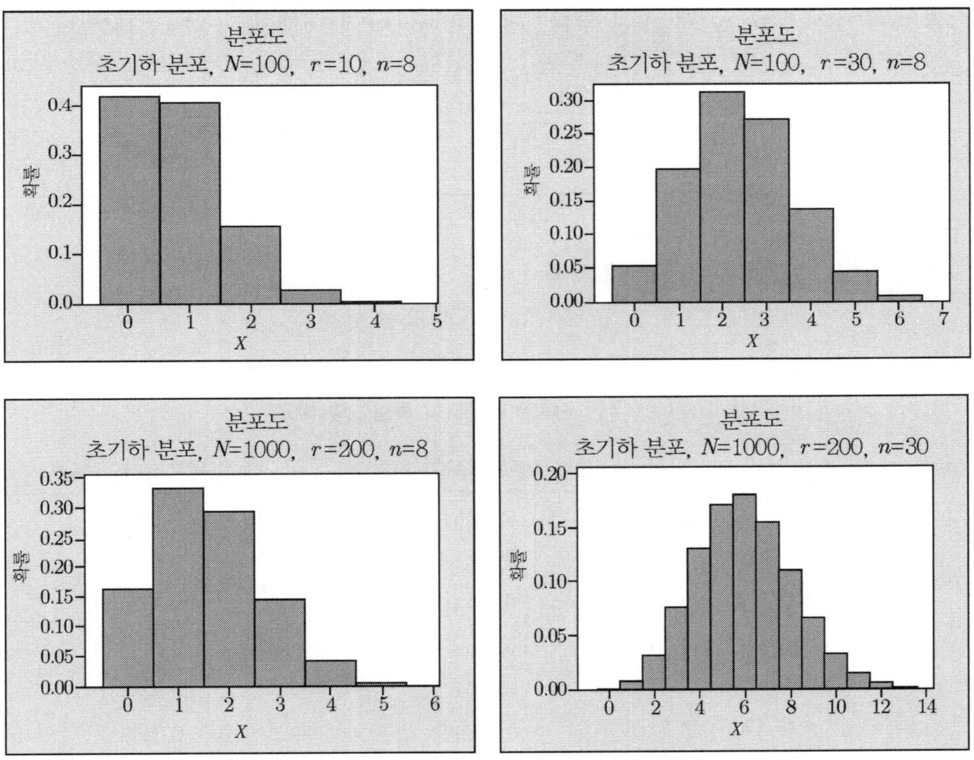

[그림 4-14] 여러 가지 초기하분포의 확률질량함수 그래프

크기 N인 모집단으로부터 n개의 원소를 추출하는 것은 한 개씩 n번 반복하여 뽑는 것으로 생각할 수 있는데 복원(relacement)하지 않고 n번 뽑는 것은 n개를 한꺼번에 뽑는 것과 같은 결과를 낸다. 따라서 비복원 추출을 n번 반복하면 초기하분포를 갖게 된다. 반면 하나 뽑아 결과를 보고 뽑은 것은 다시 원래 모집단에 되돌려 놓고 다시 하나 뽑고... 를 n번 반복한 후 결과가 갖는 분포는 이항분포가 된다. 왜냐하면 뽑아 보고 뽑은 것을 다시 돌려놓으면 최초의 상태와 같은 상황이 되어 타입 I을 뽑을 확률이 매 시행마다 같게 될 뿐 아니라 각각의 시행의 결과는 서로 독립적이게 되어 베르누이 시행을 n번 반복하는 꼴이 되는 것이다.

비복원추출, 즉 초기하분포에서 N이 n에 비해 상대적으로 크면($n \le 0.05N$) 초기하분포는 모수 n, $p = \frac{r}{N}$를 갖는 이항분포로 근사한다. 다음이 성립한다.

명제 4.4

$X \sim HG(N, r, n)$일 때 X의 확률질량함수 $p_X(k)$에 대해서 다음이 성립한다.

$$\lim_{N\to\infty} p_X(k) = \lim_{N\to\infty} \frac{\binom{Np}{k}\binom{N(1-p)}{n-k}}{\binom{N}{n}} = \binom{n}{k} p^k (1-p)^{n-k},\ (p = \frac{r}{N})$$

명제 4.4의 증명은 연습문제 4.42에서 해보도록 한다.

〈표 4-2〉 확률비교표 : $N=1000$, $r=200$, $n=8$일 때의 초기하분포에서의 확률값과 $n=8$, $p=200/1000=0.2$인 이항분포에서의 확률값의 비교

성공횟수 $X=k$	초기하분포에서의 확률	이항분포에서의 확률
0	0.1666	0.1678
1	0.3361	0.3355
2	0.2949	0.2936
3	0.1469	0.1468
4	0.0454	0.0459
5	0.0089	0.0092
6	0.0011	0.0011
7	0.0001	0.0001
8	0.0000	0.0000

예제 4.19

로또복권은 1-45까지의 번호 중에서 임의로 6개의 번호와 1개의 보너스번호를 지정한다. 참여자는 1-45까지의 번호 중 6개의 번호를 선택한다. 4등은 여섯 개의 번호 중에서 네 개 번호가 일치하면 된다. 5등은 세 개 번호가 일치하면 된다. 4등과 5등에 당첨될 확률은 각각 얼마인가?

풀이

$$P(\text{4등에 당첨확률}) = \frac{\binom{6}{4}\binom{39}{2}}{\binom{45}{6}} \approx \frac{1}{733}$$

$$P(\text{5등에 당첨확률}) = \frac{\binom{6}{3}\binom{39}{3}}{\binom{45}{6}} \approx \frac{1}{45}$$

1등은 여섯 개의 번호가 모두 맞았을 때 2등은 6개 중에 다섯 개가 맞고 보너스번호가 일치할 때 그리고 3등은 6개중 다섯 개가 맞으면 된다. 이 때 각 확률은 다음과 같다. 확인해 보라.

$$P(\text{1등 당첨}) = \frac{1}{\binom{45}{6}} = \frac{1}{8,145,060}$$

$$P(\text{2등 당첨}) = \frac{\binom{6}{5}\binom{39}{1}}{\binom{45}{6}\binom{39}{1}} = \frac{1}{1,357,510}$$

$$P(\text{3등 당첨}) = \frac{\binom{6}{5}\binom{38}{1}}{\binom{45}{6}} \approx \frac{1}{35,724}.$$

4.5 여러 가지 이산분포에서의 기대값과 분산

4.5.1 베르누이 분포와 이항분포의 기대값과 분산

X가 성공률 p인 베르누이 분포 즉 $P(X=1)=p$, $P(X=0)=1-p$이면 다음이 성립한다.

$$E(X) = 1 \cdot p + 0 \cdot (1-p) = p, \;\; Var(X) = E(X^2) - (E(X))^2 = p - p^2 = p(1-p).$$

성공률 p인 베르누이 분포의 기대값과 분산은 다음과 같다.

$$E(X) = p, \;\; Var(X) = p(1-p)$$

지수함수 I_A는 베르누이 분포를 따르므로 기대값과 분산은 다음과 같다

$$E(I_A) = P(A), \;\; Var(I_A) = P(A)(1-P(A))$$

지시함수 I_A의 기대값은 $P(A)$가 되어 이는 기대값과 확률을 연결하는 가교 역할을 한다.

X가 모수 n,p를 갖는 이항분포 즉 $X \sim B(n,\, p)$일 때 기대값과 분산을 구하여 보자.

$$\begin{aligned} E(X) &= \sum_{k=0}^{n} k\binom{n}{k} p^k (1-p)^{n-k} \\ &= \sum_{k=1}^{n} \frac{n!}{(k-1)!(n-k)!} p^k (1-p)^{n-k} \\ &= np\sum_{k=1}^{n} \frac{(n-1)!}{(k-1)!(n-k)!} p^{k-1} (1-p)^{n-k} \\ &= np\sum_{k=0}^{n-1} \frac{(n-1)!}{k!(n-1-k)!} p^k (1-p)^{n-1-k} \\ &= np(p+(1-p))^{n-1} \\ &= np \end{aligned} \tag{4.9}$$

$Var(X) = E(X^2) - (E(X))^2$이므로 먼저 $E(X^2)$을 구하여 보자.

$$\begin{aligned} E(X^2) &= \sum_{k=0}^{n} k^2 \frac{n!}{k!(n-k)!} p^k (1-p)^{n-k} \\ &= \sum_{k=1}^{n} [k(k-1)+k] \frac{n!}{k!(n-k)!} p^k (1-p)^{n-k} \\ &= \sum_{k=2}^{n} [k(k-1)] \frac{n!}{k!(n-k)!} p^k (1-p)^{n-k} + \sum_{k=1}^{n} k \frac{n!}{k!(n-k)!} p^k (1-p)^{n-k} \\ &= n(n-1)p^2 \sum_{k=0}^{n-2} \frac{(n-2)!}{k!(n-2-k)!} p^k (1-p)^{n-2-k} + E(X) \end{aligned}$$

$$= n(n-1)p^2(p+(1-p))^{n-2} + E(X)$$

$$= n(n-1)p^2 + E(X) \tag{4.10}$$

따라서

$$\begin{aligned} Var(X) &= E(X^2) - (E(X))^2 \\ &= n(n-1)p^2 + np - (np)^2 \\ &= np(1-p) \end{aligned}$$

다음이 성립한다.

> $X \sim B(n,p)$일 때 기대값과 분산은 각각 다음과 같다.
>
> $$E(X) = np, \quad Var(X) = np(1-p)$$

예제 4.20

$m \geq 1$에서 $E(X^m) = npE[(Y+1)^{m-1}]$, $Y \sim B(n-1,p)$를 증명하고 이를 이용하여 $E(X^3)$을 계산하라.

풀이 $m \geq 1$일 때 다음식이 성립한다.

$$\begin{aligned} E(X^m) &= \sum_{k=0}^{n} k^m \binom{n}{k} p^k (1-p)^{n-k} \\ &= \sum_{k=1}^{n} k^m \binom{n}{k} p^k (1-p)^{n-k} \\ &= np\sum_{k=1}^{n} k^{m-1} \binom{n-1}{k-1} p^{k-1}(1-p)^{n-k}, \ (\because k\binom{n}{k} = n\binom{n-1}{k-1}) \\ &= np\sum_{i=0}^{n-1} (i+1)^{m-1} \binom{n-1}{i} p^i (1-p)^{n-1-i}, \ (i = k-1) \\ &= npE[(Y+1)^{m-1}], \ Y \sim B(n-1,p) \end{aligned} \tag{4.11}$$

(4.11) 식에서 $m=1$로 두면 $E(X) = np$임을 쉽게 얻을 수 있다. $m=2$를 대입하면 다음이 성립한다.

$$\begin{aligned} E(X^2) &= npE[(Y+1)] = np(E(Y)+1) \\ &= np((n-1)p+1) = n^2p^2 - np^2 + np \end{aligned}$$

따라서 (4.10)의 결론과 일치한다. 식 (4.11)에 $m=3$을 대입하면 다음을 얻는다.

$E(X^3) = np[E(Y+1)^2] = np[E(Y^2) + 2E(Y) + 1]$

여기에 (4.9)와 (4.10)에서 구한 $E(X), E(X^2)$식의 n대신 $(n-1)$을 대입하면 $E(Y), E(Y^2)$을 구할 수 있다. 정리하면 다음과 같다.

$E(X^3) = n(n-1)(n-2)p^3 + 3n(n-1)p^2 + np$

예제 4.21

기대값 6, 분산 2.4 인 이항분포의 모수 n과 p를 구하여라. 이 때 $P(X=3)$을 구하라.

풀이 $np = 6,\ np(1-p) = 2.4$이므로 $n = 10,\ p = 0.6$. 따라서 구하는 확률은 다음과 같다.

$P(X=3) = \binom{10}{3}(0.6)^3(0.4)^7 \approx 0.0425$

4.5.2 포아송 분포의 기대값과 분산

X가 모수가 $\lambda > 0$인 포아송 분포 즉 $X \sim Poisson(\lambda)$일 때의 기대값을 구하자.

$$\begin{aligned}
E(X) &= \sum_{k=0}^{\infty} k\frac{\lambda^k e^{-\lambda}}{k!} \\
&= \lambda e^{-\lambda}\sum_{k=1}^{\infty}\frac{\lambda^{k-1}}{(k-1)!} \\
&= \lambda e^{-\lambda}\sum_{k=0}^{\infty}\frac{\lambda^k}{k!} \\
&= \lambda e^{-\lambda}e^{\lambda} = \lambda
\end{aligned}$$

분산을 구하기 위하여 $E(X^2)$을 계산하자.

$$\begin{aligned}
E(X^2) &= \sum_{k=0}^{\infty} k^2\frac{\lambda^k e^{-\lambda}}{k!} \\
&= \sum_{k=1}^{\infty}[k(k-1)+k]\frac{\lambda^k e^{-\lambda}}{k!} \\
&= \sum_{k=2}^{\infty}\frac{\lambda^k e^{-\lambda}}{(k-2)!} + E(X)
\end{aligned}$$

$$= \lambda^2 e^{-\lambda} \sum_{k=2}^{\infty} \frac{\lambda^{k-2}}{(k-2)!} + E(X)$$

$$= \lambda^2 e^{-\lambda} \sum_{i=0}^{\infty} \frac{\lambda^i}{i!} + E(X), \quad (k-2=i\text{로 치환})$$

$$= \lambda^2 + \lambda$$

따라서 분산

$$Var(X) = E(X^2) - (E(X))^2 = \lambda^2 + \lambda - (\lambda)^2 = \lambda.$$

즉 다음과 같이 정리할 수 있다.

> $X \sim Poisson(\lambda)$일 때 X의 기대값과 분산은 다음과 같다.
>
> $$E(X) = Var(X) = \lambda$$

즉 포아송 분포의 기대값과 분산은 포아송 분포의 모수와 같다.

$X \sim B(n, p)$일 때 $np = \lambda$이고 n이 크면 p는 작은 값이 되고 $X \approx Poisson(\lambda)$임을 보았다. 이때 $E(x) = np = \lambda$, $Var(x) = np(1-p) \approx \lambda$이다. 즉 이항분포와 포아송분포의 관계를 이용하여 모수 λ인 포아송분포의 평균과 분산을 λ가 됨을 짐작할 수 있다.

예제 4.22

$X \sim Poisson(\lambda)$일 때 $E(X^m) = \lambda E[(X+1)^{m-1}]$이 성립함을 보이고 이를 이용하여 $E(X^3)$을 구하여라.

풀이 $E(X^m) = \sum_{x=0}^{\infty} x^m \frac{\lambda^x e^{-\lambda}}{x!} = \lambda \sum_{x=1}^{\infty} x^{m-1} \frac{\lambda^{x-1} e^{-\lambda}}{(x-1)!}$

$$= \lambda \sum_{y=0}^{\infty} (y+1)^{m-1} \frac{\lambda^y e^{-\lambda}}{y!} \qquad (y = x-1\text{로 치환})$$

$$= \lambda E[(X+1)^{m-1}].$$

위 식을 이용하면 다음이 성립한다.

$E(X^2) = \lambda(\lambda+1)$,

$E(X^3) = \lambda E((X+1)^2)$

$$= \lambda E(X^2 + 2X + 1)$$
$$= \lambda(\lambda^2 + \lambda + 2\lambda + 1)$$

■

예제 4.23

A 지역은 해마다 평균 3.5회의 태풍이 지나간다. 태풍이 오는 횟수가 포아송 분포를 따른다면 올해 태풍이 2회 이상 지나갈 확률은?

풀이 $P(X \geq 2) = 1 - P(X=0) - P(X=1) = 1 - e^{-3.5}(1 + 3.5)$

■

4.5.3 기하분포, 음이항분포의 기대값과 분산

성공률이 p인 기하분포를 따르는 확률변수 X의 평균과 분산을 구해보자. 정의에 의해 다음과 같이 쓸 수 있다.

$$E(X) = \sum_{k=1}^{\infty} kq^{k-1}p, \ (q = 1 - p\text{라 두자})$$
$$= \frac{p}{q}\sum_{k=1}^{\infty} kq^{k},$$
$$= \frac{p}{q}\ \frac{q}{(1-q)^2}, \quad \left(\sum_{k=1}^{\infty} kq^k = \frac{q}{(1-q)^2}\text{를 이용하자}\right)$$
$$= \frac{1}{p}.$$

또한 다음이 성립한다.

$$E(X(X-1)) = \sum_{k=1}^{\infty} k(k-1)q^{k-1}p$$
$$= pq\sum_{k=1}^{\infty} \frac{d^2}{dq^2}q^k$$
$$= pq\frac{d^2}{dq^2}\sum_{k=1}^{\infty} q^k$$

$$= pq\frac{d^2}{dq^2}\left[\frac{q}{(1-q)}\right] = \frac{2p^2q}{(1-q)^4} = \frac{2q}{p^2}$$

따라서 다음을 얻는다.

$$E(X(X-1)) = E(X^2) - E(X) = \frac{2(1-p)}{p^2} = \frac{2}{p^2} - \frac{2}{p}, \quad E(X^2) = \frac{2}{p^2} - \frac{1}{p}$$

구하는 분산은 $Var(X) = \frac{(1-p)}{p^2}$ 이 된다.

> 성공률 p인 기하분포를 따르는 확률변수 X의 기대값과 분산은 다음과 같다.
>
> $$E(X) = \frac{1}{p}, \ Var(X) = \frac{1-p}{p^2}$$

다음으로 $Y \sim NB(r, p)$ 라고 하자. 이항분포에서 (4.11) 식을 얻는 방법과 같은 방법으로 다음을 계산해 보자.

$$\begin{aligned}
E(Y^m) &= \sum_{k=r}^{\infty} k^m \binom{k-1}{r-1} p^r (1-p)^{k-r} \\
&= \frac{r}{p}\sum_{k=r}^{\infty} k^{m-1}\binom{k}{r} p^{r+1}(1-p)^{k-r} \\
&= \frac{r}{p}\sum_{k=r}^{\infty}(k+1-1)^{m-1}\binom{k+1-1}{r+1-1} p^{r+1}(1-p)^{(k+1)-(r+1)} \\
&= \frac{r}{p}\sum_{i=r+1}^{\infty}(i-1)^{m-1}\binom{i-1}{r+1-1} p^{r+1}(1-p)^{i-(r+1)} \\
&= \frac{r}{p}E((Z-1)^{m-1}), \quad Z \sim NB(r+1,p) \qquad (4.12)
\end{aligned}$$

위 식 (4.12)에 $m=1$, 2를 대입하면 다음을 얻는다.

$$E(Y) = \frac{r}{p}\ , \ E(Z) = \frac{r+1}{p}, \ E(Y^2) = \frac{r}{p}E(Z-1) = \frac{r}{p}\left[\frac{r+1}{p}\right] - \frac{r}{p}.$$

따라서 $Var(Y) = \frac{r(1-p)}{p^2}$ 이 된다.

r과 p를 모수로 갖는 음이항분포를 따르는 Y의 기대값과 분산은 다음과 같다.

$$E(Y) = \frac{r}{p}, \qquad Var(Y) = \frac{r(1-p)}{p^2}$$

모수 r,p를 갖는 음이항분포의 기대값과 분산은 각각 모수 p를 갖는 기하분포의 기대값과 분산의 r배이다. 왜 그럴까? 계산하지 않고도 그런 답이 나오리라는 것을 짐작할 수 있다. 기하분포는 첫 번째 성공할 때까지의 시행횟수이고 음이항분포는 r번째 성공 때까지의 시행횟수이므로 처음 성공 이후 두 번째 성공까지의 시행횟수만 본다면 이는 또 다른 기하분포를 따르는 확률변수가 될 것이다. 두 번째 성공 이후 세 번째 성공을 거둘 때까지의 시행 횟수도 마찬가지이다. 이와 같이 r번 성공까지 가면 결국 기하분포에 비해 r배의 시행수가 필요하다고 짐작할 수 있다. 이러한 개념을 이용하여 평균과 분산을 구하는 문제는 7장에서 다룰 것이다.

4.5.4. 초기하분포에서의 기대값과 분산

$X \sim HG(N,r,n)$일 때 X의 기대값과 분산을 계산해 보자.

$$\begin{aligned}
E(X) &= \sum_{k=0}^{n} kP(X=k) \\
&= \sum_{k=1}^{n} k \frac{\binom{r}{k}\binom{N-r}{n-k}}{\binom{N}{n}} \\
&= \frac{nr}{N}\sum_{k=1}^{n} \frac{\binom{r-1}{k-1}\binom{N-r}{n-k}}{\binom{N-1}{n-1}}, \quad \left(k\binom{r}{k} = r\binom{r-1}{k-1} \text{를 이용한다} \right) \\
&= \frac{nr}{N}\sum_{j=0}^{n-1} \frac{\binom{r-1}{j}\binom{(N-1)-(r-1)}{n-1-j}}{\binom{N-1}{n-1}} \\
&= \frac{nr}{N}
\end{aligned}$$

위의 네 번째 등식의 $\frac{nr}{N}$의 뒷부분은 모수가 $(N-1, r-1, n-1)$인 초기하분포의 확률의 합이므로 1이 된다.

분산을 구하기 위하여 앞에서 나왔던 방법대로 $E(X(X-1))$을 먼저 계산해 보자.

$$E(X(X-1)) = \sum_{k=0}^{n} k(k-1)\frac{\binom{r}{k}\binom{N-r}{n-k}}{\binom{N}{n}}$$

$$= \frac{n(n-1)r(r-1)}{N(N-1)}\sum_{k=2}^{n}\frac{\binom{r-2}{k-2}\binom{N-r}{n-k}}{\binom{N-2}{n-2}}$$

$$\left(k(k-1)\binom{r}{k} = r(r-1)\binom{r-2}{k-2}\text{를 이용}\right)$$

$$= \frac{n(n-1)r(r-1)}{N(N-1)}\sum_{j=0}^{n-2}\frac{\binom{r-2}{j}\binom{(N-2)-(r-2)}{(n-2)-j}}{\binom{N-2}{n-2}}$$

$$= \frac{n(n-1)r(r-1)}{N(N-1)}$$

세 번째 등식의 뒷부분은 모수가 $(N-2,\ r-2,\ n-2)$인 초기하분포의 확률의 합이며 따라서 1이 된다.

그러므로 $E(X^2) = \dfrac{n(n-1)r(r-1)}{N(N-1)} + \dfrac{nr}{N}$이며 다음이 성립한다.

$$Var(X) = \frac{n(n-1)r(r-1)}{N(N-1)} + \frac{nr}{N} - \left(\frac{nr}{N}\right)^2 = n\frac{r}{N}\left(1-\frac{r}{N}\right)\left(\frac{N-n}{N-1}\right).$$

이 때 $p = \dfrac{r}{N}$이라 두면 X의 분산은 다음과 같이 쓸 수 있다.

$$Var(X) = np(1-p)\left(\frac{N-n}{N-1}\right).$$

모수 N, r, n인 초기하분포를 따르는 확률변수 X의 기대값과 분산은 다음과 같다.

$$E(X) = np,\quad Var(X) = np(1-p)\left(\frac{N-n}{N-1}\right)\quad \left(p = \frac{r}{N}\right)$$

따라서 모집단의 크기 N에 비해 표본의 크기 n이 작으면 $\dfrac{N-n}{N-1} \approx 1$이 되므로 초기하분포의 분산은 이항분포의 분산과 근사함을 알 수 있다. 이는 n에 비해 모집단의 크기가 크게 되면 복원 추출이나 비복원 추출에 큰 차이가 없게 되는 것과 일치하는 결과이다.

기하분포의 기대값이나 분산을 계산하는 방법은 여러 가지가 있고 특히 초기하분포를 따르는 확률변수 X를 다른 확률변수의 합으로 표현하고 합의 분산을 계산함으로써 X의 분산을 얻을 수 있다. 이와 같은 문제는 7장의 예제 7.11에서 다루기로 한다.

예제 4.24

4개의 불량품이 섞여 있는 20개의 부품이 들어있는 상자로부터 3개의 부품을 꺼내었을 때의 불량품의 수를 X라 하자. $P(X=k)$, $k=0, 1, 2, 3$의 값을 구하고 $E(X)$와 $Var(X)$를 구하여라.

풀이 $X \sim HG(20, 4, 3)$를 따르므로

$$P(X=k) = \frac{\binom{4}{k}\binom{20-4}{3-k}}{\binom{20}{3}}, \quad k=0, 1, 2, 3$$

이다. 이를 그래프로 그리면 다음과 같다.

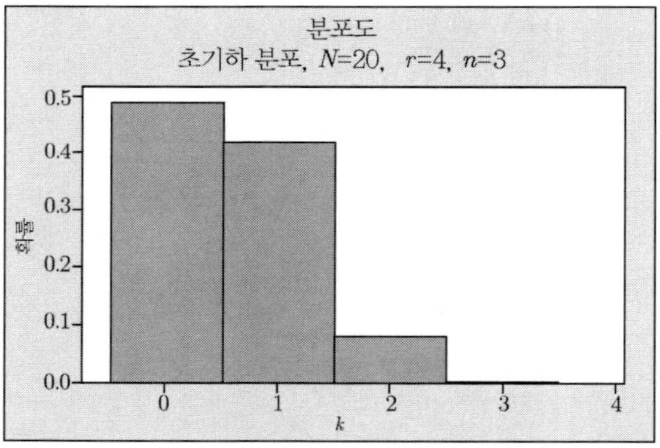

[그림 4-15]

다음이 성립한다.

$$E(X) = 3\frac{4}{20} = \frac{12}{20} = 0.6$$

$$Var(X) = 3\frac{4}{20}(1-\frac{4}{20})(\frac{20-3}{20-1}) = \frac{12}{20}\frac{16}{20}\frac{17}{19} = 0.429$$

■

대표적인 이산분포를 간단히 정리하면 다음과 같다.

1. 성공률 p인 베르누이 시행을 했을 때

분포	X	모수	평균	분산
베르누이 분포	한번 시행에서 성공하면 1 실패하면 0	p	p	pq
이항분포	n번 시행했을 때 성공 횟수	n, p	np	npq
기하분포	처음 성공할 때까지의 시행 횟수	p	$\frac{1}{p}$	$\frac{1-p}{p^2}$
음이항분포	r번째 성공 때까지의 총 시행횟수	r, p	$\frac{r}{p}$	$\frac{r(1-p)}{p^2}$
포아송 분포	이항분포의 근사분포($\lambda = np, \quad n \to \infty$)	λ	λ	λ

2. 타입 1이 r개, 타입 2가 $N-r$개 들어있는 N개의 유한모집단에서 n개를 추출한다.

분포	X	모수	평균	분산
초기하분포	n개중 들어있는 타입 1의 개수	N, r, n	$n\frac{r}{N}$	$n\frac{r}{N}(1-\frac{r}{N})(\frac{N-n}{N-1})$

참고

1. 라이브니쯔의 규칙(Leibniz's integral rule)

적분을 미분할 때, 즉

$$\int_a^b f(x,t)dx,\ t \in (t_0,\ t_1)$$

의 미분에 대해 f와 $\frac{\partial f}{\partial x}$이 $[a,\ b] \times [t_0,\ t_1]$에서 연속이면 다음이 성립한다.

$$\frac{d}{dt}\int_a^b f(x,\ t)dx = \int_a^b \frac{\partial}{\partial t} f(x,\ t)dx$$

이 결과를 일반화 하면 다음과 같다.

$$\frac{d}{dt}\int_{a(t)}^{b(t)} f(x,\ t)dx = \frac{db(t)}{dt} f(b(t),\ t) - \frac{da(t)}{dt} f(a(t),\ t) + \int_{a(t)}^{b(t)} \frac{\partial}{\partial t} f(x,\ t)dx$$

2. 이항급수(binomial series)는 $f(x) = (1+x)^a$, a는 임의의 실수일 때 $x=0$에 대한 $f(x)$의 테일러급수전개(Taylor series expansion) 식이다. 즉 다음이 성립한다.

$$(1+x)^a = \sum_{k=0}^{\infty} \binom{a}{k} x^k, \quad |x| < 1$$

연습문제 A
Exercises

4.1 실험 A는 [0, 1]상의 임의의 한 점을 선택하는 것이고 실험 B는 $P([a, b)) = \frac{1}{8}\int_a^b 3x^2 dx$ 를 따라 [0, 2] 상에서 선택하는 것이다. 동전의 앞면이 나오면 실험 A를 선택하고 동전의 뒷면이 나오면 실험 B를 실행한다. 그리고 결과를 제곱하여 $X(\omega)$를 얻는다고 할 때 다음을 구하여라.

(1) $X(\omega)$가 갖는 값의 범위를 써라.

(2) $P(X(\omega) \in [0, \frac{1}{2}))$를 구하여라.

풀이 (1) $0 \leq X(\omega) \leq 4$

(2) $\frac{1}{2}\frac{1}{\sqrt{2}} + \frac{1}{2}\frac{1}{8}(\frac{1}{\sqrt{2}})^3 = \frac{17}{32\sqrt{2}}$

4.2 명제 4.1을 증명하라.

풀이 (1) $x < y$이면 $\{X \leq x\} \subset \{X \leq y\}$이므로

$$F(x) = P(X \leq x) \leq P(Y \leq y) = F(y)$$

따라서 분포함수F는 비감소함수이다.

(2) x_n, $n = 1, 2, \cdots$이 x로 감소하는, 즉 $x_{n+1} \leq x_n$인 감소수열이면 $A_n = \{X \leq x_n\}$은 감소하는 집합이 된다. 즉 $A_1 \supset A_2 \supset \cdots$이고 $A = \{X \leq x\} = \cap_{n=1}^{\infty} A_n$이다. 따라서 확률의 연속성의 성질을 이용하면 다음이 성립한다.

$$\begin{aligned}\lim_{n\to\infty} F(x_n) &= \lim_{n\to\infty} P(X \leq x_n)\\ &= \lim_{n\to\infty} P(A_n)\\ &= P(\cap_{n=1}^{\infty} A_n) = P(X \leq x) = F(x)\end{aligned}$$

(3) $x_n \to \infty$이며 증가하는 수열이면 $A_n = \{X \leq x_n\}$은 증가하는 집합이고 $\cup_{n=1}^{\infty} A_n = \Omega$가 된다. 따라서 확률의 연속성의 성질을 이용하면

$$\lim_{n\to\infty} F(x_n) = P(\cup_{n=1}^{\infty} A_n) = P(\Omega) = 1$$

이 된다.

(4) $x_n \to -\infty$이며 감소하는 수열이면 $A_n = \{X \leq x_n\}$는 감소하는 집합이고

$\cap_{n=1}^{\infty} A_n = \varnothing$ 이 된다. 따라서 같은 이유로

$$\lim_{n \to \infty} F(x_n) = P(\cap_{n=1}^{\infty} A_n) = P(\varnothing) = 0.$$

4.3 (상트 페테스부르크 역설) 동전의 앞면이 나올 때까지 연속해서 던진다고 할 때 n번째 시행에서 앞면이 나오면 2^n만큼의 상금을 받는다고 하자. 이 때 상금액을 X라 하고 X의 기대값을 구하여라. 이 게임에 참여하기 위해서 10만원을 내야 한다면 게임에 참여하겠는가?

풀이 처음에 앞면이 나올 확률 1/2, 상금액 2
두 번째 앞면이 나올 확률 1/4, 상금액 4 ⋯ 따라서

$E(X) = \sum_{k=1}^{\infty} 2^k (\frac{1}{2})^k = \infty$ 즉 상금에 대한 기대값은 무한대이므로 수리적 값만 본다면 10만원 참가비를 내고 게임에 참여하는 것이 맞다고 할 수 있다. (그러나 실제로는 아무도 이 게임에 참여하려 하지 않을 것이다. 이러한 현상을 기대효용이론(expected utility theory)이라 하는데 이는 선택의 결과에 불확실성이 존재할 때 개인들이 기대효용을 기준으로 의사결정을 한다는 가정 하에 소비자의 행동을 분석하는 이론으로 사람의 선택은 기대효용에 따라 결정되지 보상의 수학적 기대치에 의해 결정되는 것이 아니라는 것.)

4.4 명제 4.3을 증명하라.

풀이

$$\begin{aligned}\sum_i g(x_i) p_X(x_i) &= \sum_j \sum_{\{i : g(x_i) = y_j\}} g(x_i) p_X(x_i) \\ &= \sum_j y_j \sum_{\{i : g(x_i) = y_j\}} p_X(x_i) \\ &= \sum_j y_j P(g(X) = y_j) = E(g(X))\end{aligned}$$

$$\begin{aligned}E(Y) = E(aX+b) &= \sum_x (ax+b) p_X(x) \\ &= a \sum_x x p_X(x) + b \sum_x p_X(x) \\ &= aE(X) + b\end{aligned}$$

4.5 X는 비음의 정수값을 갖는 확률변수이다. 다음을 보여라.

(1) $E(X) = \sum_{n=1}^{\infty} P(X \geq n)$

(2) $E(\frac{1}{2}X(X+1)) = \sum_{n=1}^{\infty} nP(X \ge n)$ (힌트 $\sum_{i=1}^{n} i = \frac{1}{2}n(n+1)$을 이용)

(3) $E(X) = a,\ E(\frac{1}{2}X(X+1)) = b$라 할 때 $Var(X)$를 a와 b를 이용하여 나타내어라.

(4) (1)의 결과를 이용하여 $X \sim Geo(p)$일 때 $E(X)$를 구하라.

풀이

(1) $$E(X) = \sum_{i=1}^{\infty} iP(X=i) = \sum_{i=1}^{\infty}\sum_{n=1}^{i} P(X=i) = \sum_{n=1}^{\infty}\sum_{i=n}^{\infty} P(X=i) = \sum_{n=1}^{\infty} P(X \ge n)$$

(2) $$E(\frac{1}{2}X(X+1)) = \sum_{n=1}^{\infty} \frac{1}{2}n(n+1)P(X=n) = \sum_{n=1}^{\infty}\sum_{i=1}^{n} iP(X=n) = \sum_{i=1}^{\infty} i\sum_{n=i}^{\infty} P(X=n) = \sum_{i=1}^{\infty} iP(X \ge i)$$

(3) $Var(X) = 2b - a - a^2$

(4) $P(X > k) = P(X \ge k+1) = (1-p)^k$이므로

$$E(X) = 1 + (1-p) + (1-p)^2 + \cdots = \frac{1}{1-(1-p)} = \frac{1}{p}$$

4.6 임의의 확률변수 X에 대해서 $A = \{x:\ P(X=x) \neq 0\}$는 가산집합임을 다음 순서대로 보여라.

(1) $A_n = \left\{x : P(X=x) > \frac{1}{n}\right\}$일 때 A_n의 원소의 수는 $n-1$보다 클 수 없다.

(2) $A = \bigcup_{n=1}^{\infty} A_n$임을 보여라.

(1)과 (2)가 성립하면 가산개의 가산집합의 합집합은 가산(Countable union of countable sets is countable.)이므로 A는 가산집합이 된다.

풀이 (1) $x \in A_n$이면 $P(X=x) > \frac{1}{n}$이므로 A_n의 원소의 수가 n이상이라면 $P(X \in A_n) > n \cdot \frac{1}{n} = 1$이 되어 모순이 된다.

(2) $P(X=x) \geq 0$이므로 $P(X=x) \neq 0$이면 $P(X=x) > 0$이다.

따라서 $P(X=x) > \frac{1}{n}$인 n이 존재한다.

4.7 이항계수를 확장하여보자. 이항계수 $\binom{m}{r}$은 $m > 0$이고 $0 \leq r \leq m(m,\ r$은 정수)에 대해 정의하였다. 이를 임의의 실수 a와 정수 r로 다음과 같이 확장할 수 있다 .

$$\binom{a}{0} = 1$$

$$\binom{a}{r} = 0, \qquad r < 0$$

$$\binom{a}{r} = \frac{a(a-1)\cdots(a-r+1)}{r!}, \qquad r > 0$$

(1) $\binom{5}{-3}$, $\binom{-5}{3}$ $\binom{1/4}{3}$, $\binom{1/2}{0}$를 구하여라.

(2) $\binom{k-1}{r-1} = \binom{-r}{k-r}(-1)^{k-r}$이 성립함을 보여라.

풀이 (1) $\binom{5}{-3} = 0$, $\binom{-5}{3} = \frac{(-5)(-6)(-7)}{3!} = -35$,

$\binom{1/4}{3} = \frac{(1/4)(1/4-1)(1/4-2)}{3!} = \frac{7}{128}$, $\binom{1/2}{0} = 1$

(2) $\binom{k-1}{r-1} = \binom{k-1}{k-r}$이 되고 우변을 전개하면 좌변을 쉽게 얻을 수 있다.

4.8 $X \sim B(n,p)$일 때 다음에 답하라.

(1) $\frac{P(X=i)}{P(X=i-1)} = \frac{(n-i+1)p}{i(1-p)}$ 임을 보여라.

(2) $P(X=i)$은 $i = [(n+1)p]$일 때 최대값을 갖는다. 여기서 $[x]$는 x를 넘지 않는 최대정수를 뜻한다.

(3) $X \sim B(10, \frac{1}{2})$일 때 $P(X=i)$가 최대값을 갖는 i를 구하라.

풀이 (1) $P(X=i)=\binom{n}{i}p^{i}(1-p)^{n-i}$

$$=\frac{p}{1-p}\frac{(n-i+1)}{i}\binom{n}{i-1}p^{i-1}(1-p)^{n-i+1}$$

$$=\frac{(n-i+1)p}{i(1-p)}P(X=i-1)$$

(2) (1)에 의해 $P(X=i)\geq P(X=i-1)$일 필요충분조건은 $p(n+1)\geq i$ 즉 $i=[(n+1)p]$일 때 $P(X=i)$는 최대값을 갖는다.

(3) $[(10+1)\frac{1}{2}]=5$이므로 구하는 $i=5$이다.

4.9 X는 양의 정수값을 갖는 확률변수이다. X가 비기억성을 갖으면 X는 기하분포를 따른다. 이를 증명하라.

(힌트: $p=P(X=1)$, $q_n=P(X>n)$이라 두고 $P(X=n+1|X>n)$을 q_n을 이용하여 나타내라.)

풀이 $p=P(X=1)$, $q_n=P(X>n)$이라 하자.

$$q_0=P(X>0)=1$$
$$q_1=P(X>1)=1-p$$

$$P(X=n+1|X>n)=\frac{P(X=n+1)}{P(X>n)}=\frac{q_n-q_{n+1}}{q_n}$$

한편 비기억성에 의해 $P(X=n+1|X>n)=P(X=1)=p$

따라서 $\frac{q_{n+1}}{q_n}=1-p$

$$q_n=\frac{q_n}{q_{n-1}}\frac{q_{n-1}}{q_{n-2}}\frac{q_{n-2}}{q_{n-3}}\cdots\frac{q_1}{q_0}=(1-p)^n$$

그러므로 다음이 성립한다.

$$P(X=n)=P(X>n-1)-P(X>n)$$
$$=(1-p)^{n-1}-(1-p)^n$$
$$=p(1-p)^{n-1},\ n=1,2,3,\cdots$$

즉 $X\sim Geo(p)$이다.

4.10 (Wildlife Sampling) capture -recapture 방법을 써서 야생동물의 개체수 N을 추정하고자 한다. 먼저 a마리의 특정 야생동물을 잡아 꼬리표를 붙인 다음 다시 야생으로 돌려보내어 나머지 $N-a$ 마리와 잘 섞이도록 기다린다. 충분한 시간이 지난

이후 n 마리를 잡아 꼬리표가 붙어 있는 마리수를 센다. 다시 잡은 n 마리 중 r마리에 꼬리표가 붙어 있을 확률을 구하라. 이 자료로 야생에 몇 마리의 특정 동물이 있다고 판단할 수 있겠는가?

풀이 n마리 중 r마리의 꼬리표를 붙인 동물이 있을 확률을 $p(r)$이라하면

$$p(r) = \frac{\binom{a}{r}\binom{N-a}{n-r}}{\binom{N}{n}}$$

총 개체수 N을 추정하는 한 가지 방법으로 실제로 얻은 r에 의한 $p(r)$값을 최대로 하는 N을 찾는 것이다. $p(r)$을 최대로 하는 N을 찾기 위하여 다음을 구하자.

$$\frac{\binom{a}{r}\binom{N+1-a}{n-r}}{\binom{N+1}{n}} \Big/ \frac{\binom{a}{r}\binom{N-a}{n-r}}{\binom{N}{n}} \geq 1$$

위 식을 정리하면 $(N+1) \leq \frac{an}{r}$.이는 $N \leq \frac{an}{r} - 1$를 만족하는 정수까지는 $p(r)$ 값이 증가하고 이후 감소하게 되므로 $N \approx \frac{an}{r}$이 추정개체 수이다.

연습문제 B Exercises

4.11 다음 분포의 분포함수를 구하고 그의 그래프를 그려라.

(1) 모수 $n=3$, $p=1/2$인 이항분포, 즉 $P(X=k) = \binom{3}{k}(\frac{1}{2})^{3,}$ $k=0,\ 1,\ 2,\ 3.$

(2) (0, 2)에서의 균일 분포, 즉 $f(x) = \begin{cases} \frac{1}{2}, & 0 < x < 2 \\ 0, & \text{그 밖에서} \end{cases}$

4.12 $\alpha > 0$일 때 X의 확률밀도함수 $f(x)$가 다음과 같을 때 $Y = X^2$인 Y의 확률밀도함수를 구하여라.

$$f(x) = \alpha e^{-\alpha x},\ x > 0$$

4.13 $[a,b]$ 사이에서 한 점을 선택하여 α 라 하자. 또한 $[a,b]$ 사이에서 임의로 선택되어진 점을 x라 하자 $(\alpha-x)^2$를 최소화하기 위해서는 α을 어떻게 선택하면 될까?

4.14 반경이 r인 원 안의 점을 임의로 선택하여 선택된 점과 중심과의 거리를 $X(\omega)$라 하자. X의 분포함수 $F(x)$, 확률밀도함수 $f(x)$, 그리고 평균 $E(X)$를 구하라.

4.15 X와 Y는 $X \geq Y$를 만족하는 확률변수이다.

(1) 임의의 실수 T에 대해서 $P(X \leq T) \leq P(Y \leq T)$를 만족하는가? 이유는?

(2) 위의 (1)에서 T가 확률변수일 때는 어떠한가?

4.16 $X \leq Y$이면 $E(X) \leq E(Y)$가 성립한다. 그러나 역은 성립하지 않음을 예를 들어 보여라.

4.17 앞면이 나올 확률이 1/2인 동전을 세번 던져 나타난 결과를 기록하였다.

(1) 표본공간을 써라

(2) X를 나타난 앞면의 수라 할 때 표본공간의 각 근원 사상에 X값을 대응시켜라.

(3) X의 확률질량함수를 찾아라.

(4) Y를 앞면과 뒷면의 수의 차이라 할 때 표본공간의 각 근원 사상에 Y값을 대응시켜라.

(5) $\{Y=0\}$이 되는 사상은?

(6) Y의 확률질량함수를 찾아라.

4.18 상자1에는 4개의 붉은 공과 2개의 흰 공이, 상자 2에는 1개의 붉은 색 공과 4개의 흰 공이 들어 있다. 두 상자 중에서 하나를 임의로 골라서 두 번의 비복원 추출을 하고 X를 붉은 공의 수로 두었다.

(1) (선택된 상자, 첫 번째 선택한 공의 색, 두 번째 선택한 공의 색)으로 두고 표본공간을 구하여라.

(2) 표본공간의 각 근원사상에 X값을 대응시켜라.

(3) X의 확률질량함수를 찾아라.

4.19 6명의 남자와 5명의 여자 가운데 3명을 선택하여 위원회를 구성하고자 한다. X를 세 명의 위원 중 여자 위원의 수라 하자.

(1) $X=0, 1, 2, 3$ 각각에서의 가능한 가지 수를 구하라.

(2) 11명중 임의로 선택하여 위원회를 구성할 때 X의 확률질량함수를 찾아라.

4.20 두 개의 동전이 있다. 동전 1은 앞면이 나올 확률이 p_1이고 동전 2는 앞면이 나올 확률이 p_2이다.

(1) 둘 중 하나를 임의로 골라 앞면을 얻을 때 까지 던진다고 할 때 X는 총 시행회수를 나타낸다. X의 확률질량함수를 구하여라.

(2) A군은 동전 1을 B양은 동전 2를 가지고 번갈아가며 던졌을 때 먼저 앞면을 얻는 사람이 이기는 게임을 하고 있다. B양이 먼저 던질 때 A군이 이길 확률을 구하여라.

4.21 Ω의 원소의 개수가 가산개일 때 $\omega \in \Omega$에 대하여 ω가 갖는 확률값을 $p(\omega)$라 하자. X가 Ω위에서 정의된 확률변수이고 X가 갖는 값을 $x_1, x_2, x_3, \cdots$라 할 때 다음이 성립한다.

$$P(X=x_i) = P(\{\omega \in \Omega | X(\omega) = x_i\})$$

정의 4.5에서 정의된 기대값 $E(X)$는 다음 등식을 만족함을 설명하라.

$$E(X) = \sum_{\omega \in \Omega} X(\omega) p(\omega).$$

4.22 (4.7) 식이 (음이항분포의) 확률질량함수가 됨을 확인하라.

4.23 $X \sim Geo(p)$일 때 다음이 성립한다.

$$\begin{aligned} E(X(X-1)(X-2)) &= \sum_{k=1}^{\infty} k(k-1)(k-2) q^{k-1} p \\ &= pq^2 \sum_{k=1}^{\infty} \frac{d^3}{dq^3} q^k \\ &= pq^2 \frac{d^3}{dq^3} \sum_{k=1}^{\infty} q^k \end{aligned}$$

위 관계를 이용하여 $E(X^3)$를 구하여라.

4.24 앞면이 나올 확률 p인 동전을 앞면을 얻을 때 까지 던질 때 총 던진 횟수를 Y라 하면 $Y \sim Geo(p)$ 분포를 따른다. $X = 2^Y$라 할 때 $E(X)$를 구하라.

4.25 $X \sim Poisson(\lambda)$일 때 다음에 답하라.

(1) $P(X = i+1) = \dfrac{\lambda}{i+1} P(X = i)$를 증명하라.

(2) $\lambda = 2$이고 $e^{-2} \approx 0.1353$일 때 (1)을 이용하여 $P(X = 3)$의 근사값을 구하라.

4.26 불량률이 1%인 제품을 생산 하고 있다. 200개의 제품 중에서 2개 이상의 불량품이 나올 확률의 근사값을 포아송 분포를 이용하여 구하여라.

4.27 2 단계 품질 검사를 하고 있다. 1 단계로 50개의 제품 중에서 5개를 골라 5개 모두 양품이면 통과, 2개 이상 불량이면 탈락이고 하나의 불량품이 나오면 2단계 품질검사에 들어간다. 2 단계에서는 1 단계에서 선택한 5개를 제외한 나머지 45개의 제품에서 10개를 임의로 골라 2개 이상이 불량이면 탈락시킨다. 50개의 제품 안에 10개의 불량품이 들어 있을 때 다음 확률을 구하여라.

(1) 2단계 심사까지 가서 1개 이상 불량품이 나올 확률

(2) 통과될 확률

4.28 성공률 p인 베르누이 시행을 반복하고 있다. 확률변수 X를 적어도 한 번의 성공과 적어도 한 번의 실패가 있기까지의 총 시행횟수라 할 때 X의 분포와 $E(X)$, $Var(X)$를 구하여라.

4.29 서로 독립인 두 확률변수 X와 Y는 각각 성공률 p_1과 p_2를 갖는 기하분포를 따른다. 다음을 구하여라.

(1) $P(X = Y)$

(2) $P(X < Y)$

4.30 8개의 부품으로 이루어진 시스템이 있다. 각 부품은 독립적으로 작동하며 각각 고장 날 확률은 p로 같다. 구성된 부품의 1/3이상 고장 나면 시스템은 작동을 멈춘다고 한다.

(1) 이러한 시스템이 작동하지 않을 확률을 구하라.

(2) 만약 시스템을 5개 또는 7개의 부품으로 구성할 수 있을 때 5개로 이루어진 시스템의 멈출 확률이 더 낮아지는 p 값의 범위를 구하라.

4.31 다음이 성립함을 보여라

(1) $I_{A \cup B} = I_A + I_B - I_{A \cap B}$가 성립함을 보여라.

(2) $A \cap B = \varnothing$ 이면 $I_{A \cup B} = I_A + I_B$

(3) $A_1, A_2, A_3, \cdots$ 이 서로 배반사상이면 $I_{\bigcup_n A_n} = \sum_n I_{A_n}$ 임을 보여라.

(4) $I_{A \cap B} = I_A \cdot I_B$

4.32 하루 동안 주가가 1 단위씩 움직인다고 가정하고 1 단위 증가할 확률은 p, 1 단위 떨어질 확률은 $1-p$이다. 서로 다른 날의 주가의 변동성은 서로 독립적이라고 할 때 다음 확률을 구하여라.

(1) 이틀 후 주가가 제자리로 돌아올 확률은?

(2) 3일 후 1 단위 증가했을 때 첫째 날 1 단위 증가했을 확률은?

(3) 10일 후 2단위 증가할 확률은?

4.33 확률변수 X에 대해 $E(X^3) < \infty$ 이면 X의 왜도(비대칭도, skewness)는 다음과 같이 정의된다.

$$Skew X = \frac{E(X-\mu)^3}{\sigma^3}, \quad (\mu = E(X),\ \sigma^2 = Var(X)\ )$$

(1) $X \sim Bernoulli(p)$ 이면 $Skew X = \frac{q-p}{\sqrt{qp}}$ 임을 보여라.

(2) $X \sim Poisson(\lambda)$ 이면 $Skew X = \lambda^{-1/2}$ 임을 보여라.

(3) $X \sim Geo(p)$ 이면 $Skew X = \frac{1+q}{\sqrt{q}}$ 임을 보여라.

4.34 X와 Y는 각각 모수 p인 기하분포를 따른다. 임의의 자연수 n, m에 대해 두 사상 $\{X=n\}$과 $\{Y=m\}$은 서로 독립이다. $Z = X+Y$ 라 할 때 Z의 확률질량함수를 구하여라.

4.35 오전 9시-10시 사이에 ○○서비스센터를 방문하는 고객 수는 모수 $\lambda = 4$인 포아송 분포를 따른다고 한다. 9시-10시 사이에 적어도 2명이상의 고객이 방문했다고 했을 때 방문고객 수 X의 확률질량함수를 찾아라.

4.36 하루 동안 △△ 명품관을 방문하는 고객 수는 모수 λ인 포아송 분포를 따른다. 방문 고객 중 일부는 구경만하고 가며 방문자의 $100p$%만이 물품을 구입한다. 물품을 구입하는 고객수를 Y라 둘 때 Y의 분포를 구하여라.

4.37 복권에 당첨될 확률은 p이다. 매주 한 장씩 복권을 산다고 할 때 X를 당첨될 때까지 경과된 시간 (단위: 주 week)이라 하자.

(1) X의 확률질량함수를 찾아라.

(2) $P(X \leq 10)$을 구하라.

(3) 지난 1년 동안 한 번도 당첨되지 못하였다. 앞으로 20주 안에 당첨될 확률은 얼마인가?

4.38 $X \sim B(n, p)$이고 $Y \sim NB(r, p)$이다.

(1) $P(X < r) = P(Y > n)$이 성립함을 설명하라.

(2) $P(X < r)$과 $P(Y > n)$을 계산하기 위한 최대 항의 수를 구하여 비교하라.

4.39 한 페이지에 2000자의 글자가 있다. 각 글자가 오자가 될 확률은 0.001이다. 각 글자의 오자 여부는 서로 독립이라고 하고 X를 오자 수라 할 때 다음을 계산하라.

(1) X의 분포를 구하라.

(2) X의 근사분포로 적당한 포아송 분포를 찾아라.

(3) 오자수가 5자 이상 될 확률을 (1)의 분포와 (2)의 분포를 이용해서 각각 구하고 비교해 보라.

4.40 $X \sim B(n, p)$이고 $n = 300$, $p = 0.97$일 때 $P(X > 280)$을 포아송 분포를 이용하여 구하라.

4.41 1부터 4까지 쓰여 진 붉은 색 공이 들어 있는 상자 1과 1과 2가 쓰여진 흰색공이 들어있는 상자2가 있다. 상자 1과 상자 2 중 임의로 하나를 골라 1이 쓰여진 공이

나올 때까지 연속하여 복원추출을 한다. 1을 얻을 때까지 추출한 횟수를 X라 할 때 다음을 구하여라.

(1) $P(X=5|X>3$ 그리고 상자 1을 선택$)$

(2) $P($상자 1을 선택 $|X>3)$

(3) $P(X=6|X>4)$

(4) X가 비기억성 성질을 만족하는가?

4.42 명제 4.4를 증명하라.

4.43 $X \sim Geo(p)$이고 m은 양의 정수일 때 $Y=\max\{X,m\}$, $Z=3X$ 라 하고 각각의 확률질량함수를 찾아라.

4.44 $X \sim B(n,\, p)$일 때 $Y=\dfrac{X}{X+1}$의 확률질량함수를 찾아라.

4.45 $0<r<1$일 때 $\displaystyle\sum_{k=1}^{\infty} k^2 r^k = \frac{r^2+r}{(1-r)^3}$임을 보여라. 이를 이용하여 $X \sim Geo(p)$일 때 $E(X^2)$을 계산하라.

4.46 어느 신문가판대에서는 매일 일간지를 70원에 사서 110원에 판다. 단, 그날 팔리지 않는 신문은 폐기처분한다. 하루에 신문이 팔리는 부수는 모수 $n,\, p$인 이항분포를 따른다고 한다. 이 상점에서 신문을 팔아 최대이익을 남기려면 몇 부를 들여 놓으면 좋을지 알고자 한다. 하루에 들여 놓는 신문 부수를 N, 판매부수를 X 라하고 기대이익에 대한 식을 구하라. $n=10,\, p=1/3$일 때 기대이익을 최대로 하는 N을 구하여라.

4.47 $X \sim B(n,\, p)$일 때 관계식 $k^3 = k(k-1)(k-2)+3k^2-2k$를 이용하여 $E(X^3)$를 구하라.

Chapter

05 연속확률변수

4장에서 가산개 만큼의 값을 갖는 이산확률변수에 대해서 알아보았다. 그러나 키나 몸무게, 전구의 수명, 전화 통화시간, 콜레스테롤 수치 등과 같이 우리 주변에서 적당한 구간 안에 있는 값을 갖는 즉 비가산개의 값을 갖는 확률변수는 무수히 많이 들 수 있다. 5장에서는 비가산개의 값을 갖는 확률변수와 그의 분포 및 분포의 여러 가지 성질들에 대해 알아보고자 한다.

5.1 연속확률변수의 확률밀도함수와 분포함수

먼저 다음의 예를 살펴보자.

예 5.1

$B(n,\, 0.5)$의 확률그래프를 $n=10$, $n=50$, $n=100$일 때 각각에 대하여 확률막대그래프를 그려보면 다음과 같은 모양이 된다. 마지막 그림은 $B(200,\, 0.5)$의 확률질량함수 그래프와 평균100, 분산 50인 정규분포의 확률밀도함수를 겹쳐서 그린 그래프이다.

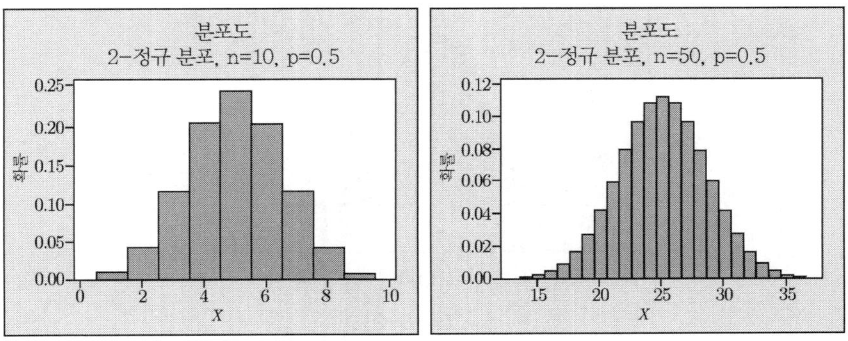

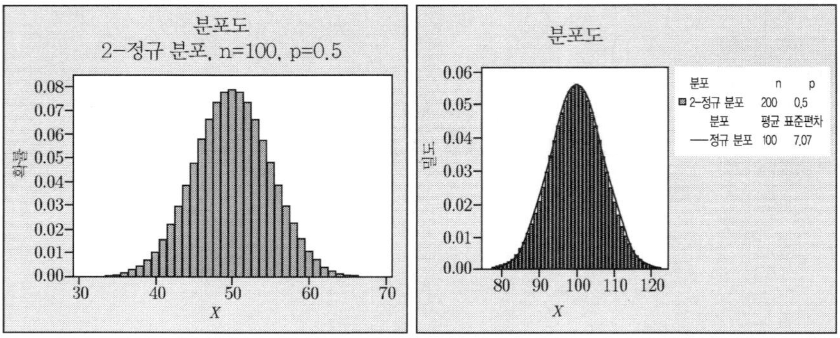

[그림 5-1]

예 5.2

$N(5,\ 4)$에서 100, 1000, 10000개의 데이터를 임의 추출하여 상대도수히스토그램을 그려 보았다. 간격이 좁아질수록 그래프의 모양이 연속함수 형태로 근사되는 것을 알 수 있다. 면적은 기본적으로 확률에 비례하므로 전 면적을 1이 되도록 하면 면적=확률이 되는 함수가 결정된다.

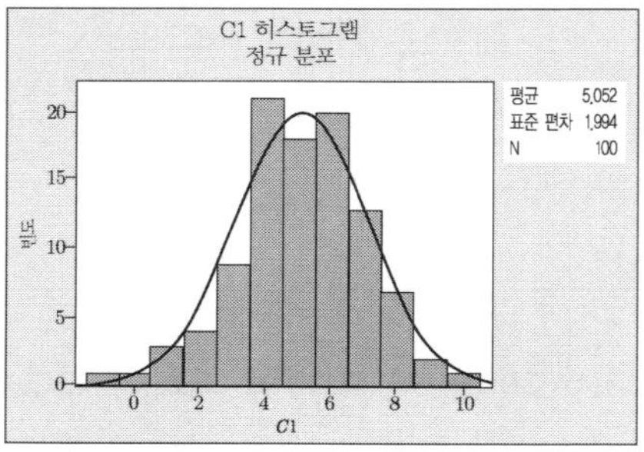

N(5,4)에서 100개 임의 추출

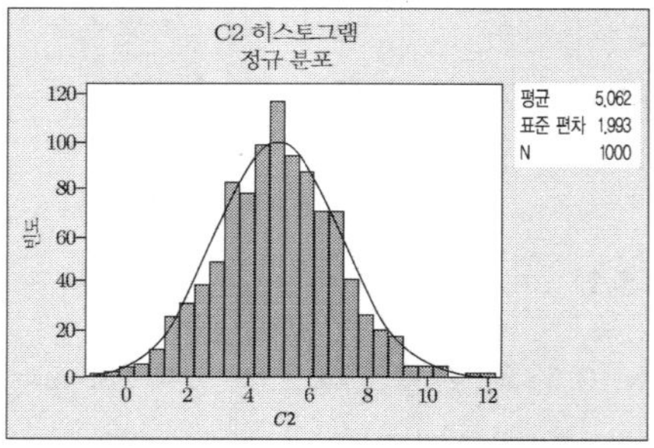

N(5,4)에서 1000개 임의 추출

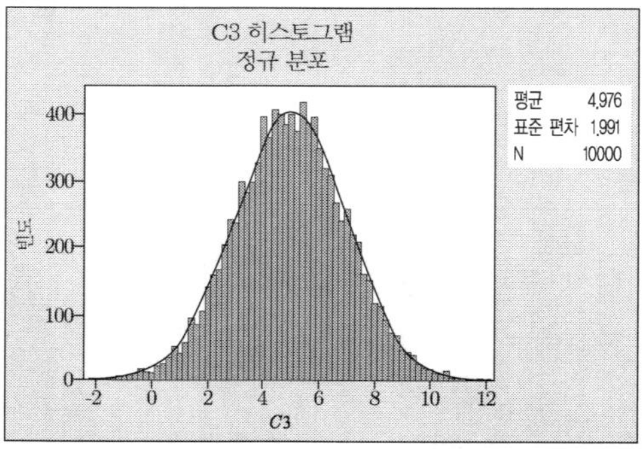

N(5,4)에서 10000개 임의 추출

[그림 5-2]

위의 예 5.2에서 임의의 두 점 a, b 사이에 들어갈 확률은 a에서 b까지의 히스토그램의 면적의 합에 비례하게 되고 이는 곡선 아래의 면적과 거의 일치한다. 곡선 아래의 전체 면적을 1로 표준화한 그래프를 $f(x)$라 하면 a와 b 사이의 값을 가질 확률은 $f(x)$의 곡선 아래와 x축, $x=a$, $x=b$ 사이의 면적과 일치하게 된다. 이를 [그림 5-3]에서 보면 아래와 같은 곡선 아래의 면적에 해당된다.

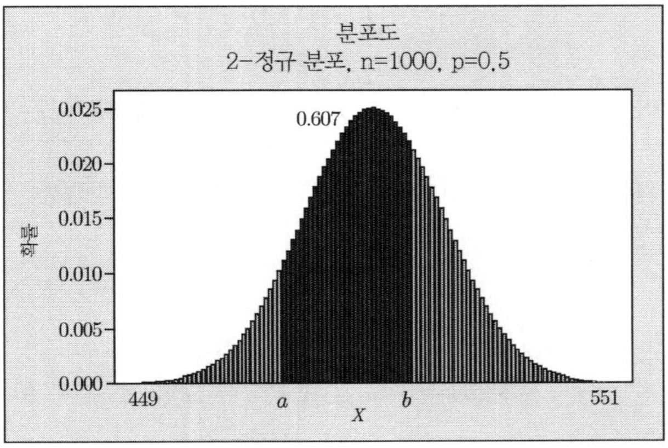

[그림 5-3]

상대도수 히스토그램에 근사시킨 곡선 $f(x)$는 다음과 같은 특징을 가지고 있다.

$$f(x) \geq 0, \quad \int_{-\infty}^{\infty} f(x)dx = 1$$

다음과 같이 정의된다.

정의 5.1

다음 (1)-(3)을 만족하는 함수 $f: R \rightarrow R$이 존재할 때 X를 연속확률변수라 하고 f를 X의 확률밀도함수(probability density function)라 한다.

(1) $f(x) \geq 0$

(2) $\int_{-\infty}^{\infty} f(x)dx = 1$

(3) $P(a < X \leq b) = \int_a^b f(x)dx$

(3)은 직선 $x=a$, $x=b$, x축과 곡선 $f(x)$ 아래 부분이 이루는 면적이 X가 a와 b 사이에 들어갈 확률이 됨을 의미한다. 여러 개의 확률변수와 그의 확률밀도함수를 동시에 언급할 때는 X의 확률밀도함수를 $f_X(x)$라 한다.

이산확률변수의 확률질량함수가 분포를 결정하는 것과 같이 연속확률변수에서는 확률밀도함수가 분포를 결정한다. 즉 다음이 성립한다.

$$P(X \in B) = \int_B f_X(x)dx, \quad B \subset R$$

이 때 $B=\{a\}$라 하면 $P(X=a)=\int_a^a f_X(x)dx=0$가 된다. 이는 연속확률변수가 특정값을 갖게 될 확률은 항상 0이 됨을 의미하며 따라서 연속확률변수 X와 $a, b \in R$에 대하여 다음이 성립한다.

$P(X=a)=0,$

$P(X \le a)=P(X<a),$

$P(a<X \le b)=P(a<X<b)=P(a \le X<b)=P(a \le X \le b)$

예제 5.1

X의 확률밀도함수가 다음과 같을 때 c값을 결정하고 $P(1/3<X \le 1/2)$를 구하라.

$$f(x)=\begin{cases} cx^2, & 0<x<1 \\ 0, & \text{그 밖에서} \end{cases}$$

풀이 $\int_0^1 cx^2dx = \frac{c}{3}x^3\Big]_0^1 = \frac{c}{3}=1$ 따라서 $c=3$이다. 그리고 다음이 성립한다.

$$P(1/3<X \le 1/2)=\int_{1/3}^{1/2} 3x^2dx = x^3\Big]_{1/3}^{1/2} = (1/2)^3-(1/3)^3=\frac{19}{216}$$

위 예제 5.1의 확률밀도함수 $f(x)$를 간단히 $f(x)=cx^2$, $0<x<1$ 로 나타내곤 한다. 이는 $f(x)$가 $(0, 1)$ 구간에서는 cx^2이고 그 외의 다른 부분에서는 0 값을 가짐을 의미한다.

예제 5.2

길이 l인 로프의 양 끝을 잡아당기면 임의의 지점에서 끊어질 것이다. 양 끝을 각각 0과

l이라 하고 끊어진 점의 위치를 X라 하자. X의 확률밀도함수를 구하여라.

풀이 로프의 길이는 l이고 각 점이 끊어질 확률이 같으므로 $f(x)$는 $(0,\ l)$에서 상수가 된다. 따라서 $f(x)=c,\quad 0<x<l.$

$$\int_{-\infty}^{\infty} f(x)dx = \int_{0}^{l} cdx = c \cdot l = 1,\ c = \frac{1}{l}$$

즉, X의 확률밀도함수 $f(x) = \frac{1}{l},\ 0<x<l$이다. 또한

$$P(a < X \leq b) = \frac{(b-a)}{l},\ 0 < a \leq b < l$$

이 될 것이다.

■

4장에서 분포를 결정하는 또 하나의 함수로 (누적)분포함수 $F: R \rightarrow R$를 보았다. X가 연속확률변수이면 분포함수는 다음과 같이 정의된다.

$$F(x) = P(X \leq x) = \int_{-\infty}^{x} f(y)dy \tag{5.1}$$

연속확률변수의 분포함수는 확률밀도함수를 적분하여 얻을 수 있다. 한편 분포함수를 미분하면(미분가능한 점에서) 확률밀도함수를 얻을 수 있다. 즉 다음 관계가 성립한다. (이는 fundamental theorem of calculus의 결과이다.)

명제 5.1

X가 연속확률변수이고 그의 확률밀도함수는 $f(x)$, 분포함수 $F(x)$라 하면 $F'(x)$가 존재하는 점 x에서는 $F'(x) = f(x)$이다.

$$f(x) = \begin{cases} F'(x), & F(x)\text{가 } x\text{에서 미분가능할 때} \\ 0, & F(x)\text{가 } x\text{에서 미분가능하지 않을 때} \end{cases}$$

위와 같이 두면 $f(x)$는 $F(x)$를 분포함수로 갖는 확률밀도함수가 된다.

(5.1)을 이용하면 $P(a < X \leq b) = F(b) - F(a) = \int_{a}^{b} f(x)dx$이다.

또한 연속확률변수 X와 임의의 실수 a에서 $P(X=a)=0$이므로 연속확률변수 X와 그의 확률밀도함수 $f(x)$에 대해 다음이 성립한다.

$$P(a < X < b) = P(a \le X < b) = P(a \le X \le b) = P(a < X \le b) = \int_a^b f(x)dx$$

이산분포의 경우 분포함수는 계단함수였다. 위 (5.1) 식에 의해 연속분포의 분포함수는 연속함수가 됨을 알 수 있다. 또한 확률변수의 분포함수는 항상 오른쪽 연속함수임을 보았다. 그리고 연속확률변수의 분포함수는 왼쪽 연속도 성립한다. 이유는 다음과 같다.

$$F(b) = P(X \le b) = P(X < b) = \lim_{x \uparrow b} F(x) = F(b-).$$

따라서 연속확률변수의 분포함수는 연속함수가 된다.

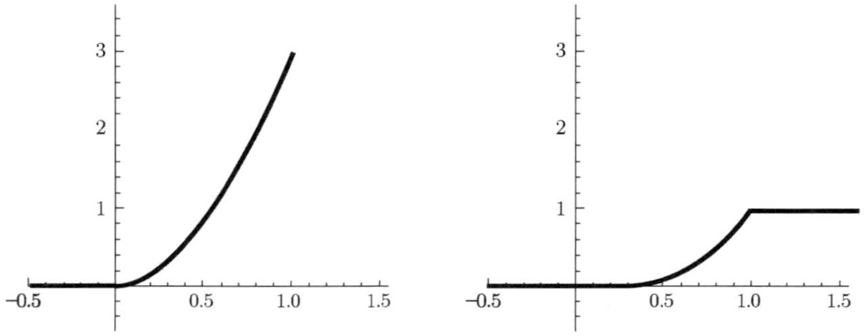

$f(x) = 3x^2,\ 0 < x < 1$　　　　$F(x) = x^3,\ 0 < x < 1$

[그림 5-4] 확률밀도함수 $f(x)$와 그의 분포함수 $F(x)$

X의 확률밀도함수, 분포함수를 각각 $f(x)$, $F(x)$라 할 때 이를 다음과 같이 간단히 표현하기로 하자.

$$X \sim f(x) \text{ 또는 } X \sim F(x)$$

예제 5.3

예제 5.2의 확률밀도함수 $f(x) = \dfrac{1}{l},\quad 0 \le x \le l$의 분포함수를 찾아라.

풀이 $x < 0$이면 $F(x) = 0$이고 $x \ge l$이면 $F(x) = P(X \le x) = P(X \le l) = 1$이 된다.

$0 \le x < l$인 x에 대하여 $F(x) = P(X \le x) = \int_{-\infty}^{x} \frac{1}{l} dx = \int_0^x \frac{1}{l} dx = \frac{x}{l}$이다.

■

예제 5.4

반경이 1m인 다트판에 다트를 던져 찍히는 점과 중심과의 거리를 Z라 하자. Z의 확률밀도함수를 구하고 $P(Z=\frac{1}{2})$를 구하라.

풀이 Ω를 다트판 위의 모든 점이라 하면 $A \subset \Omega$에 대한 $P(A)=\dfrac{A\text{의 면적}}{\Omega\text{의 면적}}$이 된다.

그러므로 Z의 분포함수를 구하면 $F_Z(z)=P(Z \le z)=\dfrac{\pi z^2}{\pi}=z^2,\ \ 0<z<1.$

따라서 Z의 확률밀도함수 $f_z(z)$는 위의 $F_Z(z)$를 z에 대해 미분한 값이다.

$$f_Z(z)=\begin{cases}2z, & 0<z<1\\ 0, & \text{그 밖에서}\end{cases}$$

이번에는 다음과 같은 방법을 생각해 보자.

$$P(z<Z\le z+\Delta z)=\frac{\pi(z+\Delta z)^2-\pi z^2}{\pi}=2z\Delta z+(\Delta z)^2,\quad 0<z<1$$

$$f_Z(z)=\lim_{\Delta z\to 0}\frac{P(z<Z\le \Delta z)}{\Delta z}=2z,\ 0<z<1\ .$$

따라서 어떤 방법으로 하든 같은 $f_z(z)$를 얻었다.

또한 Z가 확률밀도함수를 갖는 연속확률변수이므로 특정점을 갖을 확률은 0이 된다. 즉 $P(Z=\frac{1}{2})=0$이다.

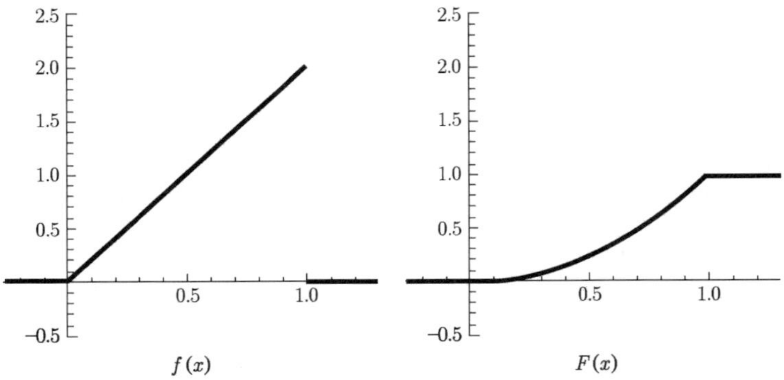

[그림 5-5] $f(x)$와 $F(x)$의 그래프

$P(Z=\frac{1}{2})=0$를 다음과 같은 방법으로 구해보자.

$$P(Z=\frac{1}{2})=\lim_{n\to\infty}P(\frac{1}{2}\le Z<\frac{1}{2}+\frac{1}{n})$$

$$=\lim_{n\to\infty}\frac{(\frac{1}{2}+\frac{1}{n})^2\pi-(\frac{1}{2})^2\pi}{\pi}$$

$$=\lim_{n\to\infty}(\frac{1}{n}+\frac{1}{n^2})=0$$

■

예제 5.5

특정회사의 전지의 수명(단위 : 개월)을 조사하였더니 다음과 같은 확률밀도함수를 가짐을 알게 되었다. λ를 구하고 분포함수 $F(x)$, 그리고 이 전지가 6개월 이상 작동될 확률을 구하라.

$$f(x)=\lambda e^{-\frac{x}{5}},\quad x>0$$

풀이 $\int_0^\infty \lambda e^{-\frac{x}{5}}dx=-5\lambda e^{-\frac{x}{5}}\Big]_0^\infty=5\lambda=1$ 따라서 $\lambda=\frac{1}{5}$. 즉 위 확률밀도함수는

$f(x)=\frac{1}{5}e^{-\frac{x}{5}}$, $x>0$이다. 따라서 다음이 성립한다.

$F(x)=0,\ x\le 0$,

$$F(x)=\int_0^x \frac{1}{5}e^{-\frac{1}{5}y}dy=-e^{-\frac{y}{5}}\Big]_0^x=1-e^{-\frac{x}{5}},\quad x>0$$

따라서 $P(X>6)=\int_6^\infty \frac{1}{5}e^{-\frac{x}{5}}dx=-e^{-\frac{1}{5}x}\Big]_6^\infty=e^{-\frac{6}{5}}\approx 0.3012$

또는 $P(X>6)=1-F(6)=e^{-\frac{6}{5}}$와 같이 구할 수도 있다.

■

예제 5.6

어느 건축자재 판매회사에서는 매주 팔리는 시멘트의 양(단위 : 톤)을 X라 할 때 X는 다음과 같은 확률밀도함수를 갖는다고 한다. X의 분포함수를 찾아라.

$$f(x)=\frac{3}{2}(1-x^2),\quad 0<x<1$$

풀이 $F(x)=\int_0^x \frac{3}{2}(1-x^2)dx = \frac{3}{2}(x-\frac{x^3}{3}),\quad 0<x<1$. 따라서 구하는 분포함수는 다음과 같다.

$$F(x)=\begin{cases}0, & x<0\\ \frac{3}{2}(x-\frac{x^3}{3}), & 0\le x<1\\ 1, & x\ge 1\end{cases}$$

■

위 예제 5.6의 분포함수 $F(x)$를 간단히 $F(x)=\frac{3}{2}(x-\frac{x^3}{3}),\ 0<x<1$로 나타내면 이는 $x\le 0$에서 $F(x)=0$이고 $x\ge 1$ 범위에서 $F(x)=1$임을 뜻하고 편의에 의해 이 부분을 생략한 것이다.

예제 5.7

X의 분포함수가 다음과 같을 때 확률밀도 함수를 구하라.

$$F(x)=\begin{cases}0, & x<-2\\ \frac{1}{2}+\frac{3}{32}(4x-\frac{x^3}{3}), & -2\le x<2\\ 1, & x\ge 2\end{cases}$$

풀이 $f(x)=\begin{cases}\frac{3}{8}-\frac{3}{32}x^2, & -2<x<2\\ 0, & \text{그 밖에서}\end{cases}$

■

분포함수를 이용하면 확률변수의 함수로 이루어진 새로운 확률변수의 분포를 쉽게 유도 할 수 있다.

예제 5.8

확률변수 X는 확률밀도함수$f_X(x)$, 분포함수 $F_X(x)$를 갖고 있다. $Y=aX+b,\ \ a>0$라 할 때 Y의 확률밀도함수 $f_Y(y)$와 분포함수 $F_Y(y)$를 $f_X(x)$, $F_X(x)$를 이용하여 나타내어라.

풀이 $F_Y(y) = P(Y \le y) = P(aX + b \le y) = P(X \le \frac{y-b}{a}) = F_X(\frac{y-b}{a})$,

따라서 $f_Y(y) = \frac{1}{a} f_X(\frac{y-b}{a})$이다.

■

예제 5.9

연속확률변수 X의 확률밀도함수 $f_X(x)$가 다음과 같이 주어지고 $Y = e^X$일 때 Y의 분포함수 및 확률밀도함수를 찾아라.

$$f_X(x) = 1/2, \quad 0 < x < 2$$

풀이 먼저 X의 분포함수 $F_X(x) = \frac{1}{2}x,\ 0 < x < 2$이다. 따라서 다음이 성립한다.

$$\begin{aligned} F_Y(y) &= P(Y \le y) = P(e^X \le y) = P(X \le \log\, y) \\ &= F_X(\log y) = \frac{1}{2}\log y, \quad 1 < y < e^2 \end{aligned}$$

$$f_Y(y) = \frac{dF_Y(y)}{dy} = \frac{1}{2y}, \quad 1 < y < e^2$$

■

예제 5.10

연속확률변수 X의 확률밀도함수 $f_X(x)$가 주어졌을 때 $Y = X^2$의 확률밀도함수를 $f_X(x)$를 이용하여 나타내어라. 또한 $f_X(x) = \frac{1}{2},\ x \in (-1,1)$일 때 $Y = X^2$의 확률밀도함수를 찾아라.

풀이 $y > 0$일 때 $F_Y(y) = P(X^2 \le y) = P(-\sqrt{y} \le X \le \sqrt{y})$

$$= F_X(\sqrt{y}) - F_X(-\sqrt{y})$$

따라서 양변을 y에 대해서 미분하면 다음을 얻는다.

$$\begin{aligned} f_Y(y) &= f_X(\sqrt{y}) \cdot \frac{1}{2}y^{-\frac{1}{2}} - f_X(-\sqrt{y})(-\frac{1}{2})y^{-\frac{1}{2}} \\ &= \frac{1}{2\sqrt{y}}\left[f_X(\sqrt{y}) + f_X(-\sqrt{y})\right] \end{aligned}$$

한편 $f_X(x) = \frac{1}{2}$, $x \in (-1, 1)$이면 $y \in [0, 1)$에 대하여

$f_X(\sqrt{y}) = f_X(-\sqrt{y}) = \frac{1}{2}$이므로 위 식에 대입하면 다음을 얻는다.

$$f_Y(y) = \frac{1}{2\sqrt{y}}\left(\frac{1}{2} + \frac{1}{2}\right) = \frac{1}{2\sqrt{y}}, \quad 0 \le y < 1$$

■

이산확률분포에서 확률질량함수 $p(x)$는 확률 $P(X=x)$을 가리켰다. 그러나 연속확률분포의 확률밀도함수 $f(x)$는 확률을 나타내지 않는다. 확률밀도함수 $f(x)$의 그래프의 아래 부분의 면적이 확률을 나타낸다. 또한 $h > 0$가 매우 작은 값일 때 $f(x)$가 x근방에서 연속이면 다음이 성립한다.

$$P(x < X \le x+h) = \int_x^{x+h} f(x)dx \approx hf(x) \tag{5.2}$$

즉 $hf(x)$는 X가 $(x, x+h)$라는 아주 작은 구간에 들어갈 확률을 나타낸다. 즉 $f(x)$는 확률변수 X가 x 주변의 값을 갖게 될 가능성의 정도를 나타내는 하나의 척도로 이해할 수 있으며 다시 말해서 x 주변에서의 확률밀도를 나타낸다. 식(5.2)의 관계는 이산분포에서의 성질을 이용하여 연속분포에서의 성질을 이해하고자 할 때 자주 쓰이는 개념이다.

5.2 연속확률변수의 기대값과 분산

4장에서 이산확률변수 X의 기대값을 다음과 같이 정의하였다.

$$E(X) = \sum_x xP(X=x) \tag{5.3}$$

X가 확률밀도함수 $f(x)$를 갖는 연속확률변수라 하자. (5.2) 식에서 본 바와 같이 Δx가 작은 값이면 다음이 성립한다.

$$P(x < X \le x + \Delta x) \approx f(x)\Delta x$$

이를 (5.3) 식에 대입하여 보면 다음 관계를 알 수 있다.

$$E(X) \approx \sum_x xf(x)\Delta x \approx \int_{-\infty}^{\infty} xf(x)dx$$

정의 5.2

$f(x)$를 확률밀도함수로 갖는 연속확률변수 X의 기대값은 다음과 같이 정의한다.

$$E(X) = \int_{-\infty}^{\infty} xf(x)dx$$

X가 연속분포를 갖는 경우 $E(X)$가 유한값을 갖기 위해서는 다음이 성립하여야 한다.

$$E(|X|) = \int_{-\infty}^{\infty} |x| f(x)dx < \infty$$

또한 $E(X) = \int_{-\infty}^{\infty} xf(x)dx$가 의미 있는 값이 되기 위해서는 위의 적분값이

$$\int_{-\infty}^{\infty} xf(x)dx = \infty - \infty$$

꼴이 되지 말아야 한다. 이 책에서 $E(X)$라 쓰는 경우는 편의에 의해 이러한 존재조건을 만족하는 것으로 가정하고 일일이 조건을 나열하지 않겠다.

예제 5.11

X의 확률밀도함수 $f(x)=\frac{1}{2}x,\ 0 < x < 1$일 때 $E(X)$를 구하라

풀이 $E(X) = \int_0^1 x\ \frac{1}{2}xdx = \frac{1}{2}\frac{1}{3}x^3\Big]_0^1 = \frac{1}{6}$

■

예제 5.12

연속확률변수 X의 확률밀도함수 $f(x)$가 다음과 같이 주어지고 $Y = e^X$일 때 $E(Y)$를 구하라.

$$f(x) = 1/2, \quad 0 < x < 2$$

풀이 위의 예제 5.9에서 Y의 확률밀도함수 $f_Y(y) = \frac{1}{2y},\ 1 < y < e^2$를 구하였다. 따라서

$$E(Y) = \int_1^{e^2} y \frac{1}{2y} dy = \frac{1}{2}(e^2 - 1)$$

■

앞에서 Y가 비음의 정수값을 갖는 이산확률변수이면 다음이 성립하였다(연습문제 4.5).

$$E(Y) = \sum_{n=0}^{\infty} P(Y > n)$$

$Y \geq 0$인 연속확률변수에서 다음이 성립한다.

$$\begin{aligned}\int_0^{\infty} P(Y > y)dy &= \int_0^{\infty}\int_y^{\infty} f_Y(x)dx\,dy \\ &= \int_0^{\infty}\int_0^{x} f_Y(x)dydx \\ &= \int_0^{\infty} xf_Y(x)dx = E(Y)\end{aligned}$$

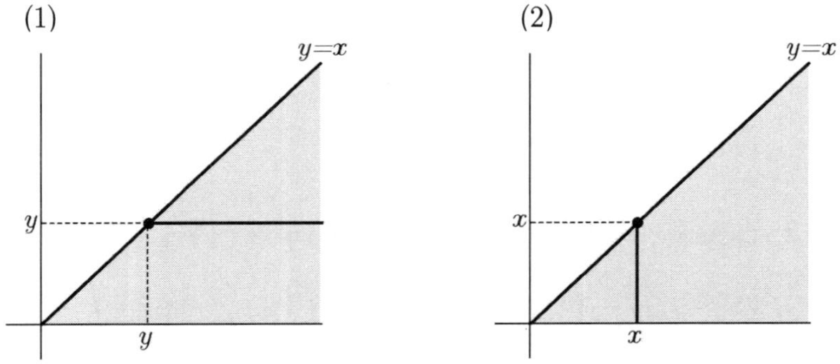

[그림 5-6]

다음이 성립한다.

명제 5.2

(1) $Y \geq 0$일 때 $E(Y) = \int_0^{\infty} P(Y > y)dy$

(2) $E(Y) = \int_0^{\infty} P(Y > y)dy - \int_0^{\infty} P(Y < -y)dy$

증명 (2): 위 명제 5.2 (2)의 오른쪽 항 $\int_0^\infty P(Y<-y)dy$에 대해 다음이 성립한다.

$$\begin{aligned}\int_0^\infty P(Y<-y)dy &= \int_0^\infty \int_{-\infty}^{-y} f_Y(x)dxdy \\ &= \int_{-\infty}^0 \int_0^{-x} f_Y(x)dydx \\ &= -\int_{-\infty}^0 xf_Y(x)dx\end{aligned}$$

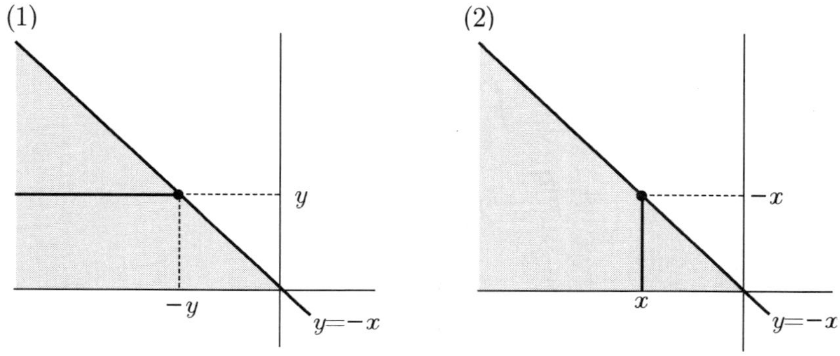

[그림 5-7]

따라서 다음과 같이 (2) 식의 우변을 정리하면 $E(Y)$가 됨을 알 수 있다.

$$\begin{aligned}\int_0^\infty P(Y>y)dy-\int_0^\infty P(Y<-y)dy &= \int_0^\infty xf_Y(x)dx+\int_{-\infty}^0 xf_Y(x)dx \\ &= \int_{-\infty}^\infty xf_Y(x)dx \\ &= E(Y)\end{aligned}$$

다음이 성립한다.

명제 5.3

연속확률변수 X의 확률밀도함수는 $f(x)$이고 $g:R\to R$ 인 함수일 때 $g(X)$의 기대값은 다음과 같다.

$$E(g(X))=\int_{-\infty}^\infty g(x)f(x)dx \tag{5.4}$$

증명 명제 5.3의 증명은 명제 5.2를 이용하여 유도할 수 있다(연습문제 5.10).

위의 예제 5.12에서 $Y = e^X$일 때 $E(Y)$를 Y의 분포를 이용하여 구하였다. $E(Y)$를 명제 5.3을 이용하여 구하면 다음과 같다.

$$\int_{-\infty}^{\infty} e^x f(x)dx = \int_0^2 e^x \frac{1}{2}dx = \frac{1}{2}e^x\Big]_0^2 = \frac{1}{2}(e^2 - 1)$$

이는 예제 5.12의 결과와 일치함을 볼 수 있다.

예제 5.13

$Y = X^2$이고 X의 확률밀도함수 $f(x) = \frac{1}{2}$, $-1 < x < 1$이다. $E(X)$를 구하고 $E(Y)$를 (5.4) 식을 이용하여 구하라.

풀이 $E(X) = \int_{-1}^{1} x\ \frac{1}{2}dx = \frac{1}{2}\ \frac{1}{2}x^2\Big]_{-1}^{1} = 0$

$E(Y) = \int_{-1}^{1} x^2 \frac{1}{2}dx = \frac{1}{2}\frac{1}{3}x^3\Big]_{-1}^{1} = \frac{1}{3}$

위의 예제 5.13에서 $E(Y)$를 Y의 확률밀도함수 $f_Y(y)$를 이용하여 구하여 보자. 예제 5.10에서 구한 바와 같이 Y의 확률밀도함수 $f_Y(y) = \frac{1}{2\sqrt{y}}$, $0 < y < 1$이다. 이를 이용하여 $E(Y)$를 구하면 $E(Y) = \int_0^1 y\frac{1}{2\sqrt{y}}dy = \frac{1}{2}\frac{2}{3}y^{\frac{3}{2}}\Big]_0^1 = \frac{1}{3}$이다. 이는 예제 5.13의 결과와 일치함을 알 수 있다.

예제 5.14

X의 확률밀도함수는 $f(x) = 1$, $0 < x < 1$이다. $g(X)$가 다음과 같이 주어졌을 때 $E(g(X))$를 계산하라.

$$g(X) = \max(X,\ 1 - X) = \begin{cases} 1 - X, & 0 < X < \frac{1}{2} \\ X, & \frac{1}{2} \le X < 1 \end{cases}$$

풀이 $E(g(X)) = \int_{-\infty}^{\infty} \max(x, 1-x) f(x) dx = \int_0^{\frac{1}{2}} (1-x) \cdot 1dx + \int_{\frac{1}{2}}^1 x \cdot 1dx = \frac{3}{4}$

■

함수 $g: R \to R$이 절대증가(strictly increasing) 함수라 하면 g는 증가하는 역함수가 존재한다. $Y = g(X)$라 두면 Y는 새로운 확률변수가 되며 Y의 분포함수와 확률밀도함수는 각각 다음과 같다.

$$F_Y(y) = P(g(X) \le y) = P(X \le g^{-1}(y)) = F_X(g^{-1}(y)),$$

$$f_Y(y) = f_X(g^{-1}(y)) \frac{dg^{-1}(y)}{dy}.$$

만약 함수 g가 절대감소 (strictly decreasing)이면 g는 감소하는 역함수가 존재하고 위와 같은 방법으로 $f_Y(y)$를 계산하면 $f_Y(y) = -f_X(g^{-1}(y)) \frac{dg^{-1}(y)}{dy}$를 얻는다.

위 두 경우를 종합하면 다음이 성립한다.

명제 5.4

X는 $f_X(x)$를 확률밀도함수로 갖는 연속확률변수이고 g는 X의 치역에서 정의된 실수값 함수로 절대단조(strictly monotone), 미분가능함수이다. 이 때 $Y = g(X)$의 확률밀도함수는 다음과 같이 주어진다.

$$f_Y(y) = \begin{cases} f_X(g^{-1}(y)) \left| \frac{dg^{-1}(y)}{dy} \right|, & y \in Y\text{의 치역} \\ 0, & \text{그 밖에서} \end{cases} \tag{5.5}$$

위 (5.5)식을 다시 쓰면 다음과 같다.

$$f_Y(y) = \frac{1}{|g'(g^{-1}(y))|} f_X(g^{-1}(y)),\ y \in Y\text{의 치역}$$

예제 5.15

$X \sim N(\mu, \sigma^2)$ 즉 X의 확률밀도함수가 다음과 같을 때 $Y = aX + b$ $(a \ne 0)$의 확률밀도함수를 찾아라.

$$f_X(x) = \frac{1}{\sqrt{2\pi}\,\sigma} exp(-\frac{(x-\mu)^2}{2\sigma^2}),\ -\infty < x < \infty$$

풀이 $Y=g(X)$, $g(x)=ax+b\ (a \neq 0)$이므로 함수 g는 절대단조함수 ($a>0$이면 절대증가, $a<0$이면 절대감소)이고 미분가능하며 $g'(x)=a$이다. 따라서

$$f_Y(y) = \frac{1}{|a|} f_X(x)$$

이고 $y=ax+b$ 로부터 $x=\frac{y-b}{a}$이므로 이를 위 식에 대입하면 다음을 얻는다.

$$\begin{aligned} f_Y(y) &= \frac{1}{|a|}\frac{1}{\sqrt{2\pi}\,\sigma} exp\left(-\frac{(\frac{y-b}{a}-\mu)^2}{2\sigma^2}\right) \\ &= \frac{1}{\sqrt{2\pi}\,(\sigma|a|)} \exp(-\frac{(y-a\mu-b)^2}{2\sigma^2 a^2}),\ -\infty < y < \infty \end{aligned}$$

이는 $Y \sim N(a\mu+b,\ a^2\sigma^2)$임을 의미한다. ■

확률변수 X의 분산(variance)과 표준편차(standard deviation)는 다음과 같이 정의된다.

$$X\text{의 분산} = Var(X) = E(X-E(X))^2$$

$$X\text{의 표준편차} = SD(X) = \sqrt{Var(X)}$$

명제 5.3을 이용하면 Y가 연속확률변수 X의 선형함수일 때 즉, $Y=aX+b$ 일 때 적분의 성질로부터 다음이 성립한다.

$$\begin{aligned} E(Y) &= \int_{-\infty}^{\infty} (ax+b) f_X(x)dx \\ &= a\int_{-\infty}^{\infty} x f_X(x)dx + b\int_{-\infty}^{\infty} f_X(x)dx = aE(X)+b. \end{aligned}$$

또한 $E(X)=\mu$라 두고 $Var(X)$를 다음과 같이 다시 쓸 수 있다.

$$\begin{aligned} Var(X) &= E(X-\mu)^2 \\ &= \int_{-\infty}^{\infty} (x-\mu)^2 f_X(x)dx \\ &= \int_{-\infty}^{\infty} (x^2-2\mu x+\mu^2) f_X(x)dx \\ &= E(X^2)-\mu^2 \end{aligned}$$

따라서 연속확률변수에서 다음이 성립함을 쉽게 보일 수 있다.

$$E(aX+b) = aE(X)+b$$
$$Var(aX+b) = a^2 Var(X)$$
$$SD(aX+b) = |a| SD(X)$$

예 5.3

$E(X)=\mu$, $Var(X)=\sigma^2$이고 $Y=aX+b\ (a\neq 0)$이면 $E(Y)=a\mu+b$이고 $Var(Y) = a^2\sigma^2$이다. 여기서 Y의 평균과 분산은 X의 분포와는 상관없이 X의 평균이 μ, 분산이 σ^2이면 항상 성립한다.

■

X는 평균이 μ 분산이 σ^2 인 임의의 분포를 따른다고 하자. 여기서 $Z=\dfrac{X-\mu}{\sigma}$라 두면 $E(Z)=\dfrac{1}{\sigma}(E(X)-\mu)=0$, $Var(Z)=\dfrac{1}{\sigma^2}\cdot\sigma^2=1$이 된다. 이 때 Z를 X의 **표준화**(standardize)라 한다.

5.3 여러 가지 연속확률분포

5.3.1 균일분포(uniform distribution)

확률변수 X가 다음과 같은 확률밀도함수 $f(x)$를 가질 때 확률변수 X은 (a, b)에서 **균일분포**(uniformly distributed on (a,b))를 따른다고 하고 간단히 $X\sim Unif(a, b)$로 나타내자.

$$f(x)=\frac{1}{b-a},\quad a<x<b$$

(a, b)에서 균일분포를 하는 확률변수 X의 분포함수는 다음과 같다.

$$F(x)=\int_a^x \frac{1}{b-a}dx=\frac{x-a}{b-a},\quad a<x<b$$

이 때 $x\le a$이면 $F(x)=0$이고 $x\ge b$이면 $F(x)=1$이다.

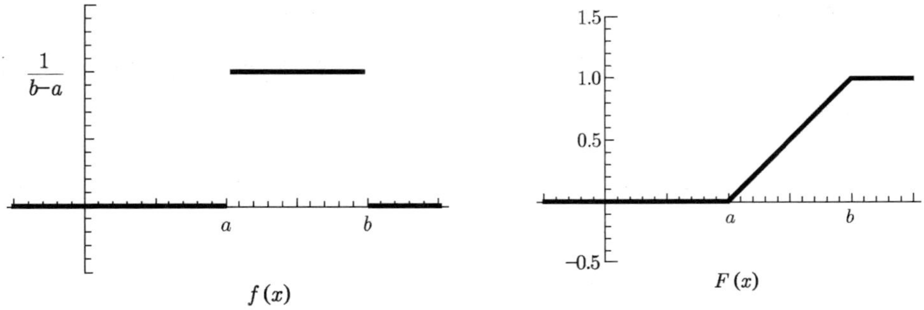

[그림 5-8] $X \sim Unif(a, b)$일 때 $f(x)$와 $F(x)$의 그래프

예제 5.16

X의 확률밀도함수가 (a, b) 위에서 상수 값 c를 갖는다. c값을 구하고 $E(X)$, $Var(X)$를 구하라.

풀이 X가 (a, b)위에서 상수 값을 가지므로 $X \sim Unif(a, b)$이다.

$$1 = \int_{-\infty}^{\infty} f(x)dx = \int_a^b cdx = c(b-a) \text{따라서 } c = \frac{1}{b-a} \text{이다.}$$

$$E(X) = \int_a^b x\frac{1}{b-a}dx = \frac{1}{b-a}\frac{1}{2}x^2\Big]_a^b = \frac{a+b}{2}$$

$$E(X^2) = \int_a^b x^2\frac{1}{b-a}dx = \frac{1}{b-a}\frac{1}{3}(b^3-a^3) = \frac{a^2+ab+b^2}{3}$$

따라서 $Var(X) = E(X^2) - (E(X))^2 = \frac{a^2+ab+b^2}{3} - (\frac{a+b}{2})^2 = \frac{(b-a)^2}{12}$

$X \sim Unif(a, b)$일 때 X의 평균과 분산은 다음과 같다.

$$E(X) = \frac{a+b}{2},\ Var(X) = \frac{(b-a)^2}{12}$$

예제 5.17

신신은행 콜센타에 있는 직원은 10통의 전화에 응답하는데 걸리는 시간(단위 :분)이 (8, 15)에서 균일분포를 한다. X를 1통의 전화에 응답하는데 소요되는 시간이라 할 때 X의 확률밀도함수와 평균을 찾아라.

풀이 10명의 문의에 응답하는 시간 $Z \sim Unif(8, 15)$이므로 $X = \frac{Z}{10} \sim Unif(\frac{8}{10}, \frac{15}{10})$이다. 따라서 다음이 성립한다.

$$f_X(x) = \frac{1}{1.5 - 0.8} = \frac{10}{7}, \quad 0.8 < x < 1.5$$

$$E(X) = \frac{0.8 + 1.5}{2} = \frac{23}{20} \text{(분)}$$

예제 5.18

지하철역행 교내셔틀버스는 매 10분마다 출발한다. 예를 들어 12시, 12시 10분, 12시 20분... 12시 15분에 끝나는 수업의 실제 끝나는 시간은 12시 8분에서 12시 22분 사이에 균일분포를 한다고 하자. 강의실에서 정류장까지 가는데 3분 걸린다면 셔틀버스를 기다리는 시간이 6분 이내일 확률은 얼마나 될까?

풀이 12시를 0으로 두면 수업이 끝나는 시간은 $Unif(8, 22)$분포를 따르고 정류장까지 3분 걸리므로 정류장에 도착하는 시간은 $Unif(11, 25)$가 된다. 버스가 오는 시간은 10, 20, 30이므로 20전에 도착하면 20분에 출발하는 차를 20후에 도착하면 30분에 출발하는 차를 타게 된다. 기다리는 시간이 6분 이내가 되기 위해서는 14에서 20사이 그리고 24에서 25사이에 도착하면 된다. 따라서 구하는 확률은 $\frac{7}{14} = \frac{1}{2}$이다.

5.3.2 정규분포(normal distribution)

아래와 같은 확률밀도함수를 갖는 연속확률변수를 모수 μ와 σ^2을 갖는 정규확률변수(normal random variable) 또는 정규분포(normally distributed)를 갖는다고 하고 간단히 $X \sim N(\mu, \sigma^2)$으로 나타낸다.

$$f(x) = \frac{1}{\sqrt{2\pi}\,\sigma} e^{-(x-\mu)^2/2\sigma^2}, \qquad -\infty < x < \infty \tag{5.6}$$

먼저 (5.6)에서 주어진 $f(x)$가 확률밀도함수가 되는지 살펴보자. 당연히 $f(x) \geq 0$이므로 전 구간에서 적분한 값이 1이 됨을 확인하면 된다. 즉

$$\frac{1}{\sqrt{2\pi}\,\sigma} \int_{-\infty}^{\infty} e^{-(x-\mu)^2/2\sigma^2} = 1 \tag{5.7}$$

계산을 단순화하기 위하여 (5.7) 식의 좌변을 $y = \dfrac{(x-\mu)}{\sigma}$로 치환하면 $dy = \dfrac{dx}{\sigma}$이므로 식(5.7)의 좌변은 $\dfrac{1}{\sqrt{2\pi}} \displaystyle\int_{-\infty}^{\infty} e^{-y^2/2} dy$이 된다. 따라서 $I = \displaystyle\int_{-\infty}^{\infty} e^{-y^2/2} dy = \sqrt{2\pi}$ 임을 보이자.

$$I^2 = \int_{-\infty}^{\infty} e^{-y^2/2} dy \int_{-\infty}^{\infty} e^{-x^2/2} dx = \int_{-\infty}^{\infty} \int_{-\infty}^{\infty} e^{-(y^2+x^2)/2} dy dx$$

위 식에서 직교좌표를 극좌표로 치환 즉 $(x, y) \rightarrow (r, \theta)$로 바꾸면 $x = r\cos\theta$, $y = r\sin\theta$이 되고 6장 부록의 변수변환공식을 사용하면 $dydx = rd\theta dr$이 된다. 따라서 다음을 얻는다.

$$I^2 = \int_0^{\infty} \int_0^{2\pi} e^{-r^2/2} r d\theta dr = 2\pi \int_0^{\infty} r e^{-r^2/2} dr = -2\pi e^{-r^2/2} \Big]_0^{\infty} = 2\pi .$$

이로써 (5.6) 식의 $f(x)$는 확률밀도함수임이 증명되었다.

특히 $\mu = 0$, $\sigma^2 = 1$인 정규분포를 **표준정규분포**(standard normal distribution)라 부른다.

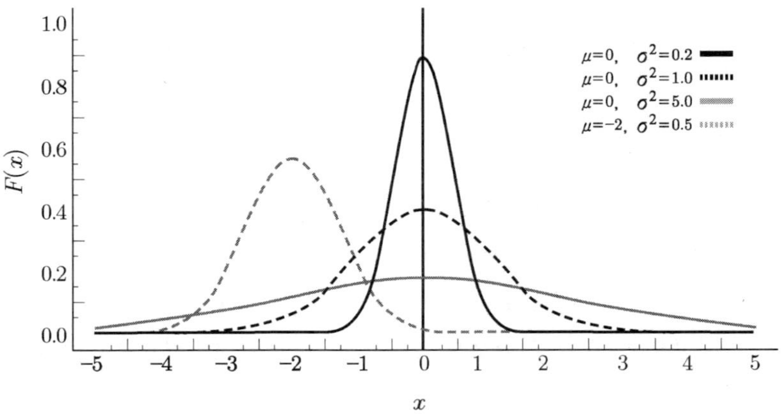

[그림 5-9] 여러 가지 μ, σ^2에 따른 정규확률밀도함수 그래프

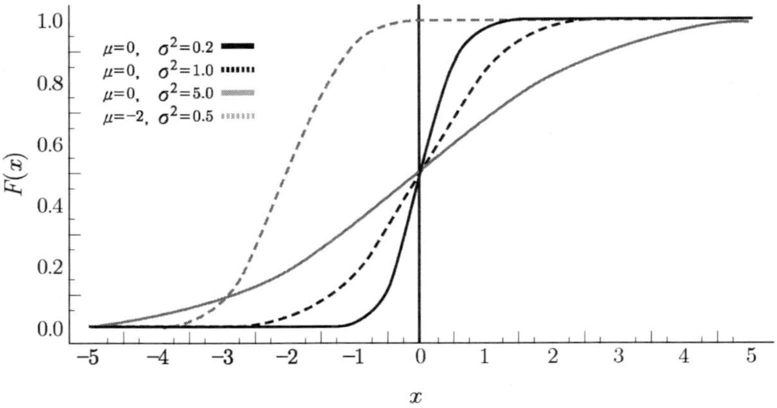

[그림 5-10] 여러 가지 정규분포의 분포함수 그래프

$X \sim N(0,\,1)$일 때 X의 평균과 분산을 계산해 보자.

$$E(X) = \frac{1}{\sqrt{2\pi}} \int_{-\infty}^{\infty} x e^{-x^2/2} dx = -\frac{1}{\sqrt{2\pi}} e^{-x^2/2} \Big]_{-\infty}^{\infty} = 0.$$

평균이 0이므로 분산은 $E(X^2)$과 같아진다.

$$Var(X) = E(X^2) = \frac{1}{\sqrt{2\pi}} \int_{-\infty}^{\infty} x^2 e^{-x^2/2} dx$$

$$= \frac{1}{\sqrt{2\pi}} \left(-x e^{-x^2/2} \Big]_{-\infty}^{\infty} + \int_{-\infty}^{\infty} e^{-x^2/2} dx \right) = 1.$$

위의 세 번째 등식은 $u = x,\ dv = xe^{-x^2/2}$라 두고 부분적분을 하여 얻었다.

일반적으로 표준정규분포의 분포함수는 $\Phi(x)$라는 문자를 이용하여 나타낸다. 즉

$$\Phi(x) = \int_{-\infty}^{x} \frac{1}{\sqrt{2\pi}} e^{-y^2/2} dy$$

$\Phi(x)$값은 해석적인 방법으로 구할 수 없기 때문에 대부분의 기초적인 확률통계 책의 부록에 보면 $x \geq 0$인 x에서의 근사값들이 주어져 있다. 표준정규분포의 확률밀도함수는 $x = 0$(y축)에 대칭이며 따라서 $\Phi(-x) = 1 - \Phi(x)$이 성립한다.

다음은 정규분포의 중요한 성질로서, 표준정규분포에서의 결과를 이용하여 일반적인 정규분포의 평균과 분산 및 확률 등을 계산하는데 이용된다.

명제 5.5

$X \sim N(\mu, \sigma^2)$이고 $Y = aX + b\ (a \neq 0)$라 할 때 $Y \sim N(a\mu + b,\ a^2\sigma^2)$이 성립한다.

증명 Y의 확률밀도함수 $f_Y(y)$는 앞 예제 5.15에서 보았듯이 $-\infty < y < \infty$일 때

$$
\begin{aligned}
f_Y(y) &= \frac{1}{|a|} f_X\left(\frac{y-b}{a}\right) \\
&= \frac{1}{\sqrt{2\pi}\,\sigma|a|} e^{-\left(\frac{y-b}{a} - \mu\right)^2 / 2\sigma^2} \\
&= \frac{1}{\sqrt{2\pi}\,\sigma|a|} e^{-(y-b-a\mu)^2/2a^2\sigma^2}, \quad -\infty < y < \infty
\end{aligned}
$$

이는 Y의 분포가 모수 $a\mu + b$와 $a^2\sigma^2$인 정규분포를 따름을 보이는 것이다.

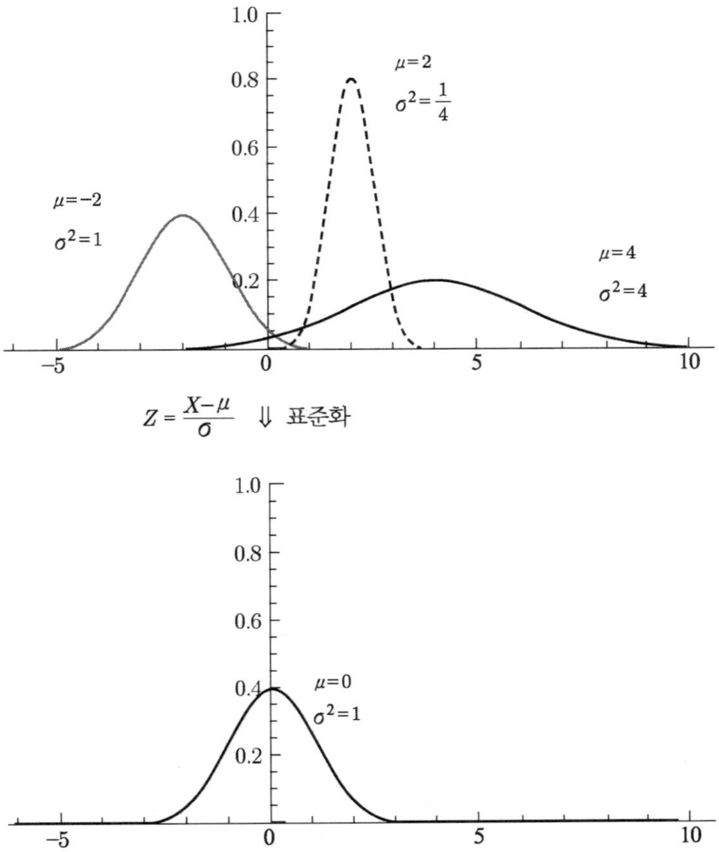

[그림 5-11] 일반 정규분포의 표준화

$X \sim N(\mu, \sigma^2)$일 때 X의 평균과 분산을 위의 명제 5.5를 이용하여 찾아보자.

$Z = \dfrac{X-\mu}{\sigma} = \dfrac{1}{\sigma}X - \dfrac{\mu}{\sigma}$라 두면 Z는 명제 5.5에 의해 모수 $\dfrac{1}{\sigma}\mu - \dfrac{\mu}{\sigma} = 0$과 $(\dfrac{1}{\sigma})^2\sigma^2 = 1$을 갖는 표준정규분포를 따른다. 즉 $Z \sim N(0,1)$이다. 이 때 $X = \sigma Z + \mu$이고 따라서 $E(Z) = 0$, $Var(Z) = 1$을 이용하면 $E(X) = \sigma E(Z) + \mu = \mu$, $\quad Var(X) = \sigma^2 Var(Z) = \sigma^2$이다. 이는 정규분포의 두 모수 μ, σ^2은 각각 분포의 평균과 분산이 됨을 보여주는 것이다.

> $X \sim N(\mu, \sigma^2)$이면 $E(X) = \mu$, $Var(X) = \sigma^2$이 된다.

일반 정규분포가 갖는 확률값은 표준화와 표준정규분포표를 이용하여 구할 수 있다.

예제 5.19

$X \sim N(2, 3^2)$일 때 $P(1 < X < 4)$, $P(X > 1)$를 각각 구하여라.

풀이 $Z = \dfrac{X-2}{3} \sim N(0, 1)$을 이용한다.

$$P(1 < X < 4) = P(\frac{1-2}{3} < \frac{X-2}{3} < \frac{4-2}{3}) = P(-\frac{1}{3} < Z < \frac{2}{3})$$

$$= \Phi(\frac{2}{3}) - \Phi(-\frac{1}{3}) = \Phi(\frac{2}{3}) - [1 - \Phi(\frac{1}{3})] \approx 0.3779$$

$$P(X > 1) = P(\frac{X-2}{3} > \frac{1-2}{3}) = P(Z > -\frac{1}{3}) = 1 - \Phi(-\frac{1}{3}) \approx 0.6293$$

■

예제 5.20

자료에 의하면 37-43주 사이에 태어난 신생아의 체중(단위 Kg)은 평균 3.23, 표준편차 0.48 인 정규분포를 따른다고 한다. 이 때 체중이 4Kg 이상 될 확률은 얼마인가? 2Kg 미만일 확률은 얼마인가?

풀이 X를 37-43주 사이에 태어난 신생아의 몸무게라 할 때 $X \sim N(3.23, 0.48^2)$이다.

따라서 $P(X > 4) = P(\dfrac{X-3.23}{0.48} > \dfrac{4-3.23}{0.48}) = P(Z > 1.604) \approx 0.0548$

$$P(X < 2) = P(\frac{X-3.23}{0.48} < \frac{2-3.23}{0.48})$$

$$= P(Z < -\frac{1.23}{0.48}) = P(Z < -2.5625) \approx 0.0052.$$

■

예제 5.21

△△ 자동차 회사에서 만드는 타이어의 수명(단위 Km)은 평균 65000, 표준편차 4000인 정규분포를 따른다.

(1) 수명이 70000이상일 확률은 얼마인가?

(2) 현재 60000km 달렸다. 앞으로 10000km를 더 사용할 수 있는 확률은 얼마인가?

풀이 X를 타이어의 수명이라 하면 $X \sim N(65000, 4000^2)$이다.

$$P(X > 70000) = P(\frac{X-65000}{4000} > \frac{70000-65000}{4000}) = P(Z > 1.25) = 0.1056.$$

$$P(X > 70000 | X > 60000) = \frac{P(X > 70000)}{P(X > 60000)}$$

$$= \frac{P(Z > 1.25)}{P(Z > -1.25)} = \frac{0.1056}{1-0.1056} \approx 0.1181.$$

■

5.3.2-1 이항분포의 정규근사(normal approximations to binomial distributions)

$X \sim B(n, p)$이면 $E(X) = np,\ Var(X) = np(1-p)$임을 보았다. 이항분포에서 n이 커지면 확률질량함수가 다음과 같이 변화한다.

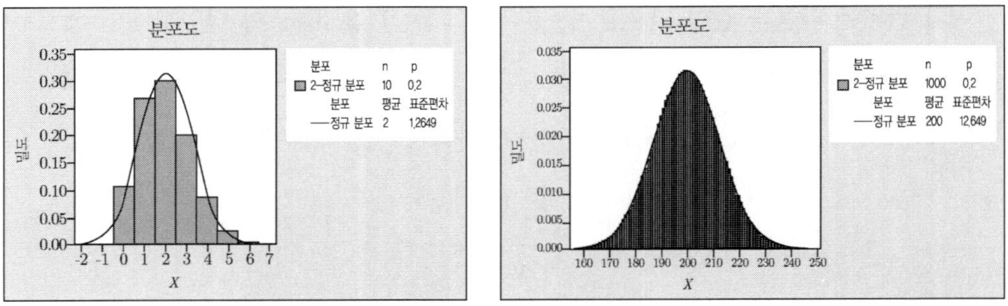

[그림 5-12] n이 커짐에 따른 정규근사

특히 $p=1/2$일 때는 좌우 대칭으로 정규분포에 좀 더 빠른 속도로 근사한다고 볼 수 있으며 이러한 관계는 1733 DeMoivre에 의해 그리고 일반적인 p에 대해서는 1812년 *Laplace*에 의해 증명되었다. 즉 $X \sim B(n,p)$이면 X에서 평균 np를 빼고 표준편차 $\sqrt{np(1-p)}$로 나누면 n이 클 때 표준정규분포로 근사한다는 것이다. 즉 다음이 성립한다.

$$\frac{X-np}{\sqrt{np(1-p)}} \approx N(0,1), \quad P\left(\frac{X-np}{\sqrt{np(1-p)}} \le x\right) \approx \Phi(x)$$

〈표 5-1〉 $n=50$, $p=0.4$일 때의 이항분포와 정규분포의 확률비교표

성공횟수 x	이항분포 확률	정규분포 확률	성공횟수 x	이항분포 확률	정규분포 확률
8	0.0002	0.0003	21	0.1091	0.1105
9	0.0005	0.0007	22	0.0959	0.0975
10	0.0014	0.0018	23	0.0778	0.0792
11	0.0035	0.0039	24	0.0584	0.0591
12	0.0076	0.0080	25	0.0405	0.0406
13	0.0147	0.0149	26	0.0259	0.0257
14	0.0260	0.0257	27	0.0154	0.0149
15	0.0145	0.0406	28	0.0084	0.0080
16	0.0606	0.0591	29	0.0043	0.0039
17	0.0808	0.0792	30	0.0020	0.0018
18	0.0987	0.0975	31	0.0009	0.0007
19	0.1109	0.1105	32	0.0003	0.0003
20	0.1146	0.1152	33	0.0001	0.0001

위의 관계를 다음과 같이 기술할 수 있다. X_i, $i=1, 2, 3, \cdots$이 성공률 p인 베르누이 시행의 결과 얻은 베르누이 확률변수일 때 (서로 독립) $X=\sum_{i=1}^{n} X_i$라 두면 $X \sim B(n, p)$이고 $E(X)=np$, $Var(X)=npq$임을 안다. 따라서 이를 표준화하면

$$\frac{\sum_{i=1}^{n} X_i - np}{\sqrt{npq}}$$

와 같이 되며 이의 분포는 n이 클 때 표준정규분포로 근사한다는 것이다.

정규근사와 관련된 정리는 **중심극한정리**(central limit theorem)라 부르며 X_i가 베르누

이 확률변수가 아닌 유한의 평균 μ와 분산 σ^2을 갖는 독립 동등분포를 하는 확률변수들의 열이면

$$\frac{\sum_{i=1}^{n} X_i - n\mu}{\sigma\sqrt{n}}$$

의 분포는 n이 커지면 표준정규분포에 근사한다는 이론이다. 일반적인 조건 아래서의 중심극한정리는 확률, 통계분야에서 가장 중요한 극한정리 중의 하나로 8장에서 좀 더 자세히 다룰 것이다.

예제 5.22

윙스에어에서는 오랜 경험을 통해 예약자의 10%는 탑승하지 않는다고 본다. 420좌석의 비행에 441명의 예약을 받았을 때 적어도 1명 이상의 승객이 탑승하지 못하는 상황이 발생할 확률을 구하여라.

풀이 X를 441명의 예약자 중 탑승하고자 하는 승객 수라 하면 $X \sim B(441, \frac{9}{10})$이다.

이 때 $E(X) = \mu = 441 \times \frac{9}{10,}$ $Var(X) = \sigma^2 = 441 \times \frac{9}{10} \times \frac{1}{10}$. 중심극한의 정리를 쓰면 다음이 성립한다.

$$\begin{aligned} P(X > 420) &= 1 - P(X \le 420) \\ &= 1 - \sum_{i=0}^{420} (\frac{9}{10})^i (\frac{1}{10})^{441-i} \\ &\approx 1 - P(\frac{X-\mu}{\sigma} \le \frac{420 + 0.5 - \mu}{\sigma}) \quad \text{(연속성 수정)} \\ &= 1 - \Phi(3.746) \approx 0 \end{aligned}$$

예제 5.23

소변 코티닌 검사에 의하면 우리나라 30대 미만 여성의 25%가 흡연을 한다고 한다. 30대 미만 여성 500명을 추출했을 때 이 중 150명 이상이 흡연자일 확률을 정규근사를 이용하여 구하여라.

풀이 X를 500명 중 흡연자 수라 두면 $X \sim B(500, 0.25)$이고 평균과 표준편차를 구하

면 다음과 같다. $np = 125,\ npq = 93.75,\ \sqrt{93.75} \approx 9.68$. 여기서 정규근사를 이용하면 다음을 얻는다.

$$P(X \geq 150) = P(\frac{X-125}{9.68} > \frac{150-0.5-125}{9.68}) \approx P(Z > 2.531) = 0.006.$$

■

5.3.2-2 확률그림(probability plot)과 Q-Q plot

정규분포는 통계분석을 위하여 매우 중요한 분포이며 대부분의 통계분석에서 모집단의 분포로 가정하곤 한다. 이는 실제로 모집단의 분포를 정규분포로 가정했을 때 무리가 없는 경우가 많으며 또한 정규분포로 가정하면 정규분포일 때 성립하는 기존의 멋있는 결과들을 적용할 수 있고 이론적, 수리적 전개가 쉽고 분명해지기 때문이다. 그러나 올바른 통계적 결과를 유도해 내기 위해서는 모집단의 분포가 정규분포라 가정할 수 있는지를 먼저 판단해야 한다. 확률도(probability plot)는 일반적으로 두 자료세트(data set)를 그래프를 이용하여 비교하는 방법을 말하는데 추출한 자료가 정규분포를 따르는지를 확인하는 방법으로 많이 쓰인다. 정규확률도(normal probability plot) 또는 Q-Q plot(quantile-quantile plot)은 추출한 자료와 표준정규분포에서 얻은 이론적 백분위 수를 대응되도록 그린 그래프로 관찰값들이 정규분포를 따른다면 직선에 가까운 그래프가 된다. 다음의 그래프는 얻어진 자료를 히스토그램으로 그린 것과 그의 Q-Q plot을 비교해 놓은 것이다.

(1) Q-Q plot은 작은 값과 큰 값을 무시하면 거의 직선에 가까운 그림이 되어 자료가 정규분포를 따른다고 볼 수 있다.

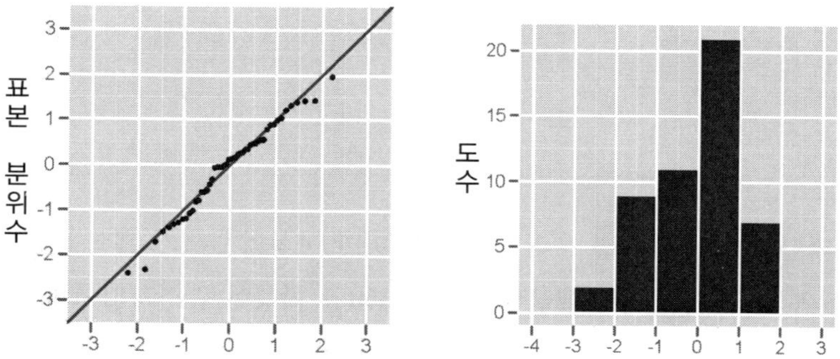

(2) 왼쪽으로 기울어진 비대칭 히스토그램과 그의 Q-Q plot이다. 자료가 정규분포를 따르다고 보기 어렵다.

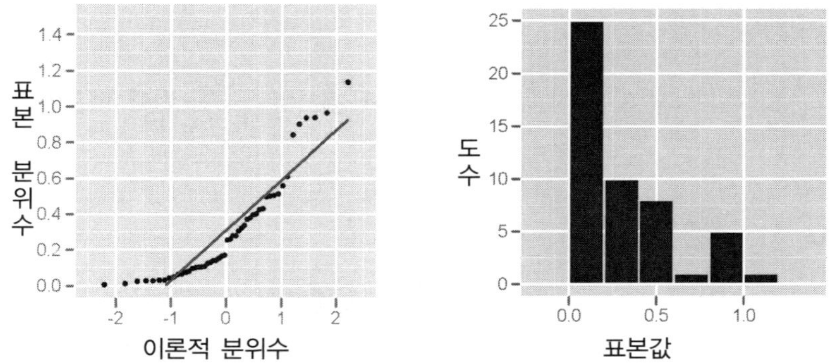

(3) 균일분포에서 추출한 자료의 히스토그램과 Q-Q plot이다.

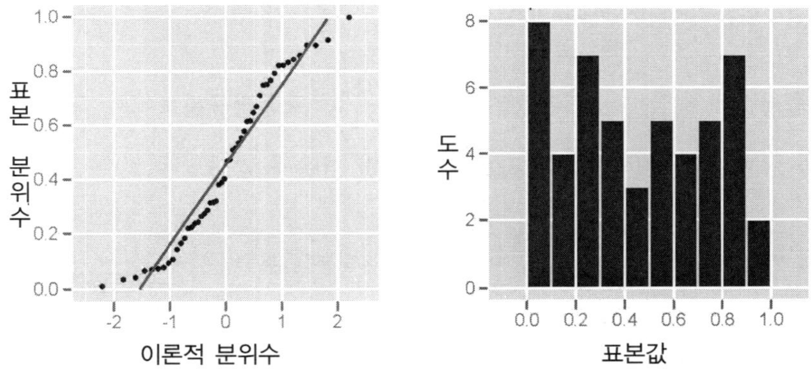

정규확률도를 그리는 방법에 대해 알아보자. 먼저 n개의 자료를 수집하고 이를 순서대로 나열하여 $x_1 \le x_2 \le x_3 \le \cdots \le x_n$을 얻었다고 하자. x_k는 n개의 자료 중에서 k번째로 작은 값이므로 k개의 자료가 x_k보다 작거나 같게 된다. 만약 자료들이 정규모집단에서 추출되었다면 x_k는 정규분포의 $\dfrac{100k}{n+1}$번째 백분위 수에 해당할 것이다.

관찰값	x_1	x_2	x_3		x_n
표본백분위수	$\dfrac{100}{n+1}$	$\dfrac{200}{n+1}$	$\dfrac{300}{n+1}$		$\dfrac{100n}{n+1}$

따라서 각 관찰값을 순서대로 정리한 후 자료에 대응하는 표본백분위 수 $\frac{100k}{n+1}$와 그에 해당하는 표준정규분포에서의 백분위 수(z-값)를 찾아서 다음과 같은 짝을 만든 다음 이를 그래프로 그린다.

$$(\text{표본의 } k\text{번째 관찰값, 표준정규분포에서의 } \frac{100k}{n+1}\text{번째 백분위 수})$$

예 5.4

어떤 물체의 실제 길이를 알고 있다. 특정 측정방법을 사용하여 측정한 길이와 실제 길이와의 오차를 구하여 작은 값부터 기록하니 다음과 같았다. 오차분포는 표준정규분포를 따를 것이라 예상하고 있다. 예상이 맞는지를 확인해 보자.

$$-1.91,\ -1.25,\ -0.75,\ -0.53,\ \ 0.20,\ 0.35,\ 0.72,\ 0.87,\ 1.40,\ 1.56\ \ (n=10)$$

각 측정값에 해당하는 표본백분위 수 $\frac{100k}{n+1}$와 표준정규분포에서 각 표본백분위 수에 해당하는 백분위 값을 구하여 표로 정리하면 다음과 같다.

순서	표본값 (측정한 길이)	표본백분위 수 $\frac{100k}{n+1}$	표준정규분포의 $\frac{100k}{n+1}$번째 백분위 수 (z-값)
1	−1.91	9.09	−1.645
2	−1.25	18.18	−1.037
3	−0.75	27.27	−0.675
4	−0.53	36.36	−0.385
5	0.20	45.45	−0.126
6	0.35	54.54	0.126
7	0.72	63.63	0.385
8	0.87	72.72	0.675
9	1.40	81.81	1.037
10	1.56	90.90	1.645

따라서 (표본의 k번째 관찰값, 표준정규분포의 $\frac{100k}{n+1}$ 백분위 수)의 짝을 만들어 x축에 관찰값, y 축에 표준정규분포의 백분위 수를 좌표로 하는 그래프를 그리면 다음 [그림 5-13]과 같은 직선과 근사하게 됨을 알 수 있다. 이는 자료가 표준정규분포에서 나왔다는 가정을 뒷받침 한다. 아래 그림은 Minitab-그래프-확률도에서 그린 것이다.

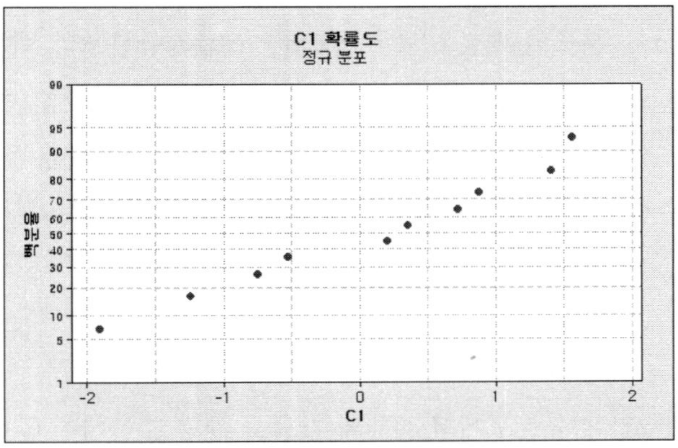

[그림 5-13]

예 5.5

Minitab을 이용하여 다음 자료의 정규확률도를 그려보고 이 자료가 정규분포에서 얻어진 자료라 할 수 있는지 판단해 보자.

9.7 93.1 33.0 21.2 81.4 51.1 43.5 10.6 12.8 7.8 18.1 12.7

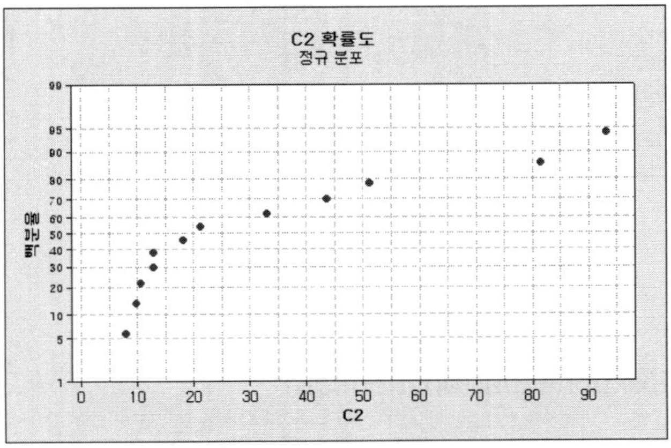

[그림 5-14]

[그림 5-14] 그래프 위의 점들은 직선이 아닌 특정 모양을 하고 있음을 알 수 있다. 따라서 위 자료는 정규분포에서 나왔다고 보기 어렵다.

위의 예 5.4는 모집단의 분포가 표준정규분포일 때이다. 모집단의 분포가 일반적인 정규분포 $N(\mu, \sigma^2)$일 때 표준정규분포에서의 백분위 수를 이용하면 어떻게 될까? 다음이 성립한다.

$$N(\mu, \sigma^2) \text{ 분포의 백분위 수} = \mu + \sigma \cdot \text{표준정규분포의 백분위 수}$$

Minitab의 Q-Q plot은 ($z-$값, 표본의 k번째 관찰값)을 그래프로 그린 것으로 기울기 σ, 절편 μ인 직선이 된다. 따라서 직선이 되면 정규분포를 따른다는 뜻이 되고 이때 기울기와 절편이 각각 정규분포에서의 표준편차와 기대값이 되는 것이다.

예 5.6

평균5, 표준편차 2인 정규분포에서 30개의 자료를 랜덤 추출하여 Q-Q plot을 그려 아래의 그래프 [그림 5-13]를 얻었다. 그래프가 거의 직선에 가까움을 확인할 수 있다.

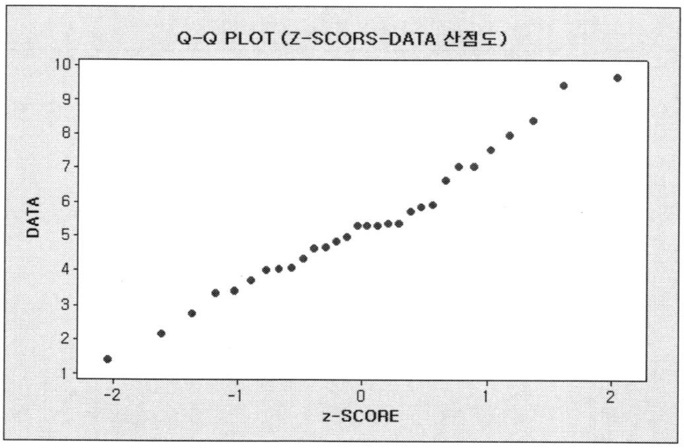

[그림 5-15]

5.3.3 지수분포(exponential distribution)

정규분포는 일봉(unimodal)이고 평균을 중심으로 좌우대칭(symmetric)이다. 그러나 현실 문제에서 비대칭분포를 따르는 분포를 많이 볼 수 있다. 비대칭 분포를 따르는 분포의 대표적인 예로 아래와 같은 확률밀도함수를 갖는 모수 $\lambda > 0$인 지수분포를 들 수 있다.

$$f(x) = \lambda e^{-\lambda x}, \quad x \geq 0$$

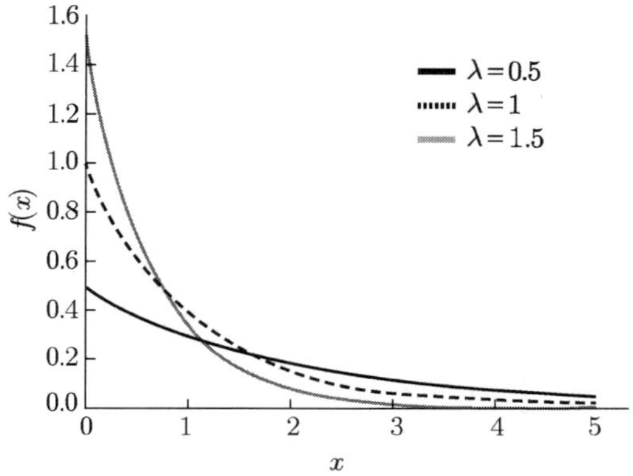

[그림 5-16] $\lambda = 0.5, 1, 1.5$ **일 때의 지수분포의 확률밀도함수 그래프**

X가 모수 λ인 지수분포를 따르면 간단히 $X \sim Exp(\lambda)$로 쓴다. X의 분포함수는 다음과 같다.

$$F(x) = \int_0^x \lambda e^{-\lambda y} dy = -e^{-\lambda y}\Big]_0^x = 1 - e^{-\lambda x}, \quad x \geq 0.$$

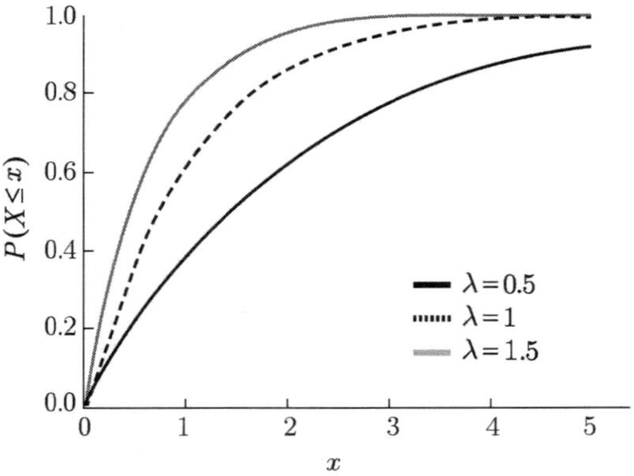

[그림 5-17] $\lambda = 0.5, 1, 1.5$ **일 때의 지수분포의 분포함수 그래프**

지수분포는 수명을 나타내는 분포로 활용되기 때문에 여명 즉 $\{X > x\}$일 확률에 관심이 있다. 다음이 성립한다.

$$\bar{F}(x) = P(X > x) = 1 - F(x) = e^{-\lambda x}$$

예제 5.24

$X \sim Exp(\lambda)$일 때 $E(X)$, $Var(X)$를 구하여라.

풀이 $E(X) = \int_0^\infty x \cdot \lambda e^{-\lambda x} dx = -xe^{-\lambda x}\Big]_0^\infty + \int_0^\infty e^{-\lambda x} dx = -\frac{1}{\lambda}e^{-\lambda x}\Big]_0^\infty = \frac{1}{\lambda}$

$$E(X^2) = \int_0^\infty x^2 \lambda e^{-\lambda x} dx = -x^2 e^{-\lambda x}\Big]_0^\infty + \int_0^\infty 2xe^{-\lambda x} dx$$

$$= \frac{2}{\lambda}\int_0^\infty x\lambda e^{-\lambda x} dx = \frac{2}{\lambda^2}$$

따라서

$$Var(X) = \frac{2}{\lambda^2} - (\frac{1}{\lambda})^2 = \frac{1}{\lambda^2}$$

■

$X \sim Exp(\lambda)$이면 $E(X) = \frac{1}{\lambda}$, $Var(X) = \frac{1}{\lambda^2}$

예제 5.25

X를 동네 ATM 기계에 고객이 도착하는 시간 간격이라 할 때 X는 모수 $\lambda = \frac{1}{3}$ (단위 : 분)인 지수분포를 한다고 한다. 연속으로 오는 두 고객의 평균 도착시간 간격은 얼마인가? $P(X \le 4)$ 와 $P(2 \le X \le 5)$를 계산하라.

풀이 $X \sim Exp(\frac{1}{3})$이므로 $E(X) = 3$이다.

$$P(X \le 4) = \int_0^4 \frac{1}{3} e^{-\frac{x}{3}} dx = -e^{-\frac{x}{3}}]_0^4 = 1 - e^{-\frac{4}{3}}$$

$$P(2 < X < 5) = \int_2^5 \frac{1}{3} e^{-\frac{x}{3}} dx = -e^{-\frac{x}{3}}]_2^5 = e^{-\frac{2}{3}} - e^{-\frac{5}{3}}$$

■

예 5.8

위의 예제 5.25에서 5분 안에 1명 이상의 고객이 다녀갈 확률을 구하기 위하여 첫 번째 고객이 들어올 때까지 걸리는 시간은 X라 하고 N을 5분 안에 들어온 고객 수라 하면 $P(N \geq 1) = P(X \leq 5) = 1 - e^{-\frac{5}{3}}$이 된다.

■

$X \sim Exp(\lambda)$일 때 다음이 성립한다.

$$P(X > s + t | X > t) = \frac{P(X > s + t)}{P(X > t)} = \frac{e^{-\lambda(s+t)}}{e^{-\lambda t}} = e^{-\lambda s} = P(X > s)$$

X를 수명 분포로 볼 때 $P(X > s + t | X > t) = P(X > s)$의 우변은 t와 상관없는 값을 갖고 있으며 t시점에 생존하고 있는 것이 앞으로 s시간 이상 더 생존할 확률은 처음부터 s시간 이상 생존할 확률과 같다는 것을 뜻한다. 즉 현재 생존하고 있으면 과거 얼마만한 시간이 흘렀든 앞으로 s시간 이상 생존할 확률은 처음부터 s시간 이상 생존할 확률과 같음을 의미한다. 이러한 성질을 갖는 연속분포는 지수 분포가 유일하며 이러한 성질을 **비기억성**(memoryless property or lack of memory)이라고 부른다.

예제 5.26

2명의 상담원이 있는 상담소에 도착하였을 때 앞에 온 2명의 고객이 상담을 받고 있었다. 먼저 온 2명과 나를 포함하여 총 세 사람 중에서 마지막으로 상담소를 떠나는 사람이 내가 될 확률은 얼마인가? 단 한 사람을 상담하는데 걸리는 시간은 모수 λ인 지수분포를 따른다.

풀이 앞에 온 두 명 중 한 명이 끝나면 내가 상담을 받게 될 것이고 계속 상담을 받고 있는 나머지 한사람과 나 중에서 상대방이 먼저 끝날 확률은 1/2이다. 이유는 지수분포의 비기억성 때문에 내가 상담을 시작하는 시점에는 남은 한 사람도 마치 처음 상담을 시작하는 것과 같아져서 앞으로 나와 남은 다른 한 사람이 상담을 위해 필요한 시간은 같기 때문이다.

■

예제 5.27

$X \sim Exp(\lambda)$일 때 $E(X)$를 명제 5.2 (1)을 이용하여 계산해 보시오.

풀이 $P(X>t)=e^{-\lambda t}$. 따라서 $E(X)=\int_0^{\infty} P(X>t)dt=\int_0^{\infty} e^{-\lambda t}dt=\frac{1}{\lambda}$.

5.3.4 감마분포(gamma distribution)

다음의 확률밀도함수를 갖는 분포를 모수 (α,λ), $\alpha>0$, $\lambda>0$를 갖는 감마분포(gamma distribution)라고 한다.

$$f(x)=\frac{\lambda^{\alpha}}{\Gamma(\alpha)}x^{\alpha-1}e^{-\lambda x}, \quad x>0 \tag{5.8}$$

여기서 $\Gamma(\alpha)$는 다음과 같이 정의된 감마함수(gamma function)을 나타낸다.

$$\Gamma(\alpha)=\int_0^{\infty} y^{\alpha-1}e^{-y}dy, \quad \alpha>0 \tag{5.9}$$

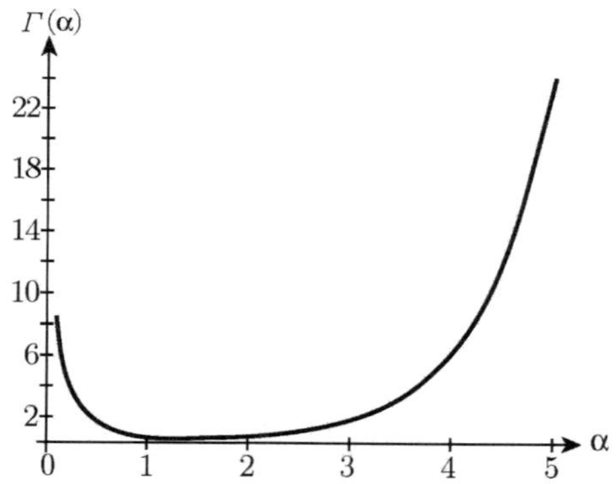

[그림 5-18] 감마함수 그래프

먼저 몇 가지 중요한 감마함수의 성질을 살펴보자.

위의 (5.9)의 감마함수의 우변에 부분적분(integration by parts)을 적용하면 다음을 얻는다.

$$\Gamma(\alpha) = -y^{\alpha-1}e^{-y}\Big]_0^{\infty} + \int_0^{\infty}(\alpha-1)y^{\alpha-2}e^{-y}dy$$

$$= (\alpha-1)\int_0^{\infty} y^{\alpha-2}e^{-y}dy$$

$$= (\alpha-1)\Gamma(\alpha-1)$$

이 때 $\Gamma(1) = \int_0^{\infty} e^{-y}dy = -e^{-y}\Big]_0^{\infty} = 1.$ $\Gamma(\frac{1}{2}) = \sqrt{\pi}$ (연습문제 5.3)

따라서 $\alpha = n$(n 은 정수)이면

$$\Gamma(n) = (n-1)\Gamma(n-1)$$

$$= (n-1)(n-2)\Gamma(n-2)$$

$$= (n-1)(n-2)\cdots 2 \cdot 1 \cdot \Gamma(1) = (n-1)!$$

$\Gamma(\alpha) = (\alpha-1)\Gamma(\alpha-1)$

$\Gamma(n) = (n-1)!$ (n은 정수)

$\Gamma(\frac{1}{2}) = \sqrt{\pi}$

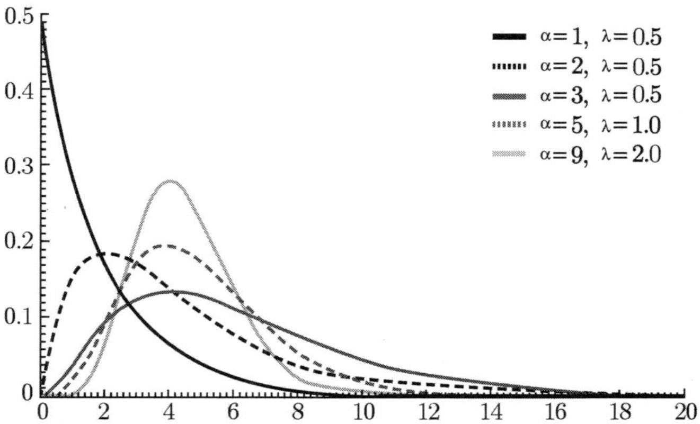

[그림 5-19] 다양한 α, λ에 따른 감마확률밀도함수

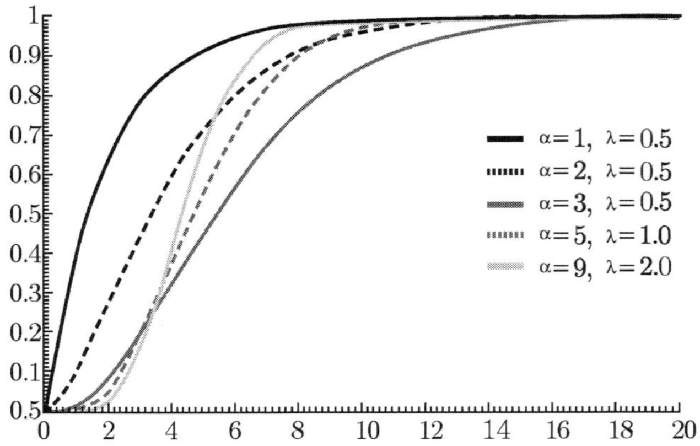

[그림 5-20] 다양한 α, λ에 따른 감마분포함수

연속확률변수 X가 모수 α, λ를 갖는 감마분포를 따르면 이를 간단히 $X \sim \Gamma(\alpha, \lambda)$라 쓰자.

(5.8) 식이 확률밀도함수가 됨은 다음 식을 통하여 확인할 수 있다.

$$\int_0^\infty x^{\alpha-1} e^{-\lambda x} dx = \int_0^\infty \left(\frac{1}{\lambda} y\right)^{\alpha-1} e^{-y} \frac{1}{\lambda} dy \quad (\lambda x = y\text{로 치환})$$

$$= \frac{\Gamma(\alpha)}{\lambda^\alpha}$$

위 식은 적분공식으로도 유용하게 활용될 수 있다.

$$\int_0^\infty x^{\alpha-1} e^{-\lambda x} dx = \frac{\Gamma(\alpha)}{\lambda^\alpha} \tag{5.10}$$

예제 5.28

$X \sim \Gamma(\alpha, \lambda)$일 때 관계식 (5.10)을 이용하여 $E(X)$, $E(X^2)$을 계산하여라.

풀이 $E(X) = \int_0^\infty x \cdot \frac{\lambda^\alpha}{\Gamma(\alpha)} x^{\alpha-1} e^{-\lambda x} dx$

$$= \frac{\lambda^\alpha}{\Gamma(\alpha)} \int_0^\infty x^{\alpha+1-1} e^{-\lambda x} dx$$

$$= \frac{\lambda^\alpha}{\Gamma(\alpha)} \frac{\Gamma(\alpha+1)}{\lambda^{\alpha+1}} = \frac{\alpha}{\lambda}$$

$$
\begin{aligned}
E(X^2) &= \int_0^\infty x^2 \frac{\lambda^\alpha}{\Gamma(\alpha)} x^{\alpha-1} e^{-\lambda x} dx \\
&= \frac{\lambda^\alpha}{\Gamma(\alpha)} \int_0^\infty x^{\alpha+2-1} e^{-\lambda x} dx \\
&= \frac{\lambda^\alpha}{\Gamma(\alpha)} \frac{\Gamma(\alpha+2)}{\lambda^{\alpha+2}} \\
&= \frac{\alpha(\alpha+1)}{\lambda^2}
\end{aligned}
$$

따라서 $X \sim \Gamma(\alpha,\lambda)$일 때 $Var(X) = \frac{\alpha(\alpha+1)}{\lambda^2} - (\frac{\alpha}{\lambda})^2 = \frac{\alpha}{\lambda^2}$이 된다.

■

$$X \sim \Gamma(\alpha,\lambda) \text{일 때 } E(X) = \frac{\alpha}{\lambda},\ Var(X) = \frac{\alpha}{\lambda^2}$$

$\Gamma(1,\ \lambda) = Exp(\lambda)$이고 $\Gamma(\frac{n}{2},\ \frac{1}{2}) = \chi^2(n)$ 즉 자유도 n인 카이제곱 분포(chi-squared distribution)가 된다. 때때로 $\Gamma(\alpha,\ \lambda)$분포에서 $\alpha = n$ (n은 정수)일 때를 n-어랑분포(n-Erlang distribution)라 부르기도 한다. 모수 λ를 갖는 지수분포를 따르는 서로 독립인 확률변수 n개를 합하면 그 합의 분포가 $\Gamma(n,\lambda)$가 됨을 다음 장에서 설명하겠다.

예제 5.29

앞 예제 5.25에서 5분 동안 세 사람 이상 들어올 확률을 구하여라.

풀이 X_i를 $i-1$번째 고객이 온 이후 i번째 고객이 오기까지의 경과된 시간, N을 5분 동안 들어온 고객 수, 그리고 $Y = X_1 + X_2 + X_3$ 라 두면 다음이 성립한다.

$$P(N \geq 3) = P(X_1 + X_2 + X_3 \leq 5) = F_Y(5) = \int_0^5 \frac{1}{2}(\frac{1}{3})^3 x^2 e^{-\frac{x}{3}} dx.$$

여기서 X_1, X_2, X_3는 서로 독립이며 각각 $Exp(\frac{1}{3})$ 분포를 따른다.

따라서 $Y = X_1 + X_2 + X_3 \sim \Gamma(3,\ \frac{1}{3})$이다.

■

5.3.5 웨이블 분포(Weibull distribution)

스웨덴 물리학자 Waloddi Weibull의 이름을 딴 웨이블 분포는 다음과 같은 확률밀도함수를 갖고 있다.

$$f(x) = \frac{\alpha}{\beta^{\alpha}} x^{\alpha-1} e^{-(\frac{x}{\beta})^{\alpha}}, \quad x \ge 0 \tag{5.11}$$

여기서 α, $\beta\,(\alpha > 0,\ \beta > 0)$는 웨이블 분포의 두 모수가 된다. 웨이블 분포는 직물의 마모도 연구에서 비롯되었으나 α, β 값에 따라 다양한 분포를 나타낼 수 있으므로 생존분석(survival analysis), 신뢰성공학(reliability engineering), 고장분석(failure analysis), 극단값이론(extreme value theory) 등의 여러 분야에서 활용되는 분포이다.

(5.11)의 확률밀도함수를 평행이동하면 다음과 같은 좀 더 일반화된 형태의 확률밀도함수를 얻는다.

$$f(x) = \frac{\alpha}{\beta^{\alpha}} (x-\nu)^{\alpha-1} e^{-(\frac{x-\nu}{\beta})^{\alpha}}, \quad x \ge \nu$$

다음 식의 좌변을 $(\frac{x}{\beta})^{\alpha} = y$ 로 치환하고 적분하면 (5.11) 식의 계수의 역수를 얻는다.

$$\int_0^{\infty} x^{\alpha-1} e^{-(\frac{x}{\beta})^{\alpha}} dx = \int_0^{\infty} e^{-y} \frac{\beta^{\alpha}}{\alpha} dy = \frac{\beta^{\alpha}}{\alpha}$$

따라서 (5.11)식은 확률밀도함수가 된다.

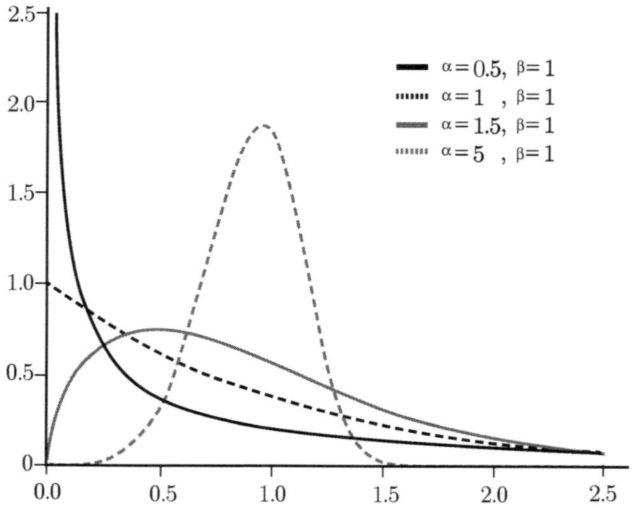

[그림 5-21] 여러 가지 α, β에 따른 웨이블 분포의 확률질량함수 그래프

모수 α, β를 갖는 웨이블 분포의 분포함수는 아래와 같다.

$$F(x) = 1 - e^{-(\frac{x}{\beta})^\alpha}, \quad x \geq 0$$

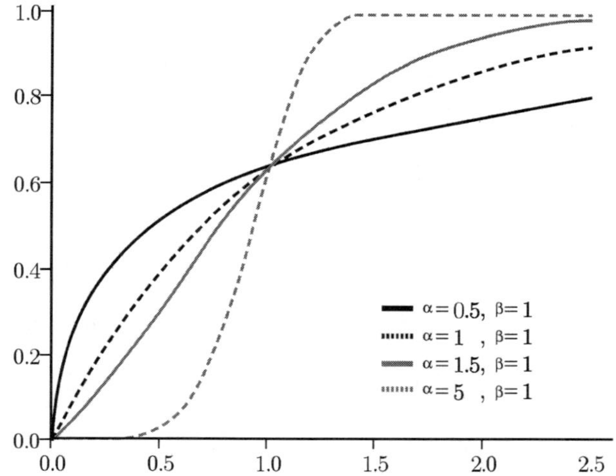

[그림 5-22] 다양한 모수에 따른 웨이블 분포의 분포함수

$\alpha = 1$이면 웨이블 분포는 모수 $\frac{1}{\beta}$을 갖는 지수분포가 된다. 또한 $Y = (\frac{X}{\beta})^\alpha$ 라 하면 Y는 모수 1 인 지수분포가 된다(연습문제 5.17).

모수 α, β를 갖는 웨이블 확률변수 X의 평균과 분산을 계산해 보자.

$$\begin{aligned} E(X) &= \int_0^\infty x \ \frac{\alpha}{\beta^\alpha} x^{\alpha-1} e^{-(\frac{x}{\beta})^\alpha} dx \\ &= \int_0^\infty \beta \, y^{\frac{1}{\alpha}} e^{-y} dy \quad (y = (\frac{x}{\beta})^\alpha \text{로 치환}) \\ &= \beta \, \Gamma(1 + \frac{1}{\alpha}) \end{aligned}$$

$$\begin{aligned} E(X^2) &= \int_0^\infty x^2 \ \frac{\alpha}{\beta^\alpha} x^{\alpha-1} e^{-(\frac{x}{\beta})^\alpha} dx \\ &= \int_0^\infty \beta^2 \, y^{\frac{2}{\alpha}} e^{-y} dy \quad (y = (\frac{x}{\beta})^\alpha \text{로 치환}) \\ &= \beta^2 \, \Gamma(1 + \frac{2}{\alpha}) \end{aligned}$$

따라서 $Var(X)=\beta^2\left(\Gamma(1+\frac{2}{\alpha})-\left(\Gamma(1+\frac{1}{\alpha})\right)^2\right)$이다.

연속확률변수 X가 모수 α,β를 갖는 웨이블 분포를 따르면 X의 평균과 분산은 다음과 같다.

$$E(X)=\beta\,\Gamma(1+\frac{1}{\alpha}),\quad Var(X)=\beta^2\left(\Gamma(1+\frac{2}{\alpha})-\left(\Gamma(1+\frac{1}{\alpha})\right)^2\right)$$

예제 5.30

어떤 기계의 특정부품의 수명(단위 : 년)이 모수 $\alpha=2,\ \beta=3$인 웨이블 분포를 따른다. 이 부품의 수명이 6개월 이상일 확률과 6개월 이상 1년 미만일 확률을 각각 구하여라.

풀이 X의 확률밀도함수 $f(x)=\frac{2}{9}xe^{-(\frac{x}{3})^2},\quad x\ge 0$이다.

이 때 분포함수 $F(x)=1-e^{-(\frac{x}{3})^2},\quad x\ge 0$이다. 따라서 구하는 확률은 다음과 같다.

$P(X\le 0.5)=F(0.5)=1-e^{-\frac{1}{36}}$

$P(0.5\le X<1)=F(1)-F(0.5)=e^{-\frac{1}{36}}-e^{-\frac{1}{9}}$

■

5.3.6 베타분포(beta distribution)

연속확률변수 X가 다음과 같은 확률밀도함수를 가지면 모수 $a,\ b\ (a>0,\ b>0)$를 갖는 베타분포를 따른다고 한다.

$$f(x)=\frac{1}{B(a,b)}x^{a-1}(1-x)^{b-1},\quad 0<x<1 \tag{5.12}$$

여기서 $B(a,\ b)=\int_0^1 x^{a-1}(1-x)^{b-1}dx$이다. 따라서 (5.12)의 $f(x)$는 확률밀도함수가 된다. 간단히 $X\sim Beta(a,\ b)$로 쓴다.

다양한 $a,\ b$에 따른 확률밀도함수의 그래프를 보자.

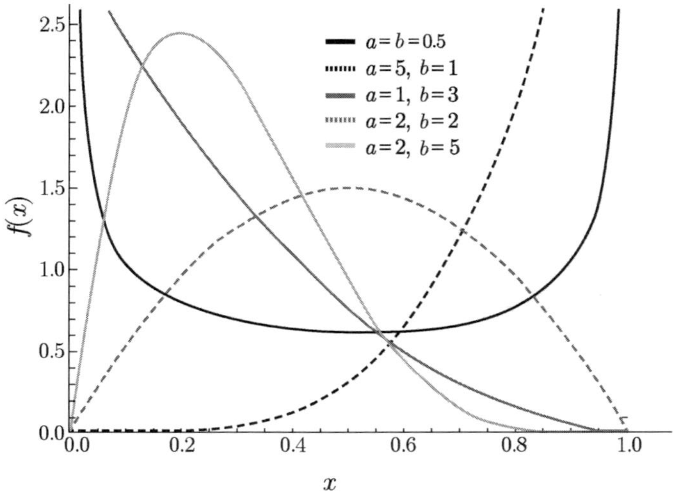

[그림 5-23] 다양한 베타분포의 확률밀도함수. $a=b$이면 대칭이다.

다음이 성립한다. (증명은 6장의 연습문제 6.7을 보라)

$$B(a,b)=\frac{\Gamma(a)\Gamma(b)}{\Gamma(a+b)} \tag{5.13}$$

예제 5.31

(5.13)의 관계를 이용하여 모수 a, b를 갖는 베타분포의 평균과 분산을 구하여라.

풀이 $E(X)=\dfrac{1}{B(a,\, b)}\displaystyle\int_0^1 x\cdot x^{a-1}(1-x)^{b-1}dx$

$$=\frac{1}{B(a,\, b)}B(a+1,\, b)$$

$$=\frac{\Gamma(a+b)}{\Gamma(a)\Gamma(b)}\frac{\Gamma(a+1)\Gamma(b)}{\Gamma(a+b+1)}=\frac{a}{a+b}$$

같은 방법으로 $E(X^2)$을 구하면

$$E(X^2)=\frac{1}{B(a,b)}\int_0^1 x^2\cdot x^{a-1}(1-x)^{b-1}dx$$

$$=\frac{1}{B(a,\, b)}B(a+2,b)$$

$$=\frac{\Gamma(a+b)}{\Gamma(a)\Gamma(b)}\frac{\Gamma(a+2)\Gamma(b)}{\Gamma(a+b+2)}=\frac{(a+1)a}{(a+b+1)(a+b)}$$

이를 이용하여 분산을 구하면 $Var(X) = \dfrac{ab}{(a+b)^2(a+b+1)}$ 이다.

연속확률변수 X가 모수 a, b $(a>0, b>0)$를 갖는 베타분포를 따를 때 X의 평균과 분산은 다음과 같다.

$$E(X) = \frac{a}{a+b}, \quad Var(X) = \frac{ab}{(a+b)^2(a+b+1)}$$

베타분포의 확률밀도함수는 균일분포와 같이 유한구간 위에서 0보다 큰 값을 갖는다. 반면에 지수분포, 감마분포, 웨이블 분포 등의 확률밀도함수는 $(0, \infty)$위에서 양의 값을 갖고 정규분포의 확률밀도함수는 전 구간 $(-\infty, \infty)$에서 양의 값을 갖는다.

예제 5.32

다음을 보여라.

(1) $X \sim Beta(a, b)$이면 $1-X \sim Beta(b, a)$이다.

(2) $X \sim Unif(0, 1)$이면 $Y = X^2 \sim Beta(\frac{1}{2}, 1)$이다.

풀이 (1) 정의로부터 명백하다.

(2) $F_Y(y) = P(X^2 \le y) = F_X(\sqrt{y}) - F_X(-\sqrt{y}), \quad 0<y<1$

$f_Y(y) = \dfrac{1}{2\sqrt{y}}$, $0<y<1$. 따라서 $Y \sim Beta(\frac{1}{2}, 1)$.

5.3.7 그 밖의 분포

(1) 로그노말분포(lognormal distribution)

비음의 확률변수 X에 대하여 $Y = \ln(X)$가 정규분포를 따르면 X는 로그노말분포를 따른다고 한다. $\ln(X)$가 평균 μ 분산 σ^2을 갖는 정규분포이면 X의 확률밀도함수는 다음과 같이 주어진다.

$$f(x) = \frac{1}{\sqrt{2\pi}\,\sigma x} e^{-(\ln(x)-\mu)^2/2\sigma^2}, \quad x \geq 0$$

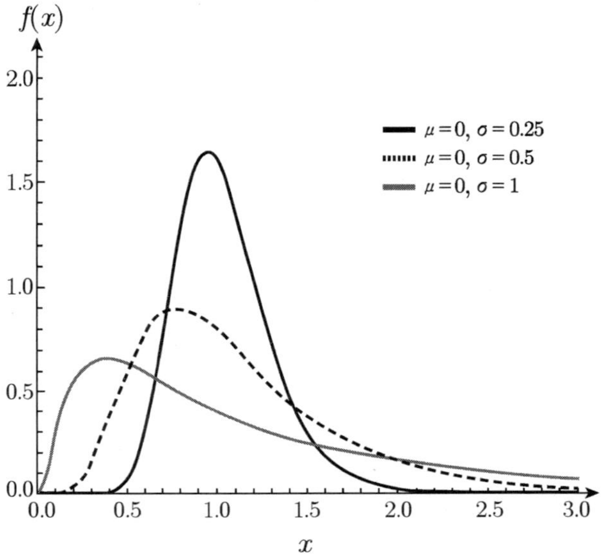

[그림 5-24] 다양한 로그노말분포의 확률밀도함수

위 그림에서 보는 바와 같이 정규분포의 확률밀도함수는 좌우대칭인 모양이지만 로그노말분포의 확률밀도함수는 왼쪽으로 기울어진 모양이다.

예제 5.33

μ, σ^2을 모수로 하는 로그노말분포의 분포함수를 표준정규분포의 분포함수 $\Phi(x)$를 이용하여 나타내어라.

풀이 $F(x) = P(X \leq x) = P(\ln(X) \leq \ln(x))$

$$= P(Z \leq \frac{\ln(x)-\mu}{\sigma}) = \Phi(\frac{\ln(x)-\mu}{\sigma}), \ x \geq 0$$

■

> μ, σ^2을 모수로 하는 로그노말분포를 갖는 X의 평균과 분산은 다음과 같다.
>
> $$E(X) = e^{\mu + \sigma^2/2}, \quad Var(X) = e^{2\mu + \sigma^2} \cdot (e^{\sigma^2} - 1)$$

계산과정은 연습문제 5.1을 보라.

예제 5.34

어떤 보험의 청구 금액이 $\mu = 7$, $\sigma^2 = 0.25$인 로그노말분포를 따른다는 것이 알려져 있다. 청구액의 평균값과 분산을 구하라.

풀이 평균값은 $e^{7.125}$, 분산은 $(e^{0.25} - 1)e^{14.25}$.

■

(2) 코쉬분포(Cauchy distribution)

다음의 확률밀도함수를 갖는 분포를 모수가 θ ($-\infty < \theta < \infty$), $\gamma > 0$인 코쉬분포라고 한다.

$$f(x) = \frac{1}{\pi} \frac{\gamma}{\gamma^2 + (x - \theta)^2}, \quad -\infty < x < \infty$$

$\theta = 0$, $\gamma = 1$인 코쉬 분포를 표준코쉬분포(standard Cauchy distribution)라 한다. 표준코쉬분포의 평균을 구하여 보자

$$\begin{aligned} E(X) &= \int_{-\infty}^{\infty} x \cdot \frac{1}{\pi} \frac{1}{1 + x^2} dx \\ &= \frac{1}{2\pi} \left(\int_0^{\infty} \frac{2x}{1 + x^2} dx + \int_{-\infty}^{0} \frac{2x}{1 + x^2} dx \right) \\ &= \frac{1}{2\pi} \left(\ln(1 + x^2) \Big]_0^{\infty} + \ln(1 + x^2) \Big]_{-\infty}^{0} \right) = \infty - \infty \end{aligned}$$

즉 X의 기대값은 존재하지 않는다. 코쉬분포는 정규분포에 비해 두꺼운 꼬리를 가지며 기대값이 존재하지 않는 특별한 분포이다.

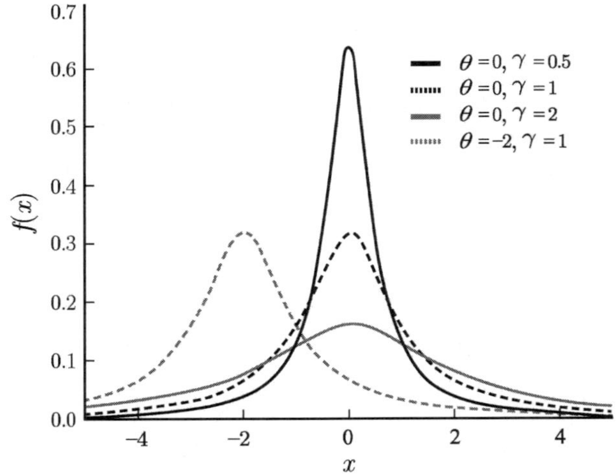

[그림 5-25] $f(x)=\frac{1}{\pi}\left[\frac{\gamma}{(x-\theta)^2+\gamma^2}\right]$**에서 다양한** θ, γ**에 따른 그래프**

예제 5.35

$X\sim Unif(-\frac{\pi}{2}, \frac{\pi}{2})$이고 $Y=tanX$ 라 할 때 Y의 확률밀도함수를 구하여라.

풀이 X의 분포함수는 $F_X(x)=\frac{1}{\pi}x+\frac{1}{2}$, $-\frac{\pi}{2}<x<\frac{\pi}{2}$이다.

$-\infty<y<\infty$인 y에 대해서 다음이 성립한다.

$$F_Y(y)=P(Y\le y)=P(tanX\le y)=P(X\le tan^{-1}y)$$
$$=F_X(tan^{-1}y)=\frac{1}{2}+\frac{1}{\pi}tan^{-1}y$$

따라서 양변을 미분하면 다음 식을 얻는다.

$$f_Y(y)=\frac{1}{\pi}\frac{1}{(1+y^2)},\quad -\infty<y<\infty$$

즉 Y는 $\theta=0$, $\gamma=1$인 표준코쉬분포를 따른다.

(3) 삼각분포(triangular distribution)

삼각분포라는 이름에서 짐작할 수 있듯이 삼각분포의 확률밀도함수는 이등변 삼각형의 빗변에 해당한다. 모수 a, b를 갖는 삼각분포의 확률밀도함수는 다음과 같이 주어진다.

$$f(x) = \frac{2}{b-a}(1 - \frac{|a+b-2x|}{b-a}), \quad a < x < b$$

이는 (a, b)의 중점 $\frac{a+b}{2}$를 중심으로 좌우 대칭이다. 일반적으로 좌우 비대칭인 삼각분포를 생각할 수도 있다.

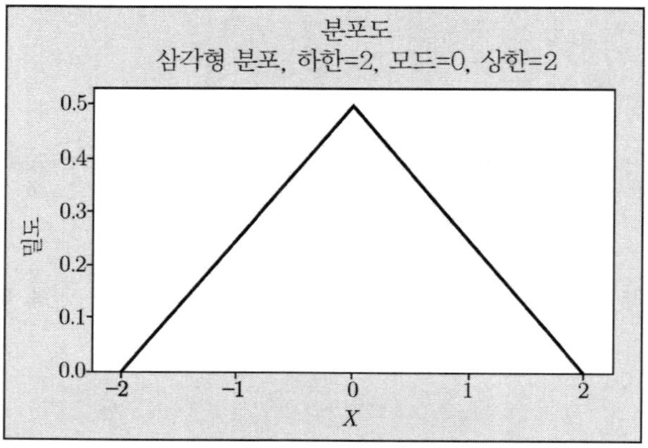

[그림 5-26] $a = -2$, $b = 2$**인 삼각형 분포의 확률밀도함수**

예제 5.36

식당에서 12시에 친구를 만나기로 하였다. 그런데 실제 약속 장소에 갈 수 있는 시간은 12시를 중심으로 (−5, 5)인 삼각분포를 한다고 하자 (단위 : 분). 2분 이상 늦지 않을 확률은 얼마인가?

풀이 X를 12시를 중심으로 약속 장소에 도착하는 시간이라고 하면 X의 확률밀도함수 $f(x)$는 $f(x) = \frac{1}{5}(1 - \frac{|x|}{5})$, $-5 < x < 5$이 되고 구하는 확률은 $P(X \le 2)$이다. 따라서 다음을 얻는다.

$$P(X \le 2) = \int_{-5}^{2} \frac{1}{5}(1 - \frac{|x|}{5})dx = \frac{1}{5}(\int_{-5}^{0}(1 + \frac{x}{5})dx + \int_{0}^{2}(1 - \frac{x}{5})dx)$$
$$= \frac{1}{5}(2.5 + 1.6) = 0.82$$

■

(4) 파레토 분포(Pareto distribution)

$X \sim Exp(\lambda)$이고 $\beta > 0$일 때 $Y = \beta e^{X}$라 두면 Y가 갖는 분포가 모수 λ와 β를 갖는

파레토 분포이다. 따라서 파레토 분포의 확률밀도함수 $f_Y(y)$는 다음과 같다.

$$f_Y(y) = \frac{\lambda\beta^\lambda}{y^{\lambda+1}}, \quad y > \beta$$

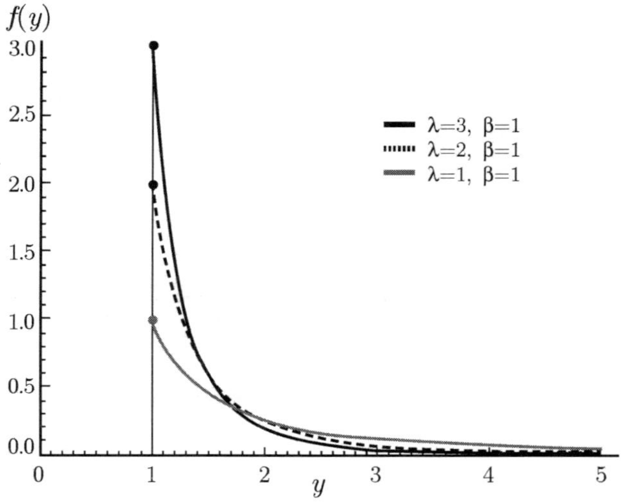

[그림 5-27] 파레토 분포의 확률밀도함수

$$\lambda > 1\text{일 때 } E(Y) = \int_\beta^\infty y\,\frac{\lambda\beta^\lambda}{y^{\lambda+1}}dy = \lambda\beta^\lambda\int_\beta^\infty y^{-\lambda}dy = \frac{\lambda\beta}{\lambda-1}$$

예제 5.37

보험설계사는 어떤 보험에 대한 손실액 Y를 모수 $\lambda = 2$, $\beta = 3$인 파레토 분포로 모형화하였다 (단위 : 백만원). 기대손실액 $E(Y)$를 구하라.

풀이 $E(Y) = \dfrac{2\times 3}{2-1} = 6$(백만원)

■

(5) 레일리 분포(Rayleigh distribution)

연속확률변수 X의 확률밀도함수가 다음과 같이 주어지면 X는 모수 σ^2을 갖는 레일리 분포를 따른다고 한다.

$$f(x) = \frac{1}{\sigma^2}\, x\, e^{-\frac{x^2}{2\sigma^2}}, \quad x > 0.$$

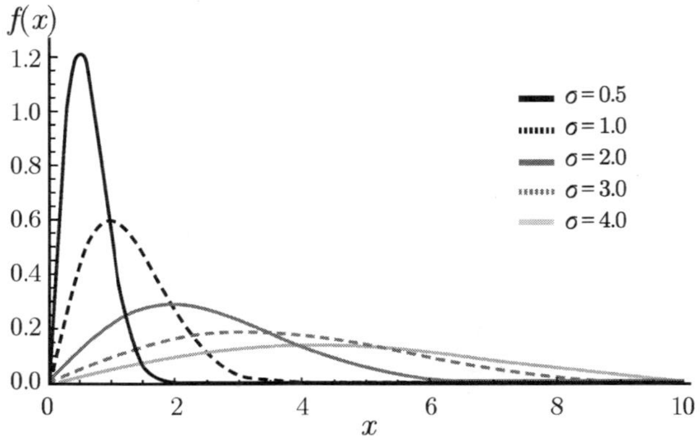

[그림 5-28] 레일리 분포의 확률밀도함수 그래프

레일리 분포의 분포함수는 다음과 같다.

$$F(x) = 1 - e^{-\frac{x^2}{2\sigma^2}}, \quad x > 0$$

$\chi^2(2)$는 모수 1인 레일리 분포와 같다. 또한 $X \sim Exp(\lambda)$일 때 $Y = \sqrt{2X\sigma^2\lambda}$라 두면 Y는 모수 σ^2인 레일리 분포가 된다.

이 밖의 연속분포로는 라플라스분포(연습문제 5.2), 로지스틱분포 (모수 μ와 s를 갖는 로지스틱분포의 확률밀도함수는 $f(x) = \frac{e^{-(x-\mu)/s}}{s(1+e^{-(x-\mu)/s})^2}$, 분포함수 $F(x) = \frac{1}{1+e^{-(x-\mu)/s}}$), 그리고 정규분포로부터 유도되는 t, χ^2, F 분포 (8.2 참조) 등이 있다.

5.4 위험률함수(hazard rate function)와 신뢰도(reliability)

5.4.1 위험률함수

확률변수 X가 어떤 수명을 나타내는 함수이고 그의 분포함수는 F, 확률밀도함수는 f라고 하자.

정의 5.3

분포함수 F에 대한 **위험률함수** $\lambda(t)$는 시간 t의 함수로 다음과 같이 정의된다.

$$\lambda(t) = \frac{f(t)}{1 - F(t)} \tag{5.14}$$

위험률함수 $\lambda(t)$는 무엇을 의미하는 값인지 살펴보자.

$$P(t < X \le t + \Delta t \mid X > t) = \frac{P(t < X \le t + \Delta t)}{P(X > t)} \approx \frac{f(t)\Delta t}{1 - F(t)} = \lambda(t)\Delta t$$

위 식의 좌변은 수명이 t이상일 조건 아래서 $t + \Delta t$이내에 사망할 확률을 나타내며 따라서 $\lambda(t)$는 수명이 t이상일 때 t시점을 지나면서 사망하는 조건부 확률강도(conditional probability intensity)를 나타낸다.

예제 5.38

확률밀도함수 $f(x) = 2xe^{-x^2}, \quad x \ge 0$ 인 분포, 즉 모수 $\sigma^2 = \dfrac{1}{2}$인 레일리 분포의 위험률함수를 계산하라.

풀이 먼저 분포함수를 구하면 다음과 같다.

$$F(x) = \int_0^x 2ye^{-y^2}dy = -e^{-y^2}\Big]_0^x = 1 - e^{-x^2}$$

따라서 위험률함수 $\lambda(t)$는 다음과 같이 주어진다.

$$\lambda(t) = \frac{2te^{-t^2}}{e^{-t^2}} = 2t, \quad t \ge 0$$

■

일반적으로 위험률함수는 위의 예제 5.38에서처럼 t가 증가하면서 같이 증가한다. 다음의 예를 보자.

예제 5.39

$X \sim Exp(\lambda)$일 때 X의 위험률함수를 구하여라.

풀이 앞에서 $F_X(x)=1-e^{-\lambda x}$가 됨을 보았다. 따라서 위험률함수 $\lambda(t)$는

$$\lambda(t)=\frac{\lambda e^{-\lambda t}}{e^{-\lambda t}}=\lambda$$

■

즉 $\lambda(t)=\lambda$로 상수이다. 이는 시간이 지나도 위험률이 일정하다는 뜻으로 지수분포가 비기억성을 갖는다는 사실과 같은 맥락에서 이해할 수 있다.

예제 5.40

$\Gamma(2,3)$에서의 $\lambda(t)$를 구하고 $t\to\infty$이면 $\lambda(t)$는 상수값에 접근하게 됨을 보여라.

풀이 $t\to\infty$이면 $\lambda(t)=\dfrac{te^{-3t}}{\displaystyle\int_t^\infty ye^{-3y}dy}=\dfrac{9t}{3t+1}\to 3$

■

예제 5.41

수명분포의 예로 웨이블 분포를 들 수 있다. (5.11)에서 주어진 모수 α, β인 웨이블 분포의 위험률함수를 구하여라.

풀이 웨이블 분포의 분포함수는 $F(x)=1-e^{-(\frac{x}{\beta})^\alpha}$, $x\ge 0$이므로

$$\lambda(t)=\frac{\alpha}{\beta^\alpha}t^{\alpha-1}$$

따라서 웨이블 분포에서는 $\alpha>1$이면 t가 증가함에 따라 $\lambda(t)$도 같이 증가하는 함수이다.

■

앞에서 분포 즉 분포함수나 확률밀도함수에 의해 $\lambda(t)$가 결정되어짐을 보았다. 역으로 $\lambda(t)$가 주어지면 분포함수가 결정되어짐을 보이자.

$$\lambda(t)=\frac{f(t)}{1-F(t)}=\frac{d}{dt}(-\log(1-F(t))$$

따라서 $-\log(1-F(t)) = \int_0^t \lambda(s)ds + C$.이 때 $t=0$을 대입하면 $C=0$이 된다. 따라서 다음이 성립한다.

> $\lambda(t)$를 위험률함수로 갖는 확률변수 X의 분포함수는 다음과 같다.
>
> $$F(t) = 1 - \exp\left\{-\int_0^t \lambda(s)ds\right\}, \quad t \geq 0$$

예를 들어 $\lambda(t) = 2t$이면 $\exp\left\{-\int_0^t 2sds\right\} = e^{-t^2}$이므로

$$F(t) = 1 - e^{-t^2}, \; f(t) = 2te^{-t^2}, \quad t \geq 0$$

와 같이 되어 위의 예제 5.38에서 얻은 결과와 일치함을 볼 수 있다.

예제 5.42

$\lambda(t) = \lambda$, $\lambda(t) = \alpha + \beta t$ $(\lambda, \alpha, \beta > 0)$일 때 각각의 분포함수를 찾아라.

풀이 $\lambda(t) = \lambda$일 때의 $F(t) = 1 - e^{-\lambda t}$.

$\lambda(t) = \alpha + \beta t$이면 $F(t) = 1 - e^{-\int_0^t (\alpha + \beta s)ds} = 1 - e^{-(\alpha t + \frac{1}{2}\beta t^2)}$

이 때의 확률밀도함수는 다음과 같다.

$f(t) = (\alpha + \beta t)\exp(-(\alpha t + \frac{1}{2}\beta t^2))$, $t > 0$

이는 일반화한 레일리 분포이다.

■

5.4.2 신뢰도

자동차나 전자제품 등을 구입할 때 이 제품을 얼마동안 고장 없이 안정적으로 쓸 수 있을지에 관심이 많다. 이는 신뢰도와 관련된 문제이다.

정의 5.4

어떤 부품의 수명 $X \sim F(x)$이면 이 부품의 신뢰도(reliability)는 다음과 같이 정의된다.

$$R(t) = P(X > t) = 1 - F(t)$$

수명 X의 분포가 모수 λ인 지수분포를 따르면

$$R(t) = e^{-\lambda t}, \quad t \geq 0,$$

수명이 모수 α, β인 웨이블 분포를 따르면

$$R(t) = e^{-\left(\frac{t}{\beta}\right)^{\alpha}}, \quad t \geq 0$$

이 된다.

독립적으로 작동하는 여러 개의 부품으로 구성된 시스템의 신뢰도는 시스템이 어떻게 연결되어 있는지와 직결되어 있다. 즉 같은 성능의 부품으로 구성되어 있다 하더라도 직렬연결인지 병렬연결인지에 따라 시스템의 수명이 좌우된다.

각각의 부품의 신뢰도가 $R(t)$인 부품들이 아래와 같이 직렬로 연결된 시스템이 있을 때 이 시스템의 신뢰도 $R_S(t)$를 $R(t)$를 이용하여 나타내어 보자.

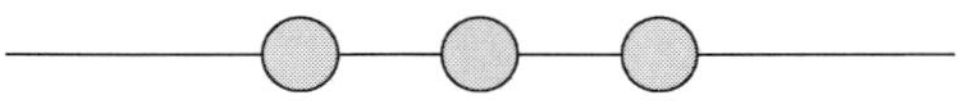

각 부품의 수명을 각각 X_1, X_2, X_3라 하자. 시스템의 수명이 t보다 크기 위해서는 각각의 수명이 t보다 커야하고 독립성을 이용하면 다음이 성립한다.

$$R_S(t) = P(X_1 > t,\ X_2 > t,\ X_3 > t) = R(t)R(t)R(t) = (R(t))^3$$

만약 시스템이 아래와 같이 병렬 연결되었을 때의 시스템의 신뢰도를 구하여 보자.

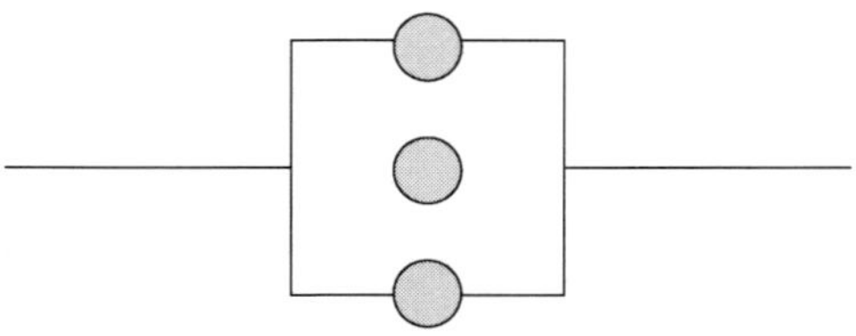

병렬 연결인 경우는 시스템이 작동하기 위해서는 위 세 부품 중 하나만 작동하면 되므로 세 부품 중 수명이 가장 긴 부품의 수명이 시스템의 수명이 된다. 다시 말해서 시스템

의 수명이 t보다 작다는 것은 모든 부품의 수명이 t보다 작은 것을 의미한다.

$1-R_S(t)=(1-R(t))(1-R(t)(1-R(t))=((1-R(t))^3$, 즉

$R_S(t)=1-(1-R(t))^3$

원하는 신뢰도를 얻기 위해서는 몇 개의 부품을 연결해야하는가 하는 문제를 생각해보자. 직렬 연결의 경우는 부품을 연결하면 할수록 수명은 더 짧아진다. 그러나 n개의 부품을 병렬로 연결하면 $R_S(t)=1-(1-R(t))^n$이 되어 n이 커질수록 $R_S(t)$값이 커진다. 이 때 원하는 신뢰도를 얻기 위하여 몇 개의 부품을 연결하면 될까 하는 문제가 생긴다. 원하는 신뢰도를 α라 하면 $\alpha=1-(1-R(t))^n$이 성립하고 이의 양변에 로그를 취하고 n에 대해 풀면 다음을 얻는다.

$$n=\frac{\ln(1-\alpha)}{\ln(1-R(t))}$$

예제 5.43

독립적으로 작동하는 세 개의 부품이 다음과 같이 연결되어 있는 시스템의 신뢰도를 구하라.

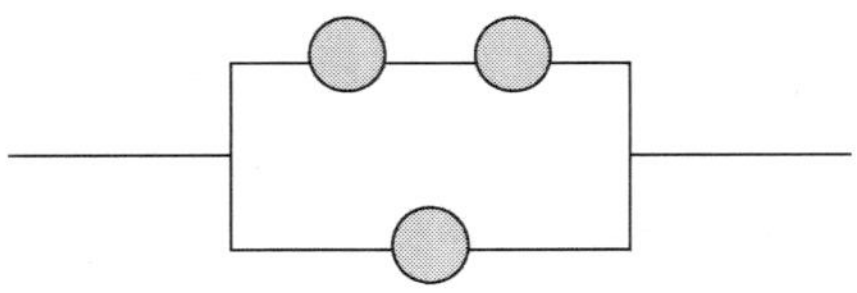

풀이 X를 시스템의 수명, X_1, X_2, X_3를 각각의 부품의 수명이라 하면 다음이 성립한다.

$$\begin{aligned}P(X>t)&=P(\{(X_1>t)\cap(X_2>t)\}\cup(X_3>t))\\&=P(X_1>t,X_2>t)+P(X_3>t)-P(X_1>t,X_2>t,X_3>t)\\&=(R(t))^2+R(t)-(R(t))^3\end{aligned}$$

■

5.5 기하분포와 지수분포, 음이항분포와 감마분포

5.5.1 기하분포와 지수분포

성공률 p인 베르누이 시행을 했을 때 처음 성공 때까지의 총 시행횟수 X가 갖는 분포

는 모수 p인 기하 분포이며 그의 확률질량함수와 분포함수는 아래와 같다.

$$p(k)=p(1-p)^{k-1}, \quad k=1,2,3,\cdots$$

$$P(X>k)=1-F(k)=(1-p)^{k}, \quad k=1,2,3,\cdots$$

연속시간에서 처음으로 성공이 일어난 시점을 x라 하자. 그리고 연속시간을 길이가 $\frac{1}{n}$인 이산시간으로 나누었을 때 $\frac{k}{n}<x<\frac{k+1}{n}$이라 하자.

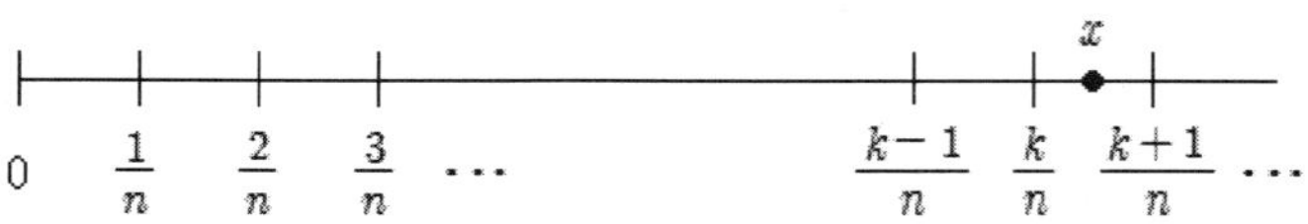

[그림 5-29]

x시점에서 처음 성공이 일어났다면 각 시점 $\frac{1}{n}, \frac{2}{n}, \frac{3}{n}, \cdots$에서 시행한다고 했을 때 $\frac{k}{n}$에서 처음 성공이 일어났다고 볼 수 있다. 연속확률변수 X를 처음 성공이 일어난 시점이라 하자. 이 때 n을 크게 잡으면 작은 구간에서의 성공률 p는 작은 값이 되고 $k\approx nx$가 되므로 $1-p\approx e^{-p}$를 이용하여 다음을 얻을 수 있다.

$$P(X>x)\approx P(X>\frac{k}{n})=(1-p)^{k}\approx e^{-pk}\approx e^{-npx}, \quad x>0$$

$$P(X\le x)=1-P(X>x)=1-e^{-npx}$$

이 때 $np=\lambda$로 두면 $F(x)=1-e^{-\lambda x}$, $x>0$이 되고 이는 X가 지수분포임을 의미한다. 따라서 기하분포의 연속분포형태가 지수분포임을 알 수 있다.

5.5.2 음이항분포와 감마분포

성공률 p인 베르누이 시행을 반복했을 때 r번 째 성공하기까지의 총 시행횟수가 갖는 분포가 음이항분포이다. 음이항분포의 확률질량함수는 다음과 같다.

$$p(k)=\binom{k-1}{r-1}p^{r}(1-p)^{k-r}, \quad k=r,\ r+1, r+2,\cdots$$

r번째 성공 할 때까지의 총 시행횟수를 X라 두면 $X>k$ 이기 위해서는 처음부터 k번째 시행까지 기껏해야 $r-1$번 성공하면 된다. 즉 다음이 성립한다.

$$P(X>k)=\sum_{i=0}^{r-1}\binom{k}{i}p^{i}(1-p)^{k-i}$$

연속시간에서 r번째 성공이 일어난 시점을 x라 하자. 그리고 연속시간을 길이가 $\frac{1}{n}$인 이산시간으로 나누었을 때 $\frac{k}{n} < x < \frac{k+1}{n}$이라 하자(그림 5.29 참조).

x시점에서 r번째 성공이 일어났다면 각 시점 $\frac{1}{n}, \frac{2}{n}, \frac{3}{n}, \cdots$에서 시행한다고 했을 때 $\frac{k}{n}$에서 r번째 성공이 일어났다고 볼 수 있다. 연속확률변수 X를 r번째 성공이 일어난 시점이라 하자. n을 크게 잡으면 작은 구간에서의 성공률 p는 작은 값이 되고 $k \approx nx$가 되므로 $x > 0$일 때 다음이 성립한다.

$$P(X > x) \approx P(X > \frac{k}{n}) = \sum_{i=0}^{r-1} \binom{k}{i} p^i (1-p)^{k-i}$$

$$\approx \sum_{i=0}^{r-1} \frac{(kp)^i e^{-kp}}{i!} \qquad (\text{포아송 근사})$$

$$\approx e^{-npx} \sum_{i=0}^{r-1} \frac{(npx)^i}{i!} \qquad (k \approx nx)$$

$$= e^{-\lambda x} \sum_{i=0}^{r-1} \frac{(\lambda x)^i}{i!} \qquad (np = \lambda)$$

따라서 X의 분포함수를 구하면

$$F_X(x) = 1 - e^{-\lambda x} \sum_{i=0}^{r-1} \frac{(\lambda x)^i}{i!}, \quad x > 0$$

위 함수를 x에 대해서 미분하면 다음이 된다.

$$f_X(x) = F'_X(x) = e^{-\lambda x} \frac{\lambda^r x^{r-1}}{(r-1)!}$$

$$= \frac{\lambda^r}{\Gamma(r)} x^{r-1} e^{-\lambda x} \sim \Gamma(r, \lambda)$$

따라서 Y는 모수 r, λ를 갖는 감마분포가 된다.

5.6 이산분포와 연속분포의 결합형태(mixed type distribution)

4장에서 이산확률변수, 5장에서는 연속확률변수에 대해 알아보았다. 이산분포는 가산개의 값을 갖고 연속분포는 확률밀도함수가 존재하는 분포이다. 이 둘은 여집합의 관계가 아니므로 이산도 아니고 연속도 아닌 제3의 형태의 분포를 생각할 수 있다. 실제로 이산과 연속의 결합분포들이 많이 존재한다.

예 5.9

예 4.5에서 미장원에 들른 고객의 기다리는 시간과 관련된 예를 보았다. 고객이 기다리는 시간을 X라 할 때 다음과 같이 가정할 수 있다.

$$P(X=0)=p>0,\ P(X\in(a,\,b))=(1-p)\int_a^b \lambda e^{-\lambda x}dx \quad (0<a<b).$$

여기서 X는 이산도 연속도 아님을 알 수 있다. 또한 다음이 성립한다.

$$P(X<10)=P(X=0)+(1-p)\int_0^{10}\lambda e^{-\lambda x}dx$$
$$=p+(1-p)\int_0^{10}\lambda e^{-\lambda x}dx$$

일반적으로 결합형태의 분포함수는 이산분포와 연속분포의 선형결합형태로 표현할 수 있다.

> 분포함수 $F(x)$는 다음과 같이 분할 될 수 있다.
>
> $$F(x)=\alpha F_d(x)+(1-\alpha)F_c(x),\ 0\le\alpha\le1 \qquad (5.16)$$
>
> 이 때 F_d는 이산분포의 분포함수이고, F_c는 연속분포의 분포함수이다.

(5.16)과 같은 결합형태의 분포를 갖는 확률변수 X의 기대값은 F_d를 분포함수로 갖는 이산확률변수 X_d와 F_c를 분포함수로 갖는 연속확률변수 X_c 각각의 기대값의 선형합이 된다. 즉

$$E(X)=\alpha E(X_d)+(1-\alpha)E(X_c)$$

예제 5.44

$X\sim Unif(0,\,1)$이고 $Y=min(X,\,\frac{1}{2})$라 하자.

(1) Y의 분포함수를 구하여라. $F_Y(y)$를 (5.16)의 F_d 와 F_c의 선형합으로 나타내어라.

(2) Y는 연속확률변수인가?

(3) $E(Y)$를 구하라.

풀이 (1) $y < 1/2$이면 $F_Y(y) = P(Y \le y) = P(X \le y) = y$

$y \ge 1/2$인에 대해서 $F_Y(y) = 1$ 즉 $P(Y = 1/2) = 1/2$이다.

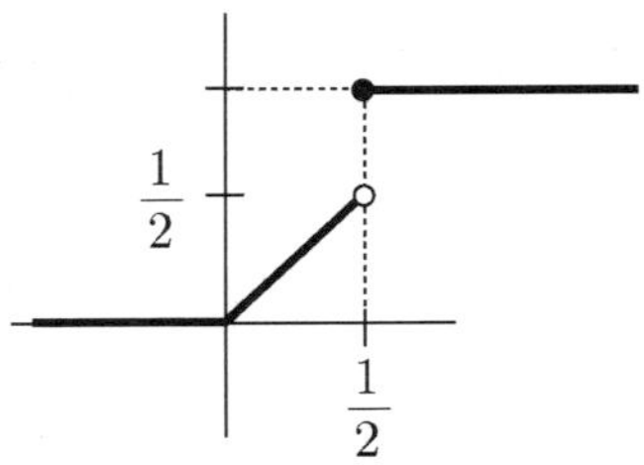

[그림 5-30] $F_Y(y)$의 그래프

이산분포부분은 1/2에 모든 확률이 모여 있으므로 $\alpha = 1/2$이고 F_d는 다음과 같다.

$$F_d(y) = \begin{cases} 0, & y < 1/2 \\ 1, & y \ge 1/2 \end{cases}$$

연속부분은 (0, 1/2)에서 균일분포를 하므로 F_c는 다음과 같이 정의할 수 있다.

$$F_c(y) = \begin{cases} 0, & y < 0 \\ 2y, & 0 \le y < 1/2 \\ 1, & y \ge 1/2 \end{cases}$$

(2) Y은 이산확률변수도 아니고 연속확률변수도 아니다.

(3) $E(Y) = \frac{1}{2}\int_0^{1/2} y \cdot 2\,dy + (1/2)(1/2) = 1/8 + 1/4 = 3/8$

■

예제 5.45

동전을 던져 앞면이 나오면 1을 선택하고 뒷면이 나오면 (0, 1)구간에서 임의로 한 점을 선택한다. 선택된 결과를 X라 할 때 X의 분포를 (5.16) 형태로 표현하는 α, $F_d(x)$, $F_c(x)$를 구하여라.

풀이 $P(X = 1) = 1/2$이고 (0, 1)에서 임의로 한 점을 선택하는 분포는 $Unif(0, 1)$이므로 이의 확률밀도함수 $f(x)=1,\ 0<x<1$이고 분포함수 $F(x)=x,\ 0<x<1$이다.

따라서 $\alpha=1/2,\ F_d(x)=\begin{cases}0, & x<0\\ 1, & x\geq 1\end{cases},\ F_c(x)=\begin{cases}0, & x<0\\ x, & 0\leq x<1\\ 1, & x\geq 1\end{cases}$

■

여러 가지 연속확률분포 요약표

분포(모수)	확률밀도함수/ 분포함수	평균	분산
균일분포 (a, b)	$\frac{1}{b-a},\ a<x<b$ $F(x)=\frac{x-a}{b-a},\ a<x<b$	$\frac{a+b}{2}$	$\frac{(b-a)^2}{12}$
정규분포 (μ, σ^2)	$\frac{1}{\sqrt{2\pi}\,\sigma}exp(-\frac{(x-\mu)^2}{2\sigma^2}),\ -\infty<x<\infty$	μ	σ^2
지수분포(λ)	$\lambda e^{-\lambda x},\ x>0$ $F(x)=1-e^{-\lambda x},\ x>0$	$\frac{1}{\lambda}$	$\frac{1}{\lambda^2}$
감마분포 (α, λ)	$\frac{\lambda^\alpha}{\Gamma(\alpha)}x^{\alpha-1}e^{-\lambda x},\ x>0$	$\frac{\alpha}{\lambda}$	$\frac{\alpha}{\lambda^2}$
웨이블 분포 (α, β)	$\frac{\alpha}{\beta^\alpha}x^{\alpha-1}e^{-(\frac{x}{\beta})^\alpha},\ x>0$ $F(x)=1-e^{-(\frac{x}{\beta})^\alpha},\ x>0$	$\beta\Gamma(1+\frac{1}{\alpha})$	$\beta^2[\Gamma(1+\frac{2}{\alpha})-(\Gamma(1+\frac{1}{\alpha}))^2]$
베타분포(a, b)	$\frac{1}{B(a,b)}x^{a-1}(1-x)^{b-1},\ 0<x<1$	$\frac{a}{a+b}$	$\frac{ab}{(a+b)^2(a+b+1)}$
코쉬분포(θ)	$\frac{1}{\pi}\frac{1}{1+(x-\theta)^2},\ -\infty<x<\infty$	없음	없음
로그노말분포 (μ,σ^2)	$\frac{1}{\sqrt{2\pi}\,\sigma x}exp(-\frac{(\ln x-\mu)^2}{2\sigma^2}),\ x>0$	$e^{\mu+\frac{\sigma^2}{2}}$	$e^{2\mu+\sigma^2}(e^{\sigma^2}-1)$
레일리 분포 (σ^2)	$\frac{x}{\sigma^2}exp(-\frac{x^2}{2\sigma^2}),\ x>0$ $F(x)=1-e^{-\frac{x^2}{2\sigma^2}},\ x>0$	$\sigma\sqrt{\frac{\pi}{2}}$	$\sigma^2(2-\frac{\pi}{2})$

참고

1. **미분적분학의 기본법칙**(fundamental theorem of calculus)

- 제1법칙

  $f(x)$는 $[a, b]$ 위에서 연속함수이고 $\forall x \in [a, b]$, $F(x) = \int_a^x f(t)dt$ 라 하면

  F는 $[a, b]$에서 연속함수이고 미분가능함수이며 $F'(x) = f(x)$, $x \in [a, b]$

- 제2법칙

  함수 $f : [a, b] \to R$, $f(x) = g'(x)$, $x \in [a, b]$라 하고 f가 $[a, b]$에서 적분가능하면 다음이 성립한다.

$$\int_a^b f(x)dx = g(b) - g(a).$$

2. $\frac{\partial}{\partial x}\int_0^{g(x)} f(u, y)du = \frac{\partial g(x)}{\partial x} f(g(x), y)$

3. $\log x = \int_1^x (\frac{1}{y})dy$

연습문제 A Exercises

5.1 X 가 모수 μ 와 σ^2을 갖는 로그노말분포를 따를 때 $E(X)$, $Var(X)$를 계산하라.

풀이 $Y=\ln(X) \sim N(\mu,\sigma^2)$이므로 $X=e^Y$가 된다. 따라서 다음이 성립한다.

$$E(X)=E(e^Y)=\int_{-\infty}^{\infty} e^y \frac{1}{\sqrt{2\pi}\,\sigma} e^{-\frac{(y-\mu)^2}{2\sigma^2}} dy$$

$$=\frac{1}{\sqrt{2\pi}\,\sigma}\int_{-\infty}^{\infty} \exp\left(-\left[\frac{(y-\mu)^2}{2\sigma^2}-y\right]\right)dy$$

$$=\frac{1}{\sqrt{2\pi}\,\sigma}\int_{-\infty}^{\infty} \exp\left(-\frac{(y-(\mu+\sigma^2))^2}{2\sigma^2}\right)\exp(\mu+\frac{\sigma^2}{2})dy$$

$$=\exp(\mu+\frac{\sigma^2}{2})$$

또한 $E(X^2)=E(e^{2Y})=\exp(2\mu+2\sigma^2)$. 따라서 분산은 $e^{2\mu+\sigma^2}(e^{\sigma^2}-1)$이다.

5.2 다음과 같은 확률밀도함수를 갖는 분포를 모수 $\lambda>0$를 갖는 라플라스분포 (Laplace distribution) 또는 이중지수분포(double exponential distribution)라고 부른다.

$$f(x)=\frac{1}{2}\lambda e^{-\lambda|x|},\ -\infty<x<\infty$$

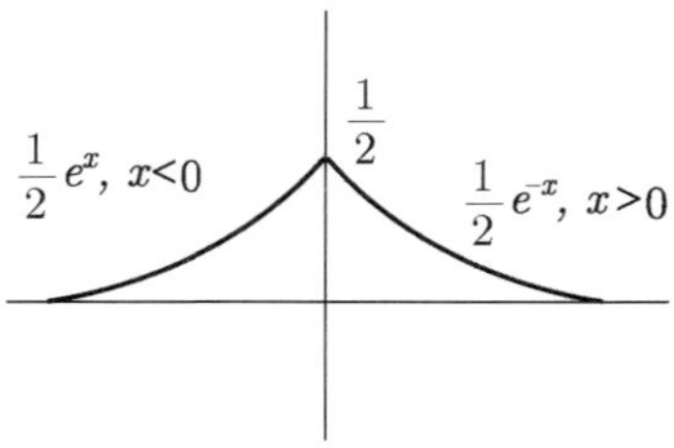

[그림 5-31] $\lambda=1$일 때 $f(x)$의 그래프

라플라스분포의 분포함수와 기대값을 구하라.

풀이 $x<0$이면 $F(x)=\int_{-\infty}^{x}\frac{1}{2}\lambda e^{\lambda x}dx$

$$=\frac{1}{2}e^{\lambda x}$$

$$x \geq 0 \text{이면 } F(x) = \int_{-\infty}^{0} \frac{1}{2}\lambda e^{\lambda x} dx + \int_{0}^{x} \frac{1}{2}\lambda e^{-\lambda x} dx$$

$$= \frac{1}{2} + \frac{1}{2}(1 - e^{-\lambda x})$$

$$= 1 - \frac{1}{2}e^{-\lambda x}$$

$$F(x) = \begin{cases} \frac{1}{2}e^{\lambda x}, & x < 0 \\ 1 - \frac{1}{2}e^{-\lambda x}, & x \geq 0 \end{cases}$$

$$E(X) = \int_{-\infty}^{0} x \ \frac{1}{2}\lambda e^{\lambda x} dx + \int_{0}^{\infty} x \ \frac{1}{2}\lambda e^{-\lambda x} dx = 0$$

이 때 $E(X)$는 X의 분포가 $x = 0$을 중심으로 좌우대칭이므로 계산하지 않아도 0이 됨을 알 수 있다.

5.3 $\Gamma(\frac{1}{2}) = \sqrt{\pi}$ 임을 보여라.

풀이

$$\Gamma(\frac{1}{2}) = \int_{0}^{\infty} y^{-\frac{1}{2}} e^{-y} dy = \int_{0}^{\infty} 2e^{-x^2} dx = I \quad (\sqrt{y} = x \text{로 치환})$$

$$I^2 = 4\int_{0}^{\infty} e^{-x^2} \int_{0}^{\infty} e^{-y^2} dy dx$$

$$= 4\int_{0}^{\frac{\pi}{2}} \int_{0}^{\infty} re^{-r^2} dr d\theta = \pi$$

5.4 초밥을 판매하는 매장이 있다. 이 매장에서 하루 동안 초밥을 구입하는 사람 수는 X명이다. 초밥은 하나 팔 때마다 a 원의 수익이 생기나 폐점 때까지 팔리지 않는 것은 한꺼번에 판매하며 이 때는 하나에 b원의 손실이 생긴다. 판매를 위하여 하루에 c개 씩 준비한다면 기대수익을 최대로 하는 c값을 구하여라. X의 분포함수는 $F(x)$, 확률밀도함수는 $f(x)$라 하자.

풀이 X : 하루 동안 초밥을 구입하는 사람 수

$$\text{수익 } g(c, X) = \begin{cases} ac & , X \geq c \\ aX - b(c - X), & X < c \end{cases}$$

$$E[g(c, X)] = ac\int_{c}^{\infty} f(x)dx + \int_{0}^{c} (ax - b(c - x))f(x)dx$$

$$= ac(1 - F(c)) - bcF(c) + \int_{0}^{c} (a + b)xf(x)dx$$

기대수익을 최대로 하는 c를 구하기 위해 $E[g(c, X)]$을 미분하여 0이 되게 하는 c값을 찾으면

$F(c) = \frac{a}{a+b}$이므로 $c = F^{-1}(\frac{a}{a+b})$

**위의 문제에서는 확률변수 X는 정수값을 갖는 이산 확률변수이고 모든 문자 또한 정수를 나타낸다. 하지만 X가 연속분포를 하고 상수들이 비음의 실수를 나타낸다고 가정했을 때의 풀이 과정을 기술한 것이다.

이를 이산분포를 이용하여 풀면 다음과 같다.

$$E(g(c, X)) = \sum_{x=0}^{\infty} g(c, x)p(x)$$

$$= \sum_{x=0}^{\infty} acI_{\{x \geq c\}}p(x) + \sum_{x=0}^{\infty} (ax - b(c-x))I_{\{x < c\}}p(x)$$

$$= ac(1 - F(c-1)) - bcF(c-1) + \sum_{x=0}^{c-1} (a+b)xp(x)$$

여기서 구체적으로 $p(x)$, $F(x)$가 주어지면 $E(g(c, x))$ 값을 최대화하는 c값을 구할 수 있다.

5.5 $X \sim f(x) = cx^{\alpha-1}e^{-x^{\alpha}}$, $x \geq 0$일 때 다음을 구하여라.

(1) c를 찾아라.

(2) $E(X)$, $Var(X)$를 구하라.

(3) $\alpha > 1$, $s, t > 0$를 만족하면 다음 부등식이 성립한다.

$P(X > s+t \mid X > t) < P(X > s)$이를 보여라.

풀이 (1) $c\int_0^{\infty} x^{\alpha-1}e^{-x^{\alpha}}dx = c(-\frac{1}{\alpha})e^{-x^{\alpha}}]_0^{\infty} = \frac{c}{\alpha} = 1$ 따라서 $c = \alpha$.

(2) $E(X) = \int_0^{\infty} x.\alpha x^{\alpha-1}e^{-x^{\alpha}}dx$

$$= \int_0^{\infty} y^{\frac{1}{\alpha}}e^{-y}dy \quad (x^{\alpha} = y,\ \alpha x^{\alpha-1}dx = dy,\ x = y^{\frac{1}{\alpha}})$$

$$= \Gamma(1 + \frac{1}{\alpha})$$

$$E(X^2) = \int_0^{\infty} x^{2\cdot}\alpha x^{\alpha-1}e^{-x^{\alpha}}dx$$

$$= \int_0^{\infty} y^{\frac{2}{\alpha}}e^{-y}dy \quad (x^{\alpha} = y,\ \alpha x^{\alpha-1}dx = dy,\ x = y^{\frac{1}{\alpha}})$$

$$= \Gamma(1+\frac{2}{\alpha})$$

따라서 $Var(X)=E(X^2)-(E(X))^2=\Gamma(1+\frac{2}{\alpha})-(\Gamma(1+\frac{1}{\alpha}))^2$

(3) $P(X>t)=\int_t^{\infty}\alpha x^{\alpha-1}e^{-x^{\alpha}}dx=\int_{t^{\alpha}}^{\infty}e^{-y}dy=e^{-t^{\alpha}}$

$$\frac{P(X>s+t|X>t)}{P(X>s)}=\frac{P(X>s+t)}{P(X>t)P(X>s)}$$

$$=\frac{e^{-(s+t)^{\alpha}}}{e^{-s^{\alpha}}e^{-t^{\alpha}}}=\exp(s^{\alpha}+t^{\alpha}-(s+t)^{\alpha}).$$

$\alpha>1$이면 $s^{\alpha}+t^{\alpha}-(s+t)^{\alpha}<0$

$\alpha<1$이면 $s^{\alpha}+t^{\alpha}-(s+t)^{\alpha}>0$

따라서 $\alpha>1$이면 $P(X>s+t\mid X>t)<P(X>s)$이 성립한다.

5.6 확률변수 $X>0$, $X\sim F(x)$, $E(X^r)<\infty$이면 다음 관계가 성립함을 보여라.

$$E(X^r)=\int_0^{\infty}r\,x^{r-1}\,(1-F(x))dx$$

풀이 X의 확률밀도함수를 $f(x)$라 하자.

우변$=\int_0^{\infty}rx^{r-1}P(X>x)dx$

$$=\int_0^{\infty}rx^{r-1}\int_x^{\infty}f(t)dt\,dx$$

$$=\int_0^{\infty}\int_0^{t}rx^{r-1}dxf(t)dt$$

$$=\int_0^{\infty}t^rf(t)dt=E(X^r)$$

5.7 주사위로 게임을 하고 있다. 게임 도중 한 참가자가 6의 눈이 나오는 횟수가 유난히 많다며 주사위의 공정성에 이의를 제기했다. 180번 던져 6의 눈이 나타나는 횟수를 세기로 하였다. 공정한 주사위라면 180 (1/6)=30번 정도 나올 것이므로 25-35사이가 나오면 공정한 주사위로 인정하기로 했다. 이 때 공정한 주사위를 불공정하다고 결론 내릴 확률은 얼마인가? 공정한 주사위를 불공정이라 판단할 확률은 1% 미만이 되게 하려면 6이 나오는 횟수의 범위를 얼마로 하면 될까?

풀이 공정한 주사위라 가정했을 때 X를 180회중 6의 눈이 나온 횟수라 하면

$X \sim B(180, \frac{1}{6})$이다. $E(X) = 30$, $Var(X) = 25$. 따라서 공정한 주사위를 불공정이라 판단할 확률은

$$
\begin{aligned}
P(X < 25, X > 35) &= 1 - P(25 \le X \le 35) \\
&= 1 - \sum_{k=25}^{35} \binom{180}{k} (\frac{1}{6})^k (\frac{5}{6})^{180-k} \\
&\approx 1 - P(-1 \le \frac{X-30}{5} \le 1) \\
&= 1 - (\Phi(1) - \Phi(-1)) \\
&\approx 0.32
\end{aligned}
$$

같은 방법으로

$$
\begin{aligned}
P(X < 30 - a, X > 30 + a) &= 1 - P(-a \le X - 30 \le a) \\
&= 1 - P(-\frac{a}{5} \le Z \le \frac{a}{5}) \\
&\approx 1 - \Phi(\frac{a}{5}) + \Phi(-\frac{a}{5}) = 0.01 \\
a &= 12.65.
\end{aligned}
$$

따라서 $X \le 17$, $X \ge 43$이면 불정공하다고 판단한다.

5.8 $Z \sim N(0,1)$일 때 $Z^2 \sim \chi^2(1) = \Gamma(\frac{1}{2}, \frac{1}{2})$임을 보여라.

풀이

$f_Z(z) = \frac{1}{\sqrt{2\pi}} e^{-\frac{z^2}{2}}, \quad -\infty < z < \infty$이다.

$Y = Z^2$이라 두면

$$
\begin{aligned}
f_Y(y) &= \frac{1}{2\sqrt{y}} (f_Z(\sqrt{y}) + f_Z(-\sqrt{y})) \\
&= \frac{1}{2\sqrt{y}} \frac{2}{\sqrt{2\pi}} e^{-\frac{y}{2}} \\
&= \frac{1}{\sqrt{2\pi y}} e^{-\frac{y}{2}} \\
&\sim \Gamma(\frac{1}{2}, \frac{1}{2}) \qquad (\Gamma(\frac{1}{2}) = \sqrt{\pi})
\end{aligned}
$$

5.9 연속확률변수 X의 분포가 다음 관계를 만족하면 X는 0에 대해서 대칭(symmetric)이라고 한다. 즉

$P(X \le -x) = P(X \ge x), \ ^{\forall} x$

다음을 보여라.

(1) X가 대칭이면 X 와 $-X$의 분포가 같다.

(2) $P(|X| \le x) = 2F_X(x) - 1,\ \forall x \in R.$

풀이 (1) $P(-X \le x) = P(X \ge -x) = P(X \le x)$

(2) $P(|X| \le x) = P(-x \le X \le x) = P(X \le x) - P(X \le -x)$

$$= P(X \le x) - P(X \ge x) = 2P(X \le x) - 1$$

5.10 (1) $g(X) \ge 0$이면 $E(g(X)) = \int_0^\infty P(g(X) > y)dy$임 (명제 5.2 (1))을 이용하여

$$E(g(X)) = \int_{\{x|g(x)>0\}} g(x)f_X(x)dx$$ 임을 보여라.

(2) $E(g(X)) = \int_0^\infty P(g(X) > y)dy - \int_0^\infty P(g(X) < -y)dy$ (명제 5.2 (2))를 이용하여 $E(g(X)) = \int_{-\infty}^\infty g(x)f_X(x)dx$ 임을 보여라.

풀이 (1) $g(X) \ge 0$이므로

$$\begin{aligned} E(g(X)) &= \int_0^\infty P(g(X) > y)dy = \int_0^\infty \int_{\{x|g(x)>y\}} f_X(x)dxdy \\ &= \int_{\{x|g(x)>0\}} \int_0^{g(x)} f_X(x)dydx \\ &= \int_{\{x|g(x)>0\}} g(x)f_X(x)dx \end{aligned}$$

(2) (1)에 의해 $\int_0^\infty P(g(X) > y)dy = \int_{\{x|g(x)>0\}} g(x)f_X(x)dx$

또한
$$\begin{aligned} \int_0^\infty P(g(X) < -y)dy &= \int_0^\infty \int_{\{x|g(x)<-y\}} f_X(x)dxdy \\ &= \int_{\{x|g(x)<0\}} \int_0^{-g(x)} f_X(x)dydx \\ &= -\int_{\{x|g(x)<0\}} g(x)f_X(x)dx \end{aligned}$$

따라서
$$\begin{aligned} E((g(X)) &= \int_{\{x|g(x)>0\}} g(x)f_X(x)dx + \int_{\{x|g(x)<0\}} g(x)f_X(x)dx \\ &= \int_{-\infty}^\infty g(x)f(x)dx \end{aligned}$$

연습문제 B Exercises

5.11 $f_1(x)$와 $f_2(x)$는 각각 확률밀도함수이고, (즉 $f_i \geq 0$이고 $\int_{-\infty}^{\infty} f_i(x)dx = 1$) $\alpha(0 \leq \alpha \leq 1)$는 상수일 때 $\alpha f_1(x) + (1-\alpha)f_2(x)$ 또한 확률밀도함수가 된다. 이를 보여라

5.12 $f(x) = \begin{cases} \dfrac{1}{8} + \dfrac{3x}{8}, & 0 \leq x \leq 2 \\ 0 & \text{그 밖에서} \end{cases}$ 일 때 분포함수 $F(x)$를 구하고 그래프를 그려라.

5.13 확률변수 X는 확률밀도함수 $f(x)$, 분포함수 $F(x)$를 갖고 있다. $Y = aX + b,\ a < 0$라 할 때 Y의 확률밀도함수와 분포함수를 구하라

5.14 X의 확률밀도함수는 $f_X(x)$이고 $Y = |X|$라 할 때 Y의 확률밀도함수를 구하여라.

5.15 $X \sim Unif(0, 1)$이고 $Y = X^n$ ($n \geq 1$, 정수)일 때 Y의 확률밀도함수를 구하라.

5.16 $X \sim Exp(\lambda)$일 때 $E(X^n) = \dfrac{n}{\lambda}E(X^{n-1})(n > 0)$을 보여라.

5.17 X 가 모수 α, β를 갖는 웨이블 분포를 따를 때 다음에 답하라.

(1) $Y = (\dfrac{X}{\beta})^{\alpha}$라 두면 $Y \sim Exp(\lambda = 1)$임을 보여라.

(2) X의 평균과 분산을 계산하여라.

5.18 $Z \sim N(0, 1)$일 때 다음 확률변수의 분포를 구하라.

(1) $|Z|$ (2) $\dfrac{1}{Z}$ (3) $\dfrac{1}{Z^2}$

5.19 $X \sim Unif(0, a)$ $(a > 0)$이고 $Y = min(X, \frac{a}{2})$라 하자.

(1) Y의 분포함수를 구하여라.

(2) Y는 연속확률변수인가?

(3) $E(Y)$를 구하라.

5.20 $F_1(x)$와 $F_2(x)$는 각각 분포함수이고(즉 명제 4.1의 4가지 성질을 만족한다) $\alpha(0 \le \alpha \le 1)$가 상수이면 $\alpha F_1(x) + (1-\alpha)F_2(x)$도 분포함수가 됨을 보여라.

5.21 $X \sim Unif(0, 1)$이고 $Y = -\lambda^{-1}\log X$, $\lambda \ge 0$일 때 $Y \sim Exp(\lambda)$임을 보여라.

5.22 X는 분포함수 $F(x)$를 갖는 연속확률변수이다. $Y = F(X)$라 두면 $Y \sim Unif(0, 1)$이 됨을 보여라.

5.23 $\ln(X) \sim N(\mu, \sigma^2)$일 때 X의 확률밀도함수를 구하고 분산을 계산하라.

5.24 $\Gamma(\alpha, \lambda)$ 분포의 위험률함수 $\lambda(t)$는 $t \to \infty$ 일 때 상수값에 근사함을 컴퓨터를 이용하여 (예 wolframalpha.com) 다양한 α, λ에서의 $\lambda(t)$의 그래프를 그려봄으로써 확인해 보라.

5.25 $\lambda(t) = 24t^2$일 때 이를 위험률함수로 갖는 확률밀도함수를 구하고 분포의 이름을 말하라.

5.26 $X \sim Exp(\lambda)$이고 $Y = \beta e^X$ $(\beta > 0)$일 때 $f_Y(y) = \frac{\lambda\beta^\lambda}{y^{\lambda+1}}$, $y > \beta$임을 보여라.

5.27 모수 σ^2인 레일리 분포의 위험률함수는 $\lambda(t) = \frac{1}{\sigma^2}t$임을 보여라.

5.28 어떤 야구선수의 타율이 0.300이라고 한다. 이 선수는 꾸준히 일정한 비율로 안타를 치고 있으며 매 타석에서 안타를 치는지의 여부는 서로 독립적이라고 하자.

(1) 이 선수가 앞으로 100번 쳐서 100번의 타율이 0.330이상이 나올 확률을 구하라.

(2) 이 선수가 앞으로 100번 쳐서 100번의 타율이 0.270이하가 나올 확률을 구하라.

(3) 이 선수가 100번 쳐서 100번의 타율이 0.330이 나왔다. 이러한 사실로부터 이 선수의 타율이 향상되었다고 말할 수 있는가? 이유는?

(힌트: 확률계산시 n이 크면 $B(n, p) \approx N(np, npq)$를 이용할 수 있다.)

5.29 앞면이 나올 확률이 1/2인 동전을 10000번 던졌을 때 나온 앞면의 수를 X라 하자. $P(-m < X - 5000 \leq m) = 0.95$가 되는 m값을 찾아라.

5.30 각각이 정상 작동될 확률이 0.95인 제품을 400개씩 한 박스에 담아 수출한다고 한다.

(1) 400개들이 한 박스에서 390개 이상의 제품이 정상 작동될 확률은 얼마인가?

(2) 400개중 k개 이상이 정상이라는 품질을 보증하려고 한다. k를 얼마로 잡아야 최소한 95%이상의 박스가 품질보장 기준을 통과할 수 있겠는가?

5.31 확률변수 X의 분산이 0이면 $P(X = a) = 1$(a는 상수)가 성립한다. 이를 체비세프 부등식을 이용하여 증명해 보시오.

5.32 (이항분포의 정규근사)

확률변수 X는 모수 n, p(n 은 크고 p는 작은 값이다)를 갖는 이항분포를 따른다.

$p_X(x) = \binom{n}{x} p^x q^{n-x},\ x = 0, 1, 2, \cdots, n \qquad (q = 1 - p)$

(i) $m! \approx \sqrt{2\pi}\, m^{m+\frac{1}{2}} e^{-m}$ (m이 클 때)

(ii) $\ln(1 + x) = x - \frac{x^2}{2}$ ($x \approx 0$)

$k \approx np$, $n - k \approx nq$라 두고 아래 순서를 따라 이항분포와 정규분포의 근사성을 확인해 보자.

(1) (i)의 스터링의 공식을 이용하여 다음을 보여라.

$$\begin{aligned} p_X(k) &= \binom{n}{k} p^k q^{n-k} \\ &= \left(\frac{n}{2\pi k(n-k)}\right)^{\frac{1}{2}} \left(\frac{np}{k}\right)^k \left(\frac{nq}{n-k}\right)^{n-k} \end{aligned}$$

$$\approx \frac{1}{\sqrt{2\pi}\sqrt{npq}}\left(\frac{np}{k}\right)^k\left(\frac{nq}{n-k}\right)^{n-k}$$

(2) (ii)를 이용하여 다음을 보여라

$$\left(\frac{np}{k}\right)^k\left(\frac{nq}{n-k}\right)^{n-k} \approx e^{-\frac{(k-np)^2}{2npq}}$$

(3) $p_X(k) = \frac{1}{\sqrt{2\pi}\sqrt{npq}}e^{-\frac{(k-np)^2}{2npq}}$이 됨을 확인하라. 이는 모수 np, npq를 갖는 정규분포의 확률밀도함수이다.

Chapter 06 결합확률분포

4장과 5장에서는 표본공간에서 실수로 가는 하나의 실수값을 갖는 확률변수에 대해 알아보았다. 그러나 확률, 통계에서 발생하는 많은 문제는 여러 확률변수가 동시에 관여하는 경우가 많다. 예를 들어 기상학자들이 온도, 습도, 풍향, 풍속, 기압 등의 값에 관심이 있다든가, 의사들이 환자의 상태를 관찰할 때 키, 몸무게, 혈압 및 당 수치, 콜레스테롤수치 등의 값에 관심 있다든가 기업가에게 광고비와 매출액, 순이익 등의 수치 등이 그것이다. 온도 한 가지만을 볼 때도 하루의 기온 변화나 일 년 동안의 기온 추이 등과 함께, 온도와 습도와의 관계 또는 온도와 기압과의 관계 등이 서로 결합되어 어떠한 분포를 이루는지 하는 문제들에 관심이 있다. 이 장에서는 여러 확률변수의 결합분포에 대해 알아보고 주변분포, 조건부 분포 그리고 독립성 등의 문제도 알아보기로 한다. 2차원 확률변수의 성질을 잘 이해하면 이를 자연스럽게 다차원으로 확장시킬 수 있으므로 먼저 2차원에서의 문제들에 대해 자세히 알아본 뒤 다차원의 경우로 확장해 보자.

6.1 결합 확률분포

두 확률변수 X와 Y가 있다. 이 두 확률변수를 순서쌍으로 결합하여 $(X,\ Y):\Omega\rightarrow R^2$인 2차원 확률변수(two dimensional random variable or random vector)를 생각할 수 있다. 4, 5장에서 분포를 결정하는 함수로 분포함수를 정의하였으며 이는 이산분포나 연속분포 구분 없이 모든 분포에서 공동으로 사용할 수 있었다. 2차원 확률변수 $(X,\ Y)$의 분포는 다음과 같이 정의된 결합분포함수에 의해 결정된다.

정의 6.1

2차원 확률변수 (X, Y)의 **결합분포함수**(joint distribution function) $F_{X,Y}:R^2\rightarrow R$는 다음과 같이 정의된다.

$$F_{X,Y}(x, y) = P(X \le x,\ Y \le y), \quad -\infty < x, y < \infty$$

1 차원에서와 마찬가지로 $F_{X,Y}(x, y)$ 값은 확률값 이므로 $[0, 1]$에서 값을 취한다. X, Y의 결합분포함수 $F_{X,Y}(x,y)$를 알면 $C \subset R^2$에 대하여 $P((X, Y) \in C)$ 값이 결정된다. 특히 $C = (a,b] \times (c,d]$ $(a < b,\ c < d)$에 대한 확률값은 다음과 같이 쓸 수 있다.

$$\begin{aligned} P((X,\ Y) \in (a,\ b] \times (c,\ d]) &= P(a < X \le b,\ c < Y \le d) \\ &= F_{X,Y}(b,\ d) - F_{X,Y}(a,\ d) - F_{X,Y}(b,\ c) + F_{X,Y}(a,\ c) \end{aligned}$$

모든 결합분포함수는 다음 성질을 만족해야한다.

1. $\lim_{x \to -\infty} \lim_{y \to -\infty} F_{X,Y}(x,\ y) = 0$
2. $\lim_{x \to \infty} \lim_{y \to \infty} F_{X,Y}(x,\ y) = 1$
3. $F_{X,Y}(x,\ y)$는 비감소함수(nondecreasing function)이다. 즉 $a < b,\ c < d$이면
   $$\begin{aligned} &P(a < X \le b,\ c < Y \le d) \\ &= F_{X,Y}(b,\ d) - F_{X,Y}(a,\ d) - F_{X,Y}(b,\ c) + F_{X,Y}(a,\ c) \ \ge 0 \end{aligned}$$
4. x(또는 y)를 고정하고 $F_{X,Y}(x,\ y)$를 y(또는 x)의 함수로 볼 때 $F_{X,Y}(x,\ y)$는 오른쪽 연속함수가 된다. 즉 고정된 x에 대하여 다음이 성립한다.
   $$\lim_{h \to 0^+} F_{X,Y}(x,\ y+h) = F_{X,Y}(x,\ y)$$

$(X,\ Y)$의 결합분포함수가 주어지면 $X,\ Y$ 각각의 분포함수도 쉽게 유도 할 수 있다. 명제 2.3(확률의 연속성 성질)을 이용하면 다음이 성립함을 보일 수 있다.

$$\begin{aligned} F_X(x) = P(X \le x) &= P(X \le x,\ Y < \infty) \\ &= P(\lim_{y \to \infty} \{X \le x,\ Y \le y\}) \\ &= \lim_{y \to \infty} F_{X,Y}(x,\ y) \\ &= F_{X,Y}(x,\ \infty) \end{aligned}$$

같은 방법으로 $F_Y(y) = \lim_{x\to\infty} F_{X,\,Y}(x,\,y) = F_{X,\,Y}(\infty,\,y)$가 성립한다.

이 때 분포함수 F_X, F_Y는 각각 X와 Y의 **주변분포함수**(marginal distribution function) 라고 부른다.

$C = (a,\,\infty)\times(b,\,\infty)$일 때 $P((X,Y)\in C)$는 다음과 같이 쓸 수 있다.

$$\begin{aligned} P((X,Y)\in C) &= P(X>a, Y>b) = 1 - P(\{X\le a\}\bigcup\{Y\le b\}) \\ &= 1 - [P(X\le a) + P(Y\le b) - P(X\le a, Y\le b)] \\ &= 1 - F_{X,\,Y}(a,\,\infty) - F_{X,\,Y}(\infty,\,b) + F_{X,Y}(a,\,b) \\ &= 1 - F_X(a) - F_Y(b) + F_{X.\,Y}(a,\,b) \end{aligned}$$

예 6.1

$F(x,y) = \begin{cases} 0, & x+y<0 \\ 1, & x+y\ge 0 \end{cases}$ 이 결합분포함수가 될 수 있는가? $F(x,y)$가 결합분포함수가 되기 위해서는 위에서 제시한 조건 1−4를 만족하여야한다. 1과 2는 명백히 만족한다. $F(x,y)$는 $x+y=0$를 제외한 나머지 점들에서는 연속이며 모든 불연속점 $\{(x,y)|\, x+y=0\}$에서 오른쪽 연속함수이므로 4번을 만족한다. 그러나 다음 관계에서 보듯이 (X,Y)가 어떤 집합에 들어갈 확률이 음수가 나올 수 있기 때문에 $F(x,y)$는 결합분포함수가 될 수 없다.

$$\begin{aligned} P(-1<X\le 2,\,-1<Y\le 2) &= F(2,\,2) - F(-1,\,2) - F(2,\,-1) + F(-1,\,-1) \\ &= 1-1-1+0 \\ &= -1 < 0 \end{aligned}$$

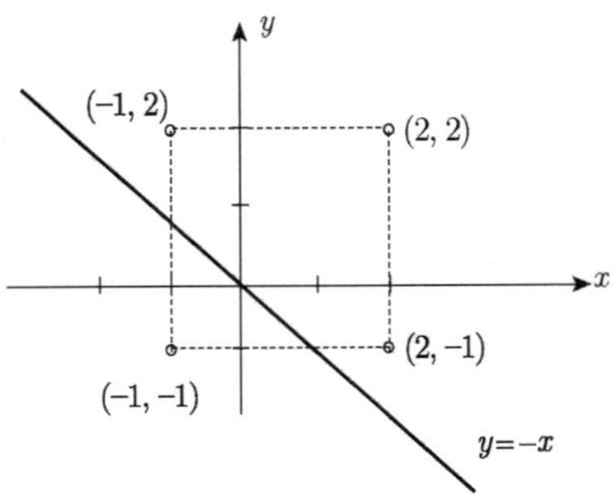

[그림 6−1]

이제 X, Y 각각이 이산확률변수일 때와 (X, Y)가 결합확률밀도함수를 가지는 2차원 연속확률변수의 경우로 나누어 생각해 보자.

6.1.1 결합이산확률분포

정의 6.2

두 확률변수 X와 Y가 각각 이산확률변수이면 (X, Y)는 2차원 이산확률변수이고 그의 **결합확률질량함수**(joint probability mass function)를 다음과 같이 정의한다.

$$p_{X,Y}(x,y) = P(X=x, Y=y) \geq 0$$

이 때 $A = \{(x,y) \mid p_{X,Y}(x,y) > 0\}$에 포함되는 원소의 개수는 가산개가 되며

$$\sum_{(x,y)\in A} p_{X,Y}(x,y) = 1$$

이 성립한다.

결합분포함수와 결합확률질량함수와의 관계는 다음과 같다.

$$F_{X,Y}(a,b) = P(X \leq a, Y \leq b) = \sum_{\{(x,y) \mid x \leq a,\, y \leq b\}} p_{X,Y}(x,y), \quad a,b \in R$$

즉, $p_{X,Y}(x,y)$를 알면 이들의 적절한 항들을 합하여 $F_{X,Y}(a,b)$를 구할 수 있다. 한편

$$\begin{aligned} P(X \leq a, Y \leq b) &= P(X < a, Y \leq b) + P(X \leq a, Y < b) \\ &\quad - P(X < a, Y < b) + P(X = a, Y = b) \end{aligned}$$

이므로 다음이 성립한다.

$$p_{X,Y}(a,b) = F_{X,Y}(a,b) - F_{X,Y}(a-,b) - F_{X,Y}(a,b-) + F_{X,Y}(a-,b-)$$

따라서 결합분포함수를 이용하여 결합확률질량함수를 구할 수 있다. 여기서

$$F_{X,Y}(a-,b-) = \lim_{x\uparrow a}\lim_{y\uparrow b} F_{X,Y}(x,y)$$

을 의미한다.

결합확률질량함수로부터 아래와 같이 X, Y 각각의 **주변확률질량함수**(marginal probability mass function)를 구할 수 있다.

명제 6.1

X, Y 각각의 주변확률질량함수 $p_X(x)$, $p_Y(y)$는 각각 다음과 같다.

$$p_X(x) = P(X=x) = \sum_{\{y \mid p(x,\,y)>0\}} p_{X,\,Y}(x,\,y)$$

$$p_Y(y) = P(Y=y) = \sum_{\{x \mid p(x,\,y)>0\}} p_{X,\,Y}(x,\,y)$$

이 때 $p_X(x) \geq 0$, $p_Y(y) \geq 0$, $\sum_x p_X(x) = 1$, $\sum_y p_Y(y) = 1$임을 확인할 수 있다.

X, Y 각각이 이산확률변수이면 (X, Y)가 결합이산확률분포를 갖게 되고 (X, Y)가 결합이산확률분포를 가지면 X, Y 각각의 주변분포도 이산분포가 된다.

예제 6.1

1, 2, 3이 쓰여진 세 개의 공이 들어있는 주머니에서 하나를 꺼내 결과를 X라 하고 꺼낸 공은 빼어 두고 나머지 두 공 중 하나를 선택하여 얻은 값을 Y라 하자. (X, Y)의 결합확률질량함수와 X, Y 각각의 주변확률질량함수를 구하여라.

풀이 결합확률분포를 표로 만들면 다음과 같다.

Y \ X	1	2	3	Y의 분포(행의 합)
1	0	1/6	1/6	1/3
2	1/6	0	1/6	1/3
3	1/6	1/6	0	1/3
X의 분포 (열의 합)	1/3	1/3	1/3	1 (총합)

위 표에 의하면 $P(X=1,\ Y=2) = 1/6$, $P(X=2,\ Y=3) = 1/6$, $P(X=1,\ Y=1) = 0$이 됨을 알 수 있다. 또한 확률행렬의 열(column)을 합하면 X의 주변확률질량함수 $P(X=1) = P(X=2) = P(X=3) = 1/3$를 얻고 행(row)을 합하여 Y의 주변확률질량함수 $P(Y=1) = P(Y=2) = P(Y=3) = 1/3$를 얻는다. ■

두 주변확률질량함수를 보면 X의 분포와 Y의 분포가 같음을 알 수 있다. 반면 확률행렬의 대각선 값이 모두 0이므로 $P(X=Y) = 0$이다. 즉 X와 Y는 동등분포(identically distributed)를 갖지만 X와 Y는 서로 다른 함수이다. $X=Y$이면 X와 Y는 명백히 같은 분포를 한다. 하지만 예제 6.1에서 보는 바와 같이 같은 분포를 갖는다는 것이 두 함수가 같은 함수임을 의미하지는 않는다.

예제 6.2

$(X, Y) \sim p_{X,Y}(x, y) = c(x+y)$, $1 \le x, y \le n$, x, y: 정수일 때 c를 구하고 (X, Y)의 결합분포함수 $F_{X,Y}$와 X의 주변확률질량함수를 찾아라.

풀이 $1 = c\sum_{x=1}^{n}\sum_{y=1}^{n}(x+y) = cn^2(n+1)$. 따라서 $c = \dfrac{1}{n^2(n+1)}$

$$p_X(x) = c\sum_{y=1}^{n}(x+y) = \frac{1}{n^2(n+1)}(nx + \frac{n(n+1)}{2})$$

$$= \frac{2x+(n+1)}{2n(n+1)}, \quad 1 \le x \le n, \ x\text{는 정수}$$

$$F_{X,Y}(a, b) = \sum_{x=1}^{a}\sum_{y=1}^{b} p_{X,Y}(x, y) = c\sum_{x=1}^{a}\sum_{y=1}^{b}(x+y)$$

$$= c(\frac{ab(a+1)}{2} + \frac{ab(b+1)}{2}), \quad 1 \le a, b \le n$$

■

예제 6.3

앞의 예제6.1에서 $P(X+Y=3)$, $P(X<Y)$을 구하여라.

풀이 $P(X+Y=3) = P(X=1,\ Y=2) + P(X=2,\ Y=1) = 1/6 + 1/6 = 1/3$

$P(X<Y) = P(X=1,\ Y=2) + P(X=1,\ Y=3) + P(X=2,\ Y=3) = 1/2$

■

예제 6.4

$(X, Y) \sim p_{X,Y}(x, y) = c\,\alpha^x\beta^y$, $x, y = 1, 2, \cdots$, $0 < \alpha, \beta < 1$일 때 c값을 구하고 X와 Y 각각의 주변확률질량함수 $p_X(x)$, $p_Y(y)$를 구하고 $P(X=Y)$를 구하라.

풀이 $1 = c\sum_{x=1}^{\infty}\sum_{y=1}^{\infty}\alpha^x\beta^y = c\,\dfrac{\alpha}{1-\alpha}\,\dfrac{\beta}{1-\beta}$, $c = \dfrac{(1-\alpha)(1-\beta)}{\alpha\beta}$.

$$p_X(x) = c\,\alpha^x \sum_{y=1}^{\infty} \beta^y = c\,\alpha^x \frac{\beta}{1-\beta} = (1-\alpha)\alpha^{x-1},\ x = 1,\ 2,\ \cdots$$

$$p_Y(y) = c\,\beta^y \sum_{x=1}^{\infty} \alpha^x = c\,\beta^y \frac{\alpha}{1-\alpha} = (1-\beta)\beta^{y-1},\ y = 1,2,\cdots$$

또한 $P(X=Y) = \sum_{x=1}^{\infty} c\,(\alpha\beta)^x = \dfrac{(1-\alpha)(1-\beta)}{1-\alpha\beta}$.

■

다음이 성립한다.

명제 6.2

$C \subset R^2$에 대해서 $P((X,\ Y) \in C) = \sum_{\{(x,\ y)\,|\,(x,\ y) \in C\}} p_{X,\ Y}(x,\ y)$.

$C = \{(x, y) \in R^2 | x < y\}$이면

$$P(X < Y) = P((X,\ Y) \in C) = \sum_{\{(x,\ y)|x<y\}} p_{X,\ Y}(x, y)$$

$C = \{(x,\ y) \in R^2 | x + y = z\}$이면

$$P(X + Y = z) = P((X,\ Y) \in C) = \sum_{\{(x,\ y)|x+y=z\}} p_{X,\ Y}(x,\ y)$$

예제 6.5

$(X,\ Y) \sim p_{X,\ Y}(x,\ y) = \dfrac{(1-\alpha)(1-\beta)}{\alpha\beta}\alpha^x\beta^y,\quad x,\ y = 1,2,\cdots,\ 0 < \alpha,\ \beta < 1$일 때 다음을 구하라.

(1) $P(X > 2,\ Y > 3)$ (2) $P(X < Y)$ (3) $P(X \geq 2Y)$

풀이 (1) $P(X > 2,\ Y > 3) = \sum_{x=3}^{\infty}\sum_{y=4}^{\infty} \dfrac{(1-\alpha)(1-\beta)}{\alpha\beta}\alpha^x\beta^y$

$$= \frac{(1-\alpha)(1-\beta)}{\alpha\beta}\frac{\alpha^3}{1-\alpha}\frac{\beta^4}{1-\beta}$$

$$= \alpha^2\beta^3$$

$$(2)\ P(X<Y)=\sum_{x=1}^{\infty}P(X=x,\ Y\ge x+1)$$

$$=\sum_{x=1}^{\infty}\sum_{y=x+1}^{\infty}P(X=x,\ Y=y)$$

$$=\sum_{x=1}^{\infty}\sum_{y=x+1}^{\infty}c\,\alpha^{x}\beta^{y}$$

$$=\sum_{x=1}^{\infty}c\,\alpha^{x}\frac{\beta^{x+1}}{(1-\beta)}=\frac{\beta(1-\alpha)}{1-\alpha\beta}$$

$$(3)\ P(X\ge 2Y)=\sum_{\{(x,\ y)|x\ge 2y\}}p_{X,\ Y}(x,\ y)=\sum_{y=1}^{\infty}\sum_{x=2y}^{\infty}\frac{(1-\alpha)(1-\beta)}{\alpha\beta}\alpha^{x}\beta^{y}$$

$$=\frac{(1-\alpha)(1-\beta)}{\alpha\beta}\sum_{y=1}^{\infty}\beta^{y}\frac{\alpha^{2y}}{1-\alpha}$$

$$=\frac{(1-\beta)}{\alpha\beta}\sum_{y=1}^{\infty}(\beta\alpha^{2})^{y}$$

$$=\frac{\alpha(1-\beta)}{1-\beta\alpha^{2}}$$

■

3개 이상의 확률변수 $X_1,\ X_2,\ \cdots,\ X_n$의 분포는 2차원 확률변수에서의 분포의 개념을 그대로 확장하면 된다. 먼저 $X_1,\ X_2,\ \cdots,\ X_n$의 결합분포함수는 다음과 같이 정의된다.

$$F_{X_1,\ X_2,\ \cdots,\ X_n}(x_1,\ x_2,\ \cdots,\ x_n)=P(X_1\le x_1,\ X_2\le x_2,\ \cdots,\ X_n\le x_n)$$

위 식의 우변에 있는 ","는 교집합을 의미한다.

$X_1,\ X_2,\ \cdots,\ X_n$ 각각이 이산확률변수이면 이들의 결합분포도 이산분포를 하며 결합확률질량함수 $p_{X_1,\ X_2,\ \cdots,\ X_n}(x_1,\ x_2,\ \cdots,\ x_n)$은 아래와 같이 정의된다.

$$p_{X_1,\ X_2,\ \cdots,\ X_n}(x_1,\ x_2,\ \cdots,\ x_n)=P(X_1=x_1,\ X_2=x_2,\ \cdots,\ X_n=x_n)$$

임의의 부분집합 $C\subset R^n$에 대하여 다음이 성립한다.

$$P((X_1,\ \cdots,\ X_n)\in C)=\sum_{(x_1,\ \cdots,\ x_n)\in C}p_{X_1,\ X_2,\ \cdots,\ X_n}(x_1,\ x_2,\ \cdots,\ x_n)$$

예제 6.6

한 번의 시행에서 $a,\ b,\ c$ 중 하나의 결과를 얻게 되고 각각을 얻을 확률을 $p_1,\ p_2,\ p_3$

$(p_1+p_2+p_3=1)$라 하자. 이러한 시행을 독립적으로 n번 반복하여 a결과가 나온 횟수를 X_1, b결과가 나온 횟수를 X_2, 그리고 c결과가 나온 횟수를 X_3라 할 때 (X_1, X_2, X_3)는 다음과 같은 결합분포를 갖는다.

$$\begin{aligned} p_{X_1, X_2, X_3}(x_1, x_2, x_3) &= P(X_1=x_1, X_2=x_2, X_3=x_3) \\ &= \frac{n!}{x_1!x_2!x_3!} p_1^{x_1} p_2^{x_2} p_3^{x_3}, \\ x_1+x_2+x_3=n,\ x_i &= 0, 1, 2, \cdots, n, \quad i=1, 2, 3 \end{aligned} \tag{6.1}$$

이 때 X_1의 주변확률질량함수를 찾아라.

풀이 (6.1) 식을 다시 쓰면 다음과 같다.

$$\begin{aligned} P(X_1=x_1, X_2=x_2, X_3=x_3) &= P(X_1=x_1, X_2=x_2, X_3=n-x_1-x_2) \\ &= \frac{n!}{x_1!x_2!(n-x_1-x_2)!} p_1^{x_1} p_2^{x_2} (1-p_1-p_2)^{(n-x_1-x_2)} \end{aligned}$$

다음이 성립한다.

$$\begin{aligned} p_{X_1}(x_1) &= \sum_{x_2=0}^{n-x_1} \frac{n!}{x_1!x_2!(n-x_1-x_2)!} p_1^{x_1} p_2^{x_2} (1-p_1-p_2)^{n-x_1-x_2} \\ &= \frac{n!}{x_1!} p_1^{x_1} \cdot \frac{1}{(n-x_1)!} \sum_{x_2=0}^{n-x_1} \frac{(n-x_1)!}{x_2!(n-x_1-x_2)!} p_2^{x_2} (1-p_1-p_2)^{(n-x_1-x_2)} \\ &= \frac{n!}{x_1!} p_1^{x_1} \cdot \frac{1}{(n-x_1)!} (p_2+(1-p_1-p_2))^{n-x_1} \\ &= \binom{n}{x_1} p_1^{x_1} (1-p_1)^{n-x_1} \end{aligned}$$

즉 $X_1 \sim B(n, p_1)$이 된다. ■

위 상황을 좀 더 일반화하여 보자.

명제 6.3

한 번의 시행에서 나올 수 있는 결과는 r가지이고 각각이 나올 확률은 $p_1, p_2, \cdots, p_r$ $(p_1+p_2+\cdots+p_r=1)$이다. 이러한 시행을 독립적으로 n번 반복하여 각각의 결과가 나온 횟수를 $X_1, X_2, \cdots, X_r$이라 하자. 이 때 $X_1, X_2, \cdots, X_r$의 결합확률질량함수는 다음과 같다.

$$p_{X_1, X_2, \cdots, X_r}(x_1, x_2, \cdots, x_r) = \frac{n!}{x_1! x_2! \cdots x_r!} p_1^{x_1} p_2^{x_2} \cdots p_r^{x_r},$$

$$x_1 + x_2 + \cdots + x_r = n, \quad x_i = 0, 1, 2, \cdots, n, \quad i = 1,\ 2, \cdots, r$$

위와 같은 이산분포를 모수 $n, p_1, \cdots, p_{r-1}, p_r$을 갖는 **다항분포**(multinomial distribution)라고 한다. 이 때 $X_i \sim B(n,\ p_i),\ i = 1,\ 2,\ \cdots,\ r$이다(연습문제 6.8).

예제 6.7

골프연습장에서 oo이 드라이버를 치면 좌측, 가운데 그리고 우측으로 갈 확률이 각각 1/6, 1/2, 1/3이다. 20개의 공을 쳤을 때 다음을 구하여라.

(1) 좌측으로 6개, 가운데로 11개 그리고 우측으로 3개가 갔을 확률은?

(2) 가운데로 50%이상 갈 확률은?

풀이 (1) 구하는 확률은 $\binom{20}{6, 11, 3}(\frac{1}{6})^6(\frac{1}{2})^{11}(\frac{1}{3})^3$.

(2) 가운데로 가는 공의 개수를 X라 하면 $X \sim B(20, \frac{1}{2})$이므로 다음이 성립한다.

$$P(X \geqq 10) = \sum_{x=10}^{20} \binom{20}{x} (\frac{1}{2})^{20}$$

■

6.1.2 결합연속분포

이제 연속인 경우를 생각해 보자. 1차원 확률변수와 마찬가지로 2차원 확률변수 (X, Y)의 분포를 결정하는 결합확률밀도함수가 존재할 때 결합연속분포를 한다고 한다.

정의 6.3

결합확률변수 (X, Y)에 대하여 다음 성질 (1)-(3)을 갖는 함수 $f_{X,Y} : R^2 \rightarrow R$가 존재하면 (X, Y)는 결합연속분포를 갖는다고 하고 $f_{X,Y}(x, y)$를 (X, Y)의 **결합확**

률밀도함수(joint probability density function)라고 부른다.

(1) $f_{X,Y}(x,y) \geq 0$

(2) $\int_{-\infty}^{\infty}\int_{-\infty}^{\infty} f_{X,Y}(x,y)dxdy = 1$

(3) $P((X,Y) \in C) = \iint_{(x,y)\in C} f_{X,Y}(x,y)dxdy$

(3)에서 $C = A \times B,\quad A,B \subset R$이면 다음이 성립한다.

$$\iint_{(x,y)\in C} f_{X,Y}(x,y)dxdy = \int_A \int_B f_{X,Y}(x,y)\,dydx$$

특히 $A = (-\infty, x],\ B = (-\infty, y]$이면 다음이 성립한다.

$$F_{X,Y}(x,y) = P((X,Y) \in (-\infty,x] \times (-\infty,y]) = \int_{-\infty}^{x}\int_{-\infty}^{y} f_{X,Y}(u,v)dvdu$$

즉 결합확률밀도함수의 적분을 통하여 결합분포함수를 얻을 수 있다.

반면 위의 결합분포함수는 항상 연속함수이나 유한개의 미분가능하지 않은 점이 존재할 수 있다. 이 때 미분가능 점에서 미분하여 결합확률밀도함수를 찾을 수 있다. 다음이 성립한다.

$$f_{X,Y}(x,y) = \begin{cases} \dfrac{\partial^2}{\partial x \partial y} F_{X,Y}(x,y) & (x,\ y)\text{가 미분가능한 점일 때} \\ 0 & (x,\ y)\text{가 미분가능한 점이 아닐 때} \end{cases}$$

예제 6.8

(X,Y)가 R^2의 적당한 부분집합 A(A는 면적을 구할 수 있는 적절한 집합) 위에서 균일분포를 할 때 (X,Y)의 결합확률밀도함수는 무엇인가?

풀이 먼저 (X,Y) 가 균일분포를 하므로 $f_{X,Y}(x,y)$는 A 위에서 상수값 c를 갖는다.

$\iint_A c\ dxdy = 1$이므로 $f_{X,Y}(x,y) = \dfrac{1}{A\text{의 면적}},\quad x,\ y \in A$이 된다.

여기서 $A = (a,b] \times (c,d]$라 두면 다음이 성립한다.

$$f_{X,Y}(x,y) = \frac{1}{(b-a)(d-c)},\quad a < x \leq b,\ c < y \leq d$$

예제 6.9

R^2 상의 단위사각형 $[0,1]\times[0,1]$에서 임의의 한 점을 선택할 때 (X, Y)를 선택된 점의 x,y 좌표라 하자. X 와 Y의 결합확률밀도함수와 결합분포함수를 찾아라.

풀이 임의의 한 점을 선택하므로 $[0,1]\times[0,1]$상의 모든 점들이 선택될 확률은 같다. 따라서 결합확률밀도함수는 상수이다. $f_{X,Y}(x,y)=c$이고 전체 면적은 1이므로

$$f_{X,Y}(x,y)=1,\quad 0\le x\le 1,\ 0\le y\le 1 \tag{6.2}$$

결합분포함수는 몇 가지 경우로 나누어 생각해야한다.

(i) $x<0$ 또는 $y<0$이면 $F_{X,Y}(x,y)=P(X\le x, Y\le y)=0$

(ii) $0\le x<1,\ 0\le y<1$이면

$F_{X,Y}(x,y)=P(X\le x, Y\le y)=(0,x]\times(0,y]=xy$

(iii) $0\le x<1,\ y\ge 1$이면

$F_{X,Y}(x,y)=P(X\le x, Y\le y)=(0,x]\times(0,1]=x$

(iv) $x\ge 1,\ 0\le y<1$이면 $F_{X,Y}(x,y)=P(X\le x, Y\le y)=(0,1]\times(0,y]=y$

(v) $x\ge 1,\ y\ge 1$이면 $F_{X,Y}(x,y)=P(X\le x, Y\le y)=(0,1]\times(0,1]=1$

따라서 구하는 분포함수 $F_{X,Y}(x,y)$는 다음과 같다.

$$F_{X,Y}(x,y)=\begin{cases}0, & x<0 \text{ 또는 } y<0\\ xy, & 0\le x<1,\ 0\le y<1\\ x, & 0\le x<1,\ y\ge 1\\ y, & x\ge 1,\ 0\le y<1\\ 1, & x\ge 1,\ y\ge 1\end{cases} \tag{6.3}$$

■

(6.3)의 결합분포함수 $F_{X,Y}(x,y)$를 미분함으로써 결합확률밀도함수를 구하고 이는 (6.2)와 일치함을 확인해 보자.

예제 6.10

결합확률밀도함수가 다음과 같다.

$$f_{X,Y}(x,y)=c(x+y^2),\quad 0\le x\le 1,\quad 0\le y\le 1$$

c값을 정하고 $P(0\le X\le 1/2,\ 0\le Y\le 1/4)$을 구하여라.

풀이 $\int_0^1\int_0^1 (x+y^2)dxdy = \int_0^1 (\frac{1}{2})x^2 + y^2x\Big]_0^1 dy = (\frac{1}{2})y + (\frac{1}{3})y^3\Big]_0^1 = 5/6$

따라서 $c = 6/5$.

$$P(0 \le X \le 1/2,\ 0 \le Y \le 1/4) = (6/5)\int_0^{1/2}\int_0^{1/4}(x+y^2)dydx = 13/320$$

■

예제 6.11

$(X, Y) \sim f_{X,Y}(x,y) = x+y,\quad 0 \le x, y \le 1$일 때 결합분포함수 $F_{X,Y}(x,y)$를 찾아라.

풀이 $F_{X,Y}(x,y)$는 간단한 적분계산을 통하여 다음과 같이 됨을 알 수 있다.

$$F_{X,Y}(x,y) = \begin{cases} 0, & x<0 \text{ 또는 } y<0 \\ \int_0^y\int_0^x (u+v)dudv = \frac{1}{2}xy(x+y), & 0<x,y<1 \\ \int_0^1\int_0^x (u+v)dudv = \frac{1}{2}x(x+1), & 0<x<1,\quad y>1 \\ \int_0^y\int_0^1 (u+v)dudv = \frac{1}{2}y(y+1), & x>1,\quad 0<y<1 \\ 1, & x>1,\quad y>1 \end{cases}$$

■

예제 6.12

(X, Y)의 결합분포함수 $F_{X,Y}(x,y)$가 다음과 같이 주어졌다. (X, Y)의 결합확률밀도 함수 $f_{X,Y}(x,y)$와 $F_X(x)$, $f_X(x)$를 구하라.

$$F_{X,Y}(x,y) = 1 - \frac{1}{2x} - \frac{1}{2y} - \frac{1}{2x^2} - \frac{1}{2y^2} + \frac{x+y}{2x^2y^2},\qquad x,y>1 \tag{6.4}$$

풀이 $f_{X,Y}(x,y) = \frac{\partial^2}{\partial x\,\partial y}F_{X,Y}(x,y) = \frac{x+y}{x^3y^3},\qquad x,y>1$

$F_X(x) = F_{X,Y}(x,\infty) = 1 - \frac{x+1}{2x^2},\qquad x>1$

위의 $F_X(x)$를 x에 대하여 미분하면 $f_X(x) = \frac{x+2}{2x^3},\qquad x>1$

■

역으로 위의 예제 6.12에서 구한 결합확률밀도함수 $f_{X,Y}(x,y)$의 적분을 통하여 식 (6.4)의 결합분포함수가 얻어짐을 확인해 보자.

예제 6.13

$F_{X,Y}(x,y)=1-e^{-xy},\quad x>0,\ y>0$일 때 $F_{X,Y}(x,y)$가 어떤 2차원 확률변수 (X,Y)의 결합분포함수가 될 수 있는가?

풀이 $xy>1$인 모든 $x>0,\ y>0$에 대하여 $\frac{\partial^2}{\partial x\partial y}F_{X,Y}(x,y)=(1-xy)e^{-xy}<0$ 이므로 $F_{X,Y}(x,y)$가 어떤 확률변수의 결합분포함수가 되는 것은 불가능하다.

적분의 성질을 이용하면 다음이 성립한다.

$$\int_x^{x+\Delta x}\int_y^{y+\Delta y} f_{X,Y}(u,v)dvdu \approx f_{X,Y}(x,y)\Delta x\Delta y$$

즉 $f_{X,Y}(x,y)$는 2차원 확률변수 (X,Y)가 갖는 값이 (x,y)점 주변에 얼마만큼 모이게 되는지를 나타내는 측도라고 볼 수 있다. 연속분포인 경우도 이산분포에서와 같이 결합분포로부터 각각의 주변 확률분포를 구할 수 있다. (X,Y)의 결합확률밀도함수를 $f_{X,Y}(x,y)$라 할 때 다음이 성립한다.

$$\begin{aligned}P(X\in A)&=P(X\in A,\ Y\in(-\infty,\infty))\\&=\int_A\int_{-\infty}^{\infty}f_{X,Y}(x,y)dydx\\&=\int_A f_X(x)dx \qquad (6.5)\end{aligned}$$

여기서 $f_X(x)=\int_{-\infty}^{\infty}f_{X,Y}(x,y)dy$ 로 두었다. (6.5) 식은 $f_X(x)$가 X의 확률밀도함수가 됨을 의미하며 $f_X(x)$를 X의 **주변확률밀도함수**(marginal probability density function)라 부른다. 같은 이유로 $f_Y(y)=\int_{-\infty}^{\infty}f_{X,Y}(x,y)dx$라 두면 $f_Y(y)$는 Y의 확률밀도함수가 되며 이를 Y의 주변확률밀도함수라 부른다.

명제 6.4

(X, Y)의 결합확률밀도함수가 $f_{X,Y}(x,y)$이면 X와 Y의 주변확률밀도함수 $f_X(x)$와 $f_Y(y)$는 다음과 같이 주어진다.

$$f_X(x) = \int_{-\infty}^{\infty} f_{X,Y}(x,y)dy, \quad f_Y(y) = \int_{-\infty}^{\infty} f_{X,Y}(x,y)dx$$

따라서 (X, Y)의 결합분포가 연속분포이면 X와 Y 각각의 확률밀도함수를 계산할 수 있다. 반면에 X 와 Y 각각의 분포가 연속분포라 하더라도 (X, Y)의 결합분포는 연속분포가 아닐 수 있다. 다음 예제 6.14를 보자.

예제 6.14

확률변수 X는 (0, 1)에서 균일분포를 한다. 즉 $f_X(x) = 1, \quad 0 < x < 1$이다. $Y = X$ 라 두면 (X, Y)는 결합확률밀도함수를 가질 수 없다. 이유를 설명하라.

풀이 $Y = X$이므로 $f_Y(y) = 1, \quad 0 < y < 1$이다. $A = \{(x,y) \mid x = y, \quad 0 < x,y < 1\}$라 두면 명백히 $P((X, Y) \in A) = 1$이다. 여기서 (X, Y)가 결합확률밀도함수 $f_{X,Y}(x,y)$를 갖는다고 가정하면 A는 R^2상에서 선분을 나타내므로 다음이 성립한다.

$$P((X, Y) \in A) = \iint_A f_{X,Y}(x, y)dxdy = 0$$

이는 모순이다. 따라서 (X, Y)는 결합확률밀도함수를 가질 수 없다. ■

예 6.2

$f_{X,Y}(x,y) = \frac{1}{4}(1 + xy), \quad -1 < x < 1, \quad -1 < y < 1$일 때 X와 Y각각의 주변확률밀도함수를 구하면 다음과 같다.

$$f_X(x) = \frac{1}{2}, \quad -1 < x < 1, \quad f_Y(y) = \frac{1}{2}, \quad -1 < y < 1 \tag{6.6}$$

■

한편 $f_{X,Y}(x,y)=\dfrac{1}{4}$, $-1<x<1$, $-1<y<1$에서 X와 Y 각각의 주변분포함수를 구하여 보면 (6.6) 식과 일치함을 확인할 수 있다. 이는 X와 Y 각각의 분포가 결합분포를 결정하지는 못한다는 것을 보여주는 예가 될 것이다.

예제 6.15

$(X, Y) \sim f(x,y)=cxy$, $0 \le x \le y \le 1$일 때 X와 Y의 주변확률밀도함수를 구하라.

풀이 먼저 c 값을 구하자.

$$1=c\int_0^1\int_x^1 xy\,dydx=c\int_0^1 \frac{1}{2}x(1-x^2)dx=\frac{c}{8} \text{ 따라서 } c=8$$

$x<0$이거나 $x>1$이면 $f_X(x)=0$이다. 다음이 성립한다.

$$f_X(x)=\int_x^1 8xy\,dy=4x(1-x^2),\quad 0<x<1$$

$$f_Y(y)=\int_0^y 8xy\,dx=4y^3,\quad 0<y<1$$

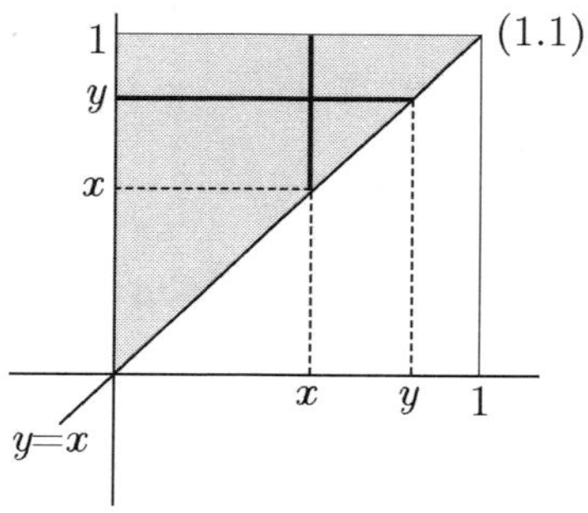

[그림 6-2] $f_X(x)$, $f_Y(y)$를 구할 때의 적분범위

예제 6.16

(X, Y)의 결합확률밀도함수가 아래와 같다.

$$f_{X,Y}(x,y)=24xy,\quad 0\le x\le 1,\ 0\le y\le 1,\ x+y\le 1$$

$P(X+Y\le \frac{1}{2})$, $f_X(x)$, $f_Y(y)$를 구하여라.

풀이 $A = \left\{(x,y) \mid 0 \le x \le 1,\ 0 \le y \le 1,\ x+y \le \frac{1}{2}\right\}$라 두면

$$P(X+Y \le \frac{1}{2}) = \iint_A 24xy\,dxdy = \int_0^{1/2}\int_0^{(1/2)-x} 24xy\,dydx = 0.0625$$

$$f_X(x) = \int_{-\infty}^{\infty} f_{X,Y}(x,y)dy = \int_0^{1-x} 24xy\,dy = 12x(1-x)^2, \quad 0 \le x \le 1$$

$$f_Y(y) = \int_0^{1-y} 24xy\,dx = 12y(1-y)^2, \quad 0 \le y \le 1$$

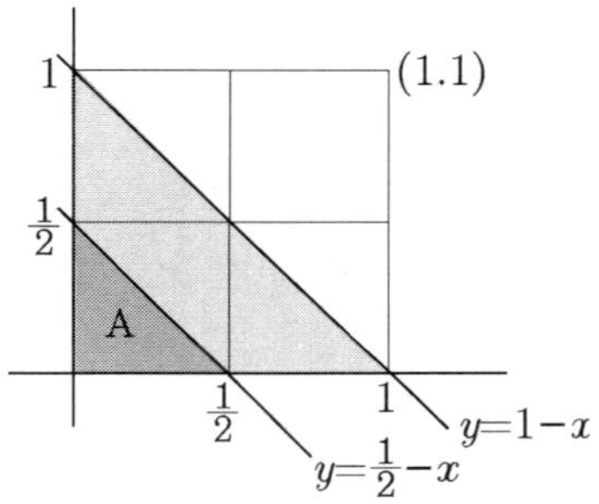

[그림 6-3] $f(x, y)$의 그래프 적분범위 관련

예제 6.17

(X, Y)의 결합확률밀도함수가 $f_{X,Y}(x, y) = xe^{-(x+y)}, \quad x > 0, y > 0$이다. $P(X > 1, Y < 1), \quad P(X < Y)$ 그리고 $f_X(x), f_Y(y)$를 구하라.

풀이 $P(X>1, Y<1) = \int_1^{\infty}\int_0^1 xe^{-x}e^{-y}dydx$

$$= \int_1^{\infty} xe^{-x}(-e^{-y}]_0^1)dx$$

$$= (1-e^{-1})\int_1^{\infty} xe^{-x}dx$$

$$= 2e^{-1}(1-e^{-1})$$

$$P(X < Y) = \int_0^{\infty}\int_x^{\infty} xe^{-x}e^{-y}dydx$$

$$= \int_0^{\infty} xe^{-x}(-e^{-y}]_x^{\infty})\,dx$$

$$= \int_0^{\infty} xe^{-2x}dx$$

$$= \frac{1}{4}$$

$f_Y(y) = e^{-y},\ y > 0$

$f_X(x) = xe^{-x},\ x > 0$

■

연속결합분포의 경우에도 3개 이상의 확률변수 $X_1, X_2, \cdots, X_n$의 결합분포는 확률변수가 2개일 때의 개념을 그대로 확장하면 된다. $X_1, X_2, \cdots, X_n$에 대하여 다음 (1)-(3)이 성립하는 함수 $f_{X_1, X_2, \cdots, X_n}(x_1, x_2, \cdots, x_n)$이 존재하면 $X_1, X_2, \cdots, X_n$은 결합연속분포를 한다고 하고, $f_{X_1, X_2, \cdots, X_n}(x_1, x_2, \cdots, x_n)$을 $X_1, X_2, \cdots, X_n$의 결합확률밀도함수라고 부른다.

(1) $f_{X_1, X_2, \cdots, X_n}(x_1, x_2, \cdots, x_n) \geq 0$

(2) $\int_{-\infty}^{\infty}\int_{-\infty}^{\infty}\cdots\int_{-\infty}^{\infty} f_{X_1, X_2, \cdots, X_n}(x_1, x_2, \cdots, x_n)dx_1dx_2\cdots dx_n = 1$

(3) 적당한 부분집합 $C \subset R^n$에 대하여

$$P((X_1, \cdots, X_n) \in C) = \int\int_C \cdots \int f_{X_1, X_2, \cdots, X_n}(x_1, x_2, \cdots, x_n)\,dx_1dx_2\cdots dx_n$$

이 때 $C = A_1 \times A_2 \times \cdots \times A_n,\ \ A_i \subset R$이면 위 식 (3)은 다음과 같이 쓸 수 있다.

$$P((X_1, \cdots, X_n) \in C) = \int_{A_n}\int_{A_{n-1}} \cdots \int_{A_1} f_{X_1, X_2, \cdots, X_n}(x_1, x_2, \cdots, x_n)\,dx_1dx_2\cdots dx_n$$

n차원 결합분포에서는 다양한 주변분포를 생각할 수 있다. 예를 들면 X_1의 주변확률밀도함수는 $f_{X_1, X_2, \cdots, X_n}(x_1, x_2, \cdots, x_n)$을 x_1을 제외한 나머지 변수에 대해 모두 적분하면 된다. 즉,

$$f_{X_1}(x_1) = \int_{-\infty}^{\infty}\int_{-\infty}^{\infty}\cdots\int_{-\infty}^{\infty} f_{X_1, X_2, \cdots, X_n}(x_1, x_2, \cdots, x_n)dx_2dx_3\cdots dx_n$$

(X_i, X_j)에 대한 주변확률밀도함수는 $f_{X_1, X_2, \cdots, X_n}(x_1, x_2, \cdots, x_n)$를 x_i, x_j를 제외한

나머지 전체 변수에 대해 적분하여 구할 수 있다.

예제 6.18

$(X,\ Y,\ Z)$의 결합확률밀도함수는 다음과 같다.

$$f_{X,\ Y,\ Z}(x,\ y,\ z) = \lambda^3\, e^{-\lambda(x+y+z)}, \quad x>0,\ y>0,\ z>0$$

(1) $f_{Y,Z}(y,z)$ (2) $f_X(x)$ (3) $\dfrac{f_{X,\ Y,\ Z}(x,\ y,\ z)}{f_{Y,\ Z}(y,\ z)}$ 를 구하여라.

풀이 (1) $f_{Y,Z}(y,z) = \displaystyle\int_0^\infty \lambda^2 e^{-\lambda(y+z)} \cdot \lambda e^{-\lambda x} dx = \lambda^2 e^{-\lambda(y+z)}, \quad y>0,\ z>0$

(2) $f_X(x) = \displaystyle\int_0^\infty \int_0^\infty \lambda e^{-\lambda x} \lambda^2 e^{-\lambda(y+z)} dydz = \lambda e^{-\lambda x}, \quad x>0$

(3) $\dfrac{f_{X,Y,Z}(x,y,z)}{f_{Y,Z}(y,z)} = \lambda e^{-\lambda x}, \quad x>0$

■

위 예제에서 $f_X(x) = \dfrac{f_{X,\ Y,\ Z}(x,\ y,\ z)}{f_{Y,\ Z}(y,\ z)}$이 성립함을 볼 수 있다. 이는 조건부 분포와 조건이 없는 분포가 같아지는 경우로 확률변수의 독립성과 관련된 문제이다. 이러한 문제는 다음 절에서 다루어보도록 하자.

여러 개의 확률변수가 나오고 이들의 결합분포나 각 확률변수의 분포를 구별하여 쓸 필요가 있을 때에는 $F_{X,\ Y}(x,\ y)$, $f_{X,\ Y,\ Z}(x,\ y,\ z)$, $F_X(x)$, $f_Y(y)$ 등과 같이 확률변수를 아래첨자로 두어 구분하나 혼동의 염려가 없을 때는 $F(x_1,\ x_2,\ x_3)$, $f(x,\ y)$ 또는 $f(x)$ 등과 같이 아래 첨자를 생략하기도 한다.

6.2 확률변수의 독립

3장에서 두 사상 E, F의 독립성을 다음과 같이 정의하였다.

$$P(E \cap F) = P(E)P(F)$$

두 확률변수 X, Y의 독립성의 문제를 사상의 독립성과 연관하여 생각해 보자.

정의 6.4

임의의 부분집합 $A, B \subset R$에 대하여 다음 등식이 성립하면 두 확률변수 X, Y는 서로 **독립**(independent)이라고 한다.

$$P(X \in A,\ Y \in B) = P(X \in A)P(Y \in B) \tag{6.7}$$

위 (6.7) 식은 임의의 $A, B \subset R$에 대하여 두 사상 $E = \{X \in A\}$, $F = \{Y \in B\}$가 서로 독립인 사상이라는 것을 의미한다. 특히 $A = (-\infty, a]$, $B = (-\infty, b]$를 취하면 (6.7) 식은 다음과 같다.

$$P(X \in (-\infty, a],\ Y \in (-\infty, b]) = P(X \le a,\ Y \le b) = P(X \le a)P(Y \le b)$$

따라서 다음이 성립한다.

$$F_{X,\,Y}(a, b) = F_X(a)F_Y(b), \quad a, b \in R \tag{6.8}$$

역으로 (6.8) 식을 만족하면 (6.7) 식도 성립함을 보일 수 있으나 이 책의 수준을 넘어서므로 생략한다. 또한 결합분포함수와 결합확률질량함수 또는 결합확률밀도함수와의 관계를 이용하면 (6.8) 식은 다음 두 식 (6.9) 또는 (6.10)과 동치임을 보일 수 있다. 따라서 두 확률변수 X와 Y가 서로 독립이면 (6.8) 식을 만족하게 되고 이는 (6.9)나 (6.10)을 만족하게 됨을 의미한다. 다음 명제는 이의 역도 성립함을 보여준다.

명제 6.5

X와 Y의 결합분포가 다음 조건 중 하나를 만족하면 두 확률변수 X와 Y는 서로 독립이다.

(이산분포인 경우) $p_{X,\,Y}(x, y) = p_X(x)p_Y(y), \quad x, y \in R$ (6.9)

(연속분포인 경우) $f_{X,\,Y}(x, y) = f_X(x)f_Y(y), \quad x, y \in R$ (6.10)

증명 연속분포인 경우를 보자. (X, Y)의 결합확률밀도함수 $f_{X,\,Y}(x, y)$ 가 (6.10) 식을 만족하면 X 와 Y는 서로 독립인 확률변수임을 다음과 같이 보일 수 있다. 임의의 부분집합 $A, B \subset R$에 대하여 다음이 성립한다.

$$\begin{aligned} P(X \in A,\ Y \in B) &= \int_A \int_B f_{X,\,Y}(x, y)\,dy\,dx \\ &= \int_A \int_B f_X(x)f_Y(y)\,dy\,dx \end{aligned}$$

$$= \int_A f_X(x)dx \int_B f_Y(y)dy$$
$$= P(X \in A)P(Y \in B)$$

따라서 (6.7) 식이 성립하므로 X 와 Y는 서로 독립이다. 이산분포일 경우 (6.9) 식을 만족하는 X와 Y는 서로 독립이 됨을 같은 방법으로 보일 수 있다.

예제 6.19

예제 6.17에서 언급한 결합확률밀도함수 $f(x, y) = xe^{-(x+y)}, \quad x > 0, y > 0$를 갖는 두 확률변수 X와 Y는 서로 독립인가?

증명 $f_X(x) = xe^{-x}, \quad x > 0, f_Y(y) = e^{-y}, \quad y > 0$이므로 $f(x, y) = f_X(x)f_Y(y)$가 성립하며 명제 6.5에 의해 X와 Y는 서로 독립임을 알 수 있다. ■

예제 6.20

(X, Y)가 예제 6.10에서 주어진 결합확률밀도함수를 가질 때 두 확률변수 X와 Y는 서로 독립인가?

$$f(x, y) = \frac{6}{5}(x + y^2), \quad 0 \le x \le 1, 0 \le y \le 1$$

풀이 주변확률밀도함수는 다음과 같다.

$$f_X(x) = \frac{6}{5}x + \frac{2}{5}, 0 \le x \le 1$$

$$f_Y(y) = \frac{6}{5}y^2 + \frac{3}{5}, 0 \le y \le 1$$

따라서 $f(x,y) \ne f_X(x)f_Y(y)$이므로 X와 Y는 서로 독립이 아니다. ■

일일이 주변확률밀도함수를 계산하지 않고도 두 확률변수의 독립성을 쉽게 판단할 수 있는 방법이 있다. 다음이 성립한다.

명제 6.6

연속확률변수인 X 와 Y가 서로 독립이 되기 위한 필요충분조건은 (X, Y)의 결합확률밀도함수 $f(x,y)$가 다음과 같이 실수값 함수 h와 g의 곱으로 쓰여지는 것이다.

$$f(x,\ y) = h(x)g(y), \quad -\infty < x < \infty, -\infty < y < \infty \tag{6.11}$$

증명 X와 Y가 서로 독립이면 $f(x,y) = f_X(x)f_Y(y)$이므로 $h(x) = f_X(x),\ g(y) = f_Y(y)$라 두면 위 관계 (6.11)이 성립한다. 한편 $f(x,\ y) = h(x)g(y), \quad -\infty < x < \infty, -\infty < y < \infty$이 성립하면 다음을 얻는다.

$$f_X(x) = h(x) \cdot \int_{-\infty}^{\infty} g(y)dy$$

$$f_Y(y) = g(y) \cdot \int_{-\infty}^{\infty} h(x)dx$$

한편, $1 = \int_{-\infty}^{\infty}\int_{-\infty}^{\infty} h(x)g(y)dxdy = \int_{-\infty}^{\infty} h(x)dx \int_{-\infty}^{\infty} g(y)dy$

따라서 $f_X(x)f_Y(y) = h(x)g(y)\int_{-\infty}^{\infty} g(y)\,dy \int_{-\infty}^{\infty} h(x)\,dx = f(x,\ y)$가 성립함을 알 수 있다.

예제 6.21

두 확률변수 X 와 Y의 결합확률밀도함수가 다음과 같이 주어졌다면 X와 Y는 독립인가?

$$f(x,y) = 2e^{-(x+2y)}, \quad x > 0,\ y > 0$$

풀이 $f(x,y)$는 다음과 같이 두 x 만의 함수와 y만의 함수의 곱으로 쓸 수 있다.

$$f(x,\ y) = (2e^{-x} I_{\{x>0\}}) \cdot (e^{-2y} I_{\{y>0\}}), \quad -\infty < x < \infty, -\infty < y < \infty$$

따라서 (6.11) 식을 만족하므로 명제 6.6에 의해 X와 Y는 서로 독립이다.

■

예제 6.22

$f(x,\ y) = 24xy, \quad 0 \le x \le 1,\ 0 \le y \le 1,\ 0 \le x + y \le 1$의 결합확률밀도함수를 갖고 있는 확률변수 X 와 Y는 서로 독립인가?

풀이 위 $f(x,y)=24xy$만 보면 x함수와 y함수의 곱으로 볼 수 있으나 범위에 있는 $0 \le x+y \le 1$은 두 함수의 곱으로 분리할 수 없으므로 독립이 아니다. 이 때 각각의 주변확률밀도함수는 다음과 같다 (예제 6.16).

$f_X(x)=12x(1-x)^2, \quad 0<x<1, \quad f_Y(y)=12y(1-y)^2, \quad 0<y<1$

따라서 $f(x,y) \neq f_X(x)f_Y(y)$이고 X와 Y는 서로 독립이 아님을 확인할 수 있다. ■

명제 6.6을 이용하면 아무런 계산을 하지 않고도 $f(x, y)=1, \quad 0<x<1, 0<y<1$은 서로 독립인 두 확률변수의 결합확률밀도함수임을 알 수 있다. 그러나 $f(x, y)=2$, $0<y<x<1$의 두 주변분포는 서로 독립이 아니다.

세 개 이상의 확률변수의 독립도 확률변수가 2개인 경우를 그대로 확장하여 다음과 같이 정의한다.

정의 6.5

임의의 실수의 부분집합 $A_1, A_2, \cdots, A_n$에 대하여

$$P(X_1 \in A_1, X_2 \in A_2, \cdots, X_n \in A_n)=P(X_1 \in A_1)P(X_2 \in A_2)\cdots P(X_n \in A_n)$$

이 성립하면 확률변수 $X_1, X_2, \cdots, X_n$은 서로 독립이다.

다음이 성립한다.

명제 6.7

n개의 확률변수 $X_1, X_2, \cdots, X_n$이 다음 조건 중 하나를 만족하면 서로 독립이다.

(결합이산분포의 경우) $p_{X_1, X_2, \cdots, X_n}(x_1, x_2, \cdots, x_n)=p_{X_1}(x_1)p_{X_2}(x_2)\cdots p_{X_n}(x_n)$

(결합연속분포의 경우) $f_{X_1, X_2, \cdots, X_n}(x_1, x_2, \cdots, x_n)=f_{X_1}(x_1)f_{X_2}(x_2)\cdots f_{X_n}(x_n)$

또한 일반적으로 $X_1, X_2, \cdots, X_n$ 각각이 연속분포를 한다고 하여 결합분포가 연속이 되는 것은 아니지만 n개의 확률변수가 서로 독립이면 결합확률밀도함수가 각각의 확률밀도함수의 곱이 되므로 결합확률밀도함수가 존재하게 되고 따라서 결합분포도 연속이 된다.

명제 6.8

X와 Y가 서로 독립인 확률변수이고 $g, h: R \to R$인 함수이면 $g(X), h(Y)$도 서로 독립인 확률변수가 된다.

증명 임의의 R의 부분집합 A, B에 대하여

$$P(g(X)\in A,\ h(Y)\in B) = P(X\in g^{-1}(A),\ Y\in h^{-1}(B))$$
$$= P(X\in g^{-1}(A))P(Y\in h^{-1}(B)) \quad (\because X, Y: \text{독립})$$
$$= P(g(X)\in A)P(h(Y)\in B))$$

위의 $g^{-1}(A)$는 A의 역상을 나타낸다. 즉 $g^{-1}(A) = \{x \mid g(x)\in A\}$. 이 때 g의 역함수 g^{-1}가 존재할 필요는 없다.

명제 6.8에 의하면 X와 Y가 서로 독립인 확률변수이면 X 와 Y의 함수로 이루어진 다음 두 확률변수들의 쌍들은 서로 독립이다.

(1) $e^X,\ Y$ (2) $\sin X,\ Y^2$ (3) $X^2+2X,\ e^{Y^2}$

명제 6.8를 $n\ (n \geq 3)$개의 확률변수로 확장시키면 다음과 같다.

$X_1, X_2, \cdots, X_n$이 서로 독립일 때 적당한 실수값 함수 $f_1, f_2, \cdots, f_k$에 대해서 $f_1(X_{i_1}, X_{i_2}, X_{i_3}), f_2(X_{i_4}, X_{i_5}), \cdots, f_k(X_{i_6} X_{i_7}, X_{i_8}, X_{i_9})$는 서로 독립인 새로운 확률변수가 된다. 여기서 $(X_{i_1}, X_{i_2}, X_{i_3}), (X_{i_4}, X_{i_5}), (X_{i_6}, X_{i_7}, X_{i_8}, X_{i_9})$의 확률변수들은 겹치지 않게 나뉘어 있다는데 주목하자.

예제 6.23

$X_1, X_2, \cdots, X_5$가 서로 독립인 확률변수일 때 다음 두 확률변수의 짝들은 서로 독립이다. 이유를 설명하라.

(1) $X_1 + X_2,\ X_3^2 + X_4^2$

(2) $\max\{X_1, X_2, X_3\},\ \min\{X_4, X_5\}$

(3) $\cos(X_1X_2),\ \sin(X_3X_4X_5)$

풀이 두 확률변수 짝들은 각각 서로 겹치지 않는 독립인 확률변수들에 의해 생성되었다. ■

6.3 조건부 분포

두 사상 E, F의 조건부 확률은 $P(F) > 0$일 때 다음과 같이 정의되었음을 상기하자.

$$P(E|F) = \frac{P(E \cap F)}{P(F)}$$

두 확률변수 X, Y와 R의 임의의 부분집합 A, B에 대하여 $P(Y \in B) > 0$일 때 다음이 성립한다.

$$P(X \in A | Y \in B) = \frac{P(X \in A,\ Y \in B)}{P(Y \in B)}$$

이는 Y가 B에 들어갔다는 조건 아래서 X가 A에 포함되는 조건부 확률을 나타낸다. X, Y가 이산분포를 따를 때 $A = \{x\}$, $B = \{y\}$로 하면 위 식은 다음과 같이 쓸 수 있다.

$$P(X = x | Y = y) = \frac{P(X = x, Y = y)}{P(Y = y)},\quad P(Y = y) > 0$$

$P(X = x | Y = y)$를 $Y = y$일 때 X의 **조건부확률질량함수**(conditional probability mass function of X given $Y = y$)라 하고 $p_{X|Y}(x|y)$로 나타낸다.

정의 6.6

두 이산확률변수 X, Y에 대하여 $Y = y$일 때 X의 조건부확률질량함수 $p_{X|Y}(x|y)$는 다음과 같이 정의된다.

$$p_{X|Y}(x|y) = \frac{p_{X,Y}(x,y)}{p_Y(y)},\quad p_Y(y) \neq 0 \tag{6.12}$$

$Y = y$일 때 X의 조건부확률질량함수는 X와 Y의 결합확률질량함수를 Y의 주변확률질량함수의 y에서의 값으로 나누어 얻어진 함수이다. 위 (6.12) 식은 다음과 같이 곱의 형태로 쓸 수 있다.

$$p_{X,Y}(x,y) = p_{X|Y}(x|y) \cdot p_Y(y)$$

따라서 X와 Y가 독립이면 (6.9) 식 $p_{X,Y}(x,y) = p_X(x) p_Y(y)$이 성립하고 이 식을 (6.12) 식에 대입하면 $p_{X|Y}(x|y) = p_X(x)$이 성립한다. 이는 $Y = y$ 조건 아래서 X의 조건부확률질량함수가 y값과는 무관한 함수가 됨을 보여준다.

또한 $Y=y$일 때 X의 조건부확률질량함수 $p_{X|Y}(x|y)$는 새로운 확률질량함수가 된다. 즉 다음이 성립한다.

$$p_{X|Y}(x|y) \geq 0$$

$$\sum_x p_{X|Y}(x|y) = \sum_x \frac{p_{X,Y}(x,y)}{p_Y(y)} = 1$$

$Y=y$일 때 X의 **조건부확률분포함수** $F_{X|Y}(x|y)$는 $P(Y=y)>0$인 모든 y에서 다음과 같이 정의된다.

$$F_{X|Y}(a|y) = P(X \leqq a | Y=y) = \sum_{\{x|x \leqq a\}} p_{X|Y}(x|y)$$

또한 $A \subset R$에 대해서 다음이 성립한다.

$$P(X \in A | Y=y) = \sum_{\{x|x \in A\}} p_{X|Y}(x|y)$$

예제 6.24

예제 6.1의 표를 보고 $p_{X|Y}(2|1)$, $p_{X|Y}(1|1)$, $F_{X|Y}(2|1)$ 을 구하여라.

풀이 $p_{X|Y}(2|1) = \dfrac{p_{X,Y}(2,1)}{p_Y(1)} = \dfrac{1/6}{1/3} = 1/2$

$$p_{X|Y}(1|1) = \frac{p_{X,Y}(1,1)}{p_Y(1)} = 0$$

$$F_{X|Y}(2|1) = \frac{p_{X,Y}(1,1)}{p_Y(1)} + \frac{p_{X,Y}(2,1)}{p_Y(1)} = 0 + 1/2 = 1/2$$

■

예제 6.25

$X_1 \sim Poisson(\lambda_1)$, $X_2 \sim Poisson(\lambda_2)$ 분포를 따르고 X_1과 X_2는 서로 독립이다. $X_1 + X_2 = n$ $(n \geqq 0$은 정수$)$일 때 X_1의 조건부 분포를 구하여라.

풀이 먼저 $P(X_1+X_2=n)$일 확률을 구해보자. X_1, X_2가 독립이므로 다음이 성립한다.

$$P(X_1+X_2=n) = \sum_{m=0}^{n} P(X_1=m,\ X_2=n-m)$$

$$= \sum_{m=0}^{n} P(X_1 = m)P(X_2 = n-m)$$

$$= \frac{e^{-(\lambda_1+\lambda_2)}}{n!} \sum_{m=0}^{n} \frac{n!}{m!(n-m)!} \lambda_1^m \lambda_2^{n-m}$$

$$= \frac{(\lambda_1+\lambda_2)^n e^{-(\lambda_1+\lambda_2)}}{n!}$$

즉 $X_1 + X_2 \sim Poisson(\lambda_1 + \lambda_2)$이다. 다음이 성립한다.

$$P(X_1 = k \mid X_1 + X_2 = n) = \frac{P(X_1 = k, X_1 + X_2 = n)}{P(X_1 + X_2 = n)}$$

$$= \frac{P(X_1 = k,\ X_2 = n-k)}{P(X_1 + X_2 = n)}$$

$$= \frac{e^{-\lambda_1}\lambda_1^k}{k!} \frac{e^{-\lambda_2}\lambda_2^{n-k}}{(n-k)!} \cdot \frac{n!}{(\lambda_1+\lambda_2)^n e^{-(\lambda_1+\lambda_2)}}$$

$$= \binom{n}{k}\left(\frac{\lambda_1}{\lambda_1+\lambda_2}\right)^k \left(\frac{\lambda_2}{\lambda_1+\lambda_2}\right)^{n-k},\ k = 0,\ 1,\ 2,\ \cdots,\ n$$

결과적으로 $X_1 + X_2 = n$이라는 조건 아래서 X_1의 조건부 분포는 $B(n,p)$, $p = \frac{\lambda_1}{\lambda_1+\lambda_2}$이다.

■

예제 6.26

(X, Y, Z)가 모수 $n,\ p,\ q,\ r$ ($n \geq 0$은 정수 , $p+q+r=1$)을 갖는 다항분포를 할 때 다음을 구하라.

(1) $X = x$ ($x = 0,\ 1,\ 2,\ \cdots,\ n$)일 때 Y와 Z의 조건부결합분포

(2) $X = x, Y = y$일 때 Z의 조건부 분포를 구하라.

풀이 (1) 예제 6.6에서 $X \sim B(n,\ p)$임을 보았다. 따라서 Y와 Z의 조건부결합분포는 다음과 같다.

$$p_{Y,Z|X}(y, z|x) = \frac{p_{X,Y,Z}(x, y, z)}{p_X(x)}$$

$$= \frac{\binom{n}{x,y,z} p^x q^y r^z}{\binom{n}{x} p^x (1-p)^{n-x}}$$

$$= \frac{(n-x)!}{y!z!} \frac{q^y r^z}{(1-p)^{y+z}}$$

$$= \binom{n-x}{y,\ z} \left(\frac{q}{1-p}\right)^y \left(\frac{r}{1-p}\right)^z$$

즉 $X = x$일 때 Y와 Z의 조건부 결합분포는 모수 $n-x$, $\frac{q}{1-p}$, $\frac{r}{1-p}$를 갖는 다항분포를 따른다. 여기서 $\binom{n-x}{y,\ z} = \binom{n-x}{y}$이다.

(2) $X + Y + Z = n$이므로 $X = x, Y = y$이면 Z는 $n - x - y$이어야 한다. 따라서 $p_{Z|X,Y}(z|x,y) = 1$, $\quad z = n - x - y$이고 그 외의 점에서는 0 값을 갖는다.

■

이제 $(X,\ Y)$가 결합연속확률변수로 결합확률밀도함수 $f_{X,\ Y}(x,\ y)$를 갖는 경우의 조건부 분포에 대해 생각해 보자. $(X,\ Y)$가 결합확률밀도함수를 가지면 X와 Y 각각 주변확률밀도함수가 존재하고 연속확률분포에서는 특정점을 갖을 확률이 항상 0이 됨을 알고 있다. 즉 Y가 연속확률변수이면 $P(Y = y) = 0,\ \forall y \in R$이므로 이산분포에서와 같이 $P(X = x | Y = y)$를 정의 할 수 없다. 먼저 x, y를 각각 포함한 작은 구간에서의 확률을 구하여보자.

$$P(x < X \le x + \Delta x \mid y < Y \le y + \Delta y) = \frac{P(x < X \le x + \Delta x,\ y < Y \le y + \Delta y)}{P(y < Y \le y + \Delta y)}$$

$$\approx \frac{f_{X,\ Y}(x,\ y)\Delta x \Delta y}{f_Y(y)\Delta y} = \frac{f_{X,\ Y}(x,\ y)}{f_Y(y)}\Delta x$$

한편 다음을 생각해 보자.

$$P(X \le x \mid y < Y \le y + \Delta y) = \frac{P(X \le x,\ y < Y \le y + \Delta y)}{P(y < Y \le y + \Delta y)}$$

$$= \frac{\int_{-\infty}^{x} \int_{y}^{y+\Delta y} f_{X,\ Y}(x,\ y) dy dx}{P(y < Y \le y + \Delta y)}$$

$$\approx \frac{\int_{-\infty}^{x} f_{X,\ Y}(x,\ y) \Delta y dx}{f_Y(y)\Delta y} = \int_{-\infty}^{x} \frac{f_{X,\ Y}(x,\ y)}{f_Y(y)} dx$$

위 두 식을 바탕으로 $f_Y(y) \neq 0$에서 다음과 같이 정의한다.

정의 6.7

$Y=y$일 때의 X의 **조건부확률밀도함수**(conditional probability density function) $f_{X|Y}(x|y)$는 다음과 같이 정의된다.

$$f_{X|Y}(x|y) = \frac{f_{X,Y}(x, y)}{f_Y(y)}, \quad f_Y(y) \neq 0 \tag{6.13}$$

$f_{X|Y}(x|y) \geq 0$이고 $\int_{-\infty}^{\infty} f_{X|Y}(x|y)dx = 1$이 성립하므로 조건부확률밀도함수도 확률밀도함수가 됨을 알 수 있다. (6.13) 식을 다음과 같이 곱의 형태로 쓸 수 있다.

$$f_{X,Y}(x, y) = f_Y(y) f_{X|Y}(x|y)$$

또한 X와 Y가 서로 독립이면 (6.10)과 (6.13)으로 부터 다음을 얻는다.

$$f_{X|Y}(x|y) = f_X(x), \quad f_{Y|X}(y|x) = f_Y(y)$$

구간 $(0, 1)$에서 임의의 한 점을 선택하여 y라 두고 X는 성공률 y인 베르누이 시행을 n번 반복하여 성공한 횟수를 나타낸다고 하자. 이 때 $Y \sim Unif(0,1)$이라 두면 $Y=y$일 때 $X \sim B(n,y)$이므로 X의 조건부 확률을 다음과 같이 표기하는 것은 자연스럽다.

$$P(X=k|Y=y) = \binom{n}{k} y^k (1-y)^{n-k}, \; k = 0, 1, 2, \cdots, n$$

엄밀히 $P(Y=y)=0$이므로 위 식은 지금까지의 이론으로 보면 맞는 표현이 아니다. 그러나 $P(X=k|Y=y)$가 무엇을 의미하는지 알 수 있으며 더불어 이는 매우 편리한 표현 방법이다. 따라서 앞으로는 연속확률변수의 경우에도 혼돈이 없는 한 이와 같은 표현 방법을 쓰고자 한다.

2차원 연속확률변수 $(X, Y) \sim f(x, y)$에 대하여 다음이 성립한다.

$$P(X \in A | Y=y) = \int_A f_{X|Y}(x|y)dx$$

$$F_{X|Y}(x|y) = P(X \leq x | Y=y) = \int_{-\infty}^{x} f_{X|Y}(x|y)dx$$

예제 6.27

(X, Y)의 결합확률밀도함수가 다음과 같을 때 아래 확률들을 구하여라.

$f(x,y) = \frac{6}{5}(x+y^2), \quad 0 \le x \le 1, 0 \le y \le 1$

(1) $P(X > \frac{1}{2} | Y = y)$ (2) $P(X > \frac{1}{2} | Y = \frac{1}{3})$

풀이 Y의 주변확률밀도함수는 다음과 같다 (예제 6.20).

$$f_Y(y) = \frac{6}{5}y^2 + \frac{3}{5}, \ 0 \le y \le 1$$

따라서 $f_{X|Y}(x|y) = \dfrac{\frac{6}{5}(x+y^2)}{\frac{6}{5}y^2 + \frac{3}{5}} = \dfrac{2(x+y^2)}{2y^2+1}, \quad 0 < x < 1 \ , 0 < y < 1$

(1) $P(X > \frac{1}{2} | Y = y) = \displaystyle\int_{1/2}^{1} \frac{2(x+y^2)}{2y^2+1} dx = \frac{\frac{3}{4} + y^2}{2y^2+1}, \quad 0 < y < 1$

(2) $f_{X|Y}(x|\frac{1}{3}) = \dfrac{18x+2}{11}, \quad 0 < x < 1$이므로 다음이 성립한다.

$$P(X > \frac{1}{2} | Y = \frac{1}{3}) = \int_{1/2}^{1} \frac{18x+2}{11} dx = \frac{31}{44}$$

이는 (1)에서 구한 식에 $y = \frac{1}{3}$을 대입한 값과 일치한다.

■

예제 6.28

$(X, Y) \sim f(x, y) = 8xy, \quad 0 \le x \le y \le 1$일 때 $f_Y(y)$, $P(\frac{1}{3} < X < 1 | Y = \frac{1}{2})$를 구하라.

풀이 먼저 $f_Y(y) = \displaystyle\int_0^y 8xy \, dx = 4y^3, \quad 0 \le y \le 1$이므로 $0 \le y \le 1$인 y에 대하여 다음이 성립한다.

$$f_{X|Y}(x|y) = \frac{8xy}{4y^3} = \frac{2x}{y^2}, \quad 0 \le x \le y$$

$$f_{X|Y}(x|\frac{1}{2}) = \frac{2x}{(\frac{1}{2})^2} = 8x, \quad 0 \le x \le \frac{1}{2}$$

따라서 구하는 확률은 다음과 같다.

$$P(\frac{1}{3}< X < 1 | Y = \frac{1}{2}) = \int_{1/3}^{1/2} 8x dx = \frac{5}{9}.$$

■

예제 6.29

Y의 확률밀도함수 $f_Y(y) = \frac{1}{(1+y)^2}$, $y > 0$ 와 $Y = y$에서의 X의 조건부확률밀도함수가 다음과 같이 주어졌다.

$$f_{X|Y}(x|y) = x(y+1)^2 e^{-x(y+1)}, \quad x > 0, y > 0$$

(X, Y)의 결합확률밀도함수를 구하고 $X = x$일 때의 Y의 조건부확률밀도함수를 구하라.

풀이 $f_{X,Y}(x, y) = f_Y(y) f_{X|Y}(x|y) = xe^{-x(y+1)}$, $x > 0, y > 0$이 된다. 이를 이용하여 X의 주변확률밀도함수를 구하면 $f_X(x) = e^{-x}$, $x > 0$이 되고 따라서 $x > 0$인 x에 대하여 다음이 성립한다.

$$f_{Y|X}(y|x) = \frac{xe^{-x(y+1)}}{e^{-x}} = xe^{-xy}, \quad y > 0$$

■

이제 X, Y 중 하나는 이산분포를 갖고 다른 하나는 연속분포를 갖는 경우를 생각해 보자. $Y \sim Unif(0, 1)$이고 $Y = y$일 때 X는 모수가 n, y인 이항분포를 따른다고 가정하자. 여기서 $X = k\ (k = 0, 1, 2, \cdots, n)$일 때 Y의 조건부 분포를 구하고자 한다.

Y는 연속분포를 따르고 $Y = y$일 때 X는 이산분포를 따르므로 다음이 성립한다.

$$\begin{aligned} P(y < Y \le y + \Delta y \mid X = k) &= \frac{P(y < Y \le y + \Delta y,\ X = k)}{P(X = k)} \\ &= \frac{P(X = k \mid y < Y \le y + \Delta y) P(y < Y \le y + \Delta y)}{P(X = k)} \\ &\approx \frac{P(X = k \mid Y = y)}{P(X = k)} f_Y(y) \Delta y \end{aligned}$$

따라서 $X = k$일 때 Y의 조건부확률밀도함수는 다음과 같이 주어진다.

$$f_{Y|X}(y|k) = \frac{P(X = k \mid Y = y) \cdot f_Y(y)}{P(X = k)},\ 0 < y < 1\ ,\ k = 0, 1, 2, \cdots, n$$

한편 $f_Y(y)=1,\ 0<y<1$이고 $P(X=k|Y=y)=\binom{n}{k}y^k(1-y)^{n-k}$, $k=0,1,2,\cdots,n$이므로 X와 Y의 결합분포는 두 함수의 곱으로 결정된다. 즉

$$\begin{aligned} g_{X,Y}(k,y) &= P(X=k|Y=y)f_Y(y) \\ &= \binom{n}{k}y^k(1-y)^{n-k}\cdot 1, \quad 0<y<1,\ k=0,1,2,\cdots,n \end{aligned}$$

따라서 $g_{X,Y}(k,y)$로부터 X의 주변분포를 구하면 다음과 같다.

$$P(X=k)=\int_0^1 \binom{n}{k} y^k(1-y)^{n-k}dy,\ k=0,1,2,\cdots,n$$

또한 $X=k$일 때의 Y의 조건부확률밀도함수를 다음과 같이 생각할 수 있다.

$$f_{Y|X}(y|k)=\frac{g_{X,Y}(k,y)}{P(X=k)}=\frac{P(X=k|Y=y)f_Y(y)}{P(X=k)},\quad 0<y<1,\ k=0,1,2,\cdots,n$$

이는 위에서 구한 결과와 일치하며 (X, Y)가 결합이산분포나 결합연속분포를 할 때와 같은 방법으로 다룬 것이다. 다만 이산분포를 갖는 X에 대해서는 합을 구하고 연속분포를 갖는 Y에 대해서는 적분을 해주면 된다.

만일 $n=3,\ k=1$이라고 가정하면

$$P(X=1)=\int_0^1 \binom{3}{1} y(1-y)^2dy=\frac{1}{4}$$

따라서 다음을 얻는다.

$$f_{Y|X}(y|1)=\frac{\binom{3}{1}y(1-y)^2}{\frac{1}{4}}=12y(1-y)^2,\quad 0<y<1$$

예제 6.30

특정 액체 안의 $1cm^3$ 안에 있는 박테리아의 수는 모수가 λ인 포아송 분포를 따른다고 한다. 한편 λ는 위치에 따라 변하는 확률변수인데 모수 θ를 갖는 지수분포에 의해 결정되는 값이라고 한다. 임의로 선택된 위치에서의 박테리아의 수를 X라 할 때 X의 분포를 구하라.

풀이 $\Lambda\sim Exp(\theta)$ 라 두면 $\Lambda=\lambda$일 때 $X\sim Poisson(\lambda)$이다.

$$P(X=k|\Lambda=\lambda)=\frac{\lambda^k e^{-\lambda}}{k!},\quad k=0,\,1,\,2,\,\cdots$$

$$f_\Lambda(\lambda)=\theta e^{-\theta\lambda},\quad \lambda>0$$

따라서 X 와 Λ의 결합분포를 $g_{X,\Lambda}(k,\lambda)$라 두면 다음이 성립한다.

$$g_{X,\Lambda}(k,\lambda)=\theta e^{-\theta\lambda}\cdot\frac{\lambda^k e^{-\lambda}}{k!},\quad \lambda>0,\,k=0,\,1,\,2,\,\cdots \tag{6.14}$$

위의 (6.14) 식으로부터 X의 주변분포를 구하면 다음과 같다.

$$\begin{aligned}P(X=k)&=\int_0^\infty \theta e^{-\theta\lambda}\cdot\frac{\lambda^k e^{-\lambda}}{k!}d\lambda\\&=\frac{\theta}{k!}\cdot\frac{\Gamma(k+1)}{(\theta+1)^{k+1}}=\theta\,(\theta+1)^{-(k+1)},\quad k=0,\,1,\,2,\,\cdots\end{aligned}$$

■

6.4 확률변수의 함수의 분포(distribution of functions of random variables)

5장에서 확률변수 X의 함수로 이루어진 새로운 확률변수의 분포를 구하는 문제를 몇몇 예제를 통하여 알아보았다. 6장에서는 n차원 확률변수$(X_1,\,\cdots,\,X_n)$과 함수 $g:R^n\to R^m$의 합성함수 $g(X_1,\,\cdots,\,X_n):\Omega\to R^m$는 m차원 확률변수가 되는데 $g(X_1,\,\cdots,\,X_n)$의 결합분포와 그의 활용에 대해서 알아보고자 한다. 먼저 $m=1$ 인 경우의 여러 가지 예를 살펴보고 $m\ge 2$의 경우는 6.4.2절에서 알아보자.

$X_i(\,i=1,\,2,\,\cdots,\,n)$는 분포함수 $F_X(x)$, 확률밀도함수 $f_X(x)$를 갖고(동등분포) X_i는 서로 독립이라 하자. $Y=\max\{X_1,\,X_2,\,\cdots,\,X_n\}$, $Z=\min\{X_1,\,X_2,\,\cdots,\,X_n\}$라 할 때 Y, Z의 분포함수와 확률밀도함수를 $F_X(x)$와 $f_X(x)$를 이용하여 나타내어 보자.

먼저 Y의 분포함수를 구하면 다음과 같다.

$$\begin{aligned}F_Y(y)=P(Y\le y)&=P(X_1\le y,X_2\le y,\,\cdots\,,X_n\le y)\\&=P(X_1\le y)P(X_2\le y)\cdots P(X_n\le y)\\&=(F_X(y))^n\end{aligned}$$

따라서 Y의 확률밀도함수 $f_Y(y)$는 다음과 같다.

$$f_Y(y)=n(F_X(y))^{n-1}f_X(y)$$

한편 $F_Z(z)=P(Z\le z)=1-P(Z>z)$

$$=1-P(X_1>z,\ X_2>z,\ \cdots,\ X_n>z)$$
$$=1-(P(X_1>z))^n$$
$$=1-(1-F_X(z))^n$$

따라서 Z의 확률밀도함수는 위의 분포함수를 미분하여 얻을 수 있다.

$$f_Z(z)=n(1-F_X(z))^{n-1}f_X(z)$$

앞의 예제 6.25에서 $X_1 \sim Poisson(\lambda_1)$, $X_2 \sim Poisson(\lambda_2)$이고 X_1과 X_2가 서로 독립일 때 X_1+X_2의 분포는 $X_1+X_2 \sim Poisson(\lambda_1+\lambda_2)$가 됨을 보았다. 다음은 성공률이 같은 독립인 이항분포의 합에 대해 살펴보자.

예제 6.31

$X \sim B(n,\ p)$, $Y \sim B(m,p)$이고 X와 Y가 서로 독립이면 $X+Y \sim B(n+m,\ p)$가 됨을 보여라.

풀이 먼저 $X+Y$가 가질 수 있는 값의 범위는 0부터 $n+m$까지의 정수임을 확인해두자. 예제 6.25의 포아송 분포에서와 같은 방법으로 $k=0,\ 1,\ 2,\ \cdots,\ n+m$에 대하여 계산하면 다음이 성립한다.

$$\begin{aligned} P(X+Y=k) &= \sum_{i=0}^{k} P(X=i)P(Y=k-i) \\ &= \sum_{i=0}^{k}\binom{n}{i}p^i(1-p)^{n-i}\binom{m}{k-i}p^{k-i}(1-p)^{m-k+i} \\ &= p^k(1-p)^{n+m-k}\sum_{i=0}^{k}\binom{n}{i}\binom{m}{k-i} \\ &= \binom{n+m}{k}p^k(1-p)^{n+m-k} \end{aligned}$$

위의 네 번째 등식은 관계식 $\sum_{i=0}^{k}\binom{n}{i}\binom{m}{k-i}=\binom{n+m}{k}$로부터 얻어진다.

따라서 $X+Y \sim B(n+m,\ p)$이다.

■

일반적으로 X와 Y가 결합확률질량함수 $p_{X,\,Y}(x,\,y)$를 가질 때 $X+Y$의 분포는 다음과 같이 쓸 수 있다.

$$\begin{aligned} P(X+Y=a) &= \sum_{\{(x,\,y)|x+y=a\}} p_{X,\,Y}(x,\,y) \\ &= \sum_x p_{X,\,Y}(x,\,a-x) \end{aligned}$$

이 때 X와 Y가 서로 독립이면 다음이 성립한다.

$$P(X+Y=a) = \sum_x p_X(x)p_Y(a-x)$$

6.4.1 독립인 연속확률변수들의 합의 분포

두 연속확률변수 X와 Y의 합의 분포를 구하여 보자. 즉 $g: R^2 \to R,\ g(x,\,y)=x+y$의 경우 $g(X,\,Y)$의 분포를 구하는 문제가 되겠다. 분포 함수를 이용하여 계산하도록 하자.

$$\begin{aligned} F_{X+Y}(a) &= P(X+Y \le a) \\ &= \iint_{\{(x,\,y)|x+y \le a\}} f_{X,\,Y}(x,\,y)dydx \\ &= \int_{-\infty}^{\infty}\int_{-\infty}^{a-x} f_{X,\,Y}(x,\,y)dydx \end{aligned}$$

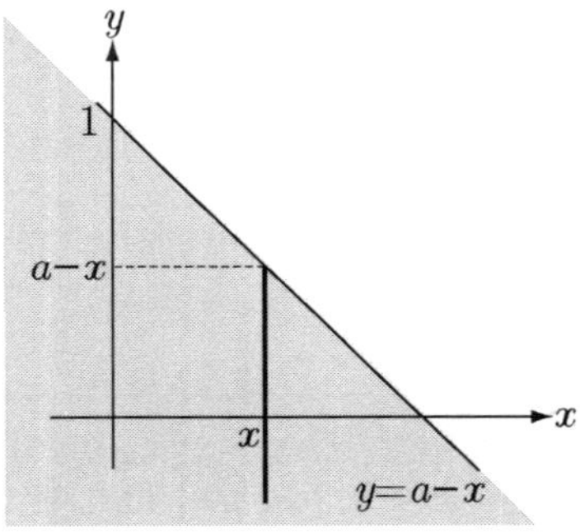

[그림 6-4] $F_{X+Y}(a)$에서의 적분구간

위 식의 양변을 a에 대해서 미분하면 다음을 얻는다.

$$f_{X+Y}(a) = \int_{-\infty}^{\infty} f_{X,Y}(x,a-x)dx \tag{6.15}$$

예제 6.32

$(X,\ Y) \sim f(x,\ y) = 1,\quad 0 < x < 1,\ 0 < y < 1$일 때 $Z = X + Y$라 두고 Z의 분포함수 및 확률밀도함수를 구하여라.

풀이 $0 < a < 2$인 a에 대하여 다음이 성립한다.

$F_Z(a) = P(Z \le a) = P(X + Y \le a)$

$$= \begin{cases} \dfrac{1}{2}a^2, & 0 < a < 1 \\ -\dfrac{1}{2}a^2 + 2a - 1, & 1 \le a < 2 \end{cases}$$

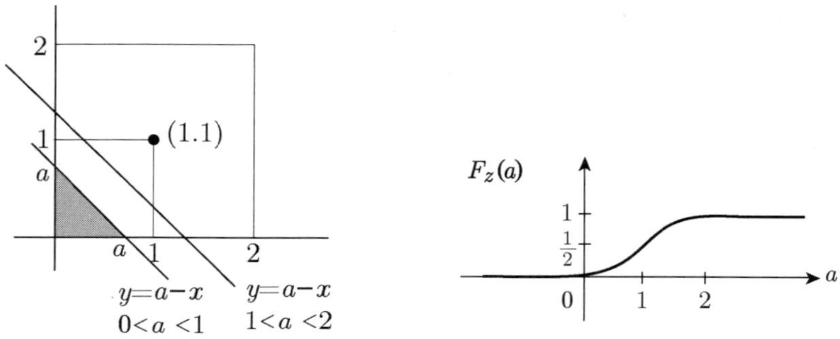

[그림 6-6]

이는 $(X,\ Y)$ 가 $(0,1)\times(0,1)$에서 균일분포를 하므로 면적에 비례함을 이용하여 구할 수 있다. 구하는 확률밀도함수는 다음과 같다.

$$f_Z(a) = \begin{cases} a, & 0 < a < 1 \\ 2 - a, & 1 \le a < 2 \end{cases}$$

예제 6.33

$(X, Y) \sim f(x,y) = x + y,\quad 0 < x < 1,\ 0 < y < 1$일 때 $X + Y$의 분포를 구하라.

풀이 $0 < x < 1,\ 0 < y < 1$이므로 $0 < x + y < 2$이다. 식 (6.15)를 사용하기 위하여 먼저 $f_{X,Y}(x, a - x)$를 구하자. $f_{X,Y}(x, a - x) = a,\quad 0 < x < 1,\ 0 < a - x < 1$ 따라서 a 값의 범위에 따라 $f_{X,Y}(x,\ a - x)$값이 달라진다. 즉,

$0 < a < 1$이면 $f_{X,Y}(x,\ a - x) = \begin{cases} a, & 0 < x < a \\ 0, & \text{그 밖에서} \end{cases}$

$1 \le a < 2$이면 $f_{X,Y}(x,\ a - x) = \begin{cases} a, & a - 1 < x < 1 \\ 0, & \text{그 밖에서} \end{cases}$

따라서 (6.15)를 이용하면 다음이 성립한다.

$$\begin{aligned} f_{X+Y}(a) &= \int_{-\infty}^{\infty} f_{X,Y}(x, a-x)dx \\ &= \begin{cases} \int_0^a adx & 0 < a < 1 \\ \int_{a-1}^1 adx & 1 \le a < 2 \end{cases} \\ &= \begin{cases} a^2 & 0 < a < 1 \\ a(2-a) & 1 \le a < 2 \end{cases} \end{aligned}$$

■

X와 Y는 서로 독립이라고 가정하면 (X, Y)의 결합확률밀도함수는 각각의 확률밀도함수의 곱이 된다. 즉 $f(x, y) = f_X(x)f_Y(y)$.이다.

따라서 다음이 성립한다.

$$\begin{aligned} F_{X+Y}(a) &= P(X+Y \le a) \\ &= \iint_{\{(x,y)|x+y \le a\}} f_X(x)f_Y(y)dydx \\ &= \int_{-\infty}^{\infty}\int_{-\infty}^{a-x} f_Y(y)dy\ f_X(x)dx \\ &= \int_{-\infty}^{\infty} F_Y(a-x)f_X(x)dx = \int_{-\infty}^{\infty} F_Y(a-x)dF_X(x) \end{aligned} \tag{6.16}$$

위의 F_{X+Y}를 F_X와 F_Y의 **합성곱**(convolution)이라고 부른다.

위 (6.16) 식에서 X와 Y의 적분순서를 바꾸면 다음을 얻는다.

$$F_{X+Y}(a) = \int_{-\infty}^{\infty} F_X(a-y)f_Y(y)dy \tag{6.17}$$

위의 두 식 (6.16), (6.17)을 a에 대해서 미분하면 확률밀도함수를 이용한 공식을 얻는다.

명제 6.9

두 확률변수 X와 Y가 서로 독립이면 $X+Y$의 분포에 대하여 다음이 성립한다.

$$F_{X+Y}(a) = \int_{-\infty}^{\infty} F_X(a-y)dF_Y(y) = \int_{-\infty}^{\infty} F_Y(a-x)dF_X(x)$$

$$f_{X+Y}(a) = \int_{-\infty}^{\infty} f_X(a-y)f_Y(y)dy = \int_{-\infty}^{\infty} f_Y(a-x)f_X(x)dx$$

예제 6.34

X, Y는 서로 독립이고 모수 λ인 지수분포를 따른다. $X+Y$의 분포를 구하라.

풀이 공식에 의하면 다음이 성립한다.

$$f_{X+Y}(a)=\int_{-\infty}^{\infty} f_X(a-y)f_Y(y)dy$$

$$=\int_0^a \lambda e^{-\lambda(a-y)}\lambda e^{-\lambda y}\,dy$$

$$=\lambda^2 a e^{-\lambda a},\ a>0$$

두 번째 등식에서 적분구간은 $y>0$, $a-y>0$를 만족해야하므로 $0<y<a$가 된다. 따라서 $X+Y\sim\Gamma(2,\lambda)$임을 알 수 있다.

■

위 예제 6.34에서 서로 독립인 두 지수분포의 합의 분포는 $\Gamma(2,\lambda)$임을 보았다. 또한 $X\sim\Gamma(\alpha_1,\lambda)$, $Y\sim\Gamma(\alpha_2,\lambda)$이고 X와 Y가 서로 독립이면 $X+Y\sim\Gamma(\alpha_1+\alpha_2,\lambda)$임을 증명할 수 있다(연습문제 6.7). 그러므로 이들을 반복 적용하면 X_i, $i=1, 2, \cdots, n$이 서로 독립이고 각각이 모수 (α_i, λ) 인 감마분포를 따르면 이들의 합 $X_1+X_2+\cdots+X_n$은 모수 $(\sum_{i=1}^{n}\alpha_i, \lambda)$를 갖는 감마분포를 따름을 알 수 있다.

명제 6.10

X_i, $i=1,2,\cdots,n$이 서로 독립이고 $X_i\sim\Gamma(\alpha_i,\lambda)$일 때 다음이 성립한다.

$$X_1+X_2+\cdots+X_n \sim \Gamma(\sum_{i=1}^{n}\alpha_i,\lambda)$$

$Exp(\lambda) = \Gamma(1,\lambda)$이고 $\chi^2(n)=\Gamma(\frac{n}{2}, \frac{1}{2})$이므로 지수분포나 카이제곱분포의 합의 분포도 명제 6.10을 이용하면 쉽게 구할 수 있다. 즉 X_1, X_2, $\cdots$, X_n이 서로 독립인 확률변수의 열일 때 다음이 성립한다.

(1) $X_i\sim Exp(\lambda)$이면 $\sum_{i=1}^{n}X_i\sim\Gamma(n,\lambda)$

(2) $X_i \sim \chi^2(n_i)$이면 $\sum_{i=1}^{n} X_i \sim \chi^2(\sum_{i=1}^{n} n_i)$

감마분포를 포함한 독립인 확률변수들의 합의 분포는 8장의 적률생성함수(moment generating function)를 이용하면 보다 쉽게 찾을 수 있다.

예제 6.35

$X \sim N(0,\, \sigma_1^2),\ Y \sim N(0,\, \sigma_2^2)$이고 X와 Y가 서로 독립일 때 $X+Y \sim N(0,\, \sigma_1^2+\sigma_2^2)$임을 보여라.

풀이 $\omega^2 = \sigma_1^2 + \sigma_2^2$라 두면 다음이 성립한다.

$$f_{X+Y}(a) = \int_{-\infty}^{\infty} \frac{1}{2\pi\sigma_1\sigma_2} exp(-\frac{x^2}{2\sigma_1^2} - \frac{(a-x)^2}{2\sigma_2^2})dx$$

$$= \frac{1}{\sqrt{2\pi}\,\omega}\int_{-\infty}^{\infty} \frac{\omega}{\sqrt{2\pi}\,\sigma_1\sigma_2} exp\left(-\frac{\omega^2}{2\sigma_1^2\sigma_2^2}\left(x-\frac{\sigma_1^2 a}{\omega^2}\right)^2\right)dx \cdot exp(-\frac{a^2}{2\omega^2})$$

$$= \frac{1}{\sqrt{2\pi}\,\omega} exp(-\frac{a^2}{2\omega^2}), \qquad -\infty < a < \infty$$

■

$X \sim N(\mu_1, \sigma_1^2),\ Y \sim N(\mu_2, \sigma_2^2)$이고 X와 Y가 서로 독립일 때 $X+Y$의 분포는 위 예제 6.35의 결과를 이용하면 쉽게 구할 수 있다. 즉 $X-\mu_1 \sim N(0,\, \sigma_1^2),\ Y-\mu_2 \sim N(0,\, \sigma_2^2)$이므로 $X+Y-(\mu_1+\mu_2) \sim N(0,\, \sigma_1^2+\sigma_2^2)$이 되고 따라서 $X+Y \sim N(\mu_1+\mu_2,\, \sigma_1^2+\sigma_2^2)$을 얻는다(명제 5.5). 서로 독립인 정규분포를 따르는 확률변수들의 합의 분포는 다음과 같다. 이의 증명은 수학적 귀납법(mathematical induction)이나 8장의 적률생성함수를 이용할 수 있다.

명제 6.11

$X_i \sim N(\mu_i,\, \sigma_i^2)$ $(i = 1, 2, , \cdots, n)$이고 X_i 들이 서로 독립이면 다음이 성립한다.

$$\sum_{i=1}^{n} X_i \sim N(\sum_{i=1}^{n}\mu_i,\ \sum_{i=1}^{n}\sigma_i^2)$$

6.4.2 확률변수들의 함수들의 결합분포(joint distribution of functions of random variables)

$(X,\ Y)$가 다음 표의 좌측과 같은 결합확률질량함수를 갖는다고 하자. 이 때 $U=X+Y$, $W=XY$라 하면 $(U,\ W)$의 결합확률질량함수는 다음 표의 우측과 같이 됨을 알 수 있다.

$X \backslash Y$	y_1	y_2	$U \backslash W$	x_1y_1	x_1y_2	x_2y_1	x_2y_2
x_1	p_{11}	p_{12}	x_1+y_1	p_{11}	0	0	0
			x_1+y_2	0	p_{12}	0	0
			x_2+y_1	0	0	p_{21}	0
x_2	p_{21}	p_{22}	x_2+y_2	0	0	0	p_{22}

아주 간단한 결합이산분포의 예를 들었으나 일반적으로 새로운 확률변수들의 결합분포를 찾는 일이 쉽지 않다. 그러나 결합연속분포를 하는 연속확률변수들의 함수의 결합분포는 아래의 명제 6.12와 같이 몇 가지 조건을 만족하면 변수변환공식(6장 참고에 간단히 기술되어 있음)을 사용하여 쉽게 구할 수 있다.

명제 6.12

(X, Y)는 결합확률밀도함수 $f_{X,\ Y}(x,\ y)$를 갖는 연속확률변수이다. $u=g_1(x,\ y)$, $v=g_2(x,\ y)$라 할 때 다음 두 조건을 만족한다고 하자.

(1) $x=h_1(u,\ v)$, $y=h_2(u,\ v)$를 만족하는 함수 h_1, h_2가 유일하게 존재한다.

(2) 편미분 $\dfrac{\partial\, g_i}{\partial\, x}$, $\dfrac{\partial\, g_i}{\partial\, y}$ $(i=1,\ 2)$이 존재하고 연속이며 다음이 성립한다.

$$J(x,y)=\begin{vmatrix} \dfrac{\partial g_1}{\partial x} & \dfrac{\partial g_1}{\partial y} \\ \dfrac{\partial g_2}{\partial x} & \dfrac{\partial g_2}{\partial y} \end{vmatrix} \neq 0,\ \forall\,(x,y)$$

(1)과 (2) 조건 아래서 $(U, V) \sim f_{U,\ V}(u,\ v)$를 다음과 같이 구할 수 있다.

$$f_{U,\ V}(u,\ v)=f_{X,\ Y}(x,\ y)|J(x,\ y)|^{-1} \tag{6.18}$$

위의 명제 6.12에서 $A=\{(x,\ y)|f_{X,\ Y}(x,\ y)>0\}$, $B=\{(u,v)=(g_1(x,\ y),g_2(x,\ y))|(x,\ y)\in A\}$라 하면 $(u,\ v)\in B$일 때 $f_{U,\ V}(u,\ v)>0$임을 알 수 있다.

예제 6.36

$(X, Y) \sim f_{X,Y}(x, y)$이고 $U = X + Y$, $V = X - Y$ 라 할 때 (U, V)의 결합확률밀도함수를 구하여라.

풀이 $x = \frac{u+v}{2}$, $y = \frac{u-v}{2}$이고 $J(x, y) = \begin{vmatrix} 1 & 1 \\ 1 & -1 \end{vmatrix} = -2$이므로 위의 조건 (1), (2)를 만족한다. 따라서 식 (6.18)로부터 다음을 얻는다.

$f_{U,V}(u, v) = f_{X,Y}(x, y) \cdot \frac{1}{2} = \frac{1}{2} f_{X,Y}(\frac{u+v}{2}, \frac{u-v}{2})$이다.

■

위의 예제에서 $f(x,y) = 1$, $0 < x < 1$, $0 < y < 1$이라면 (U, V)의 결합확률밀도함수는 다음과 같다.

$$\begin{aligned} f_{U,V}(u, v) &= \frac{1}{2} f_{X,Y}(\frac{u+v}{2}, \frac{u-v}{2}) \\ &= \frac{1}{2} \cdot 1, \quad 0 < \frac{u+v}{2} < 1, 0 < \frac{u-v}{2} < 1 \\ &= \frac{1}{2}, \quad 0 < u+v < 2, 0 < u-v < 2 \end{aligned}$$

만일 $(X, Y) \sim f_{X,Y}(x, y) = xe^{-(x+y)}$, $x > 0$, $y > 0$이면 (U, V)의 결합확률밀도함수는 다음과 같다.

$$\begin{aligned} f_{U,V}(u, v) &= \frac{1}{2} f_{X,Y}(\frac{u+v}{2}, \frac{u-v}{2}) \\ &= \frac{1}{2} \frac{u+v}{2} e^{-u}, \quad u+v > 0, u-v > 0 \end{aligned}$$

X와 Y가 서로 독립이고 각각 표준정규분포를 할 때 (U, V)의 결합확률밀도함수가 다음과 같이 됨을 확인해 보라.

$$\begin{aligned} f_{U,V}(u,v) &= \frac{1}{2} \frac{1}{2\pi} exp(-\frac{(u+v)^2}{8} - \frac{(u-v)^2}{8}) \\ &= \frac{1}{4\pi} exp(-\frac{(u^2+v^2)}{4}) \\ &= \frac{1}{\sqrt{2\pi}\sqrt{2}} e^{-\frac{u^2}{4}} \frac{1}{\sqrt{2\pi}\sqrt{2}} e^{-\frac{v^2}{4}}, \quad -\infty < u,v < \infty \end{aligned} \tag{6.19}$$

식 (6.19)에서 $f_{U,V}(u,v)=g(u)h(v)$ 형태이므로 U와 V는 서로 독립이고 각각 평균 0, 분산 2 인 정규분포를 따름을 알 수 있다.

예제 6.37

$(X, Y) \sim f(x,y)=\lambda^2 e^{-\lambda(x+y)},\ x>0,\ y>0$와 같이 주어졌다.

$U=X+Y,\ V=\dfrac{X}{X+Y}$일 때 $f_{U,V}(u,v),\ f_U(u),\ f_V(v)$를 구하고 U와 V가 서로 독립임을 밝혀라.

풀이 $u>0,\ v>0$이고 $x=uv,\quad y=u-uv,\ J(x,y)=-\dfrac{1}{u}$이다. 따라서 다음이 성립한다.

$$f_{U,V}(u,v)=\lambda^2 e^{-\lambda(uv+u-uv)}\ |-\frac{1}{u}|^{-1},\quad uv>0,\quad u-uv>0,\ u>0,\ v>0$$

$$=\lambda^2 u e^{-\lambda u},\quad u>0,\quad 0<v<1$$

따라서 $f_U(u)=\lambda^2 u e^{-\lambda u},\quad u>0,\quad f_V(v)=1,\quad 0<v<1.$

이는 $U\sim \Gamma(2,\lambda),\ V\sim Unif(0,1)$과 U와 V가 서로 독립임을 의미한다.

■

위의 예제 6.37은 모수 λ를 갖는 서로 독립인 지수분포를 따르는 두 확률변수를 합하면 모수 $\alpha=2$ 와 λ를 갖는 감마분포가 됨을 보여준다. $V=\dfrac{X}{X+Y}$의 분포를 구하고자 할 때 V의 분포함수를 직접 계산 할 수도 있으나 X 와 Y의 적절한 함수, 예를 들어 예제 6.37에서와 같이 $U=X+Y$ 정의하고 $f_{U,V}(u,v)$를 먼저 구한 다음 V의 주변분포로서 $f_V(v)$를 구하는 것이 보다 효율적일 수도 있다.

위의 예제 6.37에서 $U=X+Y,\ V=e^X$라 두면 다음이 성립함을 확인해 보시오.

$$J(x,y)=-v,\qquad f_{U,V}(u,v)=\lambda^2\frac{1}{v}e^{-\lambda u},\quad u>\ln v,\quad v>1$$

지금까지 보았던 2차 → 2차 변환은 자연스럽게 n차 → n차 변환으로 확장할 수 있다.

명제 6.13

$(X_1,X_2,\cdots,X_n) \sim f_{X_1,X_2,\cdots,X_n}(x_1,x_2,\cdots,x_n)$이고 $g_1,g_2,\cdots,g_n : R^n \rightarrow R$인 함수일 때 $(Y_1,Y_2,\cdots,Y_n)=(g_1(X_1,X_2,\cdots,X_n),g_2(X_1,X_2,\cdots,X_n),\cdots,g_n(X_1,X_2,\cdots,X_n))$라 하자.

(1) $x_1=h_1(y_1,y_2,\cdots,y_n),\ x_2=h_2(y_1,y_2,\cdots,y_n),\cdots,\ x_n=h_n(y_1,y_2,\cdots,y_n)$를 만족하는 $h_1,h_2,\cdots,h_n$이 유일하게 존재한다.

(2) 편미분 $\dfrac{\partial g_i}{\partial x_j}$, $\quad i,j=1,2,,\cdots,n$이 존재하고 연속함수이며

$$J(x_1,x_2,\cdots,x_n)=\begin{vmatrix} \frac{\partial g_1}{\partial x_1} & \frac{\partial g_1}{\partial x_2} & \cdots & \frac{\partial g_1}{\partial x_n} \\ \frac{\partial g_2}{\partial x_1} & \frac{\partial g_2}{\partial x_2} & \cdots & \frac{\partial g_2}{\partial x_n} \\ & & \vdots & \\ \frac{\partial g_n}{\partial x_1} & \frac{\partial g_n}{\partial x_2} & \cdots & \frac{\partial g_n}{\partial x_n} \end{vmatrix} \neq 0, \qquad \forall\,(x_1,x_2,\cdots,x_n)$$

위의 (1)과 (2)를 만족하면 다음이 성립한다.

$$f_{Y_1,Y_2,\cdots,Y_n}(y_1,y_2,\cdots,y_n)=f_{X_1,X_2,\cdots,X_n}(x_1,x_2,\cdots,x_n)|J(x_1,x_2,\cdots,x_n)|^{-1} \tag{6.20}$$

예제 6.38

$(X,Y,Z) \sim f(x,y,z)=e^{-(x+y+z)}$, $\quad x>0,\ y>0,\ z>0$이다.

$U=X+Y,\ V=Y+Z$ 그리고 $W=X+Z$ 로 변환할 때 (U,V,W)의 결합확률밀도함수를 찾아라.

풀이 $x=\frac{1}{2}(u-v+w),\ y=\frac{1}{2}(u+v-w),\ z=\frac{1}{2}(-u+v+w)$이고

$J(x,y,z)=\begin{vmatrix} 1 & 1 & 0 \\ 0 & 1 & 1 \\ 1 & 0 & 1 \end{vmatrix}=2$이므로 다음을 얻는다.

$$f_{U,V,W}(u,v,w)=\frac{1}{2}e^{-\frac{(u+v+w)}{2}}, \quad u>0,\ v>0,\ |v-u|<w<u+v$$

■

6.4.3 순서통계량(order statistics)

앞 절에서 n차원 → n차원으로의 변환문제를 다루었다. (6.20)의 공식을 적용하기 위해서는 역함수가 존재하여야하고 이는 일 대 일 변환이라는 가정이 있어야 가능하였다. (x_1, x_2, x_3) 세 값을 순서대로 정렬하는 경우를 보자. $y_1 = \min(x_1, x_2, x_3)$, $y_2 =$두 번째 작은 값, $y_3 = \max(x_1, x_2, x_3)$라 하자. 예를 들어 $(y_1, y_2, y_3) = (1,2,3)$이라면 (x_1, x_2, x_3)는 (1,2,3)은 물론 (1,3,2), (2,1,3), (2,3,1), (3,1,2), (3,2,1) 모두 가능하며 이들을 순서대로 정렬하면 (1,2,3)이 되는 것이다. 일반적으로 순서대로 정렬한 결과가 $(y_1, y_2, \cdots, y_n)$이 되는 $(x_1, x_2, \cdots, x_n)$의 가능한 가지 수는 y_i가 서로 다르다고 가정하면 $n!$가지이다. 따라서 $(x_1, x_2, \cdots, x_n) \rightarrow (y_1, y_2, \cdots, y_n)$변환은 $n! : 1$의 변환이 된다.

$X_1, X_2, \cdots, X_n$은 독립 동등분포를 갖고 X_i의 확률밀도함수는 $f(x)$라 하자. 다음과 같은 변환을 고려하자.

$$
\begin{aligned}
Y_1 &= \min(X_1, X_2, \cdots, X_n) \\
Y_2 &= X_1, X_2, \cdots, X_n \text{ 중에서 두 번째 로 작은 값} \\
Y_3 &= X_1, X_2, \cdots, X_n \text{ 중에서 세 번째 로 작은 값} \\
&\vdots \\
Y_n &= \max(\ X_1, X_2, \cdots, X_n\ )
\end{aligned}
$$

여기서 하나의 $(y_1,\ y_2,\ \cdots,\ y_n)$에 대하여 $n!$가지의 $(x_1,\ x_2,\ \cdots,\ x_n)$이 있으나 $(y_1, y_2, \cdots, y_n)$에 대하여 $n!$가지 중 하나의 $(x_1, x_2, \cdots, x_n)$를 선택하면 이들은 1:1 대응이 되고 $|J| = 1$이다. 따라서 식 (6.20)과 독립성을 이용하면 다음을 얻는다.

명제 6.14

$X_1, X_2, \cdots, X_n$은 독립 동등분포를 갖고 X_i의 확률밀도함수는 $f(x)$라 할 때 $Y_1, Y_2, \cdots, Y_n$의 결합확률밀도함수는 아래와 같다.

$$f_{Y_1, Y_2, \cdots, Y_n}(y_1, y_2, \cdots, y_n) = n! f(y_1) f(y_2) \cdots f(y_n),\ 0 < y_1 < y_2, \cdots < y_n \qquad (6.21)$$

일반적으로 $Y_1 = X_{(1)}$, $Y_2 = X_{(2)}, \cdots$, $Y_n = X_{(n)}$으로 나타내며 $X_{(1)} \le X_{(2)} \le \cdots \le X_{(n)}$을 $X_1, X_2, \cdots, X_n$의 **순서통계량**(order statistics)이라고 한다.

예제 6.39

$X_i \quad (i=1,\ 2,\ 3)$는 서로 독립이며 각각 $(0,\ 1)$에서 균일분포를 따른다고 할 때 $P(X_{(2)} - X_{(1)} > \frac{1}{3})$ 일 확률을 구하여라.

풀이 $f(x)=1,\ 0<x<1$이므로 식 (6.21)을 이용하면 순서통계량 $X_{(1)}, X_{(2)}, X_{(3)}$의 결합확률밀도함수는 다음과 같다.

$$f_{X_{(1)},\ X_{(2)},\ X_{(3)}}(x_1,\ x_2,\ x_3) = 3!,\quad 0<x_1<x_2<x_3<1$$

따라서 구하는 확률은 다음과 같다.

$$P(X_{(2)} - X_{(1)} > \frac{1}{3}) = \iiint_A 3!dx_1\,dx_2dx_3,$$

여기서 $A = \left\{(x_1, x_2, x_3) |\ 0<x_1 \le x_2 \le x_3 < 1,\quad x_2 - x_1 > \frac{1}{3}\right\}$.

이를 계산하면 다음과 같다.

$$P(X_{(2)} - X_{(1)} > \frac{1}{3}) = \int_{\frac{1}{3}}^{1}\int_{\frac{1}{3}}^{x_3}\int_{0}^{x_2 - \frac{1}{3}} 3!dx_1\,dx_2dx_3 = \frac{8}{27}$$

■

X_i의 분포가 주어지면 식 (6.21)에 의해 순서통계량 $X_{(1)},\ X_{(2)}, \cdots, X_{(n)}$의 결합분포를 구할 수 있고 따라서 어떤 형태의 주변분포이건 계산하는 것이 가능하다. 하지만 주변분포를 구할 때 마다 결합분포를 이용하여 합하거나 적분을 풀어야 한다면 이는 매우 비효율적일 것이다. 다음과 같은 방법으로 $X_{(i)}$와 $X_{(j)},\quad i<j$의 분포를 유도하여 보자.

$x < X_{(i)} \le x + \Delta x,\ \ y < X_{(j)} \le y + \Delta y$는 $X_1, X_2, \cdots, X_n$ 중에서 x보다 작은 것이 $i-1$개 있고 하나가 $(x,\ x+\Delta x]$에 있고 $j-i-1$개의 값이 $(x+\Delta x,\ y]$ 사이에, 또 하나의 값이 $(y,\ y+\Delta y]$에 그리고 나머지 $n-j$개의 값이 $y+\Delta y$보다 큰 것이다. 이를 확률로 나타내면 다음과 같다.

$$\begin{aligned}
&P(x < X_{(i)} \le x + \Delta x,\ \ y < X_{(j)} \le y + \Delta y) \\
&= \binom{n}{i-1}(P(X \le x))^{i-1}\binom{n-i+1}{1}P(x < X \le x + \Delta x) \\
&\quad \times \binom{n-i}{j-i-1}(P(x+\Delta x < X \le y))^{j-i-1} \\
&\quad \times \binom{n-j+1}{1}P(y < X \le y + \Delta y)\binom{n-j}{n-j}(P(X > y + \Delta y))^{n-j}
\end{aligned}$$

$$= \frac{n!}{(i-1)!(j-i-1)!(n-j)!}(F(x))^{i-1}(F(x+\Delta x)-F(x))((F(y)-F(x+\Delta x))^{j-i-1}$$
$$\times (F(y+\Delta y)-F(y))(1-F(y+\Delta y))^{n-j} \qquad (6.22)$$

여기서 X는 X_i와 같은 확률분포를 갖는 확률변수를 나타낸다.

식 (6.22)의 양변을 Δx, Δy로 나누고 $\Delta x \to 0$, $\Delta y \to 0$를 취하면 좌변은 $f_{X_{(i)}, X_{(j)}}(x,y)$이 되고 따라서 $X_{(i)}$와 $X_{(j)}$의 결합확률밀도함수는 모든 $x<y$에 대해서 다음과 같이 주어진다.

$$f_{X_{(i)}, X_{(j)}}(x, y) = \frac{n!}{(i-1)!(j-i-1)!(n-j)!}(F(x))^{i-1}$$
$$\times (F(y)-F(x))^{j-i-1}(1-F(y))^{n-j}f(x)f(y), \ x<y \qquad (6.23)$$

3개 이상의 주변확률밀도함수도 같은 방법으로 유도 할 수 있다.

이번에는 i번 째 순서 통계량 $X_{(i)}$의 확률밀도함수를 구하여보자. $x < X_{(i)} \le x+\Delta x$는 $X_1, X_2, \cdots, X_n$중 $i-1$개는 x보다 작고 하나는 $(x, x+\Delta x)$사이에 있으며 나머지 $n-i$개는 $x+\Delta x$보다 크다. 따라서 다음이 성립한다.

$$P(x < X_{(i)} < x+\Delta x) = \binom{n}{i-1}(P(X \le x))^{i-1}\binom{n-i+1}{1}$$
$$\times P(x < X \le x+\Delta x)(P(X > x+\Delta x))^{n-i}$$

위 식의 양변을 Δx로 나누고 $\Delta x \to 0$을 취하면 다음 식이 된다.

$$f_{X_{(i)}}(x) = n\binom{n-1}{i-1}(F(x))^{i-1}(1-F(x))^{n-i}f(x) \qquad (6.24)$$

특히 $X_{(1)}$이나 $X_{(n)}$ 경우는 다음과 같이 간단히 쓸 수 있다.

$$P(X_{(1)} \le x) = 1-(1-F(x))^n, \ f_{X_{(1)}}(x) = n(1-F(x))^{n-1}f(x)$$

$$P(X_{(n)} \le x) = (F(x))^n, \ f_{X_{(n)}}(x) = n(F(x))^{n-1}f(x)$$

예제 6.40

예제 6.39에서 (6.23) 식을 이용하여 $f_{X_{(1)},X_{(2)}}(x,y)$를 구하고 이를 이용하여 $P(X_{(2)}-X_{(1)}>\frac{1}{3})$를 구하라.

풀이 (6.23) 식에 $i=1,\ j=2$를 대입하면 $f_{X_{(1)},X_{(2)}}(x,y)=6(1-y),\quad 0<x<y<1$ 을 얻는다. 따라서 $P(X_{(2)}-X_{(1)}>\frac{1}{3})=\int_{\frac{1}{3}}^{1}\int_{0}^{y-\frac{1}{3}}6(1-y)dxdy=\frac{8}{27}$

■

예제 6.41

$X_i\ \ (i=1,\,2,\,3)$는 서로 독립이며 각각 (0, 1)에서 균일분포일 때 $X_{(2)}$가 $(\frac{1}{3},\frac{2}{3})$ 구간에 들어갈 확률을 구하여라.

풀이 $f(x)=1,\ 0<x<1$이고 $F(x)=x,\ 0<x<1$이므로 이를 (6.24) 식에 대입하면 $X_{(2)}$의 확률밀도함수는 다음과 같다.

$$f_{X_{(2)}}(x)=3\binom{3-1}{2-1}x(1-x),\quad 0<x<1$$

따라서

$$P(\frac{1}{3}<X_{(2)}<\frac{2}{3})=6\int_{\frac{1}{3}}^{\frac{2}{3}}x(1-x)\,dx=\frac{13}{27}$$

■

예제 6.42

$X_1,\,X_2,\,\cdots,\,X_n$ 은 서로 독립이며 각각이 $Unif(0,\,1)$ 분포를 한다. $X_{(k)}$의 확률밀도함수를 구하고 어떤 분포인지 말하라.

풀이 X_i의 확률밀도함수는 $f(x)=1,\ 0<x<1$이고 분포함수 $F(x)=x,\ 0<x<1$이다. k번째 순서통계량 $X_{(k)}$의 확률밀도함수는 (6.24) 식에 의해 주어진다. 즉

$$f_{X_{(k)}}(x)=\frac{n!}{(k-1)!\,(n-k)!}(F(x))^{k-1}(1-F(x))^{n-k}f(x)$$

여기에 $Unif(0,1)$분포의 확률밀도함수와 분포함수를 대입하면 다음과 같다.

$$f_{X_{(k)}}(x) = \frac{n!}{(k-1)!(n-k)!}x^{k-1}(1-x)^{n-k}$$
$$= \frac{1}{B(k,\ n-k+1)}x^{k-1}(1-x)^{n-k+1-1}, \quad 0 < x < 1$$

즉 $X_{(k)} \sim Beta(k,\ n-k+1)$이다.

■

예제 6.43

네 친구가 12시에 카페에서 만나기로 하였다. 각 사람이 도착하는 시간은 서로 독립이고 평균 12 (정오), 표준편차 5(분)인 정규분포를 한다,

(1) 첫 번째 도착하는 사람이 11:50 전에 올 확률은?

(2) 12시 10분까지 네 친구 모두 도착할 확률은?

(3) 두 번째 도착자가 11시 58분에서 12시 2분 사이에 들어올 확률은?

풀이 X_1, X_2, X_3, X_4를 각각 네 친구들이 도착하는 시간이라 하고 X는 X_1과 같은 분포를 하는 확률변수를 나타내며 Z는 표준정규분포를 갖는 확률변수라 하자.

(1) $P(X_{(1)} \le 11:50) = 1 - P(X_{(1)} > 11:50)$

$$= 1 - (P(X > 11:50))^4$$
$$= 1 - (P(\frac{X-12}{5} > \frac{11:50-12}{5}))^4$$
$$= 1 - (P(Z > -2))^4$$
$$\approx 0.0881$$

(2) $P(X_{(4)} < 12:10) = (P(X < 12:10))^4 = (P(Z < 2))^4 = (0.9772)^4 \approx 0.9119$

(3) 12시를 0으로 두면 도착시간 X의 분포는 $N(0,\ 5^2)$이 된다. (3)은 이렇게 평행이동 한 확률변수를 이용하여 구하여 보자. $X_i \sim N(0,\ 5^2)$, $i = 1,2,3,4$에서 두 번째 순서통계량 $X_{(2)}$의 확률밀도함수 $f_{X_{(2)}}(x)$를 (6.24)에 대입하여 구한 다음 $\int_{-2}^{2} f_{X_{(2)}}(x)dx$를 계산하면 원하는 결과를 얻을 수 있다.

■

참고

변수변환

1차원에서의 변수변환 공식은 다음과 같다.

$f(x)$는 연속함수이고 $u \mapsto x(u)$가 $[a, b]$위에서 연속적으로 미분가능하면 다음이 성립한다.

$$\int_a^b f(x(u))\frac{dx}{du}du = \int_{x(a)}^{x(b)} f(v)dv$$

정의(Jacobian determinant)

$T: D^* \subset R^2 \to R^2$, $T(x, y) = (u(x, y), v(x, y))$와 같이 정의된 C^1함수(편미분이 존재하고 연속인 함수들)일 때 T의 **제이코비안 행렬식**(Jacobian determinant) $J(x, y)$는 다음과 같이 정의된다.

$$J(x,y) = |DT(x,y)| = \begin{vmatrix} \frac{\partial u}{\partial x} & \frac{\partial u}{\partial y} \\ \frac{\partial v}{\partial x} & \frac{\partial v}{\partial y} \end{vmatrix}$$

정리(변수변환공식(change of variables formula))

$D, D^* \subset R^2$, $T: D^* \to D$, $T(x, y) = (u(x, y), v(x, y))$, $T \in C^1$이고 T는 일대일 함수이며 $T(D^*) = D$라 가정하자. $f: D \to R$인 적분가능함수이면 다음이 성립한다.

$$\iint_D f(u, v)dudv = \iint_{D^*} f(u(x, y), v(x, y))|J(x, y)|dxdy$$

연습문제 A Exercises

6.1 X와 Y는 서로 독립이며 각각 표준 정규분포를 따른다. $|\rho| \le 1$에 대해서 $U = X,\ V = \rho X + (1-\rho^2)^{1/2} Y$일 때 $(U,\ V)$의 결합확률밀도함수를 찾아라.

풀이 $x = u,\ y = (v - \rho u)(1-\rho^2)^{-1/2},\ J(x,y) = (1-\rho^2)^{1/2}$ 따라서

$$f_{U,V}(u,v) = f_{X,Y}(x,y)|J(x,y)|^{-1}$$
$$= \frac{1}{2\pi} exp(-\frac{1}{2}(u^2 + (v-\rho u)^2 (1-\rho^2)^{-1}))(1-\rho^2)^{-1/2}$$
$$= \frac{1}{2\pi\sqrt{1-\rho^2}} exp(-\frac{1}{2}(1-\rho^2)^{-1}(u^2 - 2\rho uv + v^2)),\ -\infty < u,v < \infty$$

위의 (U, V)의 분포를 표준 이변량 정규분포(standard bivariate normal distribution)라고 하고 $F_{U,V}(u,\ v)$를 모수 ρ를 갖는 표준 이변량 정규확률밀도함수(standard bivariate normal density function)이라고 한다.

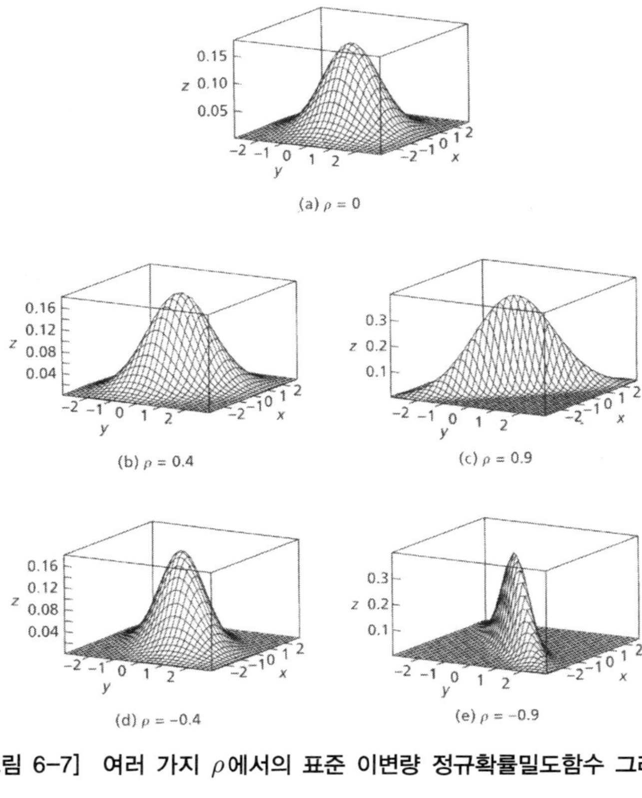

[그림 6-7] 여러 가지 ρ에서의 표준 이변량 정규확률밀도함수 그래프

6.2 $(X,\ Y) \sim BN(\mu_x,\ \mu_y,\ \sigma_x^2,\ \sigma_y^2,\ \rho)$ 즉 다음과 같이 모수 $\mu_x,\ \mu_y,\ \sigma_x^2,\ \sigma_y^2,\ \rho$를 갖는 이변량 정규확률밀도함수(bivariate normal density function)을 갖는다.

$$f(x,y) = \frac{1}{2\pi\sigma_x\sigma_y(1-\rho^2)^{1/2}}\, exp\{-\frac{1}{2(1-\rho^2)}$$
$$\left((\frac{x-\mu_x}{\sigma_x})^2 - \frac{2\rho(x-\mu_x)(y-\mu_y)}{\sigma_x\sigma_y} + (\frac{y-\mu_y}{\sigma_y})^2\right)\} \quad -\infty < x,\ y < \infty$$

다음을 보여라.

(1) $X \sim N(\mu_x,\ \sigma_x^2),\ Y \sim N(\mu_y,\ \sigma_y^2)$

(2) $f_{X|Y}(x|y) \sim N(\mu_x + \rho\frac{\sigma_x}{\sigma_y}(y-\mu_y),\ \sigma_x^2(1-\rho^2))$

$f_{Y|X}(y|x) \sim N(\mu_y + \rho\frac{\sigma_y}{\sigma_x}(x-\mu_x),\ \sigma_y^2(1-\rho^2))$

(3) X와 Y는 $\rho = 0$이면 서로 독립인 확률변수가 된다.

풀이 (1) $f_X(x) = \int_{-\infty}^{\infty} f(x,y)dy = \frac{1}{2\pi\sigma_x\sigma_y\sqrt{1-\rho^2}}\int_{-\infty}^{\infty}$

$$exp\left[-\frac{1}{2(1-\rho^2)}\left(\left(\frac{x-\mu_x}{\sigma_x}\right)^2 - \frac{2\rho(x-\mu_x)(y-\mu_y)}{\sigma_x\sigma_y} + \left(\frac{y-\mu_y}{\sigma_y}\right)^2\right)\right]dy$$

$u = \frac{x-\mu_x}{\sqrt{1-\rho^2}\,\sigma_x},\ v = \frac{y-\mu_y}{\sqrt{1-\rho^2}\,\sigma_y}$라 두면 다음이 성립한다.

$$dv = \frac{1}{\sqrt{1-\rho^2}\,\sigma_y}dy \ \rightarrow\ dy = \sqrt{1-\rho^2}\,\sigma_y dv$$

$$f_X(x) = \frac{1}{2\pi\sigma_x}\int_{-\infty}^{\infty} exp\left[-\frac{1}{2}(u^2 - 2\rho uv + v^2)\right]dv$$
$$= \frac{1}{2\pi\sigma_x}\int_{-\infty}^{\infty} exp\left[-\frac{1}{2}((v-\rho u)^2 - \rho^2u^2 + u^2)\right]dv$$
$$= \frac{1}{\sqrt{2\pi}\,\sigma_x}exp\left[-\frac{1}{2}(u^2-\rho^2u^2)\right]\int_{-\infty}^{\infty}\frac{1}{\sqrt{2\pi}}exp\left[-\frac{1}{2}(v-\rho u)^2\right]dv$$
$$= \frac{1}{\sqrt{2\pi}\,\sigma_x}exp\left[-\frac{1}{2}u^2(1-\rho^2)\right]$$
$$= \frac{1}{\sqrt{2\pi}\,\sigma_x}exp\left[-\frac{1}{2}\frac{(x-\mu_x)^2}{\sigma_x^2}\right]$$

$\therefore\ X \sim N(\mu_x,\ \sigma_x^2)$

같은 방법으로 $Y \sim N(\mu_y, \sigma_y^2)$임을 보일 수 있다.

(2) $f_{X|Y}(x|y) \sim N\left(\mu_x + \rho\frac{\sigma_x}{\sigma_y}(y-\mu_y),\ \sigma_x^2(1-\rho^2)\right)$

$f_{Y|X}(y|x) \sim N\left(\mu_y + \rho\frac{\sigma_y}{\sigma_x}(x-\mu_x),\ \sigma_y^2(1-\rho^2)\right)$

간단하게 하기 위해 $u = \dfrac{x-\mu_x}{\sqrt{1-\rho^2}\,\sigma_x}$, $v = \dfrac{y-\mu_y}{\sqrt{1-\rho^2}\,\sigma_y}$라 두자.

$$
\begin{aligned}
f_{X|Y}(x|y) &= \frac{f(x,y)}{f_Y(y)} \\
&= \frac{\dfrac{1}{2\pi\sigma_x\sigma_y\sqrt{1-\rho^2}}exp\left[-\dfrac{1}{2}(u^2-2\rho uv+v^2)\right]}{\dfrac{1}{\sqrt{2\pi}\,\sigma_y}exp\left[-\dfrac{1}{2}(1-\rho^2)v^2\right]} \\
&= \frac{1}{\sqrt{2\pi}\,\sigma_x\sqrt{1-\rho^2}}exp\left[-\frac{1}{2}(\rho^2v^2-2\rho uv+u^2)\right] \\
&= \frac{1}{\sqrt{2\pi}\,\sigma_x\sqrt{1-\rho^2}}exp\left[-\frac{1}{2}(u-\rho v)^2\right] \\
&= \frac{1}{\sqrt{2\pi}\,\sigma_x\sqrt{1-\rho^2}}exp\left[-\frac{1}{2(1-\rho^2)}\left(\frac{x-\mu_x}{\sigma_x}-\rho\frac{y-\mu_y}{\sigma_y}\right)^2\right] \\
&= \frac{1}{\sqrt{2\pi}\,\sigma_x\sqrt{1-\rho^2}}exp\left[-\frac{\left((x-\mu_x)-\rho\dfrac{\sigma_x}{\sigma_y}(y-\mu_y)\right)^2}{2(1-\rho^2)\sigma_x^2}\right]
\end{aligned}
$$

$\therefore f_{X|Y}(x|y) \sim N\left(\mu_x + \rho\frac{\sigma_x}{\sigma_y}(y-\mu_y), \sigma_x^2(1-\rho^2)\right)$

같은 방법으로 $f_{Y|X}(y|x) \sim N\left(\mu_y + \rho\frac{\sigma_y}{\sigma_x}(x-\mu_x), \sigma_y^2(1-\rho^2)\right)$임을 보일 수 있다.

(3) $\rho = 0$이면, X와 Y는 독립이다.

$\rho = 0$이면,

$$
\begin{aligned}
f(x,y) &= \frac{1}{2\pi\sigma_x\sigma_y}exp\left[-\frac{1}{2}\left(\left(\frac{x-\mu_x}{\sigma_x}\right)^2+\left(\frac{y-\mu_y}{\sigma_y}\right)^2\right)\right] \\
&= \frac{1}{\sqrt{2\pi}\,\sigma_x}exp\left[-\frac{1}{2}\left(\frac{x-\mu_x}{\sigma_x}\right)^2\right]\frac{1}{\sqrt{2\pi}\,\sigma_y}exp\left[-\frac{1}{2}\left(\frac{y-\mu_y}{\sigma_y}\right)^2\right]
\end{aligned}
$$

$$= f_X(x) f_Y(y)$$

따라서 X와 Y는 서로 독립이다.

6.3 $X \sim f(x) = xe^{-\frac{1}{2}x^2}$, $x > 0$, $Y \sim f(y) = \frac{1}{\pi}(1-y^2)^{-\frac{1}{2}}$, $|y| < 1$이며 X와 Y는 서로 독립이다. $V = XY$라 둘 때 V의 분포를 구하여라.

풀이 $U = X$라 두면

$$f_{U,V}(u, v) = f_{X,Y}(u, \frac{v}{u})|\frac{1}{u}|$$

$$= e^{-(1/2)u^2}\frac{1}{\pi}(1-(\frac{v}{u})^2)^{-(1/2)},\ u > 0,\ |\frac{v}{u}| < 1$$

$$f_V(v) = \frac{1}{\pi}\int_{|v|}^{\infty} e^{-(1/2)u^2}(u^2 - v^2)^{-(1/2)} u\, du$$

$$= \frac{1}{\pi}\int_0^{\infty} \exp(-\frac{1}{2}(y^2 + v^2))\frac{1}{y} \cdot y\,dy$$

$$(\, y = \sqrt{u^2 - v^2} \geq 0,\ y\,dy = u\,du)$$

$$= \frac{1}{\pi}e^{-\frac{v^2}{2}}\int_0^{\infty} e^{-\frac{y^2}{2}}dy = \frac{1}{\pi}e^{-\frac{v^2}{2}}\frac{\sqrt{2\pi}}{2} = \frac{1}{\sqrt{2\pi}}e^{-\frac{v^2}{2}},\ -\infty < v < \infty$$

즉 $V \sim N(0, 1)$

6.4 $X \sim \Gamma(\alpha, \lambda)$, $\quad Y \sim \Gamma(\beta, \lambda)$이고 X와 Y는 서로 독립이다. $U = X + Y$, $V = \frac{X}{X+Y}$일 때 $f_{U,V}(u, v)$를 구하고 U와 V 각각의 분포를 구하여라.

풀이

$$f_{X,Y}(x,y) = \frac{\lambda^{\alpha+\beta}}{\Gamma(\alpha)\Gamma(\beta)}e^{-\lambda(x+y)}x^{\alpha-1}y^{\beta-1},\quad x > 0,\ y > 0$$

$$x = uv,\ \ y = u - uv$$

$$J(x,y) = \begin{vmatrix} 1 & 1 \\ \frac{y}{(x+y)^2} & \frac{-x}{(x+y)^2} \end{vmatrix} = -\frac{1}{x+y} = -\frac{1}{u}$$ 따라서

$$f_{U,V}(u, v) = f_{X,Y}(uv, u - uv) \cdot u,\ u - uv > 0,\ uv > 0$$

$$= \frac{\lambda^{\alpha+\beta}u^{\alpha+\beta-1}e^{-\lambda u}}{\Gamma(\alpha+\beta)} \cdot \frac{\Gamma(\alpha+\beta)v^{\alpha-1}(1-v)^{\beta-1}}{\Gamma(\alpha)\Gamma(\beta)},\quad u > 0,\ 0 < v < 1$$

결합확률밀도함수가 u의 함수와 v함수의 곱의 형태이므로 U와 V는 서로 독립이다.

$f_U(u) \sim \Gamma(\alpha+\beta,\ \lambda),\ f_V(v) \sim \mathrm{Beta}(\alpha,\ \beta)$가 된다.

6.5 $(X,\ Y) \sim f(x,\ y) = c(x+y),\ 0 < x+y < 1,\ x,\ y > 0$일 때 다음에 답하라.

(1) c 값을 찾아라.

(2) $f_X(x)$를 구하라.

(3) 결합분포함수 $F_{X,Y}(x,y)$를 구하라.

풀이 (1) $1 = c\int_0^1\int_0^{1-x}(x+y)\,dydx = \frac{c}{3}$ 따라서 $c = 3$.

(2) $f_X(x) = \int_0^{1-x} 3(x+y)dy = \frac{3}{2}(1-x^2),\ 0 < x < 1$

(3) $F_{X,Y}(x,y)$

$$= \begin{cases} 0, & x<0 \text{ 또는 } y<0 \\ \int_0^y\int_0^x 3(x+y)dxdy = \frac{3}{2}(x^2y+xy^2), & x,y>0,\ 0<x+y<1 \\ \int_0^{1-y}\int_0^y 3(u+v)dvdu + \int_{1-y}^x\int_0^{1-u} 3(u+v)dvdu & \\ \qquad = -\frac{1}{2}(x^3+y^3)+\frac{3}{2}(x+y)-1, & 0<x,y<1,\ x+y>1 \\ \int_0^x\int_0^{1-x} 3(x+y)dydx = -\frac{1}{2}x^3+\frac{3}{2}x, & 0<x<1,\ y>1 \\ \int_0^y\int_0^{1-y} 3(x+y)dxdy = -\frac{1}{2}y^3+\frac{3}{2}y, & x>1,\ 0<y<1 \\ 1, & x>1,\ y>1 \end{cases}$$

6.6 $(X,\ Y)$는 원점을 중심으로 반경 $r\ (r > 0)$ 인 원 위에서 균일분포를 한다. 다음을 구하여라.

(1) $(X,\ Y)$의 결합확률밀도함수 $f(x,\ y)$

(2) X와 Y 각각의 주변확률밀도함수 $f_X(x),\ f_Y(y)$

(3) 원 위에서 임의의 점을 선택하여 원점과 선택된 점과의 거리를 D라 할 때 D의 분포함수 및 확률밀도함수를 구하여라.

풀이 (1) 원의 면적은 πr^2이다. 원 위에서 균일분포를 하므로 다음이 성립한다.

$$f(x,\ y) = \frac{1}{\pi r^2},\quad 0 \le x^2+y^2 \le r^2$$

(2) $f_X(x) = \int_{-\sqrt{r^2-x^2}}^{\sqrt{r^2-x^2}} \frac{1}{\pi r^2}dy = \frac{2\sqrt{r^2-x^2}}{\pi r^2},\quad -r < x < r$

같은 방법으로

$$f_Y(y) = \frac{2\sqrt{r^2 - y^2}}{\pi r^2}, \quad -r < y < r$$

(3) $D = \sqrt{X^2 + Y^2}$ 이므로 D의 분포함수는 다음과 같다.

$$F_D(z) = P(\sqrt{X^2 + Y^2} \le z) = P(X^2 + Y^2 \le z^2) = \frac{\pi z^2}{\pi r^2} = \frac{z^2}{r^2}, \quad 0 < z < r$$

따라서 $f_D(z) = \frac{2z}{r^2}, \quad 0 < z < r$ 이다.

6.7 $X \sim \Gamma(\alpha_1, \lambda)$, $Y \sim \Gamma(\alpha_2, \lambda)$ 이고 X와 Y가 서로 독립이면 $X + Y \sim \Gamma(\alpha_1 + \alpha_2, \lambda)$ 임을 증명하라. 또한 $r > 0$, $s > 0$ 인 r, s에 대하여 $B(r,s) = \frac{\Gamma(r)\Gamma(s)}{\Gamma(r+s)}$ 임을 보여라.

풀이 명제 6.9를 이용하면 $a > 0$에서 다음이 성립한다.

$$\begin{aligned} f_{X+Y}(a) &= \frac{\lambda^{\alpha_1}\lambda^{\alpha_2}}{\Gamma(\alpha_1)\Gamma(\alpha_2)} \int_0^a e^{-\lambda(a-y)}(a-y)^{\alpha_1 - 1} e^{-\lambda y}(y)^{\alpha_2 - 1} dy \\ &= \frac{\lambda^{\alpha_1 + \alpha_2}}{\Gamma(\alpha_1)\Gamma(\alpha_2)} e^{-\lambda a} \int_0^a (a-y)^{\alpha_1 - 1} y^{\alpha_2 - 1} dy \\ &= \frac{\lambda^{\alpha_1 + \alpha_2}}{\Gamma(\alpha_1)\Gamma(\alpha_2)} e^{-\lambda a} a^{\alpha_1 + \alpha_2 - 1} \int_0^1 (1-x)^{\alpha_1 - 1} x^{\alpha_2 - 1} dx \end{aligned}$$

$(y = ax$로 치환$)$

$$= \frac{\lambda^{\alpha_1 + \alpha_2}}{\Gamma(\alpha_1)\Gamma(\alpha_2)} e^{-\lambda a} a^{\alpha_1 + \alpha_2 - 1} B(\alpha_2, \alpha_1)$$

여기서 $X + Y \sim \Gamma(\alpha_1 + \alpha_2, \lambda)$임을 알 수 있으며 따라서 다음이 성립한다.

$$f_{X+Y}(a) = \frac{\lambda^{\alpha_1 + \alpha_2}}{\Gamma(\alpha_1 + \alpha_2)} e^{-\lambda a} a^{\alpha_1 + \alpha_2 - 1}, \quad a > 0$$

이는 $B(\alpha_1, \alpha_2) = \frac{\Gamma(\alpha_1)\Gamma(\alpha_2)}{\Gamma(\alpha_1 + \alpha_2)}$ 이 성립함을 의미한다.

6.8 $X_1, X_2, \cdots, X_r$이 모수 $n, p_1, \cdots, p_{r-1}, p_r$을 갖는 다항분포(multinomial distribution)라고 한다. 이 때 $X_i \sim B(n, p_i)$, $i = 1, 2, \cdots, r$이 됨을 증명하라.

풀이 각 시행에서의 결과를 i번째 결과와 그 외의 결과 두 가지로 나누면 i번째 결과가 나올 확률은 p_i 그 외의 결과가 나올 확률은 $1 - p_i$가 되고 n번 시행 중 i번째 결과가 나오는 횟수 X_i는 모수 n과 p_i를 갖는 이항분포가 된다. 즉 $X_i \sim B(n, p_i)$

또는 다음과 같이 계산할 수 있다.

$$P(X_i = n_i) = \sum_{n_1 + .. + n_{i-1} + n_{i+1} + .. + n_r = n - n_i} P(X_j = n_j, j = 1, .., r)$$

$$= \binom{n}{n_i} p_i^{n_i} \sum_{n_1 + .. + n_{i-1} + n_{i+1} + .. n_r = n - n_i} \binom{n - n_1}{n_1 .. n_{i-1} n_{i+1} .. n_r} p_1^{n_1} .. p_{i-1}^{n_{i-1}} p_{i+1}^{n_{i+1}} .. p_r^{n_r}$$

$$= \binom{n}{n_i} p_i^{n_i} (p_1 + \cdots + p_{i-1} + p_{i+1} + \cdots + p_r)^{n - n_i}$$

$$= \binom{n}{n_i} p_i^{n_i} (1 - p_i)^{n - n_i}$$

6.9 성공확률 p인 N번의 베르누이 시행에서 성공 횟수를 X, 실패 횟수를 Y라 하자. 즉 $X+Y=N$이고 $N \sim Poisson(\lambda)$이라 할 때 X와 Y가 서로 독립임을 보이고 (X, Y)의 결합확률질량함수를 구하여라.

풀이 $P(X = x,\ Y = y) = P(X = x,\ Y = y,\ N = x + y)$

$$= P(X = x,\ Y = y | N = x + y) P(N = x + y)$$

$$= \binom{x+y}{x} p^x (1-p)^y \cdot \frac{\lambda^{x+y} e^{-\lambda}}{(x+y)!}$$

$$= \frac{(\lambda p)^x}{x!} e^{-\lambda p} \cdot \frac{(\lambda q)^y}{y!} e^{-\lambda q},\ (q = 1 - p),\ x,\ y \ge 0 \text{인 정수}$$

마지막 식은 x와 y 각각의 함수의 곱으로 표현할 수 있으므로 X와 Y는 서로 독립이고 $X \sim Poisson(\lambda p)$, $Y \sim Poisson(\lambda q)$임을 알 수 있다.

6.10 현주는 백화점 세일에 가서 그동안 점 찍어둔 물건을 골라 계산대로 가니 이미 먼저 기다리고 있는 사람들이 있었다. 현주 앞에서 계산을 기다리고 있는 사람 수를 N이라 할 때 N의 분포는 다음과 같이 주어진다.

$$P(N = n) = p(1-p)^{n-1}, \quad n = 1, 2, \cdots\ (0 < p < 1)$$

또한 한 사람의 고객이 계산대에서 계산을 마치는데 걸리는 시간은 서로 독립적이고 모수 θ인 지수분포를 따른다고 하자. X_i를 i번 째 고객이 계산을 위하여 필요한 시간이라 하고 W를 현주가 본인 차례가 될 때까지 계산을 위하여 기다리는 시간이라 할 때 다음 물음에 답하여라. N과 X_i는 서로 독립이다.

(1) $N = n$일 때 W의 분포

(2) W를 N과 X_i를 이용하여 나타내어라.

(3) W의 분포를 구하여라.

풀이

(1) $W=\sum_{i=1}^{n}X_i \sim \Gamma(n,\theta)$

(2) $W=\sum_{i=1}^{N}X_i$

(3) $f(w|N=n)=\frac{\theta^n}{\Gamma(n)}w^{n-1}e^{-\theta w},\quad w>0$

$P(N=n)=p(1-p)^{n-1},\quad n=1,\,2,\,\cdots$

따라서 결합분포 $g(w,n)=p_N(n)\,f_{W|N}(w|n)$ 은 다음과 같다.

$$g(w,\,n)=p(1-p)^{n-1}\frac{\theta^n}{\Gamma(n)}w^{n-1}e^{-\theta w},\quad w>0,\,n=1,\,2,\,\cdots$$

$g(w,n)$으로부터 W의 주변분포를 구하면 된다.

$$\begin{aligned}
f_W(w)&=\sum_{n=1}^{\infty}g(w,\,n)=\sum_{n=1}^{\infty}p(1-p)^{n-1}\frac{\theta^n}{\Gamma(n)}w^{n-1}e^{-\theta w}\\
&=\frac{p}{(1-p)w}e^{-\theta w}\sum_{n=1}^{\infty}\frac{(\theta w(1-p))^n}{\Gamma(n)}\\
&=\frac{p\theta w(1-p)e^{-\theta w}}{(1-p)w}\sum_{n=1}^{\infty}\frac{(\theta w(1-p))^{n-1}}{(n-1)!}\\
&=p\theta e^{-\theta w}e^{\theta w(1-p)}\\
&=p\theta e^{-p\theta w},\quad w>0
\end{aligned}$$

따라서 W는 모수 $p\theta$를 갖는 지수분포를 따름을 알 수 있다.

연습문제 B Exercises

6.11 $(X, Y) \sim f(x, y) = e^{-y}, 0 < x < y < \infty$ 일 때 범위 $0 < x < y < \infty$, $0 < y < x < \infty$ 각각에 대하여 결합분포함수 $F(x, y)$를 구하라. 또한 X, Y 각각의 확률밀도함수와 분포함수를 구하여라.

6.12 (Bivariate Normal distribution) X와 Y는 서로 독립이고 $X \sim N(0, 1)$, $Y \sim N(0, 1)$이다. $U = \sigma X$, $V = \tau\rho X + \tau(1-\rho^2)^{1/2} Y$ ($\sigma > 0$, $\tau > 0$, $|\rho| < 1$) 라 두었을 때 다음을 보여라.

(1) $U \sim N(0, \sigma^2)$, $V \sim N(0, \tau^2)$

(2) $f(u,v) = \dfrac{1}{2\pi\sigma\tau(1-\rho^2)^{1/2}} \, exp\{-\dfrac{1}{2(1-\rho^2)}(\dfrac{u^2}{\sigma^2} - \dfrac{2\rho uv}{\sigma\tau} + \dfrac{v^2}{\tau^2})\}$ 임을 보여라.

6.13 $(X, Y) \sim f(x, y) = e^{-y}, 0 < x < y < \infty$ 이고 $Z = max\{X, Y\}$ 일 때 Z의 확률밀도함수를 찾아라.

6.14 확률변수 X, Y, Z는 서로 독립이고 각각이 $Unif(0, 1)$분포를 따른다. $P(X \le YZ)$, $P(X + Y \le Z)$를 구하여라.

6.15 각각의 눈이 나올 확률이 같은 주사위를 10회 연속하여 던진 후 1, 2, 3과 4이상의 4가지로 나누어 기록하였다. 1, 2, 3 과 4이상이 나온 횟수를 각각 $N_1, N_2, N_3, N_{4이상}$ 로 두었을 때 $N_1, N_2, N_3, N_{4이상}$의 결합분포를 구하여라.

6.16 $(X, Y) \sim f(x, y) = \lambda\mu e^{-\lambda x} e^{-\mu y}, x > 0, y > 0$ 일 때 주변확률밀도함수 $f_X(x)$, $f_Y(y)$와 $P(X < Y)$를 구하여라.

6.17 (X, Y)는 평면 위의 삼각형 $0 \le x \le y \le 1$ 위에서 균일분포를 한다. $f(x, y)$, $f_{X|Y}(x|y)$, $f_{Y|X}(y|x)$, $P(X > \frac{1}{2} | Y = y)$ $(0 < y < 1)$를 구하라.

6.18 X와 Y는 서로 독립이고 각각 $Unif(0, 1)$분포를 따른다. 다음을 구하라.

(1) $P(X^2+Y^2 \le 1)$

(2) $P(X^2+Y^2 \le 1 | X+Y \ge 1)$

(3) $P(Y \le X^2)$

(4) $P(|X-Y| < 1/2)$

(5) $P(Y \ge X | Y \ge 1/2)$

6.19 X와 Y는 서로 독립이고 각각이 모수 p_1과 p_2를 갖는 기하분포를 따른다. $Z = min\{X, Y\}$라 할 때 Z의 분포함수를 찾아라.

6.20 X와 Y는 서로 독립이고 각각 $(0, a)$에서 균일분포를 따른다. $X+Y$의 분포를 구하여라.

6.21 X와 Y는 서로 독립이며 각각 모수 p인 기하분포를 따른다. $X+Y$의 분포를 구하여라. 또한 X_i가 모수 p인 기하분포를 따르고 서로 독립이면 $\sum_{i=1}^{n} X_i \sim NB(n, p)$임을 보여라.

6.22 3차원 확률변수 (X_1, X_2, X_3)의 결합확률밀도함수가 다음과 같이 주어졌다. c값을 정하고 X_1의 주변확률밀도함수, $P(X_1 + X_2 \le \frac{1}{2})$를 구하여라.

$f(x_1, x_2, x_3) = cx_1 x_2 (1 - x_3), \ 0 \le x_1, x_2, x_3 \le 1, \ x_1 + x_2 + x_3 \le 1$

6.23 (X, Y)의 결합확률질량함수가 다음과 같을 때 다음 확률을 구하여라.

$$p_{X,\,Y}(x, y) = p^2 (1-p)^{x+y-2}, \quad x, y = 1, 2, \cdots, 0 < p < 1$$

(1) $P(X > 3, Y > 3)$　　　(2) $P(X > Y)$

(3) $P(X > 3Y)$　　　(4) $P(X = Y)$

6.24 $X_{(1)}, X_{(2)}, X_{(3)}, \cdots, X_{(n)}$이 $X_1, X_2, X_3, \cdots, X_n$의 순서통계량일 때 다음 식을 유도하고 이의 미분을 통하여 $f_{X_{(r)}}(x)$를 구하고 이를 (6.24) 식과 비교하여라. X의 분포

함수는 $F(x)$. 확률밀도함수는 $f(x)$이다.

$$P(X_{(r)} \le x) = \sum_{k=r}^{n} \binom{n}{k} (F(x))^k (1-F(x))^{n-k}$$

6.25 $X_1, X_2, X_3, \cdots, X_n$은 서로 독립이며 $(0,1)$에서 균일분포를 한다.

$X_{(r)}$은 $X_i,\ i = 1,2,\cdots,n$의 r번째 순서통계량이다. 다음을 보여라.

$$f_{X_{(r)}}(x) = n\binom{n-1}{r-1} x^{r-1}(1-x)^{n-r} \text{ 즉 } X_{(r)} \sim Beta(r, n-r+1)$$

$$E(X_{(r)}) = \frac{r}{n+1},\quad Var(X_{(r)}) = \frac{r(n-r+1)}{(n+1)^2(n+2)}$$

6.26 (X, Y)의 결합확률밀도함수는 $f(x,y)$이다. 다음을 구하여라.

(1) $U = X,\ V = XY$일 때 (U, V)의 결합확률밀도함수를 찾아라.

(2) $W = \dfrac{X}{Y},\ \ Z = Y$일 때 (W, Z)의 결합분포를 구하여라.

6.27 X와 Y는 서로 독립이며 표준정규분포를 따른다. $W = \dfrac{X}{Y}$라 할 때 W가 코쉬분포를 따름을 보여라.

6.28 X와 Y는 서로 독립이고 각각 표준정규분포를 따른다. 이 때

$R = (X^2 + Y^2)^{1/2},\quad \Theta = \tan^{-1}\left(\dfrac{Y}{X}\right)$

라 두고 $f_{R,\Theta}(r,\theta)$를 구하고 R과 Θ 각각의 주변확률분포를 구하여라.

6.29 X_1, X_2, X_3는 서로 독립이고 각각 모수 λ인 지수분포를 따른다.

$Y_1 = X_1,\ \ Y_2 = X_1 + X_2,\ \ Y_3 = X_1 + X_2 + X_3$라 할 때 Y_1, Y_2, Y_3의 결합분포를 구하고 Y_2의 확률밀도함수를 찾아라.

6.30 공정한 주사위를 연속하여 던질 때 X = 처음 $6n$번까지의 시행에서 2의 눈이 나온 횟수, $Y = 6n+1$ 시행부터 $6(n+1)$까지에서 나온 2의 눈의 수라 두고 A_n = (주사위를 $6n$번 던져서 2의 눈이 n번 이상 나오는 사상)이라 할 때 다음을 증명하라.

(1) X, Y의 분포를 구하라. X와 Y가 서로 독립인가?

(2) $P(X=n-1) \le P(X=n)$

(3) $P(A_{n+1}) \le P(A_n)$

6.31 $X_1, X_2, \cdots, X_n$은 서로 독립이고 각각 모수 λ인 지수분포를 따른다. $Y=\sum_{i=1}^{n} X_i$일 때 $Y \sim \Gamma(n, \lambda)$임을 합성곱(convolution)공식과 수학적 귀납법을 써서 증명하라.

6.32 X와 Y는 서로 독립이며 각각 모수 p인 기하분포를 따른다. $Z=X+Y$라 둘 때 $Z=X+Y$를 주어진 조건으로 하는 X의 조건부 분포를 구하라.

6.33 서로 독립이며 $Unif(0,1)$분포를 따르는 n개의 확률변수의 순서통계량을 $X_{(1)}, X_{(2)}, \cdots, X_{(n)}$이라 하자. $0 \le x < y \le 1$일 때 다음을 간단히 나타내어라

(1) $P(X_{(1)} > x,\ X_{(n)} < y)$

(2) $P(X_{(1)} > x,\ X_{(n)} > y)$

(3) $P(X_{(k)} < x,\ X_{(k+1)} > y),\ 1 \le k \le n-1$

6.34 어떤 운전자의 한 해 동안의 교통사고 건수 Y는 모수 λ인 포아송 분포를 한다. 여기서 λ는 모수 α와 β를 갖는 감마분포를 하는 확률변수 X를 따라 변한다.

(1) X와 Y의 결합확률밀도함수, 확률질량함수를 구하라.

(2) $p_Y(y)$를 구하라.

(2) $Y=y$일 때의 X의 조건부 확률밀도함수를 구하여라.

6.35 앞면이 나올 확률이 1/2인 동전을 3회 던져 X를 1, 2회에서의 앞면의 수 Y를 2, 3회에서의 앞면의 수라고 두자.

(1) X와 Y의 결합분포를 구하라.

(2) X와 Y는 서로 독립인가?

(3) $X+Y$의 분포를 구하여라.

6.36 $(X, Y) \sim f(x,y) = 1,\ 0 \le x,\ y \le 1$일 때 $U = min\{X, Y\}$, $V = max\{X, Y\}$라 두면 $(U, V) \sim f_{U,V}(u,v) = 2,\ 0 \le u \le v \le 1$임을 보여라.

6.37 X와 Y는 서로 독립이고 각각 $N(0,\sigma^2)$ 분포를 따른다. $R = \sqrt{X^2 + Y^2}$ 일 때 R의 확률밀도함수를 구하라.

6.38 $X_1, X_2, \cdots, X_n$은 서로 독립이고 $Unif(0,1)$ 분포를 따른다. k번째 순서통계량 $X_{(k)}$의 확률밀도함수를 찾아라. 이를 이용하여 k, r이 양의 정수일 때 베타함수 $B(k,r) = \dfrac{\Gamma(k)\Gamma(r)}{\Gamma(k+r)}$임을 보여라.

6.39 $u = g_1(x,y)$, $v = g_2(x,y)$이고 역함수 $x = h_1(u,v)$, $y = h_2(u,v)$가 유일하게 존재한다. 이 때 $J(x,y) = \begin{vmatrix} \dfrac{\partial g_1}{\partial x} & \dfrac{\partial g_1}{\partial y} \\ \dfrac{\partial g_2}{\partial x} & \dfrac{\partial g_2}{\partial y} \end{vmatrix}$, $J(u,v) = \begin{vmatrix} \dfrac{\partial h_1}{\partial u} & \dfrac{\partial h_1}{\partial v} \\ \dfrac{\partial h_2}{\partial u} & \dfrac{\partial h_2}{\partial v} \end{vmatrix}$라 두면 다음이 성립한다.

$$J(x,y) = \frac{1}{J(u,v)}$$

이를 다음 예를 통하여 확인하라.

$$g_1(x,y) = x + y,\ g_2(x,y) = \frac{x}{y}$$

Chapter 07 기대값, 분산, 공분산

6장에서는 2차이상의 결합분포, 주변분포 그리고 조건부 분포 등에 대해 알아보았다. 7장에서는 결합분포와 관련된 기대값을 구하는 방법, 기대값을 이용하여 여러 가지 확률과 관련된 문제를 해결하는 방법, 조건부 기대값, 조건부 분산, 공분산 그리고 조건부 기대값을 이용하여 기대값 구하는 방법 등의 문제들을 알아보고자 한다.

7.1 기대값

4장, 5장에서 1차원의 이산이나 연속인 확률변수의 기대값을 다음과 같이 구하였다.

$$E(X)=\begin{cases}\sum_x xp(x), & X\text{가 이산분포일 때}\\ \int_{-\infty}^{\infty} xf(x)dx & X\text{가 연속분포일 때}\end{cases}$$

(X, Y)가 2차원 확률변수이고 $g: R^2 \to R$인 함수일 때 두 함수의 합성함수 $g(X, Y): \Omega \to R$은 새로운 확률변수가 되어 $Z = g(X, Y)$의 분포를 안다면 $E(Z) = E(g(X, Y))$를 구할 수 있을 것이다. 그러나 일반적으로 Z의 분포를 구한다는 것이 번거로운 일일 수 있다. $E(g(X, Y))$를 구하고자 한다면 굳이 Z의 분포를 구하지 않고 (X, Y)의 결합분포를 이용하여 직접 구할 수 있다.

예제 7.1

X와 Y는 서로 독립이고 각각 (0, 1)에서 균일분포를 한다고 하자. $g(X, Y) = X + Y$라 할 때 $E(g(X, Y))$를 구하라.

풀이 (X, Y)의 결합확률밀도함수 $f(x,y) = 1, \quad 0 < x < 1, 0 < y < 1$이다.

이 때 $X+Y$의 분포는 다음과 같다. (예제 6.33)

$$f_{X+Y}(z)=\begin{cases} z, & 0<z<1 \\ 2-z, & 1\le z<2 \end{cases}$$

따라서 위의 확률밀도함수를 이용하여 $E(X+Y)$를 다음과 같이 계산할 수 있다.

$$E(X+Y)=\int_0^1 z\cdot z\,dz+\int_1^2 z\cdot(2-z)\,dz=1$$

이는 결합확률밀도함수를 이용하여 계산한 아래의 결과와 일치한다.

$$E(X+Y)=\int_{-\infty}^{\infty}\int_{-\infty}^{\infty}(x+y)f(x,y)dxdy$$

$$=\int_0^1\int_0^1(x+y)\cdot 1\ dxdy=\frac{1}{2}+\frac{1}{2}=1$$

■

예제 7.1에서 두 가지 방법으로 구한 $E(X+Y)$ 값이 일치하는 것을 보았다. 다음이 성립한다.

명제 7.1

(X,Y)의 결합확률질량함수가 $p(x,y)$이면 $E(g(X,Y))=\sum_y\sum_x g(x,y)p(x,y)$

(X,Y)의 결합확률밀도함수가 $f(x,y)$이면

$$E(g(X,Y))=\int_{-\infty}^{\infty}\int_{-\infty}^{\infty}g(x,y)f(x,y)dxdy$$

위 식에 대한 증명은 연습문제 7.4에서 보기로 하자. 기본적인 개념은 1차원 확률변수 X에서 $E(g(X))=\int_{-\infty}^{\infty}g(x)f(x)dx$를 증명할 때와 같은 방법을 따르면 된다(연습문제 5.10). 위의 정리는 3차 이상의 고차원 확률변수에 그대로 확장 적용된다. 연속인 경우의 예를 들어 보면 $(X_1,X_2,\cdots,X_n)\sim f(x_1,x_2,\cdots,x_n)$이고 $g:R^n\to R$인 함수일 때 다음이 성립한다.

$$E(g(X_1,X_2,\cdots,X_n))=\int_{-\infty}^{\infty}\cdots\int_{-\infty}^{\infty}g(x_1,x_2,\cdots,x_n)f(x_1,x_2,\cdots,x_n)dx_1\cdots dx_n$$

예제 7.2

(1) $(X, Y) \sim f(x,y) = 2, \quad 0 < x < y < 1$일 때 $E(X)$, $E(XY)$를 구하라.

(2) $(X, Y, Z) \sim f(x,y,z) = e^{-(x+y+z)}, \quad x > 0,\ y > 0,\ z > 0$일 때 $E(2X+Y)$를 계산하라.

풀이 (1) $E(X) = \int_{-\infty}^{\infty}\int_{-\infty}^{\infty} xf(x,y)dxdy = 2\int_0^1\int_0^y x\ dxdy = \int_0^1 y^2 dy = \frac{1}{3}$

$E(XY) = 2\int_0^1\int_0^y xydxdy = \frac{1}{4}$

(2) $E(2X+Y) = \int_0^{\infty}\int_0^{\infty}\int_0^{\infty}(2x+y)e^{-(x+y+z)}dxdydz$

$= 2\int_0^{\infty} xe^{-x}dx + \int_0^{\infty} ye^{-y}dy = 2+1 = 3$

$g : R^n \rightarrow R$ 함수가 특별한 함수 $g(x_1, x_2, \cdots, x_n) = x_1 + x_2 + \cdots + x_n$이고 $E(X_i) < \infty$이면 다음이 성립한다.

$$E(X_1 + X_{2+} \cdots + X_n) = \int_{-\infty}^{\infty}\cdots\int_{-\infty}^{\infty}(x_1 + \cdots + x_n)f(x_1, \cdots, x_n)dx_1 \cdots dx_n$$

$$= \sum_{i=1}^{n}\int_{-\infty}^{\infty}\cdots\int_{-\infty}^{\infty} x_i f(x_1, \cdots, x_n)dx_1 \cdots dx_n$$

$$= \sum_{i=1}^{n} E(X_i)$$

이는 확률변수의 합의 기대값은 기대값의 합과 일치함을 보여준다.

명제 7.2

확률변수 $X_1, X_2, \cdots, X_n$에서 $E(X_i) < \infty\ (\ i = 1, 2, \cdots, n\ )$이면 다음이 성립한다.

$$E(X_1 + X_2 + \cdots + X_n) = E(X_1) + E(X_2) + \cdots + E(X_n) \qquad (7.1)$$

성공률 p인 베르누이 시행을 n번 반복시행 할 때 X_i를 i번째 시행이 성공이면 1, 실패하면 0로 하는 확률변수라고 하자. 즉

$$X_i = \begin{cases} 1 & i\text{번 째 시행이 성공} \\ 0 & i\text{번 째 시행이 실패} \end{cases}$$

이 때 X_i가 갖는 분포는 베르누이 분포 즉 $P(X_i = 1) = p,\quad P(X_i = 0) = 1 - p$이고 서로 독립이며 $E(X_i) = p$이다. X를 n번의 베르누이 시행에서의 성공 횟수로 두면 $X = \sum_{i=1}^{n} X_i$ 이고 $X \sim B(n, p)$임을 알고 있다. 4장에서 $E(X) = np$를 계산하였으나 $E(X) = \sum_{i=1}^{n} E(X_i)$ $= np$의 결과와도 일치함을 알 수 있다. 이 때 Y_i를 $(i-1)$번 째 성공이후 i번째 성공을 얻을 때 까지의 시행횟수라 하면 $Y_i \sim Geo(p)$이고 $E(Y_i) = \frac{1}{p}$이다. $Y = \sum_{i=1}^{r} Y_i$라 두면 Y는 r번째 성공을 거두기까지의 총 시행횟수가 되고 이는 모수 r, p인 음이항분포를 따르며 $E(Y) = \frac{r}{p}$가 됨을 4장에서 보았다. 이 결과도 위의 공식을 사용하면

$$E(Y) = \sum_{i=1}^{r} E(Y_i) = r \cdot \frac{1}{p} = \frac{r}{p}$$

와 일치함을 알 수 있다.

예제 7.3

r개의 타입 I 과 $N-r$개의 타입 II로 이루어진 N개의 유한 모집단에서 n개를 추출했을 때 타입 I의 개수를 X라 하고 위의 명제 7.2를 이용하여 $E(X)$를 구하여라.

풀이 4장에서 $X \sim HG(N, r, n)$일 때 $E(X) = \frac{nr}{N}$를 구하였다. 모집단으로부터 n개를 한꺼번에 추출한 것은 하나씩 n번 비복원, 반복 추출한 결과와 같다. 따라서 $X_i (i = 1, \cdots, n)$를 다음과 같이 정의하자.

$$X_i = \begin{cases} 1, & i\text{번 째 뽑은 결과가 타입}I \\ 0, & i\text{번 째 뽑은 결과가 타입}II \end{cases}$$

여기서 X_i는 서로 독립은 아니나 동등분포를 하며 $X = \sum_{i=1}^{n} X_i$가 된다.

독립이 아닌 이유는 $P(X_2 = 1 | X_1 = 0) = \frac{r}{N-1}$ 이나 $P(X_2 = 1 | X_1 = 1) = \frac{r-1}{N-1}$ 이 되어 X_2의 결과는 X_1의 결과에 따라 달라지기 때문이다. 반면 다음이 성립한다.

$P(X_1 = 1) = \frac{r}{N} = 1 - P(X_1 = 0)$,

$P(X_2 = 1) = P(X_1 = 0)P(X_2 = 1 | X_1 = 0) + P(X_1 = 1)P(X_2 = 1 | X_1 = 1)$

$$= \frac{N-r}{N} \cdot \frac{r}{N-1} + \frac{r}{N} \cdot \frac{r-1}{N-1}$$

$$= \frac{r}{N} = 1 - P(X_2 = 0)$$

임의의 i에 대한 X_i의 분포도 같은 방법으로 X_1의 분포와 일치함을 알 수 있다. 따라서 위의 명제 7.2를 이용하면 다음을 쉽게 얻는다.

$$E(X) = \sum_{i=1}^{n} E(X_i) = n \cdot \frac{r}{N} = \frac{nr}{N}$$

■

이는 4장의 결과와 일치하며 계산과정은 훨씬 간단하다.

예제 7.4

$X_1 \sim \Gamma(\alpha_1, \lambda)$, $X_2 \sim \Gamma(\alpha_2, \lambda)$일 때 $E(X_1 + X_2)$의 값을 찾아라.

풀이 $X \sim \Gamma(\alpha, \lambda)$이면 $E(X) = \frac{\alpha}{\lambda}$이므로 $E(X_1 + X_2) = \frac{\alpha_1}{\lambda} + \frac{\alpha_2}{\lambda} = \frac{\alpha_1 + \alpha_2}{\lambda}$이다.

■

명제 7.2는 확률변수 X_i들 사이에 독립성과 같은 추가적인 조건을 요구하지 않는다. 위의 예제 7.4에서 X_1, X_2가 서로 독립이면 $X_1 + X_2 \sim \Gamma(\alpha_1 + \alpha_2, \lambda)$가 되므로 $E(X_1 + X_2) = \frac{\alpha_1 + \alpha_2}{\lambda}$가 되어 예제 7.4와 같은 결과를 얻는다.

지시함수는 다음과 같이 정의되었다.

$$I_A(\omega) = \begin{cases} 1, & \omega \in A \\ 0, & \omega \in A^c \end{cases}$$

$A \subset \Omega$일 때 $X(\omega) = I_A(\omega)$라 두면 $E(X) = P(A)$이 성립하고 이는 기대값과 확률의 관계를 연결시켜준다. 다음으로 확률과 관련된 문제를 기대값을 이용하여 푸는 예를 몇 가지 보도록 하자. 간단한 예를 보자. 등식 $I_{A \cup B} = I_A + I_B - I_{A \cap B}$이 성립한다. 이 식의 양변에 기대값을 취하면 (7.1)로부터 $E(I_{A \cup B}) = E(I_A) + E(I_B) - E(I_{A \cap B})$이 성립하고 따라서 $P(A \cup B) = P(A) + P(B) - P(A \cap B)$이 성립한다. 2장에서 확률의 성질 중 부울의 부등식(Boole's inequality), 확률의 합-차 공식(inclusion- exclusion formula)등을 보

았다. 이를 지시함수와 기대값을 이용하여 증명해 보자.

예제 7.5

(부울의 부등식) 사상 $A_1, A_2, \cdots, A_n$에 대하여 다음 부등식이 성립함을 보여라.

$$P(\bigcup_{i=1}^{n} A_i) \le \sum_{i=1}^{n} P(A_i) \tag{7.2}$$

풀이 I_{A_i}는 0 또는 1의 값을 갖는 이산 확률변수가 되고 $I_{\bigcup_{i=1}^{n} A_i} \le \sum_{i=1}^{n} I_{A_i}$임을 알 수 있다(연습문제 7.1). 따라서 양변에 기대값을 취하면 $P(\bigcup_{i=1}^{n} A_i) \le \sum_{i=1}^{n} P(A_i)$이 성립한다.

부등식 (7.2)를 부울의 부등식이라 부른다. 이 때 부등식의 양변에서 n 대신 ∞를 취하여도 성립한다.

예제 7.6

확률의 합-차 공식을 2장에서는 수학적 귀납법을 이용하여 증명하였다. 여기서는 지시함수를 이용하여 증명해 보자.

풀이 $I_{\cap_{i=1}^{n} A_i} = \prod_{i=1}^{n} I_{A_i}$ 가 성립하므로(연습문제 7.1) 양변에 기대값을 취하면 다음과 같다.

$$P(\cap_{i=1}^{n} A_i) = E(\prod_{i=1}^{n} I_{A_i}) \tag{7.3}$$

집합에서의 드모르간의 법칙에 의해 $(\bigcap_{i=1}^{n} A_i^c)^c = \bigcup_{i=1}^{n} A_i$이 되고 따라서 다음이 성립한다.

$$\begin{aligned} P(\bigcup_{i=1}^{n} A_i) &= 1 - P(\bigcap_{i=1}^{n} A_i^c) \\ &= 1 - E(I_{\bigcap_{i=1}^{n} A_i^c}) \\ &= 1 - E(\prod_{i=1}^{n} (1 - I_{A_i})) \end{aligned}$$

$$= E(\sum_{i=1}^{n} I_{A_i} - \sum_{i<j} I_{A_i} I_{A_j} + \sum_{i<j<k} I_{A_i} I_{A_j} I_{A_k} - \cdots + (-1)^{n+1} I_{A_1} I_{A_2} \cdots I_{A_n})$$

$$= \sum_{i=1}^{n} P(A_i) - \sum_{i<j} P(A_i \cap A_j) + \sum_{i<j<k} P(A_i \cap A_j \cap A_k)$$

$$- \cdots + (-1)^{n+1} P(A_1 \cap A_2 \cap \cdots \cap A_n)$$

여기서 세 번째 등식은 식(7.3)과 $I_{A^c} = 1 - I_A$를 이용하였다.

지시함수의 기대값과 확률과의 관계를 이용하여 다음 부등식을 증명할 수 있다.

예제 7.7

(**마코브 부등식** Markov's inequality) $X \geq 0$이면 임의의 $a > 0$에 대해 다음 부등식이 성립함을 보여라.

$$P(X \geq a) \leq \frac{E(X)}{a}$$

풀이 $\forall a > 0$, $A = \{\omega | X(\omega) \geq a\}$라 두면 $X \geq 0$이므로 $I_A(\omega) \leq \dfrac{X(\omega)}{a}$

따라서 양변에 기대값을 취하면 $P(A) \leq \dfrac{E(X)}{a}$. 즉 $P(X \geq a) \leq \dfrac{E(X)}{a}$이 성립한다.

위의 마코브 부등식에서는 기대값만을 이용하였다. X가 유한의 평균과 분산을 갖는다면 마코브 부등식의 X 대신에 $|X - E(X)|^2 \geq 0$을 대입하여 다음의 **체비세프 부등식** (Chebyshev's inequality)을 얻는다.

$$P(|X - E(X)| \geq a) = P(|X - E(X)|^2 \geq a^2) \leq \frac{Var(X)}{a^2}$$

예제 7.8

10만개의 숫자들의 평균은 8, 제곱의 평균은 65이다. 임의의 한 숫자를 선택했을 때 선택된 숫자가 10이상이 될 확률의 상한(upper bound)을 구하여라.

풀이 X를 선택된 값이라 하면 구하는 확률은 $P(X \geq 10)$이다. 몇 가지 방법을 생각해보자.

(1) 체비세프 부등식이용: $E(X) = 8$, $Var(X) = 65 - 64 = 1$이다. 따라서 다음이 성립한다. $P(X \geq 10) \leq P(|X-8| \geq 2) \leq \frac{1}{4}$. 만일 이 때 X가 평균을 중심으로 좌우 대칭이라면, 즉 $P(X \geq 10) = P(X \leq 6)$이면 $P(X \geq 10) \leq \frac{1}{8}$이다.

(2) 정규근사를 이용 $X \approx N(8,\, 1)$이라면 다음이 성립한다.

$$P(X \geq 10) = P(\frac{X-8}{1} \geq 2) \approx P(Z \geq 2) = 1 - \Phi(2)$$
$$\approx 1 - 0.9772 = 0.0228$$

(3) $X \geq 0$이면 다음과 같이 마코브 부등식을 이용할 수 있다.

$$P(X \geq 10) \leq \frac{8}{10}$$

■

위의 예제 7.8에서 보면 마코브 부등식은 체비세프 부등식보다 훨씬 큰 상한을 제시한다. 경우에 따라 마코브 부등식의 상한과 체비세프 부등식의 상한이 일치할 수 있으나 일반적으로 체비세프 부등식은 평균 뿐 아니라 분산도 이용하여 보다 실제 값에 가까운 상한을 제시하게 된다.

다음으로 중요한 부등식 하나 더 알아보자. 2차 미분 가능한 함수 중에서 $f''(x) \geq 0,\ \forall x$이면 함수 f를 볼록함수(convex function)이라고 한다. 이는 임의의 t, $0 \leq t \leq 1$에 대하여 다음 관계가 성립하는 것과 같다.

$$f(tx + (1-t)y) \leq tf(x) + (1-t)f(y),\ \forall x, y$$

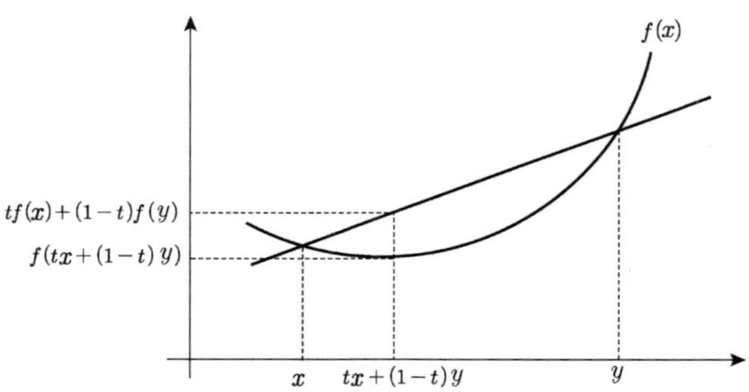

[그림 7-1] 볼록함수

명제 7.9 (젠슨의 부등식 Jensen's inequality)

함수 f가 볼록함수이고 $E(X)<\infty$, $E(f(X))<\infty$이면 다음 부등식이 성립한다.

$$E(f(X)) \geq f(E(X))$$

증명 $x=\mu$, $\mu=E(X)$에 대해 테일러 정리(Taylor's theorem)을 적용하면 다음을 얻는다.

$$f(x)=f(\mu)+f'(\mu)(x-\mu)+\frac{f''(\xi)(x-\mu)^2}{2}$$

이 때 $f''(\xi)\geq 0$이므로 $f(x)\geq f(\mu)+f'(\mu)(x-\mu)$. 여기서 x에 X를 대입하고 양변에 기대값을 취하면 다음과 같다.

$$\begin{aligned} E(f(X)) &\geq f(\mu)+f'(\mu)E(X-\mu) \\ &= f(\mu) \\ &= f(E(X)) \end{aligned}$$

예제 7.9

다음 부등식이 성립함을 보여라. $E(e^X)\geq e^{E(X)}$, $E(|X|)\geq|E(X)|$, 그리고 $X>0$일 때 $E(X^{3/2})\geq(E(X))^{3/2}$, $E(\sqrt{X})\leq\sqrt{E(X)}$, $E(\log(X))\leq\log E(X)$.

풀이 e^x, $x^{3/2}$, $|x|$ 등은 볼록함수이다. 따라서 젠슨의 부등식을 이용하면 $E(e^X)\geq e^{E(X)}$, $E(X^{3/2})\geq(E(X))^{3/2}$ 또는 $E(|X|)\geq|E(X)|$ 등이 성립한다. 반면에 $\sqrt{x}$, 로그함수는 오목함수(concave function)이므로 $-\log x$, $-\sqrt{x}$는 다시 볼록함수가 되어 젠슨의 부등식을 적용하면 $X>0$일 때 $E(-\log(X))\geq-\log E(X)$, 즉 $E(\log(X))\leq\log E(X)$와 같이 된다. 마찬가지로 $E(\sqrt{X})\leq\sqrt{E(X)}$이 성립한다. ■

7.2 분산, 공분산, 상관계수

두 확률변수 X와 Y의 관계를 설명하는 하나의 지표로 아래와 같은 공분산이 있다.

정의 7.1

두 확률변수 X 와 Y의 **공분산**(covariance) $Cov(X, Y)$은 다음과 같이 정의된다.

$$Cov(X, Y) = E[(X - E(X))(Y - E(Y))]$$

위 식의 우변을 정리하면 다음이 성립한다.

$$Cov(X, Y) = E(XY) - E(X)E(Y)$$

공분산의 정의로부터 다음 관계가 성립함은 쉽게 알 수 있다.

(1) $Cov(X, Y) = Cov(Y, X)$

(2) $Cov(X, X) = Var(X)$

(3) $Cov(aX + b, Y) = aCov(X, Y)$

(4) $Cov(X + Z, Y) = Cov(X, Y) + Cov(Z, Y)$

또한 확률변수들의 선형합들 사이의 공분산에 관한 다음 등식이 성립한다.

명제 7.3

$$Cov\left(\sum_{i=1}^{n} a_i X_i, \sum_{j=1}^{m} b_j Y_j\right) = \sum_{i=1}^{n}\sum_{j=1}^{m} a_i b_j Cov(X_i, Y_j) \quad (a_i, b_j\text{는 상수})$$

증명 먼저 $E(X_i) = \mu_i,\ E(Y_j) = \nu_j$ 라 하면 다음이 성립한다.

$$\begin{aligned} Cov\left(\sum_{i=1}^{n} a_i X_i, \sum_{j}^{m} b_j Y_j\right) &= E\left[\left(\sum_{i=1}^{n} a_i (X_i - \mu_i)\right)\sum_{j=1}^{m} b_j (Y_j - \nu_j)\right] \\ &= E\left[\sum_{i=1}^{n}\sum_{j=1}^{m} a_i b_j (X_i - \mu_i)(Y_j - \nu_j)\right] \\ &= \sum_{i=1}^{n}\sum_{j=1}^{m} a_i b_j Cov(X_i, Y_j) \end{aligned}$$

따라서 다음이 성립한다.

$$\begin{aligned} Var\left(\sum_{i=1}^{n} a_i X_i\right) &= Cov\left(\sum_{i=1}^{n} a_i X_i, \sum_{j}^{n} a_j X_j\right) \\ &= E\left[\sum_{i=1}^{n}\sum_{j=1}^{n} a_i a_j (X_i - \mu_i)(X_j - \mu_j)\right] \end{aligned}$$

$$= \sum_{i=1}^{n} a_i^2 Var(X_i) + 2\sum\sum_{i<j} a_i a_j Cov(X_i, X_j)$$

즉 합의 분산에 관한 다음 공식을 얻는다.

명제 7.4

$$Var(\sum_{i=1}^{n} a_i X_i) = \sum_{i=1}^{n} a_i^2 Var(X_i) + 2\sum\sum_{i<j} a_i a_j Cov(X_i, X_j) \qquad (7.4)$$

다음은 두 확률변수가 서로 독립일 때 공분산은 어떤 값을 갖는지 알아보자. 먼저 다음 식이 성립한다.

명제 7.5

두 확률변수 X와 Y가 서로 독립이고 $g, h : R \to R$인 함수이면 다음이 성립한다.

$$E(g(X)h(Y)) = E(g(X))E(h(Y))$$

증명 X와 Y의 결합분포가 연속일 때 다음과 같다.

$(X, Y) \sim f(x, y)$일 때 X와 Y가 서로 독립이므로 $f(x,y) = f_X(x)f_Y(y)$가 되고 따라서 다음이 성립한다.

$$E(g(X)h(Y)) = \int_{-\infty}^{\infty}\int_{-\infty}^{\infty} g(x)h(y)f(x,y)dxdy$$

$$= \int_{-\infty}^{\infty} g(x)f_X(x)dx \int_{-\infty}^{\infty} h(y)f_Y(y)dy$$

$$= E(g(X))E(h(Y))$$

따라서 X와 Y가 서로 독립이면 $E(XY) = E(X)E(Y)$가 성립하므로 $Cov(X, Y) = 0$이 된다. 그러나 다음 예제에서와 같이 그 역은 일반적으로 성립하지 않는다.

예제 7.10

$X \sim f(x)$이고 $f(x) = f(-x)$를 만족한다. $Y = X^2$이라 할 때 $Cov(X, Y)$를 구하여라.

풀이 $f(x) = f(-x)$이므로 $E(X) = E(X^3) = 0$이다. 따라서

$$Cov(X, Y) = E(XY) - E(X)E(Y) = E(X^3) - E(X)E(X^2) = 0$$

■

위의 예제의 X와 $Y=X^2$은 서로 독립은 아니나 $Cov(X, Y)=0$인 예가 되겠다.

위 식 (7.4)에서 X와 Y가 독립일 때 $Cov(X, Y)=0$임을 이용하면 다음을 얻는다.

명제 7.6

X_i, $i=1, 2, \cdots, n$이 서로 독립일 때 X_i들의 선형합의 분산은 다음과 같다

$$Var(\sum_{i=1}^{n} a_i X_i) = \sum_{i=1}^{n} a_i^2 Var(X_i)$$

예제 7.11

X_i, $i=1, 2, \cdots, n$은 독립 동등분포를 갖고 평균 μ, 분산은 $\sigma^2 < \infty$이다.

$\overline{X}=\frac{1}{n}\sum_{i=1}^{n} X_i$, $S^2=\sum_{i=1}^{n}\frac{(X_i-\overline{X})^2}{n-1}$이라 할 때 다음을 보여라.

(1) $E(\overline{X})=\mu$, $Var(\overline{X})=\frac{\sigma^2}{n}$

(2) $E(S^2)=\sigma^2$

풀이 (1) $E(\overline{X})=\frac{1}{n}E(\sum_{i=1}^{n} X_i)=\frac{1}{n}\sum_{i=1}^{n} E(X_i)=\mu$

$$Var(\overline{X})= Var(\frac{1}{n}\sum_{i=1}^{n} X_i)=\frac{1}{n^2}Var(\sum_{i=1}^{n} X_i)=\frac{1}{n^2}n\sigma^2=\frac{\sigma^2}{n}$$

(2)
$$\begin{aligned}(n-1)S^2 &= \sum_{i=1}^{n}(X_i-\mu+\mu-\overline{X})^2 \\ &= \sum_{i=1}^{n}(X_i-\mu)^2-n(\overline{X}-\mu)^2\end{aligned}$$

따라서 양변에 기대값을 취하면 다음과 같다.

$$\begin{aligned}(n-1)E(S^2) &= \sum_{i=1}^{n}E(X_i-\mu)^2-nE(\overline{X}-\mu)^2 \\ &= n\sigma^2-n\,Var(\overline{X}) \\ &= (n-1)\sigma^2\end{aligned}$$

즉 $E(S^2)=\sigma^2$이 된다.

위의 $\overline{X}$를 표본평균(sample mean), S^2을 표본분산(sample variance)라 부르고 위 예제 (7.11)은 $\overline{X}$와 S^2이 각각 모집단의 평균 μ와 분산 σ^2의 불편추정량(unbiased estimator) 임을 보여준다.

한편 성공률 p인 베르누이 시행을 반복할 때 i번째 시행에서 성공하면 1, 실패하면 0으로 두는 확률변수를 X_i라 하면 X_i는 서로 독립이고 $X=\sum_{i=1}^{n} X_i$, $X \sim B(n,\ p)$이다. 따라서 선형합의 분산 공식과 $Var(X_i)=p(1-p)$을 이용하면 $Var(X)=\sum_{i=1}^{n} Var(X_i)=np(1-p)$를 얻는다. 마찬가지로 Y_i를 $(i-1)$번 째 성공이후 i번째 성공을 얻을 때까지의 총 시행횟수라 하고 $Y=\sum_{i=1}^{r} Y_i$라 두면 $Y_i \sim Geo(p)$, $Y \sim NB(r,p)$이고 $Var(Y_i)=\frac{1-p}{p^2}$를 이용하면 $Var(Y)=\sum_{i=1}^{r} Var(Y_i)=\frac{r(1-p)}{p^2}$임을 쉽게 얻을 수 있다. 다음은 초기하분포의 분산에 대해 알아보자.

예제 7.12

r개의 타입 I 과 $N-r$개의 타입 II로 이루어진 N개의 유한 모집단에서 n개를 추출했을 때 타입 I의 개수를 X라 하자. n개를 한꺼번에 추출한 것은 하나씩 n번 비복원, 반복 추출한 결과와 같다. 따라서 $X_i(i=1,\ \cdots,\ n)$를 다음과 같이 정의하면 X_i는 서로 동등분포를 하나 독립은 아니며 $X=\sum_{i=1}^{n} X_i$가 된다. $Var(X)$를 구하라.

$$X_i=\begin{cases}1, & i\text{번 째 뽑은 결과가 타입}I\\ 0, & i\text{번 째 뽑은 결과가 타입}II\end{cases}$$

풀이 $X \sim HG(N,r,n)$이고 $X=\sum_{i=1}^{n} X_i$이므로 위의 선형합에 대한 분산 공식을 이용할 수 있다. 먼저 $Cov(X_i,\ X_j)$를 구하여 보면 다음과 같다. $i \neq j$이면

$$\begin{aligned}Cov(X_i,\ X_j) &= E(X_iX_j)-E(X_i)E(X_j)\\ &= P(X_i=1,X_j=1)-(\frac{r}{N})^2\\ &= P(X_i=1)P(X_j=1|X_i=1)-(\frac{r}{N})^2\\ &= \frac{r}{N}\cdot\frac{r-1}{N-1}-(\frac{r}{N})^2\end{aligned}$$

위의 두 번째 등식은 다음 관계로부터 얻는다.

$$X_iX_j = \begin{cases} 0, & X_i = 0 \text{ 또는 } X_j = 0 \text{ 일 때} \\ 1, & X_i = X_j = 1 \text{ 일 때} \end{cases}$$

예제 7.3으로부터 $P(X_i = 1) = \frac{r}{N} = 1 - P(X_i = 0)$이고 $E(X_i^2) = E(X_i)$이므로 $i = j$이면 다음을 얻는다.

$$Cov(X_i, X_i) = Var(X_i) = E(X_i^2) - (E(X_i))^2 = E(X_i) - (\frac{r}{N})^2 = \frac{r}{N}(1 - \frac{r}{N})$$

따라서 다음이 성립한다.

$$\begin{aligned} Var(X) &= \sum_{i=1}^{n} Var(X_i) + 2\sum\sum_{i<j} Cov(X_i, X_j) \\ &= n \cdot \frac{r}{N}(1 - \frac{r}{N}) + n(n-1)(\frac{r}{N} \cdot \frac{r-1}{N-1} - (\frac{r}{N})^2) \\ &= \frac{nr}{N}\left(1 - \frac{r}{N} + (n-1)(\frac{r-1}{N-1} - \frac{r}{N})\right) \\ &= n\frac{r}{N}(1 - \frac{r}{N})(\frac{N-n}{N-1}) \end{aligned}$$

■

이는 4장에서 구한 결과와 일치한다.

예제 7.13

(X_1, X_2, X_3)는 모수 n, p_1, p_2, p_3를 갖는 다항분포를 따른다고 할 때 $Cov(X_i, X_j)$를 구하여라.

풀이 앞에서 $X_i \sim B(n, p_i)$임을 보았다. $Cov(X_i, X_j) = E(X_iX_j) - E(X_i)E(X_j)$이므로 $E(X_iX_j)$를 다음과 같은 방법으로 구하여 보자.

한번 시행하여 나오는 결과는 타입 I, 타입 II, 타입 III의 세 가지 중 하나이고 각각이 나올 확률은 p_1, p_2, p_3이며 n번 시행의 결과 타입 I이 나온 횟수를 X_1, 타입 II가 나온 횟수를 X_2 그리고 타입 III가 나온 횟수를 X_3라 두면 (X_1, X_2, X_3)가 갖는 분포가 모수 n, p_1, p_2, p_3를 갖는 다항분포가 된다. 다음과 같이 정의하자.

$$I_i = \begin{cases} 1, & i\text{번째 시행의 결과가 타입 }I \\ 0, & i\text{번째 시행의 결과가 타입 }II\text{ 또는 타입 }III \end{cases}$$

$$J_i = \begin{cases} 1, & i\text{번째 시행의 결과가 타입}II \\ 0, & i\text{번째 시행의 결과가 타입}I\text{ 또는 타입}III \end{cases}$$

그러면 $X_1 = \sum_{i=1}^{n} I_i$, $X_2 = \sum_{i=1}^{n} J_i$이다. $i=j$이면 $I_iJ_j = 0$이므로

$$E(X_1X_2) = \sum_{i=1}^{n}\sum_{j=1}^{n} E(I_iJ_j) = \sum_{i\neq j} P(I_iJ_j = 1)$$
$$= n(n-1)P(I_i = 1)P(J_j = 1) = n(n-1)p_1p_2$$

따라서 $Cov(X_1, X_2) = n(n-1)p_1p_2 - np_1np_2 = -np_1p_2 < 0$. 또한 같은 방법으로 다음을 얻는다. $Cov(X_2, X_3) = -np_2p_3$, $Cov(X_1, X_3) = -np_1p_3$.

■

위의 예제 7.13의 결과는 네 개 이상의 다항분포를 하는 확률변수로 확장할 수 있다. 즉 $(X_1, X_2, \cdots, X_m)$이 모수 $n, p_1, p_2, \cdots, p_m$를 갖는 다항분포를 할 때 i, j에 대해 $Cov(X_i, X_j)$를 구하면 $-np_ip_j$ 가 된다. 임의의 i와 j에 대해서 $Cov(X_i, X_j)$가 항상 음수가 됨을 주목하고 이유를 생각해 보자.

$Var(X) > 0$, $Var(Y) > 0$인 두 확률변수 X 와 Y의 **상관계수**(correlation coefficient of X and Y) $\rho(X, Y)$는 다음과 같이 정의된다.

정의 7.5

$$\rho(X, Y) = \frac{Cov(X, Y)}{\sqrt{Var(X)\,Var(Y)}}, \quad |\rho(X, Y)| \le 1$$

예제 7.14

$[E(XY)]^2 \le E(X^2)E(Y^2)$이 성립함을 보여라.

풀이 $0 \le E(t\cdot X - Y)^2 = t^2E(X^2) - 2tE(XY) + E(Y^2)$

위 식은 t의 2차함수이고 비음이므로 판별식 $D \le 0$을 만족해야한다. 여기서 $\frac{D}{4} = [E(XY)]^2 - E(X^2)E(Y^2) \le 0$. 따라서 결론을 얻는다.

■

$[E(XY)]^2 \leq E(X^2)E(Y^2)$을 **코쉬-슈바르쯔 부등식**(Cauchy-Schwarz inequality)이라고 부른다. 여기에 $Y=1$을 대입하면 $[E(X)]^2 \leq E(X^2)$이 성립한다. 이는 젠슨의 부등식으로도 얻을 수 있었다.

위의 예제 7.14에서 X를 $X-E(X)$로 , Y를 $Y-E(Y)$로 대체하면 다음과 같다.

$$(Cov(X, Y))^2 \leq Var(X)\,Var(Y) \ .$$

따라서 다음이 성립한다.

$$-1 \leq \rho(X, Y) \leq 1$$

예제 7.15

$Y=aX+b\ (a \neq 0)$일 때 $\rho(X,\ Y)$를 계산하라.

풀이 $Cov(X,\ aX+b)=a\,Var(X)$이므로

$$\rho(X, Y)=\frac{a\,Var(X)}{\sqrt{a^2\,Var(X)\cdot Var(X)}}=\frac{a}{|a|}$$

즉 $a>0$이면 $\rho(X,\ Y)=1$이고 $a<0$이면 $\rho(X,\ Y)=-1$이다.

역으로 $\rho(X,\ Y)=1$이면 X와 Y는 선형관계인가? $\rho(X,\ Y)=1$이라 두면 다음이 성립한다.

$$Var\left(\frac{X}{\sqrt{Var(X)}}-\frac{Y}{\sqrt{Var(Y)}}\right)=2-2\rho(X,\ Y)=0$$

$Var(X)=0$이면 $P(X=c)=1$, c는 상수가 됨을 이용(연습문제 7.2)하면 다음이 성립한다.

$$P\left(\frac{X}{\sqrt{Var(X)}}-\frac{Y}{\sqrt{Var(Y)}}=c\right)=1$$

즉 X와 Y는 양의 선형관계가 있다.

$\rho(X, Y)=-1$의 경우는 $Var\left(\frac{X}{\sqrt{Var(X)}}+\frac{Y}{\sqrt{Var(Y)}}\right)=2+2\rho(X,\ Y)=0$이므로 확률 1로

$$\frac{X}{\sqrt{Var(X)}}+\frac{Y}{\sqrt{Var(Y)}}=c$$

이는 X와 Y가 음의 선형관계를 만족함을 보여준다.

위에서 본 바와 같이 $|\rho(X, Y)| = 1$이면 X와 Y는 선형관계에 있음을 의미하고 $|\rho(X, Y)|$이 1에 가까울수록 강한 선형관계, 0에 가까울수록 약한 선형관계를 나타내며 $\rho(X, Y)$가 양의 값을 가지면 양의 선형관계, 즉 X가 증가할 때 Y도 같이 증가하는 경향이 있음을 나타내고, 음의 값을 가지면 X가 증가할 때 Y는 감소하는 경향이 있음을 나타낸다. $\rho(X, Y) = 0$이면 X와 Y는 상관관계가 없다 (uncorrelated)고 말한다. 즉 $\rho(X, Y)$은 X와 Y의 선형관계의 강약이나 방향을 나타내는 지표가 된다. 그러나 선형관계 이외의 다른 관계는 설명하지 못한다. X와 Y가 서로 독립이면 $Cov(X, Y) = \rho(X, Y) = 0$이 된다.

7.3 조건부 기대값, 조건부 분산(conditional expectation, conditional variance)

7.3.1 조건부 기대값의 정의

확률변수 X의 분포 즉 확률질량함수 $p(x)$나 확률밀도함수 $f(x)$를 알면 다음과 같이 기대값을 구할 수 있다.

$$E(X) = \sum_x xp(x) \text{ 또는 } E(X) = \int_{-\infty}^{\infty} xf(x)dx$$

마찬가지개념으로 $Y = y$로 주어진 조건 아래서의 확률변수 **X의 조건부 기대값** $E(X|Y = y)$는 $Y = y$일 때의 X의 조건부 분포, 즉 조건부확률질량함수 $p_{X|Y}(x|y)$나 조건부확률밀도함수 $f_{X|Y}(x|y)$에 의해서 다음과 같이 정의된다.

정의 7.2

$$E(X|Y = y) = \begin{cases} \sum_x xp_{X|Y}(x|y) & \text{이산분포일 때} \\ \int_{-\infty}^{\infty} xf_{X|Y}(x|y)dx & \text{연속분포일 때} \end{cases}$$

여기서 조건부확률질량함수와 조건부확률밀도함수는 6장에서 다음과 같이 정의되었다. $p_{X|Y}(x|y) = \dfrac{p(x,y)}{p_Y(y)} \quad (p_Y(y) \neq 0)$, $f_{X|Y}(x|y) = \dfrac{f(x,y)}{f_Y(y)} \quad (f_Y(y) \neq 0)$

이들은 혼동의 여지가 없을 때는 $p(x|y)$또는 $f(x|y)$와 같이 간단히 쓰기도 한다.

예 7.1

(X, Y)의 결합확률분포표가 다음과 같이 주어졌다고 하자.

$Y \backslash X$	0	1	2	행 합(Y의 분포)
0	1/9	2/9	1/9	4/9
1	2/9	1/9	1/9	4/9
2	1/9	0	0	1/9
열 합(X의 분포)	4/9	3/9	2/9	1

위 표에서 $p_{X|Y}(x|y=0)$, $p_{Y|X}(y|x=1)$을 구하면 다음과 같다.

X	0	1	2
$p_{X|Y}(x|y=0)$	1/4	1/2	1/4

Y	0	1	2
$p_{Y|X}(y|x=1)$	2/3	1/3	0

따라서 다음이 성립한다.

$$E(X|Y=0) = 0(1/4) + 1(1/2) + 2(1/4) = 1$$

$$E(Y|X=1) = 0(2/3) + 1(1/3) + 2(0) = 1/3.$$

X의 함수인 $g(X)$의 조건부 기대값은 다음과 같이 구할 수 있다.

명제 7.7

조건부 분포가 이산이냐 연속이냐에 따라 다음이 성립한다.

$$E(g(X)|Y=y) = \begin{cases} \sum g(x) p_{X|Y}(x|y) \\ \int_{-\infty}^{\infty} g(x) f_{X|Y}(x|y) dx \end{cases}$$

$Y=y$일 때의 X의 조건부 기대값은 기대값을 구하기 위하여 사용되는 분포가 X의 분포에서 $Y=y$일 때의 X의 조건부 분포로 바뀐 것 뿐 기대값이 갖고 있는 여러 가지 성질은 그대로 성립함을 알 수 있다. 왜냐하면 조건부 기대값은 단지 $Y=y$로 축소된 새

로운 확률공간에서 기대값을 구하는 것이고 여러 가지 성질들은 합 (Σ)이나 적분의 성질에서 그대로 유도되기 때문이다.

위 명제 7.7은 다음과 같이 확장된다.

$E(g(X_1, X_2, \cdots, X_n)|Y=y)$

$$=\begin{cases}\displaystyle\sum_{x_1}\cdots\sum_{x_n} g(x_1, x_2, \cdots, x_n)p(x_1, x_2, \cdots, x_n|y) \\ \displaystyle\int_{-\infty}^{\infty}\cdots\int_{-\infty}^{\infty} g(x_1, x_2, \cdots, x_n)f(x_1, x_2, \cdots, x_n|y)dx_1\cdots dx_n\end{cases}$$

예제 7.16

$E(X_1+X_2\,|\,Y=y) = E(X_1|\,Y=y)+E(X_2\,|\,Y=y)$임을 보여라.

풀이 $\displaystyle E(X_1+X_2|\,Y=y)=\int_{-\infty}^{\infty}\int_{-\infty}^{\infty}(x_1+x_2)f(x_1, x_2|y)dx_1dx_2$

$$=\int_{-\infty}^{\infty}\int_{-\infty}^{\infty}x_1f(x_1, x_2|y)dx_1dx_2+\int_{-\infty}^{\infty}\int_{-\infty}^{\infty}x_2f(x_1, x_2|y)dx_1dx_2$$

$$=\int_{-\infty}^{\infty}x_1f(x_1|y)dx_1+\int_{-\infty}^{\infty}x_2f(x_2|y)dx_2$$

$$=E(X_1|\,Y=y)+E(X_2|\,Y=y)$$

■

일반적으로 다음이 성립한다.

$$E(\sum_{i=1}^{n}X_i|\,Y=y)=\sum_{i=1}^{n}E(X_i|\,Y=y)$$

예제 7.17

두 개의 주사위를 던져 나온 결과 중에서 작은 값을 X, 큰 값을 Y라 하자. X와 Y의 결합확률질량함수는 다음과 같다. $E(X|\,Y=y)$, $E(X^2\,|\,Y=y)$를 구하여라.

$$p_{X,Y}(x,y)=\begin{cases}\dfrac{2}{36} & 1\le x<y\le 6\\ \dfrac{1}{36} & x=y,\ 1\le x,y\le 6\end{cases}$$

풀이 $p_X(x)=\sum_y p(x,y)=\frac{1}{36}+\frac{2(6-x)}{36}=\frac{1}{36}(13-2x),\quad 1\le x\le 6$

$$p_Y(y)=\frac{1}{36}+\frac{2(y-1)}{36}=\frac{1}{36}(2y-1),\quad 1\le y\le 6$$

따라서 조건부 확률질량함수는 다음과 같다.

$$p(x|y)=\begin{cases}\frac{2}{2y-1}, & x<y\\ \frac{1}{2y-1}, & x=y\end{cases}$$

따라서 구하는 조건부 기대값은 다음과 같다.

$$E(X|Y=y)=\sum_{x=1}^{y}xp(x|y)=\sum_{x=1}^{y-1}x\frac{2}{2y-1}+y\frac{1}{2y-1}=\frac{y^2}{2y-1},\quad 1\le y\le 6$$

또한 $g(X)=X^2$ 으로 두고 명제 7.7을 이용하면 다음을 얻는다.

$$\begin{aligned}E(X^2|Y=y)&=\sum_{x=1}^{y}x^2p(x|y)\\&=\sum_{x=1}^{y-1}x^2\frac{2}{2y-1}+y^2\frac{1}{2y-1}\\&=\frac{2(1/6)(y-1)y(2y-1)+y^2}{2y-1}\\&=\frac{2y^3+y}{3(2y-1)},\ 1\le y\le 6\end{aligned}$$

■

예제 7.18

(X, Y)이 삼각형 $0\le x\le y\le 1$ 위에서 균일분포를 한다. 즉 결합확률밀도함수 $f(x, y)$가 다음과 같을 때 $E(X|Y=y)$, $E(Y|X=x)$를 구하라.

$$f(x, y)=2,\quad 0\le x\le y\le 1$$

풀이 먼저 X, Y 각각의 주변확률밀도함수를 구하면 다음과 같다.

$$f_X(x)=\int_x^1 2dy=2(1-x),\quad 0<x<1$$

$$f_Y(y)=\int_0^y 2dx=2y,\quad 0<y<1$$

조건부확률밀도함수와 이를 이용한 조건부 기대값은 다음과 같다.

$$f_{X|Y}(x|y) = \frac{1}{y},\ 0 \le x \le y, \quad f_{Y|X}(y|x) = \frac{1}{1-x},\ x \le y \le 1$$

$$E(X|Y=y) = \int_0^y \frac{x}{y} dx = \frac{y}{2}, \qquad 0 < y < 1$$

$$E(Y|X=x) = \int_x^1 \frac{y}{1-x} dy = \frac{1+x}{2}, \qquad 0 < x < 1$$

■

$E(X|Y=y)$은 y의 함수이고 $E(Y|X=x)$은 x의 함수임을 주목하자.

X와 Y가 독립이면 $E(X|Y=y) = E(X)$이 성립한다. 왜냐하면 X와 Y가 독립이면 $f_{X|Y}(x|y) = f_X(x)$이고 따라서 다음이 성립하기 때문이다.

$$E(X|Y=y) = \int_{-\infty}^{\infty} x f_{X|Y}(x|y) dx = \int_{-\infty}^{\infty} x f_X(x) dx = E(X)$$

예 7.2

$(X,\ Y) \sim f(x,\ y) = e^{-(x+y)}, \quad x > 0,\ y > 0$라 하면 $f_X(x) = e^{-x}, \quad x > 0$이고 $f_Y(y) = e^{-y},\ y > 0$이다. 따라서 $f_{X|Y}(x|y) = e^{-x}, \quad x > 0$이므로 다음이 성립한다.

$$E(X|Y=y) = \int_0^{\infty} x e^{-x} dx = 1 = E(X).$$

한편 $f_{X,\ Y}(x,\ y) = f_X(x) f_Y(y)$이므로 X와 Y는 서로 독립이다.

■

7.3.2 $E(X) = E(E(X|Y))$

조건부 기대값을 이용하여 X의 기대값을 구하는 문제를 생각해 보자.

예제 7.18에서 본 바와 같이 $E(X|Y=y)$는 y의 함수이다. 즉 $E(X|Y=y) = h(y)$라 두면 $E(X|Y) = h(Y)$라 쓸 수 있으며 이는 $E(X|Y)$가 Y의 함수임을 보여준다. 따라서 Y의 분포를 이용하여 $h(Y)$의 기대값 $E(E(X|Y)) = E(h(Y))$를 구할 수 있다. 그런데 그 결과는 $E(X)$와 같다는 것이다. 다음이 성립한다.

명제 7.6

$$E(X)=E(E(X|Y)) \tag{7.5}$$

(7.5) 식의 우변은 이산분포이냐 연속분포이냐에 따라 다음과 같이 풀어 쓸 수 있다.

$$E(E(X|Y))=\begin{cases}\sum_y E(X|Y=y)p_Y(y)\\ \int_{-\infty}^{\infty} E(X|Y=y)f_Y(y)dy\end{cases}$$

증명 X와 Y가 결합연속분포라 가정하자.

$$\begin{aligned}E(E(X|Y)) &= \int_{-\infty}^{\infty} E(X|Y=y)f_Y(y)dy\\ &= \int_{-\infty}^{\infty}\left(\int_{-\infty}^{\infty} xf_{X|Y}(x|y)dx\right)f_Y(y)dy\\ &= \int_{-\infty}^{\infty}\int_{-\infty}^{\infty} xf(x,y)dxdy\\ &= E(X)\end{aligned}$$

(7.5) 식은 X의 평균을 구하는데 매우 유용하게 활용된다.

예제 7.19

한 번의 게임에 참여하는 비용이 5만원이다. 주사위를 던져 1 또는 2가 나오면 내가 이기는 것이고 나머지 숫자가 나오면 다시 5만원을 내고 게임에 참여한다. 내가 이기면 게임은 끝난다. 이길 때 까지 게임에 계속 참여 한다면 평균 얼마의 참가비가 들 것으로 예상되는가?

풀이 두 가지 방법으로 풀어보자.

(1) 내가 이기면 게임이 끝나게 되므로 첫 번에 이길 확률 1/3, 참가비 5만원, 첫 게임에서 지고 두 번째에서 이길 확률은 (2/3)(1/3), 참가비 10만원, 세 번째에서 이길 확률은 (2/3)(2/3)(1/3), 참가비 15만원 .... 따라서 구하는 평균참가비 $E(X)$는 다음과 같다.

$$E(X)=\frac{1}{3}(5)+\frac{2}{3}\frac{1}{3}(2\cdot 5)+(\frac{2}{3})^2\frac{1}{3}(3\cdot 5)+\cdots$$

$$= \frac{5}{3}(1 + 2\frac{2}{3} + 3(\frac{2}{3})^2 + 4(\frac{2}{3})^3 + \cdots$$

$$= 15$$

(2) 이번에는 조건부 기대값을 이용해서 풀어보자

확률변수 Y를 첫 번째 게임에서 이기면 1, 지면 0이라 두고 X를 이길 때까지 필요한 참가비라 하자.

$$E(X) = E(X|Y=1)P(Y=1) + E(X|Y=0)P(Y=0)$$

$$= 5(\frac{1}{3}) + (E(X)+5)(\frac{2}{3})$$

따라서 $E(X) = 15$가 되어 (1)의 답과 일치한다.

■

예제 7.19에서 이기면 20만원의 상금을 받는다면 이 게임에 참여하겠는가?

예제 7.20

하루에 N건의 보험청구가 들어오는 보험회사가 있다. i번 째 보험 청구 금액을 X_i라 두면 X_i는 독립 동등분포를 하고 확률변수 N과 X_i들은 서로 독립이라고 하자. $E(N) = 12$, $E(X_i) = 45$ (단위 : 만원)일 때 하루 동안의 총 보험청구액의 평균값은 얼마인가?

풀이 n이 고정된 상수일 때 $E(\sum_{i=1}^{n} X_i) = nE(X_1)$이다. 하루 동안의 총 보험 청구액을 S라 하면 $S = \sum_{i=1}^{N} X_i$이다. 여기서 N은 확률변수이므로 $E(S)$를 구하기 위해서 조건부 기대값을 이용하자. 다음이 성립한다.

$$E(S|N=n) = E(\sum_{i=1}^{N} X_i|N=n) = E(\sum_{i=1}^{n} X_i|N=n) = E(\sum_{i=1}^{n} X_i) = nE(X_1)$$

위 식의 세 번째 등식은 N과 X_i의 독립성에 기인한다. 따라서 (7.5) 식을 이용하면 다음과 같이 쓸 수 있다.

$$\begin{aligned} E(S) = E(\sum_{i=1}^{N} X_i) &= E(E(\sum_{i=1}^{N} X_i|N)) \\ &= E(N \cdot E(X_1)) \\ &= E(N)E(X_1). \end{aligned}$$

따라서 $E(S) = 12 \cdot 45 = 540$(만원).

■

예제 7.21

예제 7.17, 7.18에서 $E(X)$를 구하여라.

풀이 7.17에서 $E(X)=\sum_{y=1}^{6}E(X|Y=y)p_Y(y)=\sum_{y=1}^{6}\frac{1}{36}y^2=\frac{91}{36}$

7.18에서 $E(X|Y=y)=\frac{y}{2}$, $0<y<1$이므로 $E(X)$는 다음과 같다.

$$E(X)=\int_0^1\frac{y}{2}(2y)dy=1/3$$

$E(X)$를 결합확률밀도함수를 이용하여 직접 계산하면 다음과 같다.

$$E(X)=\int_0^1\int_0^y x\cdot 2dxdy=\int_0^1 y^2dy=1/3$$

두 결과가 일치함을 알 수 있다.

2차원 이상의 확률변수의 함수에 대한 기대값 또한 조건부 확률분포를 이용하여 구할 수 있다. Y의 분포가 이산이냐 연속이냐에 따라 각각 다음이 성립한다.

명제 7.8

$$E(g(X,\ Y))=\begin{cases}\sum_y E(g(X,\ Y)|Y=y)p_Y(y)\\ \int_{-\infty}^{\infty}E(g(X,\ Y)|Y=y)f_Y(y)dy\end{cases}\tag{7.6}$$

예제 7.22

위의 예제 7.2(1)에서 $g(X,\ Y)=XY$라 할 때 $E(XY)$를 위 공식 (7.6)을 이용하여 구하여 보자.

풀이 예제 7.2에서 다음과 같이 계산하였다.

$$E(XY)=\int_0^1\int_0^y 2xydxdy=\frac{1}{4}$$

다음은 식 (7.6)을 이용하여 계산해 보자. (7.6) 공식을 이용하기 위해서 먼저 Y의 주변확률밀도함수와 $Y=y$에서의 X의 조건부확률밀도함수를 구하자.

$$f_Y(y) = \int_0^y 2dx = 2y, \quad 0 < y < 1. \ f_{X|Y}(x|y) = \frac{1}{y}, \quad 0 < x < y < 1$$

$$E(XY|Y=y) = E(Xy|Y=y) = yE(X|Y=y)$$

$$= y\int_0^y x f_{X|Y}(x|y)dx = \int_0^y x dx = \frac{1}{2}y^2$$

$$E(XY) = \int_{-\infty}^{\infty} E(XY|Y=y) f_Y(y) dy = \int_0^1 y^3 dy = \frac{1}{4}.$$

■

기대값뿐 아니라 확률을 구하는 데에도 다음과 같이 조건부 기대값을 이용할 수 있다.

$$P(A) = E(I_A) = E(E(I_A|Y)) = \int_{-\infty}^{\infty} E(I_A|Y=y) f_Y(y) dy$$

$$= \int_{-\infty}^{\infty} P(A|Y=y) f_Y(y) dy \qquad (7.7)$$

예제 7.23

$(X, Y) \sim f(x, y) = \lambda\mu e^{-\lambda x - \mu y}, \quad x > 0, y > 0$일 때 $P(X < Y)$를 위 (7.7) 공식을 이용하여 구하여라.

풀이 $P(X < Y) = \int_0^{\infty} P(X < Y|Y=y) f_Y(y) dy$

$$= \int_0^{\infty} P(X < y|Y=y) f_Y(y) dy$$

$$= \int_0^{\infty} P(X < y) f_Y(y) dy \quad (\because X\text{와 } Y\text{는 서로 독립})$$

$$= \int_0^{\infty} (1 - e^{-\lambda y}) \mu e^{-\mu y} dy$$

$$= 1 - \frac{\mu}{\lambda + \mu}$$

$$= \frac{\lambda}{\lambda + \mu}$$

■

(7.7)의 공식을 이용하여 $(X,\ Y) \sim f(x,\ y)$일 때 다음이 성립함을 보이자.

$$\begin{aligned} P(X+Y \le z) &= \int_{-\infty}^{\infty} P(X+Y \le z \mid Y=y) f_Y(y)dy \\ &= \int_{-\infty}^{\infty} P(X \le z-y \mid Y=y) f_Y(y)dy \\ &= \int_{-\infty}^{\infty} F_{X|Y}(z-y|y) f_Y(y)dy \end{aligned}$$

이 때 X와 Y가 서로 독립이면 다음이 성립한다.

$$P(X+Y \le z) = \int_{-\infty}^{\infty} F_X(z-y) f_Y(y)dy$$

이는 명제 6.9의 합성곱공식과 일치한다.

예제 7.24

A 지역은 매해 태풍으로 인한 많은 피해를 보고 있다. 내년 여름에 올 태풍 수를 X로 나타내자. 태풍이 많이 오는 해는 모수 5인 포아송 분포를 따르고 적게 오는 해는 모수 3인 포아송 분포를 따른다고 한다. 내년이 태풍이 많이 오는 해가 될 확률은 0.7이다. $A=\{$내년에 태풍이 4회 이상 온다$\}$이라 두고 $P(A)$를 구하여라.

풀이 태풍이 많이 오는 해를 $Y=1$, 적게 오는 해를 $Y=0$라 하자. (7.7) 식을 이산분포 형태로 쓰면 다음과 같다.

$$P(A) = \sum_y P(A \mid Y=y) p_Y(y)$$

따라서 $P(A \mid Y=1) = \sum_{x=4}^{\infty} \frac{5^k e^{-5}}{k!}$, $P(A \mid Y=0) = \sum_{x=4}^{\infty} \frac{3^k e^{-3}}{k!}$

구하는 확률은 다음과 같다.

$$P(A) = P(A \mid Y=1)(0.7) + P(A \mid Y=0)(0.3)$$

■

7.3.3 조건부 분산(conditional variance)

$Y=y$라는 조건 아래서 X의 조건부 기대값을 구하는 문제를 살펴보았다. 조건부 기대값과 같이 조건부 분산을 정의 할 수 있다. $Y=y$일 때의 X의 조건부 분산은 X 분포

대신 $Y=y$ 조건 아래서 X의 조건부 분포를 이용하면 된다.

$$Var(X|Y=y)=E[(X-E(X|Y=y))^2|Y=y] \tag{7.8}$$

식 (7.8)의 우변을 정리하면 다음과 같다.

$$Var(X|Y=y)=E(X^2|Y=y)-(E(X|Y=y))^2$$

위 식과 $Var(X)=E(X^2)-(E(X))^2$을 비교해 보라.

조건부 분산은 다음과 같이 정의된다.

정의 7.3

$$Var(X|Y)=E[(X-E(X|Y))^2|Y]=E(X^2|Y)-(E(X|Y))^2 \tag{7.9}$$

$Var(X|Y)$ 또한 Y의 함수이다. 따라서 기대값 $E[Var(X|Y)]$는 다음과 같다.

$$\begin{aligned} E[Var(X|Y)] &= E[E(X^2|Y)]-E[(E(X|Y))^2] \\ &= E(X^2)-E[(E(X|Y))^2] \end{aligned} \tag{7.10}$$

한편, 다음이 성립한다.

$$Var(E(X|Y))=E[(E(X|Y))^2]-(E(X))^2 \tag{7.11}$$

(7.10)와 (7.11)를 합하면 다음 식을 얻는다.

명제 7.8

$$Var(X)=E[Var(X|Y)]+Var[E(X|Y)] \tag{7.12}$$

예제 7.25

X_i가 독립 동등분포를 하고 확률변수 $N\geq 0$은 X_i와는 독립이며 정수값을 갖는다. $Var(\sum_{i=1}^{N}X_i)$를 X와 N의 평균과 분산을 이용하여 나타내어라. 여기서 X는 X_i와 같은 분포를 갖는 확률변수이다.

풀이 $Var(\sum_{i=1}^{N}X_i|N=n)=Var(\sum_{i=1}^{n}X_i|N=n)=n\cdot Var(X)$

따라서 $Var(\sum_{i=1}^{N} X_i|N) = N \cdot Var(X)$, $E(\sum_{i=1}^{N} X_i|N) = N \cdot E(X)$

(7.12) 식을 이용하면 다음을 얻는다.

$$\begin{aligned} Var(\sum_{i=1}^{N} X_i) &= E[Var(\sum_{i=1}^{N} X_i|N)] + Var[E(\sum_{i=1}^{N} X_i|N)] \\ &= E[N \cdot Var(X)] + Var[N \cdot E(X)] \\ &= Var(X)E(N) + (E(X))^2 Var(N) \end{aligned}$$

■

예제 7.26

앞 버스가 떠난 후 다음 버스가 도착하는데 걸리는 시간은 (0, 10) (단위 : 분)에서 균일 분포를 하고 t분 동안 도착하는 고객 수 N은 모수 λt인 포아송 분포를 한다. 버스를 타는 고객 수의 평균과 분산을 구하여라.

풀이 버스가 도착하는 시간을 T라 두면 $T \sim Unif(0,10)$. $T = t$일 때 $N \sim Poisson(\lambda t)$이다. 따라서 다음이 성립한다.

$E(N|T) = \lambda T$, $Var(N|T) = \lambda T$

$E(N) = E(E(N|T)) = E(\lambda T) = 5\lambda$

$$\begin{aligned} Var(N) &= E(Var(N|T)) + Var(E(N|T)) \\ &= \lambda E(T) + \lambda^2 Var(T) \\ &= 5\lambda + \lambda^2 \cdot \frac{10^2}{12} \end{aligned}$$

■

예제 7.27

(**분기과정**(branching process)) Y_i, $i = 1,2,\cdots$는 독립 동등분포를 하는 확률변수들의 열이며 평균 μ ($\mu \neq 1$), 분산은 σ^2이라 한다. $X_0 = 1$, $X_n = Y_1 + Y_2 + \cdots + Y_{X_{n-1}}$이라 할 때 $E(X_n)$, $Var(X_n)$을 구하여라.

풀이 $X_0 = 1$이므로 $E(X_0) = 1$, $Var(X_0) = 0$이다.

먼저 $E(X_n|X_{n-1} = k) = k\mu$, $Var(X_n|X_{n-1} = k) = k\sigma^2$이므로 다음을 얻는다.

$E(X_n|X_{n-1}) = \mu X_{n-1}$, $Var(X_n|X_{n-1}) = \sigma^2 X_{n-1}$

$E(X_n) = \mu E(X_{n-1})$와 초기 조건 $E(X_0) = 1$을 이용하면 $E(X_n) = \mu^n$이 된다.

또한 (7.12) 식을 쓰면 다음과 같다.

$Var(X_n) = E(\sigma^2 X_{n-1}) + Var(\mu X_{n-1}) = \sigma^2 E(X_{n-1}) + \mu^2 Var(X_{n-1})$

여기에 초기 조건 $Var(X_0) = 0$를 이용하면 다음을 얻는다.

$$Var(X_n) = \sigma^2 \mu^{n-1} \frac{\mu^n - 1}{\mu - 1}$$

■

참고

Taylor의 정리

정수 $n \geqq 1$, 함수 $f : R \rightarrow R$은 a를 포함하는 개구간에서 $(n+1)$차 미분가능하고 $[a, x]$에서 연속이면 다음이 성립한다.

$$f(x) = f(a) + f'(a)(x-a) + \frac{f''(a)}{2!}(x-a)^2 + \cdots + \frac{f^{(n)}(a)}{n!}(x-a)^n + R_n$$

여기서 $R_n = \dfrac{f^{(n+1)}(\xi)}{(n+1)!}(x-a)^{n+1}$, $\xi \in (a, x)$

이 때 $\lim_{n \rightarrow \infty} R_n = 0$이면 아래와 같은 테일러급수 전개(Taylor series expansion)가 가능해진다.

$$f(x) = \sum_{n=0}^{\infty} \frac{f^{(n)}(a)}{n!}(x-a)^n$$

연습문제 A Exercises

7.1 $A_i \subset \Omega$인 사상들일 때 다음이 성립함을 보여라.

(1) $I_{\bigcup_{i=1}^{n} A_i} \le \sum_{i=1}^{n} I_{A_i}$

(2) $I_{\bigcap_{i=1}^{n} A_i} = \prod_{i=1}^{n} I_{A_i}$

풀이 (1) $I_{\bigcup_{i=1}^{n} A_i}(w) = 1 \Rightarrow w \in \bigcup_{i=1}^{n} A_i$

$\Rightarrow w \in A_i$인 i가 존재

$\Rightarrow I_{A_i}(w) = 1$인 i가 존재

$\Rightarrow \sum_{i=1}^{n} I_{A_i}(w) \ge 1$

(2) $I_{\bigcap_{i=1}^{n} A_i}(w) = 1 \Leftrightarrow w \in \bigcap_{i=1}^{n} A_i$

$\Leftrightarrow w \in A_i, \quad \forall i = 1, 2, \cdots, n$

$\Leftrightarrow I_{A_i}(w) = 1, \quad \forall i = 1, 2, \cdots, n$

$\Leftrightarrow \prod_{i=1}^{n} I_{A_i} = 1$

7.2 $Var(X) = 0$이면 $P(X = c) = 1$. 즉 X의 분산이 0이면 $X = c$, c는 상수일 확률이 1이다.

풀이 분산이 0이므로 체비세프 부등식을 이용하면 다음이 성립한다.

임의의 $n \ge 1$에 대해서 $P(|X-\mu| > \frac{1}{n}) \le \frac{Var(X)}{(\frac{1}{n})^2} = 0$

$n \to \infty$를 취하면 확률의 연속성 성질에 의해 다음이 성립한다.

$$0 = \lim_{n\to\infty} P(|X-\mu| > \frac{1}{n}) = P(\lim_{n\to\infty}(|X-\mu| > \frac{1}{n}))$$
$$= P(|X-\mu| > 0) = P(X \ne \mu)$$

따라서 $P(X = \mu) = 1$이다.

7.3 $X \le Y$이면 $E(X) \le E(Y)$ (X, Y는 유한의 기대값을 가지고 있다고 가정)가 성립하나 역은 성립하지 않는다.

풀이 먼저 $P(X \ge a) = 1$이면 $E(X) = \sum_x x p_X(x) \ge \sum_x a p_X(x) = a$. 연속인 경우도 같은 방법으로 보일 수 있다. $X \le Y$이면 $Y - X \ge 0$이므로 양변에 기대값을 취하면 $E(Y-X) = E(Y) - E(X) \ge 0$ 즉 $E(Y) \ge E(X)$을 얻는다. 반면 $P(X=-2) = P(X=2) = 1/2$, $P(Y=-3) = 1/3 = 1 - P(Y=3)$라 하면 $E(X) = 0$, $E(Y) = 1$이므로 $E(X) \le E(Y)$이나 $P(X \le Y) = 2/3$이다.

7.4 (1) $g(X, Y) \ge 0$이면 $E(g(X, Y)) = \int_0^\infty P(g(X, Y) > t)dt$임을 보여라.

(2) $(X, Y) \sim f(x, y)$일 때 $E(g(X, Y)) = \int_{-\infty}^\infty \int_{-\infty}^\infty g(x, y) f(x, y) dx dy$임을 증명하라.

(힌트 : $E(g(X, Y)) = \int_0^\infty P(g(X, Y) > t)dt - \int_0^\infty P(g(X, Y) < -t)dt$임을 이용하라.)

풀이 (1)
$$\int_0^\infty P(g(X,Y) > t)dt = \int_0^\infty \left(\iint_{\{(x,\, y) | g(x,\, y) > t\}} f(x, y) dy dx \right) dt$$
$$= \int_{-\infty}^\infty \int_{-\infty}^\infty f(x, y) \left(\int_0^{g(x,y)} dt \right) dy dx$$
$$= \int_{-\infty}^\infty \int_{-\infty}^\infty f(x, y) g(x, y) dy dx = E(g(X, Y))$$

(2) 힌트와 (1)의 과정을 이용하면 쉽게 얻을 수 있다.

7.5 X와 Y가 독립이면 $E(XY) = E(X)E(Y)$임을 보여라.

풀이
$$E(XY) = \int_{-\infty}^\infty \int_{-\infty}^\infty xy f(x, y) dx dy$$
$$= \int_{-\infty}^\infty \int_{-\infty}^\infty xy f_X(x) f_Y(y) dx dy$$
$$= \int_{-\infty}^\infty x f_X(x) dx \int_{-\infty}^\infty y f_Y(y) dy$$
$$= E(X)E(Y)$$

7.6 X와 Y가 서로 독립이면 다음이 성립한다. 이를 보여라

$$E(X|Y=y)=E(X)$$

풀이 X와 Y가 서로 독립이면 $f_{X,Y}(x,y)=f_X(x)f_Y(y)$이므로 $f_{X|Y}(x|y)=f_X(x)$가 된다. 따라서 다음을 얻는다.

$$E(X|Y=y)=\int xf_{X|Y}(x|y)dx=\int xf_X(x)dx=E(X)$$

7.7 지선이와 지수는 12시 (0:00 P.M.)에서 1:00 P.M. 사이에 식당에서 만나기로 하였다. 지선이가 도착하는 시간을 X, 지수가 도착하는 시간을 Y라 할 때 X와 Y는 각각 다음과 같은 확률밀도함수를 갖는다.

$$f_X(x)=3x^2,\ 0<x<1,\quad f_Y(y)=2y,\ 0<y<1$$

두 사람이 만날 때 까지 먼저 도착한 사람이 기다리는 평균시간은 얼마인가?

풀이 먼저 도착한 사람이 기다리는 시간은 $|X-Y|$이고 X와 Y는 서로 독립이라 할 수 있다. 따라서

$$\begin{aligned}E(|X-Y|)&=\int_0^1\int_0^1|x-y|6x^2y\,dydx\\&=\int_0^1\int_0^x(x-y)6x^2y\,dydx+\int_0^1\int_x^1(y-x)6x^2y\,dydx\\&=\int_0^1 2x^2-3x^3+2x^5dx\\&=\frac{1}{4}\end{aligned}$$

따라서 평균 1/4시간 즉 15분 기다린다.

7.8 두 확률변수 X와 Y가 결합분포를 하고 있다. 임의의 함수 $g(\cdot)$에 대해서 다음이 성립한다.

$$E[(Y-g(X))^2]\geq E[(Y-E(Y|X))^2]=E[Var(Y|X)]$$

(1) 위의 부등식을 증명하고 의미를 설명하라.

(2) $E[Var(Y|X)]\leq(1-\rho^2)Var(Y)$, $\rho=Corr(X,Y)$을 보여라.

풀이 (1) 먼저 $E(g(X)Y|X=x)=E(g(x)Y|X=x)=g(x)E(Y|X=x)$이므로 $E(g(X)Y|X)=g(X)E(Y|X)$이다.

$$\begin{aligned}E[(Y-g(X))^2|X]&=E[(Y-E(Y|X)+E(Y|X)-g(X))^2|X]\\&=E[(Y-E(Y|X))^2|X]+2E[(Y-E(Y|X))(E(Y|X)\end{aligned}$$

$$- g(X))|X] + E[(E(Y|X) - g(X))^2|X]$$

여기서 $E[(Y - E(Y|X))(E(Y|X) - g(X))|X]$

$$= (E(Y|X) - g(X))E[(Y - E(Y|X))|X] = 0$$

($\because E(Y|X) - g(X)$는 X의 함수이므로

$E[E(Y|X) - g(X)|X] = E(Y|X) - g(X)$이 성립)

그리고 $E[(E(Y|X) - g(X))^2|X] \geq 0$

따라서 $E[(Y - g(X))^2|X] \geq E[(Y - E(Y|X))^2|X]$

그리고 양변에 기대값을 취하면 원하는 결론을 얻는다.

확률변수 X 값이 관찰될 때 관찰된 X값을 근거로 확률변수 Y값을 예측하고자 할 때 Y의 예측값을 $g(X)$라 한다면, 즉 관찰된 X값이 x라면 Y의 예측값은 $g(x)$, $E[(Y - g(X))^2]$를 최소로 하는 $g(X)$는 $E(Y|X)$이며 이는 Y의 최소오차평균제곱 추정치(minimum mean squared error predictor of Y)이다.

(2) 좌변= $Var(Y) - Var(E(Y|X))$

우변= $Var(Y) - \dfrac{(Cov(X, Y))^2}{VarX}$

따라서 $\dfrac{(Cov(X, Y))^2}{VarX} \leq Var(E(Y|X))$가 성립함을 보이면 된다.

$$\begin{aligned}(Cov(X,\ Y))^2 &= (E[(X - \mu_x)(Y - \mu_y)])^2 \\ &= (E[E((X - \mu_x)(Y - \mu_y)|X)])^2 \\ &= (E[(X - \mu_x)E(Y - \mu_y|X)])^2 \\ &\leq E(X - \mu_x)^2 E(E(Y|X) - \mu_y)^2 \\ &\quad (\because \text{코쉬슈바르쯔 부등식을 이용한다}) \\ &= Var(X)\,Var(E(Y|X))\end{aligned}$$

7.9 $R \sim Unif(0, 1)$ 분포를 하고 $R = r$일 때 $X \sim B(n, r)$이다. 다음을 구하여라.

(1) $P(X = k),\ k = 0, 1, 2, \cdots, n$

(2) $X = k$일 때 R의 조건부확률밀도함수를 구하라.

풀이 (1) $P(X = k) = \displaystyle\int_0^1 P(X = k|R = r) f_R(r) dr$

$$= \binom{n}{k} \int_0^1 r^k (1 - r)^{n-k} dr$$

$$= \binom{n}{k}\frac{\Gamma(k+1)\Gamma(n-k+1)}{\Gamma(n+2)}$$

$$= \binom{n}{k}\frac{k!\,(n-k)!}{(n+1)!}$$

$$= \frac{1}{n+1},\ k=0,\ 1,\ 2,\ \cdots\ n$$

(2) $P(x < R \le x + \Delta x | X = k) = \dfrac{P(x < R \le x + \Delta x, X = k)}{P(X = k)}$

$$= \frac{P(X=k|x < R \le x+\Delta x)P(x < R \le x + \Delta x)}{1/(n+1)}$$

$$= \frac{\binom{n}{k} x^k (1-x)^{n-k} \cdot \Delta x}{1/(n+1)}$$

따라서 $0 < x < 1$에서

$$f_{R|X}(x|k) = (n+1)\binom{n}{k}x^k(1-x)^{n-k}$$

$$= \frac{(n+1)!}{k!\,(n-k)!}x^k(1-x)^{n-k} \sim Beta(k+1,\ n-k+1)$$

7.10 $X_1, X_2, \cdots, X_n$은 서로 독립이며 동등분포를 하고 $Var(X_1) = \sigma^2$이라고 하자. $\overline{X} = \frac{1}{n}\sum_{i=1}^{n} X_i$라 할 때 $Cov(X_i - \overline{X},\ \overline{X}) = 0$이 성립함을 보여라.

(이는 $\overline{X} = \frac{1}{n}\sum_{i=1}^{n} X_i$ 임에도 불구하고 $X_i - \overline{X}$와 $\overline{X}$가 상관관계가 없음을 의미한다.)

풀이 $Cov(X_i - \overline{X},\ \overline{X}) = Cov(X_i,\ \overline{X}) - Cov(\overline{X},\ \overline{X})$

$$= Cov\left(X_i,\ \frac{1}{n}\sum_{j=1}^{n} X_j\right) - Var(\overline{X})$$

$$= \frac{1}{n}\sum_{j=1}^{n} Cov(X_i, X_j) - \frac{\sigma^2}{n}$$

$$= \frac{\sigma^2}{n} - \frac{\sigma^2}{n} = 0$$

네 번째 등식은 $Cov(X_i, X_i) = \sigma^2$, $Cov(X_i, X_j) = 0\ (i \ne j)$로부터 얻는다.

7.11 (1) $h : R \to R$, $h(x) \ge 0$인 함수이고 $a > 0$이면 다음 부등식이 성립함을 보여라.

$$P(h(X) \geq a) \leq \frac{E(h(X))}{a}$$

(2) $h: R \rightarrow R,\quad h(x) \geq 0$이며 비감소함수(nondecreasing)이면 $\forall a > 0$에 대하여 다음이 성립한다.

$$P(X \geq a) \leq \frac{E(h(X))}{h(a)}$$

풀이 (1) $h(X)$에 마코브부등식을 적용하면 된다.

(2) $P(X \geq a) = P(h(X) \geq h(a))$

7.12 $X \sim Geo(\frac{1}{2})$이다. $P(X \geqq 4)$의 상한을 체비세프 부등식과 마코브 부등식을 이용하여 정하라. $P(X \geq 4)$의 정확한 확률과 비교하라.

풀이 $X \sim Geo(\frac{1}{2})$이면 $E(X) = Var(X) = 2$이다. 따라서 체비세프 부등식을 이용하면 다음과 같다. $P(X \geq 4) \leq P(|X-2| \geq 2) \leq \frac{2}{4} = \frac{1}{2}$

마코브 부등식을 이용하면 다음과 같다.

$P(X \geq 4) \leq \frac{E(X)}{4} = \frac{2}{4} = \frac{1}{2}$.이 경우엔 두 부등식에 의한 상한이 같다. 실제 확률은 $P(|X-2| \geq 2) = P(X \geq 4) = \frac{1}{8}$로 $\frac{1}{2}$와는 다소 거리가 있다.

7.13 X가 확률변수이면 $P(B) > 0$인 사상 B에 대하여 B가 주어졌을 때의 X의 조건부 기대값을 다음과 같이 정의한다.

$$E(X|B) = \frac{E(XI_B)}{P(B)}$$

위 식이 성립함을 X가 이산일 때와 연속일 때로 나누어서 설명하고 이를 이용하여 다음을 구하여라.

(1) 동전을 3번 던져 X를 앞면의 수라 두었다. $B = \{X \geq 2\}$라 할 때 $E(X|B)$를 구하고 $E(X)$ 와 비교하라.

(2) $(X, Y) \sim f(x,y) = 8xy,\quad 0 \leq y \leq x \leq 1$일 때 $B = \left\{X \leq \frac{1}{2}\right\}$ 조건 아래서 Y의 조건부 기대값 $E(Y|B)$을 구하여라.

풀이 (i) X가 이산일 때: $X \sim p(x)$, $B \subset \Omega$: 사상이라 하자.

$$E(X|B) = E(X|I_B = 1) = \sum_x x\,P(X = x|I_B = 1)$$
$$= \sum_x x\,\frac{P(X = x, I_B = 1)}{P(I_B = 1)}$$
$$= \frac{1}{P(B)}\sum_x x\,P(XI_B = x)$$
$$= \frac{E(XI_B)}{P(B)}$$

(ii) X가 연속일 때 즉 $X \sim f(x)$, $B \subset \Omega$: 사상이라 하자.
먼저 다음과 같은 조건부 분포함수를 생각하자.

$$F_X(x|B) = P(X \le x|B) = \frac{P(\{X \le x\} \cap B)}{P(B)}$$

$A \subset R$, $\{X \in A\} = B$를 만족하는 A에 대하여 다음이 성립한다.

$$F_X(x|B) = \frac{P(\{X \le x\} \cap \{X \in A\})}{P(B)} = \frac{1}{P(B)}\int_{\{y|y \in A, y \le x\}} f(y)dy$$
$$= \frac{1}{P(B)}\int_{-\infty}^{x} f(y)I_A(y)dy$$

위 식의 양변을 x에 대해 미분하면 다음을 얻는다.

$$f_X(x|B) = \frac{1}{P(B)}f(x)I_A(x) = \begin{cases} \dfrac{f(x)}{P(B)}, & x \in A \\ 0, & x \notin A \end{cases}$$

따라서 다음이 성립한다.

$$E(X|B) = \int_{-\infty}^{\infty} xf_X(x|B)dx = \frac{1}{P(B)}\int_{-\infty}^{\infty} xf(x)I_A(x)dx$$
$$= \frac{1}{P(B)}E(XI_A(X)) = \frac{E(XI_B)}{P(B)}$$

(1) $E(XI_B) = 0 \cdot P(X < 2) + 2p_X(2) + 3p_X(3) = 9/8$

따라서 $E(X|B) = \dfrac{E(XI_B)}{P(B)} = \dfrac{9/8}{1/2} = \dfrac{9}{4}$

이 때 $E(X) = 3/2$.

(2) $E(YI_B) = \displaystyle\int_{-\infty}^{\infty}\int_{-\infty}^{\infty} y\,I_{(-\infty,1/2)}(x)f(x,y)dxdy$

$$= \int_0^{1/2}\int_y^{1/2} y\,8xydxdy$$
$$= \int_0^{1/2} y^2 - 4y^4dy = \frac{1}{60}$$

$$P(B) = P(X \le 1/2) = \int_0^{1/2}\int_y^{1/2} 8xydxdy = 1/16.$$

따라서 $E(Y|B) = \dfrac{1/60}{1/16} = \dfrac{4}{15}$.

연습문제 B Exercises

7.14 X와 Y가 동등분포를 하면 $Cov(X+Y, X-Y)=0$가 됨을 보여라.

7.15 다음을 증명하라.

(1) $Cov(aX+b, Y) = aCov(X, Y)$

(2) $Cov(X+Z, Y) = Cov(X, Y) + Cov(Z, Y)$

7.16 아빠의 키를 X라 하고 아들의 키를 Y라 하자. $X=x$일 때 Y의 분포는 $N(x+3,4)$이다. 아빠의 키가 172cm일 때 아들의 키의 예측값의 평균은 얼마인가?

7.17 $X \sim N(0, 1)$이고 $X=x$일 때 $Y \sim N(x, 1)$이다. $E(X|Y=y)$, $Var(X|Y=y)$를 구하여라.

7.18 $(X, Y) \sim f(x, y) = \frac{1}{y} e^{-\frac{x}{y}} e^{-y}$, $\quad 0 < x < \infty, 0 < y < \infty$일 때 $E(X|Y=y)$를 구하라.

7.19 X와 Y는 서로 독립이며 각각 표준 정규분포를 따른다. $\sigma > 0$, $\tau > 0$, $|\rho| \le 1$일 때 $U = \sigma X$, $V = \tau\rho X + \tau(1-\rho^2)^{1/2} Y$라 두고 다음을 구하라.

(1) (U, V)의 결합확률밀도함수

(2) $E(U)$, $E(V)$, $E(UV)$, $Cov(U, V)$, $\rho(U, V)$

(3) $E(U|V)$, $E(V|U)$

7.20 X는 평균 10, 분산 5^2이다.

(1) $P(X \ge 20)$의 가장 작은 상한을 구하여라.

(2) X의 분포가 이항분포가 될 수 있나?

7.21 X는 평균 100, 표준편차 10인 확률변수이다. 다음을 구하라.

(1) $P(X > 130)$

(2) X의 분포가 평균 즉 100에 대해 대칭일 때 $P(X > 130)$을 구하라.

(3) X가 정규분포를 할 때 $P(X > 130)$을 구하라.

7.22 X를 전구의 수명이라 하자. $B = \{X > a\}$라 두었을 때 다음 각 경우의 B가 주어졌을 때의 X의 조건부 분포를 구하여라.

(1) $P(X \ge x) = x^{-1}$, $x = 1, 2, \cdots$일 때

(2) $P(X \ge x) = e^{-x(x-1)}$, $x \ge 1$일 때

7.23 $E(X) = P(B)E(X|B) + P(B^c)E(X|B^c)$를 보여라.

7.24 Y와 Z가 무상관(uncorrelated), 즉 $Cov(Y, Z) = 0$이면 다음이 성립한다. 이를 보여라.

$\rho(X,\ Y+Z) = a\rho(X,\ Y) + b\rho(X,\ Z),\ a^2 + b^2 = 1.$

이를 일반화하여 $Y_1,\ Y_2,\ \cdots,\ Y_n$이 상호 무상관 즉 $Cov(X_i,\ Y_j) = 0,\quad i \ne j$이면 다음이 성립한다. 이를 보여라.

$$\rho(X,\ \sum_{i=1}^{n} Y_i) = \sum_{i=1}^{n} a_i \rho(X, Y_i),\ \sum_{i=1}^{n} a_i^2 = 1.$$

7.25 a, b, c, d는 상수이고 $a \ne 0,\ c \ne 0$일 때 다음이 성립함을 보여라.

$$Corr(aX+b,\quad cY+d) = \begin{cases} Corr(X,\ Y), & a,\ c\text{가 같은 부호일 때} \\ -\ Corr(X,\ Y), & a,\ c\text{가 다른 부호일 때} \end{cases}$$

7.26 6.10의 문제를 읽고 $E(W)$, $Var(W)$을 조건부 분포를 이용하여 구하고 6.10(3)에서 구한 W의 분포를 이용하여 계산한 평균 및 분산과 비교하여 보시오.

7.27 $X \sim Unif(0, 1)$이고 $X = x$가 주어졌을 때 $Y \sim Unif(0, x)$이다. 다음을 구하라.

(1) X와 Y의 결합확률밀도함수를 찾아라.

(2) $f_Y(y)$

(3) $f_{X|Y}(x|y)$

(4) $E(X|Y)$

7.28 $(X,\ Y) \sim f(x,\ y) = \dfrac{1}{2},\ 0 \le x \le y \le 2$일 때 다음을 구하여라.

(1) $f_X(x),\ f_Y(y)$

(2) $P(X \le \dfrac{1}{2}),\ P(Y \le \dfrac{1}{2})$

(3) $f_{X|Y}(x|y),\ f_{X|Y}(x|y=1)$

(4) $P(X \leqq \dfrac{1}{2}|Y=1)$

(5) $E(XY),\ Cov(X,\ Y)$

(6) $Z = X - Y$일 때 $E(Z),\ Var(Z)$

7.29 $(X, Y) \sim f(x,\ y) = k,\ 0 \le x \le 2,\ 0 \le y \le 1,\ 2y \le x$일 때 다음을 구하여라.

(1) k 값을 구하여라.

(2) $P(X \ge 3Y)$

7.30 $(X, Y) \sim f(x,\ y) = 2,\ 0 \le x,\ y \le 1,\ 0 \le x + y \le 1$일 때 다음을 계산하라.

(1) $P(X \le \dfrac{1}{4}, Y \le \dfrac{1}{2}),\ P(X \le \dfrac{3}{4}, Y \le \dfrac{3}{4})$

(2) $P(X \le \dfrac{1}{4}|Y \le \dfrac{1}{2})$

(3) $P(X + Y \ge \dfrac{1}{2})$

7.31 가족 수 X와 애완동물 수 Y를 조사하여 다음 표를 얻었다. 다음 물음에 답하라.

Y \ X	2	3	4	5	6이상	
0	0.13	0.13	0.11	0.03	0.02	0.4
1	0.08	0.05	0.08	0.10	0.04	0.35
2	0.02	0.03	0.06	0.07	0.05	0.23
	0.23	0.21	0.25	0.20	0.11	1

(1) 가족 당 평균 애완동물 수

(2) 평균 가족 수

(3) $Cov(X,\ Y),\ \rho(X,\ Y)$

(4) $X=2$일 때 Y의 조건부 분포

(5) $X=2$일 때 Y의 평균

7.32 $(X,\ Y) \sim p(x,\ y)$일 때 다음을 증명하라.

$E(X)=E(E(X|Y))$

7.33 미로 속 세 갈래 길에서 길을 잃었다. a,b,c의 세 길 중에서 a를 택하면 1시간 후 미로를 빠져 나올 수 있고, b길을 선택하면 2시간 후 제자리로 돌아오게 되고 c길을 선택하면 3시간 후 제자리로 돌아오게 된다. 세 갈래 길에서 매번 임의로 한 길을 선택한다면 (각 길을 선택할 확률 1/3) 미로를 벗어나기까지 평균 얼마의 시간이 걸릴까?

7.34 신촌에 있는 oo 패스트푸드점에서 손님이 들어와 줄에서 기다리다 차례가 되면 카운터에서 주문을 하고 음식이 나오기까지 기다리게 되는 일련의 시간을 조사하였다(단위 : 분). 도착하여 주문한 음식을 받기까지의 총시간을 X, 주문한 이후 음식을 받기까지의 시간을 Y라 하자. $Y \le X$이며 관찰한 결과 (X, Y)는 다음과 같은 결합확률밀도함수를 갖는 것으로 가정 할 수 있었다.

$$f(x,y)=e^{-x}, \quad 0<y<x<\infty$$

다음을 구하여라.

(1) $P(X<2, Y<3),\ P(X \ge 2Y)$

(2) Y의 주변 확률밀도함수

(3) $Y=3$일 때의 X의 조건부 분포

(4) 주문하기 전 줄에서 기다리면서 보내는 평균시간은?

(5) $Var(X-Y)$

7.35 연습문제 6.2에서 다음을 증명하라

$$Corr(X,\ Y)=\rho$$

Chapter
08 생성함수와 극한정리

어떤 확률변수가 있으면 기본적으로 확률변수의 분포나 평균, 분산 등을 알고자 한다. 지금까지 분포와 관련된 문제들을 많이 다루어 왔으며 분포를 확인하기 위한 방법으로 분포함수, 확률질량함수 또는 확률밀도함수들을 구하였다. 앞 장에서 확률변수들의 함수로 이루어진 새로운 확률변수의 분포를 구하는 문제들을 다루었는데 예를 들어 서로 독립인 확률변수들의 합의 분포는 합성곱 공식을 이용하여 구할 수 있었다. 그러나 이는 매우 지루하고 복잡한 계산을 반복해야 하는 경우가 많다. 8장에서는 분포를 파악하는 또 다른 방법으로, 때로는 놀랄 만큼 효율적인 생성함수와 생성함수를 이용한 확률 및 평균, 분산을 구하는 문제 등에 대해 살펴보고자 한다. 또한 정규분포로부터 유도된 확률변수 및 그의 분포, 그리고 확률, 통계에서 가장 중요한 정리로 꼽을 수 있는 중심극한정리(central limit theorem)와 대수의 법칙(law of large numbers)에 대해 간단히 기술하고자 한다.

8.1 생성함수(generating function)

생성함수에는 몇 가지 종류가 있으나 여기서는 확률생성함수와 적률생성함수 두 가지에 대해 알아보고자 한다.

8.1.1 확률생성함수(probability generating function)

예를 들어 확률변수 $X \sim B(n, p)$라 하자. 다음이 성립한다.

$$P(X=i) = p_X(i) = \binom{n}{i} p^i (1-p)^{n-i}, \quad i = 0, 1, \cdots, n$$

다음과 같이 정의된 $Q(r)$를 보자.

$$Q_X(r) = (pr + (1-p))^n = \sum_{i=0}^{n} \binom{n}{i} (pr)^i (1-p)^{n-i} = \sum_{i=0}^{n} p_X(i)\, r^i = E(r^X)$$

따라서 모든 i에 대해 $p_X(i)$를 알면 $Q_X(r)$이 결정된다. 한편, $Q_X(r)$을 알면 관계식

$Q_X(r) = E(r^X) = \sum_{i=0}^{n} p_X(i)\, r^i$로부터 $p_X(i)$가 결정됨을 알 수 있다. 즉,

$$Q_X(r) = \sum_{i=0}^{n} p_X(i) r^i = p_X(0) + p_X(1) r + p_X(2) r^2 + \cdots + p_X(n) r^n$$

이므로 $Q_X(0) = p_X(0)$, $Q_X(r)$을 1차 미분하고 $r=0$을 대입하면 $p_X(1)$, 2차 미분하고 $r=0$ 대입하면 $2p_X(2)$, 3차 미분하고 $r=0$을 대입하면 $3!p_X(3)$, $\cdots$이다. 이로부터 $p_X(i)$, $i = 0, 1, 2, \cdots, n$을 구할 수 있다.

정의 8.1

확률변수 X가 비음의 정수값을 갖는 확률변수일 때 X의 **확률생성함수** $Q_X(r)$는 다음과 같이 정의된다.

$$Q_X(r) = E(r^X)$$

$Q_X(r)$은 최소한 $|r| \le 1$을 만족하는 r에 대해서 존재한다. 이항분포에서 본 바와 같이 $Q_X(r) = \sum_{i=0}^{\infty} p_X(i) r^i = p_X(0) + p_X(1) r + p_X(2) r^2 + \cdots$ 이므로 $Q_X(0) = p_X(0)$이고 $Q_X(r)$을 1차 미분하고 $r=0$을 대입하면 $p_X(1)$, 2차 미분하고 $r=0$을 대입하면 $2p_X(2)$, 3차 미분하고 $r=0$을 대입하면 $3!p_X(3)$, $\cdots$을 구할 수 있다. 일반적으로 다음이 성립한다.

$$\left.\frac{d^n}{dr^n} Q_X(r)\right]_{r=0} = n!\, p_X(n)$$

이로써 비음의 정수값을 갖는 확률변수에서 분포와 확률생성함수가 서로 대응되는 것을 알 수 있다.

이번에는 $Q_X(r)$을 r에 대하여 n차 미분하여 얻은 $Q_X^{(n)}(r)$의 r에 1를 대입하면 다음을 얻는다.

명제 8.1

$$Q_X^{(n)}(1) = E[X(X-1)\cdots(X-n+1)] \tag{8.1}$$

증명 $Q_X(r) = E(r^X)$의 양변을 r에 대해 미분하면 다음과 같다.

$$\frac{d}{dr}Q_X(r) = E(\frac{d}{dr}r^X) = E(Xr^{X-1})$$

$$\frac{d^2}{dr^2}Q_X(r) = E(\frac{d^2}{dr^2}r^X) = E(X(X-1)r^{X-2})$$

$$\vdots$$

$$Q_X^{(n)}(r) = E(\frac{d^n}{dr^n}r^X) = E(X(X-1)(X-2)\cdots(X-n+1)r^{X-n})$$

양변의 r에 1을 대입한다. 특히 $n=1$이면 $E(X) = Q_X'(1)$.

여기서 $Q_X'(1) = \lim_{r\uparrow 1} Q_X'(r)$이다.

(8.1) 식의 우변을 X의 n차 계승적률(nth factorial moment)이라고 부른다. 이는 (8.1) 식을 이용하면 확률생성함수의 미분을 통해서 고차 모멘트(적률, moment)를 비교적 쉽게 구할 수 있음을 보여준다. 또한 두 확률변수 X와 Y가 서로 독립이면 $Q_{X+Y}(r) = Q_X(r)Q_Y(r)$임을 쉽게 보일 수 있다.

다음과 같은 유일성의 정리(uniqueness theorem)가 성립한다.

명제 8.2

$Q_X(r) = Q_Y(r)$, $|r| \le 1$은 $p_X(i) = p_Y(i)$, $\forall i$와 서로 필요충분조건이다.

즉 분포가 같으면 같은 확률생성함수를 갖게 되고 역으로 확률생성함수가 같으면 분포도 일치하게 된다.

예제 8.1

$X \sim Poisson(\lambda)$일 때 X의 확률생성함수를 찾고 이를 이용하여 $P(X=3)$, $E(X^3)$을 구하여라.

풀이 $Q_X(r) = \sum_{i=0}^{\infty} \frac{\lambda^i e^{-\lambda}}{i!} r^i = e^{-\lambda} \cdot e^{\lambda r} = e^{\lambda(r-1)}$

$Q_X^{(2)}(r) = \lambda^2 e^{\lambda(r-1)}$, $Q_X^{(3)}(r) = \lambda^3 e^{\lambda(r-1)}$

$r=0$을 대입하면 다음과 같다.

$$Q_X^{(3)}(r)\Big]_{r=0} = \lambda^3 e^{\lambda(r-1)}\Big]_{r=0} = \lambda^3 e^{-\lambda} = 3!\, p(3)$$

따라서 구하는 확률은

$$P(X=3) = p(3) = \frac{\lambda^3 e^{-\lambda}}{3!}$$

이는 우리가 알고 있는 사실과 일치한다.

또한 다음이 성립한다.

$$Q_X^{(2)}(r)\Big]_{r=1} = \lambda^2 e^{\lambda(r-1)}\Big]_{r=1} = \lambda^2 = E[X(X-1)]$$

$E(X) = \lambda$이므로 $E(X^2) = \lambda^2 + \lambda$

$$Q_X^{(3)}(r)\Big]_{r=1} = \lambda^3 e^{\lambda(r-1)}\Big]_{r=1} = \lambda^3 = E[X(X-1)(X-2)]$$

따라서 $E(X^3) = \lambda^3 + 3\lambda^2 + \lambda$

■

예제 8.2

$X \sim Geo(p)$ $(0 < p < 1)$일 때 X의 확률생성함수를 구하고 이를 이용하여 X의 평균과 분산을 구하여라.

풀이 $Q_X(r) = E(r^X) = \sum_{x=1}^{\infty} r^x (1-p)^{x-1} p$

$$= \frac{p}{1-p} \sum_{x=1}^{\infty} (r(1-p))^x$$

$$= \frac{rp}{1-r(1-p)} \qquad \left(|r| < \frac{1}{1-p} \right)$$

$Q_X'(r) = \frac{p}{(1-r(1-p))^2}$, $\quad Q_X''(r) = \frac{2pq}{(1-r(1-p))^3}$ $(q = 1-p)$

$Q_X'(r)\Big]_{r=1} = \frac{1}{p} = E(X)$, $\quad Q_X''(r)\Big]_{r=1} = \frac{2q}{p^2} = E[X(X-1)]$

따라서 $Var(X) = \frac{2q}{p^2} + \frac{1}{p} - \frac{1}{p^2} = \frac{1-p}{p^2}$

■

앞에서 본 바와 같이 $X \sim B(n, p)$일 때 $Q_X(r) = (pr + (1-p))^n$이 된다. 위의 예제에서 기하분포의 평균과 분산을 구한 방법대로 이항분포의 평균이나 분산도 이항분포의 확률생성함수 $\theta_X(r) = (pr + (1-p))^n$를 1차, 2차 미분한 후 $r = 1$을 대입하여 구할 수 있다. 물론 확률생성함수를 사용하면 3차이상의 고차 모멘트도 비교적 쉽게 구할 수 있다.

8.1.2 적률생성함수(moment generating function)

확률생성함수는 확률변수가 비음의 정수값을 가질 때 정의된다. 보다 넓은 범위의 확률변수에 정의 가능한 생성함수로 다음과 같이 정의된 적률생성함수를 들 수 있다.

정의 8.2

확률변수 X의 **적률생성함수**(moment generating function, 간단히 mgf로 쓴다.)는 다음과 같이 정의된다.

$$M_X(t) = E(e^{tX}), \quad |t| < h \ (h > 0)$$

적률생성함수가 존재한다는 의미는 $h > 0$인 h가 존재하여 $|t| < h$를 만족하는 모든 t에 대하여 기대값 $E(e^{tX}) < \infty$가 존재하는 것이다.

예제 8.3

$X \sim B(n, p)$일 때 적률생성함수(mgf)를 구하여라.

풀이

$$\begin{aligned} M_X(t) = E(e^{tX}) &= \sum_{x=0}^{n} e^{tx} \binom{n}{i} p^x (1-p)^{n-x} \\ &= \sum_{x=0}^{n} \binom{n}{i} (e^t p)^x (1-p)^{n-x} \\ &= (pe^t + (1-p))^n \end{aligned}$$

■

예제 8.4

$X \sim Poisson(\lambda)$의 적률생성함수를 구하라.

풀이 $M_X(t) = \sum_{x=0}^{\infty} e^{tx} \frac{\lambda^x e^{-\lambda}}{x!}$

$$= e^{-\lambda} \sum_{x=0}^{\infty} \frac{(e^t \lambda)^x}{x!}$$

$$= e^{-\lambda} e^{e^t \lambda}$$

$$= e^{\lambda(e^t - 1)}$$

■

예제 8.5

$X \sim Exp(\lambda)$의 적률생성함수를 구하라.

풀이 $M_X(t) = \int_0^{\infty} e^{tx} \lambda e^{-\lambda x} dx$

$$= \lambda \int_0^{\infty} e^{x(t-\lambda)} dx$$

$$= \frac{\lambda}{\lambda - t} \quad (t < \lambda)$$

■

예제 8.6

$X \sim N(0, 1)$의 적률생성함수를 구하라.

풀이 $M_X(t) = \frac{1}{\sqrt{2\pi}} \int_{-\infty}^{\infty} e^{tx} e^{-x^2/2} dx$

$$= \frac{1}{\sqrt{2\pi}} \int_{-\infty}^{\infty} exp\left(-\frac{(x^2 - 2tx)}{2}\right) dx$$

$$= \frac{1}{\sqrt{2\pi}} \int_{-\infty}^{\infty} exp\left(-\frac{(x-t)^2}{2} + \frac{t^2}{2}\right) dx$$

$$= e^{t^2/2} \frac{1}{\sqrt{2\pi}} \int_{-\infty}^{\infty} exp\left(-\frac{(x-t)^2}{2}\right) dx$$

$$= e^{t^2/2}$$

■

Y가 X의 선형변환 즉 $Y=aX+b$이면 X의 적률생성함수를 이용하여 Y의 적률생성함수를 구할 수 있다. 다음이 성립한다.

$$M_Y(t)=E(e^{tY})=E(e^{t(aX+b)})=e^{bt}E(e^{atX})=e^{bt}M_X(at)$$

> $Y=aX+b$일 때 Y의 적률생성함수는 다음과 같다.
>
> $$M_Y(t)=M_{aX+b}(t)=e^{bt}M_X(at) \quad (8.2)$$

예 8.1

$X\sim N(\mu,\sigma^2)$의 적률생성함수는 위의 예제 8.6의 결과와 식 (8.2)를 이용하여 다음과 같이 구할 수 있다.

$X\sim N(\mu,\sigma^2)$이면 $\dfrac{X-\mu}{\sigma}=Z$, $Z\sim N(0,1)$이며 $X=\sigma Z+\mu$가 된다. 따라서 다음이 성립한다.

$$M_X(t)=e^{\mu t}M_Z(\sigma t)=e^{\mu t}e^{\sigma^2t^2/2}=exp(\mu t+\frac{\sigma^2t^2}{2})$$

■

예제 8.7

$X\sim \Gamma(\alpha,\lambda)$의 적률생성함수를 구하여라.

풀이

$$\begin{aligned}M_X(t)&=\frac{\lambda^\alpha}{\Gamma(\alpha)}\int_0^\infty e^{tx}x^{\alpha-1}e^{-\lambda x}dx\\&=\frac{\lambda^\alpha}{\Gamma(\alpha)}\int_0^\infty x^{\alpha-1}e^{-(\lambda-t)x}dx\\&=\frac{\lambda^\alpha}{\Gamma(\alpha)}\Gamma(\alpha)(\lambda-t)^{-\alpha}\\&=\left(\frac{\lambda}{\lambda-t}\right)^\alpha \qquad (t<\lambda)\end{aligned}$$

■

예제 8.8

$Z \sim N(0,\,1)$을 따를 때 Z^2의 적률생성함수를 구하여라.

풀이 $M_{Z^2}(t) = E(e^{tZ^2}) = \dfrac{1}{\sqrt{2\pi}} \displaystyle\int_{-\infty}^{\infty} e^{tz^2} e^{-z^2/2} dz$

$$= \frac{1}{\sqrt{2\pi}} \int_{-\infty}^{\infty} e^{tz^2 - z^2/2} dz$$

$$= \frac{1}{\sqrt{2\pi}} \int_{-\infty}^{\infty} e^{-z^2(\frac{1}{2} - t)} dz$$

$$= \frac{1}{\sqrt{2\pi}} \sqrt{2\pi}\,(1-2t)^{-1/2}$$

$$= (1-2t)^{-1/2} = \left(\frac{1/2}{1/2 - t}\right)^{1/2}$$

마지막 식을 예제 8.7에서 구한 $\Gamma(\alpha,\ \lambda)$의 적률생성함수와 비교하면 $Z^2 \sim \Gamma(\frac{1}{2},\ \frac{1}{2})$ 또는 $\chi^2(1)$임을 알 수 있다.

다음으로 적률생성함수를 이용하여 모멘트를 구하는 방법을 알아보자.
$E(e^{tX})$를 t에 대하여 n차 미분하면 다음을 얻는다.

$$\frac{d^n}{dt^n} M_X(t) = E(X^n e^{tX})$$

먼저 연속분포를 하는 확률변수의 적률생성함수에 대한 1차 미분을 보자.

$$\frac{d}{dt} M_X(t) = \frac{d}{dt} \int_{-\infty}^{\infty} e^{tx} f_X(x) dx$$

$$= \int_{-\infty}^{\infty} \frac{d}{dt} e^{tx} f_X(x) dx$$

$$= \int_{-\infty}^{\infty} x\, e^{tx} f_X(x)\ dx = E(Xe^{tX})$$

이산분포의 경우도 다음이 성립한다.

$$\frac{d}{dt} M_X(t) = \frac{d}{dt} \sum_x e^{tx} p_X(x) = \sum_x \frac{d}{dt} e^{tx} p_X(x) = \sum_x\ x e^{tx} p_X(x) = E(Xe^{tX})$$

2차, 3차 이상의 미분도 같은 방법으로 얻는다. 위 식에서 미분과 적분의 순서가 바뀌었는데 이는 우리가 대상으로 하는 모든 분포에서 성립한다. 미분은 t에 대한 것이고 적분은 x에 대한 것임을 주목하자. (4장 참고의 라이브니쯔의 적분규칙을 참조하라)

명제 8.3

적률생성함수 $M_X(t)$를 n차 미분한 다음 $t=0$을 대입하면 X의 n차 모멘트를 구할 수 있다.

$$M_X^{(n)}(t)\Big]_{t=0} = E(X^n) \tag{8.3}$$

따라서 확률변수 X의 적률생성함수를 알면 X의 n차 모멘트를 구하기 위하여 합하거나 적분을 하는 대신 (8.3) 식에서 보는 바와 같이 X의 적률생성함수를 n차 미분한 다음 $t=0$을 대입하면 되기 때문에 보다 쉽게 구할 수 있다.

예제 8.9

확률변수 X가 다음과 같은 코쉬분포를 할 때 적률생성함수가 존재하지 않음을 보여라.

$$f(x) = \frac{1}{\pi(1+x^2)}, \quad -\infty < x < \infty$$

풀이 $t>0$이면 다음 관계가 성립한다.

$$\int_{-\infty}^{\infty} e^{tx}\frac{1}{1+x^2}dx \geq \int_{0}^{\infty} e^{tx}\frac{1}{1+x^2}dx = \infty \quad (\because \lim_{x\to\infty}\frac{e^{tx}}{1+x^2} = \infty)$$

또한 $t<0$이면

$$\int_{-\infty}^{\infty} e^{tx}\frac{1}{1+x^2}dx \geq \int_{-\infty}^{0} e^{tx}\frac{1}{1+x^2}dx = \infty \quad (\because \lim_{x\to-\infty}\frac{e^{tx}}{1+x^2} = \infty)$$

따라서

$$M_X(t) = \frac{1}{\pi}\int_{-\infty}^{\infty} e^{tx}\cdot\frac{1}{1+x^2}dx = \begin{cases} 1, & t=0 \\ \infty, & t\neq 0 \end{cases}$$

이는 $|t|<h$를 만족하는 모든 t에 대해서 $M_X(t)<\infty$를 구할 수 있도록 $h>0$를 선택하는 것이 불가능함을 보여준다. 따라서 코쉬분포의 적률생성함수는 존재하지 않는다. ■

만약 코쉬분포의 적률생성함수가 존재한다면 명제 8.3에 의해 모든 차수의 모멘트가 존재하여야한다. 하지만 5장에서 코쉬분포의 기대값이 존재하지 않음을 보았다.

우리가 알고 있는 대부분의 확률변수의 적률생성함수가 존재하지만 위의 코쉬분포의 예처럼 적률생성함수가 존재하지 않는 분포도 있다.

예제 8.10

예제 8.3에서 구한 $X \sim B(n,p)$의 적률생성함수를 이용하여 X의 평균과 분산을 구하여라.

풀이 $M_X(t) = (pe^t + (1-p))^n$이므로 이를 2차 미분하면 다음과 같다.

$$M_X{}'(t) = n(pe^t + (1-p))^{n-1} \cdot pe^t$$

$$M_X{}''(t) = n(n-1)(pe^t + (1-p))^{n-2}(pe^t)^2 + n(pe^t + (1-p))^{n-1}pe^t$$

여기에 $t = 0$을 대입하면 $E(X) = M_X{}'(0) = np$

$$E(X^2) = M_X{}''(0) = n(n-1)p^2 + np$$

따라서 $Var(X) = E(X^2) - (E(X))^2 = n^2p^2 - np^2 + np - (np)^2 = np(1-p)$

■

예제 8.11

$X \sim N(\mu,\sigma^2)$일 때 적률생성함수를 이용하여 평균과 분산을 구하여라.

풀이 $M_X{}'(t) = (\mu + \sigma^2 t)exp(\mu t + \frac{\sigma^2 t^2}{2})$

$$M_X{}''(t) = (\mu + \sigma^2 t)^2 exp(\mu t + \frac{\sigma^2 t^2}{2}) + \sigma^2 exp(\mu t + \frac{\sigma^2 t^2}{2})$$

따라서 다음을 얻는다.

$$E(X) = M_X{}'(0) = \mu$$

$$E(X^2) = M_X{}''(0) = \mu^2 + \sigma^2, \quad Var(X) = \sigma^2$$

■

예제 8.12

$X \sim \Gamma(\alpha,\lambda)$일 때 적률생성함수를이용하여 평균, 분산 그리고 3차 모멘트를 구하라.

풀이 $M_X(t) = (\frac{\lambda}{\lambda - t})^{\alpha} = \lambda^{\alpha}(\lambda - t)^{-\alpha}$를 1, 2, 3차 미분하여 다음을 얻는다.

$$M_X'(t) = \lambda^{\alpha} \cdot \alpha \cdot (\lambda - t)^{-\alpha - 1}$$

$$M_X''(t) = \lambda^{\alpha} \cdot \alpha(\alpha + 1) \cdot (\lambda - t)^{-\alpha - 2}$$

$$M_X^{(3)}(t) = \lambda^{\alpha} \cdot \alpha(\alpha + 1)(\alpha + 2) \cdot (\lambda - t)^{-\alpha - 3}$$

여기서 $t = 0$을 대입하여 다음을 얻는다.

$$E(X) = \frac{\alpha}{\lambda},\ E(X^2) = \frac{\alpha(\alpha + 1)}{\lambda^2},\ E(X^3) = \frac{\alpha(\alpha + 1)(\alpha + 2)}{\lambda^3}$$

그리고 $Var(X) = \frac{\alpha(\alpha + 1)}{\lambda^2} - (\frac{\alpha}{\lambda})^2 = \frac{\alpha}{\lambda^2}$이 된다.

■

$X_1, X_2, \cdots, X_n$이 서로 독립이라 가정하자. 그러면 독립인 확률변수의 곱의 기대값은 각각의 기대값의 곱과 일치 하므로(명제 7.5) 다음이 성립한다.

$$\begin{aligned} M_{\sum_{i=1}^{n} X_i}(t) &= E(exp(t\sum_{i=1}^{n} X_i)) \\ &= E(e^{tX_1})E(e^{tX_2}) \cdots E(e^{tX_n}) = M_{X_1}(t)M_{X_2}(t) \cdots M_{X_n}(t) \end{aligned}$$

명제 8.4

$X_1, X_2, \cdots, X_n$이 서로 독립인 확률변수들이면 다음이 성립한다.

$$M_{X_1 + X_2 + \cdots + X_n}(t) = M_{X_1}(t)M_{X_2}(t) \cdots M_{X_n}(t) \qquad (8.4)$$

적률생성함수에 대해서도 확률생성함수와 마찬가지로 다음의 유일성 정리가 성립한다.

정리 8.1 (유일성의 정리)

$M_X(t) = M_Y(t),\ |t| < h,\ h > 0$는 두 확률변수 X와 Y의 분포가 일치하기 위한 필요충분조건이다.

예제 8.13

확률변수 X의 적률생성함수가 다음과 같다. 어떤 분포인가?

$$M_X(t) = \exp(3t + 5t^2)$$

풀이 이는 정규분포의 적률생성함수와 같은 꼴이며 $\mu = 3,\ \sigma^2 = 10$ 인 정규분포의 적률생성함수를 구하면 위와 같아질 것이다. 따라서 유일성의 정리에 의해 $X \sim N(3,\ 10)$으로 결론 내릴 수 있다.

■

위의 예에서 보는 바와 같이 유일성의 정리를 이용하면 간단한 계산으로 분포를 쉽게 찾을 수 있다.

예제 8.14

(1) $X_i \sim B(n_i,\ p)$이고 X_i는 서로 독립일 때 $\sum_{i=1}^{n} X_i$의 분포를 구하라.

(2) $X_i \sim Poisson(\lambda_i)$이고 X_i는 서로 독립일 때 $\sum_{i=1}^{n} X_i$의 분포를 구하라.

풀이 (1) $M_{X_i}(t) = (pe^t + (1-p))^{n_i}$이고 독립인 확률변수의 합의 적률생성함수는 각 적률생성함수의 곱이므로 다음이 성립한다.

$$M_{\sum_{i=1}^{n} X_i}(t) = (pe^t + (1-p))^{\sum_{i=1}^{n} n_i}$$

따라서 유일성의 정리에 의해 $\sum_{i=1}^{n} X_i$의 분포는 모수 $\sum_{i=1}^{n} n_i$와 p를 갖는 이항분포를 한다.

(2) 포아송 분포에서도 $\sum_{i=1}^{n} X_i$의 적률생성함수는 각각의 적률생성함수의 곱과 같으므로 다음이 성립한다.

$$M_{\sum_{i=1}^{n} X_i}(t) = exp\left(\sum_{i=1}^{n} \lambda_i (e^t - 1)\right)$$

따라서 $\sum_{i=1}^{n} X_i \sim Poisson(\sum_{i=1}^{n} \lambda_i)$이다.

■

예제 8.15

$X_i \sim N(\mu_i, \sigma_i^2)$, X_i는 서로 독립일 때 $\sum_{i=1}^{n} X_i$의 분포를 구하라.

풀이 $M_{\sum_{i=1}^{n} X_i}(t) = exp\left(\sum_{i=1}^{n}(\mu_i t + \frac{\sigma_i^2 t^2}{2})\right) = exp\left((\sum_{i=1}^{n}\mu_i)t + \frac{(\sum_{i=1}^{n}\sigma_i^2)t^2}{2}\right)$

이는 곧 $\sum_{i=1}^{n} X_i \sim N(\sum_{i=1}^{n}\mu_i, \sum_{i=1}^{n}\sigma_i^2)$임을 뜻한다.

■

예제 8.16

$X_i \sim \Gamma(\alpha_i, \lambda)$이고 X_i가 서로 독립일 때 $\sum_{i=1}^{n} X_i$의 분포를 구하라.

풀이 감마분포의 경우에도 같은 방법을 따르면 된다.

$M_{\sum_{i=1}^{n} X_i}(t) = (\frac{\lambda}{\lambda - t})^{\sum_{i=1}^{n}\alpha_i}$이고 이는 $\Gamma(\sum_{i=1}^{n}\alpha_i, \lambda)$분포의 적률생성함수와 일치한다.

따라서 $\sum_{i=1}^{n} X_i \sim \Gamma(\sum_{i=1}^{n}\alpha_i, \lambda)$이다.

■

$\Gamma(1,\lambda)$는 모수 λ인 지수분포와 같고 $\Gamma(\frac{n}{2}, \frac{1}{2})$는 자유도 n인 $\chi^2(n)$분포와 같다. 따라서 위의 예제 8.16에 의해 모수 λ인 지수분포를 따르는 서로 독립인 n개의 확률변수의 합의 분포는 $\Gamma(n, \lambda)$가 되고 각각의 자유도가 n_i인 카이제곱분포를 따르는 확률변수가 서로 독립일 때 이들의 합의 분포는 $\Gamma(\sum_{i=1}^{n} n_i/2, 1/2)$가 되므로 이는 다시 자유도 $\sum_{i=1}^{n} n_i$를 갖는 카이제곱분포가 된다.

예제 8.17

$Z_i \sim N(0,\, 1)$ 분포를 따르고 서로 독립이다. $Z_1^2 + Z_2^2 + \cdots + Z_n^2$ 의 분포를 구하라.

풀이 $Z_i,\ i=1,\, 2,\, \cdots,\, n$가 서로 독립이면 Z_i^2도 서로 독립이다. 예제 8.8에서 $Z_i^2 \sim \chi^2(1)$ 임을 보았고 예제 8.16에 의하면 독립인 카이제곱분포를 더하면 다시 카이제곱분포가 되고 합의 자유도는 각 자유도의 합이다. 따라서 $Z_1^2 + Z_2^2 + \cdots + Z_n^2 \sim \chi^2(n)$ 이 된다.

■

적률생성함수는 다음의 연속성 성질이 있으며 이는 중심극한의 정리(central limit theorem)에서와 같이 극한분포를 결정할 때 유용하게 이용될 수 있다.

정리 8.2 (적률생성함수의 연속성 정리)

확률변수 $X,\ X_1,\ X_2,\ X_3, \cdots$ 에서 각각 적률생성함수 $M_X(t), M_{X_1}(t), M_{X_2}(t), M_{X_3}(t), \cdots$ 가 존재하며 다음이 성립한다고 하자.

$$\lim_{n \to \infty} M_{X_n}(t) = M_X(t), \quad |t| < h,\ h > 0$$

이 때 다음이 성립한다.

$\lim_{n \to \infty} F_{X_n}(x) = F_X(x),\ x \in C_{F_X}$ (C_{F_X}는 F_X의 연속점들의 모임)

이는 확률변수 X_n의 분포가 X의 분포로 근사함을 의미한다. 이는 다음과 같이 표현한다.

$$X_n \xrightarrow{d} X$$

예제 8.18

$X_n \sim B(n,\, p)$일 때 $\lambda = np,\ n \to \infty$ 라 두면 X_n은 $Poisson(\lambda)$에 근사함을 알고 있다. 이를 위의 정리 8.2를 이용하여 보여라.

풀이
$$\begin{aligned} M_{X_n}(t) &= (pe^t + (1-p))^n \\ &= (1 + p(e^t - 1))^n \end{aligned}$$

$$= (1 + \frac{\lambda(e^t - 1)}{n})^n \rightarrow e^{\lambda(e^t-1)} \quad (n \rightarrow \infty)$$

(위 수식의 마지막 결과는 $\lim_{n\rightarrow\infty}(1+\frac{k}{n})^n = e^k$를 이용하였다.)

$e^{\lambda(e^t-1)}$는 모수 λ인 포아송 분포의 적률생성함수이므로 정리 8.2를 이용하면 $np = \lambda$, $n \rightarrow \infty$일 때 X_n의 분포는 모수 λ인 포아송 분포로 근사한다.

■

다음으로 N이 비음의 정수 값을 갖는 확률변수이고 X_i는 독립 동등분포를 할 때 $Y = \sum_{i=1}^{N} X_i$의 적률생성함수에 대해 알아보자. 여기서 N과 X_i들은 서로 독립이다. 먼저 조건부 기대값을 이용하여 다음 식을 얻는다.

$$E\left[exp(t\sum_{i=1}^{N} X_i) \mid N = n\right] = E\left[exp(t\sum_{i=1}^{n} X_i)\right] = (M_X(t))^n$$

따라서 $E\left[exp(t\sum_{i=1}^{N} X_i) \mid N\right] = (M_X(t))^N$이 되고 이의 양변에 기대값을 취하면 다음을 얻는다.

$$M_Y(t) = E\left[exp(t\sum_{i=1}^{N} X_i)\right] = E[(M_X(t))^N] \tag{8.5}$$

(8.5) 식을 이용하여 Y의 평균과 분산을 계산해 보자.

먼저 $M_Y(t)$를 t에 대해서 1차, 2차 미분하여 다음을 얻는다.

$$M_Y'(t) = E\left[N(M_X(t))^{N-1} \cdot M_X'(t)\right]$$

$$M_Y''(t) = E\left[N(N-1)(M_X(t))^{N-2} \cdot (M_X'(t))^2 + N(M_X(t))^{N-1} M_X''(t)\right]$$

여기서 $t = 0$를 대입하고 $M_X(0) = 1$을 이용하면 다음이 성립한다.

$$E(Y) = M_Y'(0) = E\left[N(M_X(0))^{N-1} M_X'(0)\right] = E(N)E(X)$$

$$E(Y^2) = M_Y''(0) = E[N(N-1)(E(X))^2 + NE(X^2)]$$

$$= E(N)\,Var(X) + (E(X))^2 E(N^2)$$

따라서 $Var(Y) = E(N)\,Var(X) + (E(X))^2\,Var(N)$이다(연습문제 8.10과 비교해 보라).

8.1.3 결합적률생성함수(joint moment generating function)

다음은 n차원 확률변수의 결합적률생성함수(joint mgf)에 대해 알아보자.

정의 8.3

$(X_1, X_2, \cdots, X_n)$과 같은 고차의 확률변수에 대하여 다음과 같이 **결합적률생성함수**(joint moment generating function)가 정의된다.

$$M_{X_1, X_2, \cdots, X_n}(t_1, t_2, \cdots, t_n) = E[exp(\sum_{i=1}^{n} t_i X_i)] \tag{8.6}$$

결합적률생성함수의 몇 가지 성질을 살펴보자.

(1) (8.6)식의 좌변의 t_1을 제외한 나머지 t_j를 0으로 하면 다음과 같다.

$$M_{X_1, X_2, \cdots, X_n}(t_1, 0, 0, \cdots, 0) = E(e^{t_1 X_1}) = M_{X_1}(t_1)$$

같은 방법으로 j번째 t_j만 남겨두고 나머지 t_i $(i \neq j)$ 들은 모두 0으로 하면 X_j의 적률생성함수를 구할 수 있다.

$$M_{X_1, X_2, \cdots, X_n}(0, \cdots, 0, t_j, 0, \cdots, 0) = M_{X_j}(t_j)$$

(2) 유일성의 정리

$(X_1, X_2, \cdots, X_n)$의 결합분포와 $(X_1, X_2, \cdots, X_n)$의 결합적률생성함수

$$M_{X_1, X_2, \cdots, X_n}(t_1, t_2, \cdots, t_n)$$

은 일 대 일 대응관계가 있다. (증명 생략)

(3) $X_1, X_2, \cdots, X_n$이 서로 독립일 필요충분조건은 $X_1, X_2, \cdots, X_n$의 결합적률생성함수가 각 확률변수의 적률생성함수의 곱과 일치하는 것이다. 즉

$$M_{X_1, X_2, \cdots, X_n}(t_1, t_2, \cdots, t_n) = M_{X_1}(t_1) M_{X_2}(t_2) \cdots M_{X_n}(t_n)$$

(증명: 연습문제 8.5)

X와 Y가 서로 독립이면 $M_{X+Y}(t) = M_X(t) M_Y(t)$가 성립함을 보았다. 그러나 역으

로 $M_{X+Y}(t)=M_X(t)M_Y(t)$이 성립한다하여 X와 Y가 서로 독립은 아니다. 위의 (3)에 의하면 $M_{X_1, X_2, \cdots, X_n}(t_1, t_2, \cdots, t_n)=M_{X_1}(t_1)M_{X_2}(t_2)\cdots M_{X_n}(t_n)$이 성립하면 $X_1, X_2, \cdots, X_n$은 서로 독립이다. 위의 결합적률생성함수의 성질 (3)으로 인해 확률변수의 독립성을 확인할 수 있는 한 가지 방법이 추가되었다.

예제 8.19

두 확률변수 X, Y는 서로 독립이며 각각 $N(\mu, \sigma^2)$ 분포를 갖는다. X, Y의 합과 차로 이루어진 $X-Y$, $X+Y$가 서로 독립인 확률변수임을 보여라.

풀이 위의 (3)을 이용하여 증명하여 보자. $X-Y$, $X+Y$의 결합적률생성함수를 구하면 다음과 같다.

$$\begin{aligned}M_{X-Y,X+Y}(s,t) &= E(e^{s(X-Y)+t(X+Y)})\\ &= E(e^{X(s+t)}\cdot e^{Y(t-s)})\\ &= M_X(s+t)M_Y(t-s) \quad (\because X\text{와 } Y\text{가 서로 독립})\\ &= exp(\mu(s+t)+\frac{\sigma^2(s+t)^2}{2})\cdot exp(\mu(t-s)+\frac{\sigma^2(t-s)^2}{2})\\ &= exp(2\mu t+\sigma^2t^2)\cdot exp(\sigma^2s^2)\end{aligned}$$

따라서 $X-Y$, $X+Y$의 결합적률생성함수는 $N(2\mu, 2\sigma^2)$ 분포와 $N(0, 2\sigma^2)$의 독립인 두 정규분포의 적률생성함수의 곱과 일치한다. 따라서 $X-Y$, $X+Y$는 서로 독립이라고 결론 내릴 수 있다. ■

예제 8.19의 결과를 예제 6.36 (식6.19)와 비교해 보라.

X와 Y의 결합적률생성함수를 이용하여 $E(X^jY^k)$를 구하는 문제를 생각해 보자.

X와 Y의 결합적률생성함수 $M_{X,Y}(s, t)$, $-s_0<s<s_0$, $-t_0<t<t_0$, $s_0>0$, $t_0>0$이 존재하면 다음이 성립한다.

$$\frac{\partial^{j+k}M_{X,Y}}{\partial s^j\partial t^k}(s, t)=E(\frac{\partial^{j+k}}{\partial s^j\partial t^k}e^{sX+tY})=E(X^jY^ke^{sX+tY})$$

이 때 $s=t=0$를 대입하면 $E(X^jY^k)$를 얻을 수 있다.

명제 8.5

X와 Y의 결합적률생성함수 $M_{X,Y}(s,t)$가 $(0, 0)$를 포함하는 열린사각형(open rectangle) 안에서 존재하면 X와 Y의 모든 차수의 개별적인 모멘트나 결합모멘트가 존재하고 그 값은 다음과 같다.

$$E(X^j Y^k) = \left.\frac{\partial^{j+k} M_{X,Y}(s,t)}{\partial s^j \partial t^k}\right]_{s=t=0}, \quad j, k = 0, 1, 2, \cdots \tag{8.7}$$

예제 8.20

$(\mu_X, \sigma_X^2, \mu_Y, \sigma_Y^2, \rho)$를 모수로 하는 이변량정규분포를 갖는 (X, Y)의 결합적률생성함수는 다음과 같다(연습문제 8.8).

$$M_{X,Y}(s,t) = exp(\mu_X s + \mu_Y t + \frac{1}{2}(\sigma_X^2 s^2 + 2\rho\sigma_X\sigma_Y st + \sigma_Y^2 t^2)), \; s, t \in R \tag{8.8}$$

주어진 결합적률생성함수를 이용하여 X와 Y 각각의 분포, 평균, 분산 $Cov(X, Y)$을 식(8.7)을 이용하여 구하라.

풀이 $M_X(s) = M_{X,Y}(s, 0) = e^{\mu_X s + \frac{1}{2}\sigma_X^2 t^2}$이므로 $X \sim N(\mu_X, \sigma_X^2)$이다. 마찬가지로 Y의 분포는 $Y \sim N(\mu_Y, \sigma_Y^2)$이다. 따라서 $E(X) = \mu_X$, $Var(X) = \sigma_X^2$ 그리고 $E(Y) = \mu_Y$, $Var(Y) = \sigma_Y^2$임을 알 수 있다. 이 때 평균과 분산을 (8.8) 식의 결합적률생성함수를 이용하여 계산하여 보자.

$$\frac{\partial M_{X,Y}(s,t)}{\partial s} = (\mu_X + \frac{1}{2}(2\sigma_X^2 s + 2\rho\sigma_X\sigma_Y t))M_{X,Y}(s,t)$$

$$\frac{\partial M_{X,Y}(s,t)}{\partial t} = (\mu_Y + \frac{1}{2}(2\sigma_Y^2 t + 2\rho\sigma_X\sigma_Y s))M_{X,Y}(s,t)$$

$$\frac{\partial^2 M_{X,Y}(s,t)}{\partial s^2} = \left[\left(\mu_X + \frac{1}{2}(2\sigma_X^2 s + 2\rho\sigma_X\sigma_Y t)\right)^2 + \sigma_X^2\right]M_{X,Y}(s,t)$$

$$\frac{\partial^2 M_{X,Y}(s,t)}{\partial t^2} = \left[\left(\mu_Y + \frac{1}{2}(2\sigma_Y^2 t + 2\rho\sigma_X\sigma_Y s)\right)^2 + \sigma_Y^2\right]M_{X,Y}(s,t)$$

$$\frac{\partial^2 M_{X,Y}(s,t)}{\partial s \partial t} = \left[\left(\mu_X + \frac{1}{2}(2\sigma_X^2 s + 2\rho\sigma_X\sigma_Y t)\right)\left(\mu_Y + \frac{1}{2}(2\sigma_Y^2 t + 2\rho\sigma_X\sigma_Y s)\right) + \rho\sigma_X\sigma_Y\right]M_{X,Y}(s,t)$$

$M_{X,\ Y}(0,\ 0)=1$이므로 다음이 성립한다.

$$E(X)=E(X^1Y^0)=\frac{\partial M_{X,\ Y}}{\partial s}(0,\ 0)=\mu_X$$

$$E(Y)=E(X^0Y^1)=\frac{\partial\ M_{X,\ Y}}{\partial\ t}(0,\ 0)=\mu_Y$$

$$E(X^2)=E(X^2Y^0)=\frac{\partial\ ^2M_{X,\ Y}}{\partial\ s^2}(0,\ 0)=\mu_X^2+\sigma_X^2$$

같은 방법으로

$$E(Y^2)=E(X^0Y^2)=\mu_Y^2+\sigma_Y^2,\ E(XY)=\frac{\partial\ ^2M_{X,Y}}{\partial\ s\ \partial\ t}(0,0)=\mu_X\mu_Y+\rho\sigma_X\sigma_Y$$

따라서 $Var(X)=\sigma_X^2,\ Var(Y)=\sigma_Y^2$

$Cov(X,Y)=E(XY)-E(X)E(Y)=\rho\sigma_X\sigma_Y$

■

예 8.2

위의 예제 8.20에서 보았던 이변량정규분포(bivariate normal distribution)를 하는 두 확률변수 $X,\ Y$에서 $Cov(X,\ Y)=0$ 즉 무상관(uncorrelated)이면 $X,\ Y$는 서로 독립이다. 왜냐하면 (8.8) 식에 주어진 결합적률생성함수에서 $\rho=0$이면 다음이 성립한다.

$$M_{X,\ Y}(s,t)=exp(\mu_X s+\frac{1}{2}\sigma_X^2 s^2)exp(\mu_Y t+\frac{1}{2}\sigma_Y^2 t^2)$$

한편 $X\sim N(\mu_X,\ \sigma_X^2),Y\sim N(\mu_Y,\ \sigma_Y^2)$이면 다음이 성립한다.

$$M_X(s)M_Y(t)=exp(\mu_X s+\frac{1}{2}\sigma_X^2 s^2)exp(\mu_Y t+\frac{1}{2}\sigma_Y^2 t^2)$$

따라서 $M_{X,\ Y}(s,\ t)=M_X(s)M_Y(t)$가 성립하므로 결합적률생성함수의 성질(3)에 의해 X와 Y는 서로 독립이다.

■

예제 8.21

모수 $n,\ p_1,\ p_2,\ \cdots,\ p_m$을 갖는 다항분포를 하는 확률변수 $X_1,\ X_2,\ \cdots,\ X_m$의 결합적률생성함수는 다음과 같다 (연습문제 8.9).

$$M_{X_1, X_2, \cdots, X_m}(t_1, t_2, \cdots, t_m) = (p_1 e^{t_1} + p_2 e^{t_2} + \cdots + p_m e^{t_m})^n$$

이를 이용하여 X_j의 분포를 구하라.

풀이 $M_{X_j}(t_j) = M_{X_1, X_2, \cdots, X_m}(0, 0, \cdots 0, t_j, 0, \cdots, 0) = (p_j e^{t_j} + (1-p_j))^n$이므로 이는 $X_j \sim B(n, p_j)$임을 의미한다. 이는 앞에서 구한 결론과 같음을 확인하라.

■

마지막으로 적률생성함수와 관련된 부등식으로 다음의 **체르노프바운드**(Chernoff bounds)를 알아두자.

$$P(X \geq a) = P(e^{tX} \geq e^{ta}) \leq E(e^{tX})/e^{ta} = e^{-ta} M_X(t),\ t > 0$$

$$P(X \leq a) = P(e^{tX} \geq e^{ta}) \leq E(e^{tX})/e^{ta} = e^{-ta} M_X(t),\ t < 0$$

위 식들에서 부등호는 마코브 부등식을 적용하여 얻는다.

예제 8.22

$Z \sim N(0, 1)$이면 $a > 0$일 때 $P(Z \geq a) \leq e^{-a^2/2}$, $a < 0$일 때는 $P(Z \leq a) \leq e^{-a^2/2}$를 만족함을 설명하라.

풀이 $Z \sim N(0,1)$일 때 $M_Z(t) = e^{t^2/2}$이므로 체르노프바운드에 의하면 다음이 성립한다.

$$P(Z \geq a) \leq e^{-ta} e^{t^2/2},\ t > 0$$

위 부등식은 $t > 0$ 인 모든 t에 대해서 성립하고 좌변 $P(Z \geq a)$는 t 값과 관계없는 값이므로 $exp(\frac{t^2}{2} - ta),\ t > 0$의 최소값보다 작거나 같아야한다. 그런데 $\frac{t^2}{2} - ta$는 $t = a$에서 최소값 $-\frac{a^2}{2}$을 갖는다. 따라서 다음이 성립한다.

$$P(Z \geq a) \leq e^{-a^2/2}$$

나머지도 같은 방법으로 얻을 수 있다.

■

8.2 정규모집단으로부터 추출한 통계량의 분포

이 절에서는 기초적인 통계자료분석에 쓰이는 몇 가지 통계량의 분포에 대해 정리해 보자. 모집단이 정규분포 $N(\mu, \sigma^2)$를 따를 때 모집단으로부터 추출한 크기 n인 임의표본(random sample) $X_1, X_2, \cdots, X_n$으로부터 얻은 여러 가지 통계량들 중에서 먼저 표본평균과 표본분산에 대해 알아보자. 여기서 임의 표본 $X_1, X_2, \cdots, X_n$은 서로 독립이며 모집단의 분포와 같은 $N(\mu, \sigma^2)$ 분포를 한다. 표본평균 $\overline{X}$와 표본분산 S^2은 각각 다음과 같이 정의 된다.

$$\overline{X} = \frac{1}{n}\sum_{i=1}^{n} X_i, \quad S^2 = \frac{1}{n-1}\sum_{i=1}^{n}(X_i - \overline{X})^2$$

(1) $\overline{X} \sim N(\mu, \frac{\sigma^2}{n})$

X_i들이 서로 독립이며 $N(\mu, \sigma^2)$ 분포를 하므로 $\sum_{i=1}^{n} X_i \sim N(n\mu, n\sigma^2)$이다. 이를 n으로 나눈 $\overline{X}$의 분포는 $N(\mu, \frac{\sigma^2}{n})$이 된다. 즉 $\overline{X} \sim N(\mu, \frac{\sigma^2}{n})$

모집단의 분포가 정규분포가 아닐 때에도 표본의 크기 n이 크면 중심극한의 정리에 의해 다음이 성립한다.

$$\overline{X} \approx N(\mu, \frac{\sigma^2}{n})$$

(2) $\frac{(n-1)S^2}{\sigma^2} \sim \chi^2(n-1)$

$$\begin{aligned}\frac{(n-1)S^2}{\sigma^2} &= \frac{1}{\sigma^2}\sum_{i=1}^{n}(X_i - \overline{X})^2 \\ &= \frac{1}{\sigma^2}\sum_{i=1}^{n}(X_i - \mu + \mu - \overline{X})^2 \\ &= \sum_{i=1}^{n}\left(\frac{X_i - \mu}{\sigma}\right)^2 - \left(\frac{\overline{X} - \mu}{\sigma/\sqrt{n}}\right)^2\end{aligned}$$

따라서
$$\frac{(n-1)S^2}{\sigma^2} + \left(\frac{\overline{X} - \mu}{\sigma/\sqrt{n}}\right)^2 = \sum_{i=1}^{n}\left(\frac{X_i - \mu}{\sigma}\right)^2 \tag{8.9}$$

그런데 $\frac{X_i - \mu}{\sigma} \sim N(0,1)$, $\frac{\overline{X} - \mu}{\sigma/\sqrt{n}} \sim N(0,1)$이므로 각각을 제곱하면 $\chi^2(1)$이 된다.

우변의 X_i들은 서로 독립이므로 $\sum_{i=1}^{n}\left(\frac{X_i-\mu}{\sigma}\right)^2 \sim \chi^2(n)$이 되고 좌변의 S^2과 $\overline{X}$는 서로 독립이므로 $\frac{(n-1)S^2}{\sigma^2} \sim \chi^2(n-1)$이 된다. (연습문제 8.4, 8.7 참고)

(3) $\frac{\overline{X}-\mu}{S/\sqrt{n}} \sim t(n-1)$ 즉 자유도 $n-1$인 t분포를 따른다.

t분포는 서로 독립인 표준 정규분포와 카이제곱분포를 자기의 자유도로 나눈 제곱근과의 비로서 나타낼 수 있다. 즉 $\frac{\overline{X}-\mu}{\sigma/\sqrt{n}} \sim N(0,\,1)$이고 $\sqrt{\frac{(n-1)S^2}{\sigma^2}/(n-1)} = \frac{S}{\sigma}$일 때 $\overline{X}$ 와 S의 독립성을 이용하면 $\frac{\overline{X}-\mu}{\sigma/\sqrt{n}}/\frac{S}{\sigma} = \frac{\overline{X}-\mu}{S/\sqrt{n}} \sim t(n-1)$이 된다. 이는 모분산 σ^2을 모를 때 σ^2을 σ^2의 불편추정량인 표본분산 S^2으로 대체하여 모평균 μ의 구간추정이나 가설검정의 문제를 풀 때 이용된다. $t(n)$분포는 자유도 n이 커지면 $(n \geq 30)$ 정규분포에 근사한다.

(4) $\frac{S_1^2/\sigma_1^2}{S_2^2/\sigma_2^2} \sim F(m-1, n-1)$

두 모집단의 분산비와 관련된 분포를 알려고 할 때 F 분포를 이용하게 된다.

$U \sim \chi^2(\nu_1)$, $V \sim \chi^2(\nu_2)$이고 U와 V가 서로 독립일 때 F를 다음과 같이 정의하자.

$$F = \frac{U/\nu_1}{V/\nu_2}$$

F는 분자의 자유도 ν_1, 분모의 자유도 ν_2를 갖는 F분포를 하게 된다. 즉 서로 독립인 카이제곱분포를 각각의 자유도로 나눈 비는 F분포를 따른다. 따라서 다음이 성립한다.

분산이 σ_1^2인 정규모집단에서 추출한 임의표본 $X_1, X_2, \cdots, X_m$과 분산이 σ_2^2인 정규모집단에서 추출한 임의표본 $Y_1, Y_2, \cdots, Y_n$ ($X_1, X_2, \cdots, X_m$와 서로 독립) 각각에서 구한 표본분산을 S_1^2, S_2^2이라 할 때 $\frac{(m-1)S_1^2}{\sigma_1^2} \sim \chi^2(m-1)$, $\frac{(n-1)S_2^2}{\sigma_2^2} \sim \chi^2(n-1)$이고 S_1^2과 S_2^2은 서로 독립이므로 다음이 성립한다.

$$F = \frac{S_1^2/\sigma_1^2}{S_2^2/\sigma_2^2} \sim F(m-1,\, n-1)$$

8.3 극한정리(limiting theorem)

끝으로 확률, 통계분야에서 가장 중요한 극한정리라 할 수 있는 중심극한의 정리와 대수의 법칙에 대해 간단히 언급하고자 한다.

8.3.1 대수의 법칙(law of large numbers)

흔히 확률변수 X의 기대값의 개념 또는 의미를 설명할 때 독립, 반복시행에서의 long-run-average value로 설명하곤 한다. 즉 X와 같은 분포를 하는 독립인 확률변수 $X_1, X_2, \cdots, X_n$에 대해 다음이 성립하는 것이다.

$$E(X) \approx \frac{X_1 + X_2 + \cdots + X_n}{n} \qquad (n\text{이 클 때})$$

이는 다음의 대수의 법칙과 관련이 있다.

예 8.3

앞면이 나올 확률이 1/2인 동전을 연속해서 던진다고 하자. i번 째 시행에서 앞면이 나오면 $X_i = 1$이라 두고 뒷면이 나오면 $X_i = 0$라 두자. $E(X_i) = 1/2$이다. 이 때 $n \to \infty$이면 다음이 항상 성립하는가?

$$\frac{X_1 + X_2 + \cdots + X_n}{n} \to 1/2$$

매번 시행에서 앞면이 나온다면 위의 극한값은 1이 될 것이다. 여기서 매 시행마다 계속 앞면이 나올 확률은 얼마인가를 생각해 보자.

■

정리 8.3 약대수의 법칙 (weak law of large numbers)

$X_1, X_2, X_3, \cdots$는 서로 독립이고 동등분포를 하며 $\mu = E(X_1) < \infty$이라 가정하면 $n \to \infty$일 때 다음이 성립한다.

$$\forall \epsilon > 0, \quad P(\,|\sum_{i=1}^{n} \frac{X_i}{n} - \mu| < \epsilon) \to 1 \tag{8.10}$$

증명 위의 정리 8.3의 증명은 $\sigma^2 < \infty$을 만족할 때 체비세프 부등식을 이용하면 간단

히 보일 수 있다.

$$P(|\ \frac{1}{n}\sum_{i=1}^{n}X_i - \mu| \geq \epsilon) \leq \frac{n\sigma^2/n^2}{\epsilon^2} = \frac{\sigma^2}{n\epsilon^2} \ \rightarrow 0 \ \ (n\rightarrow\infty)$$

약대수의 법칙은 n이 클 때 $X_1, X_2, \cdots, X_n$의 평균이 μ 근방에 있게 됨(is likely to be near μ)을 의미한다.

정리 8.4 강대수의 법칙(strong law of large numbers)

$X_1, X_2, X_3, \cdots$는 서로 독립이고 동등분포를 하며 $\mu = E(X_1) < \infty$이라 가정하면 $n\rightarrow\infty$일 때 확률 1로 다음이 성립한다.

$$\frac{1}{n}\sum_{i=1}^{n}X_i \rightarrow \mu \tag{8.11}$$

그림 [8-1]은 주사위를 n번 던져 나타난 눈의 수의 합을 시행횟수 n으로 나눈 값, 즉 X_i를 i번째 시행에서 나타난 눈의 수라 할 때 $(n, \frac{1}{n}\sum_{i=1}^{n}X_i)$을 그린 그래프이다. n이 증가함에 따라 $\overline{X}$가 $E(X_i) = 3.5$에 근사함을 볼 수 있다.

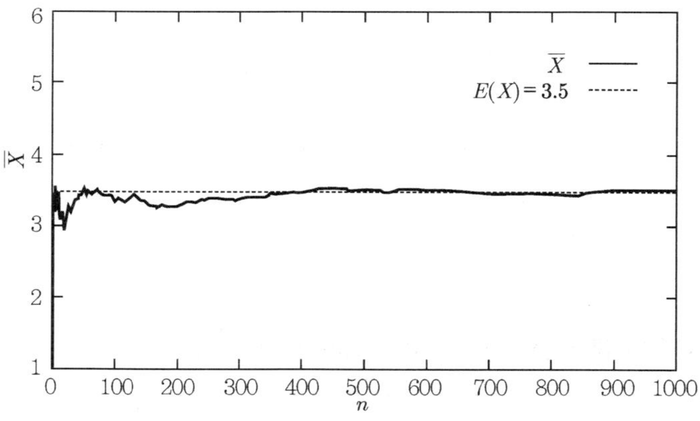

[그림 8-1]

위 (8.11) 식은 다음과 같이 쓸 수 있다.

$$P(\lim_{n\to\infty}\frac{1}{n}\sum_{i=1}^{n}X_i=\mu)=1$$

또는

$$P\left(\bigcap_{k=n}^{\infty}\left\{\left|\frac{X_1+X_2+\cdots+X_k}{k}-\mu\right|<\epsilon\right\}\right)\to 1 \quad (n\to\infty) \tag{8.12}$$

따라서 (8.12) 식은 (8.10) 식을 만족하므로 강대수의 법칙이 성립하면 약대수의 법칙도 성립하게된다.

증명 $E(X_i^4)<\infty$ 조건 아래서 강대수 법칙의 증명은 연습문제 8.2를 보시오.

8.3.2 중심극한의 정리

위의 대수의 법칙에서는 독립 동등분포를 하는 X_1, X_2, $\cdots$, X_n의 평균은 n이 커지면 공통의 기대값 μ 근방에 있는 값이 됨을 보여주었다. 하지만 μ에 얼마만큼 가까이 있는 값인가에 대한 정보는 부족하다.

예 8.4

$X_1, X_2, \cdots, X_n$의 분포가 서로 독립이고 평균 μ, 분산 σ^2인 정규분포를 따른다고 하자. 위의 강대수의 법칙에 의해 확률 1로 $\dfrac{X_1+X_2+\cdots+X_n}{n}\to\mu$이 성립한다. 또한 독립인 정규분포의 합의 분포는 정규분포를 따르고 $X_1+X_2+\cdots+X_n\sim N(n\mu,\, n\sigma^2)$임을 안다. 더 나아가 $\dfrac{X_1+X_2+\cdots+X_n}{n}\sim N(\mu,\, \dfrac{\sigma^2}{n})$이 성립한다. 이는 $\dfrac{X_1+X_2+\cdots+X_n}{n}$의 값이 μ 근방에 있다는 사실과 더불어 μ와 얼마만큼 가까이 있는지에 대한 정보도 제공한다. 즉 다음이 성립한다.

$$P\left(\left|\frac{X_1+X_2+\cdots+X_n}{n}-\mu\right|\le\frac{\sigma}{\sqrt{n}}\right)\approx 0.68$$

$$P\left(\left|\frac{X_1+X_2+\cdots+X_n}{n}-\mu\right|\le\frac{2\sigma}{\sqrt{n}}\right)\approx 0.95$$

■

X_1, X_2, $\cdots$, X_n의 분포가 정규분포가 아닐 때는 어떠한가? 앞에서 $X\sim B(n,p)$일 때

X와 정규분포와의 근사성에 대해 언급하였다. 즉 n이 크면 $X \approx N(np,\ npq)$이다. 한편 이항분포를 하는 X는 $X_1, X_2, \cdots, X_n$의 분포가 성공률 p인 베르누이 분포를 따를 때 $X = X_1 + X_2 + \cdots + X_n$으로 나타낼 수 있으므로 다음이 성립한다.

$$\frac{X_1 + X_2 + \cdots + X_n}{n} \approx N(p,\ \frac{pq}{n}) \quad (n\text{이 클 때})$$

이를 일반화 하면 다음과 같다.

정리 8.5 중심극한의 정리 (central limit theorem)

$X_1,\ X_2,\ X_3,\ \cdots$는 서로 독립이고 동등분포를 하며 $\mu = E(X_1) < \infty$, $\sigma^2 = Var(X_1) < \infty$이라 가정하면 $n \to \infty$일 때 다음이 성립한다.

$$T_n = \frac{\sum_{i=1}^{n} X_i - n\mu}{\sigma\sqrt{n}} \xrightarrow{d} Z \sim N(0,1) \tag{8.13}$$

즉 (8.13) 식은 정리 8.5의 조건 아래서 T_n의 분포는 n이 커지면 표준정규분포로 근사함을 의미한다. 이는 Φ가 표준정규분포의 분포함수일 때 다음이 성립함을 의미한다.

$$P(T_n \le a) \to \Phi(a), \quad \forall a \in R$$

T_n의 분포는 모집단의 분포와 상관없이 n이 커지면 항상 표준정규분포로 근사함을 의미하나 근사하는 속도는 정규분포와 비슷하게 생긴 분포에서는 빨리, 모양이 많이 다를 때는 느린 속도로 근사하게 될 것이다.

중심극한의 정리의 증명은 T_n의 적률생성함수가 $n \to \infty$일 때 표준정규분포의 적률생성함수인 $e^{t^2/2}$에 근사함을 보이고 적률생성함수의 연속성 정리(정리 8.2)를 이용하면 된다. 증명은 연습문제 8.1에서 다루도록 한다.

다음 그림은 중심극한의 정리를 시각적으로 보여주는 것으로 X_i의 분포가 각각 베르누이(0.8), $Exp(2)$ 그리고 $Poisson(1)$일 때 $\sum_{i=1}^{n} X_i$의 분포와 대응되는 정규분포의 그래프를 $n = 5,\ 10,\ 30$ 각각에 대하여 그린 것으로 n이 커짐에 따라 $\sum_{i=1}^{n} X_i$의 분포가 정규분포에 근사하게 됨을 알 수 있다.

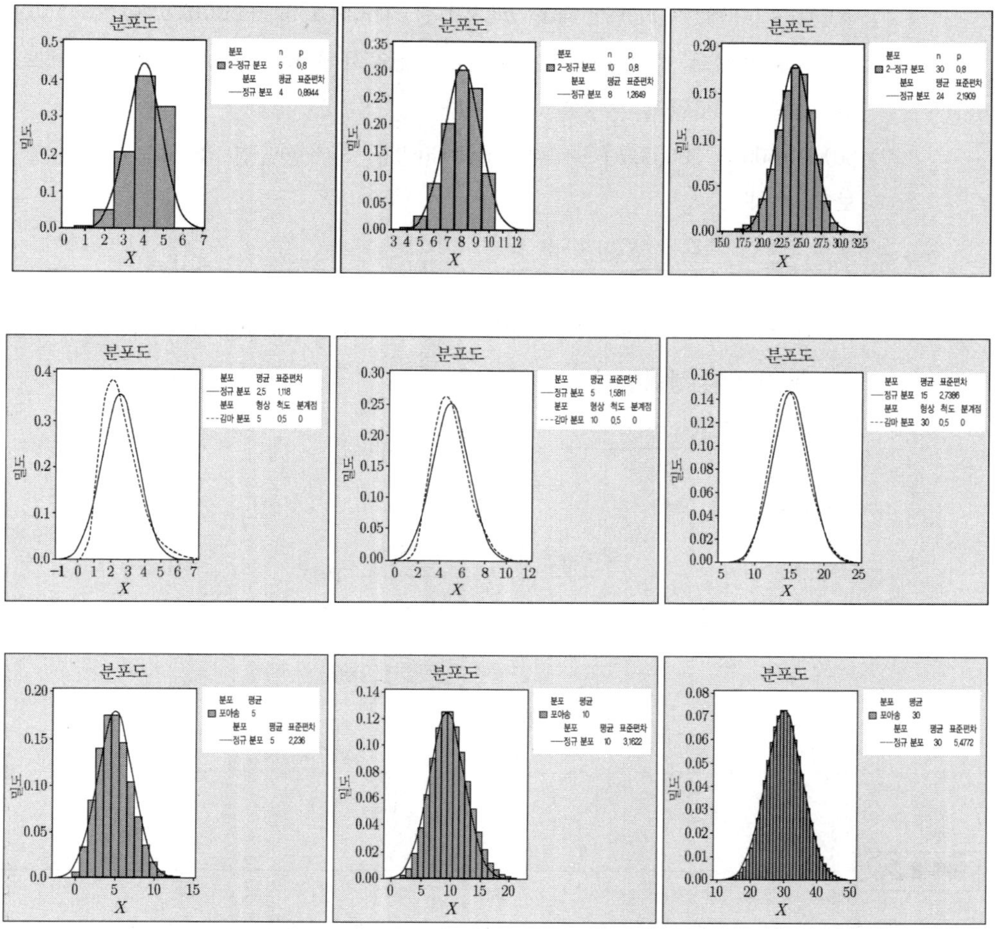

[그림] $B(n, 0.8)$, $\Gamma(n, 2)$, $Poisson(n)$**와 대응되는 정규분포의** $n = 5,\ 10,\ 30$**일 때의 그래프**

예제 8.23

1600원을 내고 게임을 한다. 주사위를 던져 1의 눈이 나오면 5천원을 받고 나머지 눈이 나오면 1600원을 잃는 것이다.

(1) 장기적으로 볼 때 한 게임당 평균 얼마씩 손해를 보는가?

(2) 이러한 게임을 1000번 반복했다면 얼마의 손실을 예상할 수 있나?

(3) 1000번 반복했을 때 1회당 평균 손실액이 (400, 600) 사이에 있게 될 확률은 얼마인가?

풀이 (1) i번 째 시행의 결과를 X_i라 하면 $P(X_i = -1100) = 5/6$,

$P(X_i = 5000) = 1/6$이 되고 $E(X_i) = -1600(5/6) + 5000(1/6) = -500$이므로 매 게임의 기대금액은 -500 즉 500원의 손실이 된다. 따라서 장기적으로 게임당 500원의 손실을 기대한다.

(2) (1000)(500)= 500,000 (원) 따라서 1000번을 참가한다면 약 50만원의 손실을 보게 된다.

(3) $P(-600 \le \dfrac{X_1 + X_2 + \cdots + X_n}{n} \le -400)$ 을 구하는 문제이다.

$E(X_i) = -500$, $Var(X_i) = 6,050,000$이므로 중심극한정리에 의하면 $n = 1000$일 때 다음이 성립한다.

$$\frac{X_1 + X_2 + \cdots + X_n}{n} \approx N(-500,\ 6050)$$

따라서 다음을 얻는다.

$$P\left(\frac{-100}{\sqrt{6050}} \le \frac{\dfrac{X_1 + X_2 + \cdots + X_n}{n} + 500}{\sqrt{6050}} \le \frac{100}{\sqrt{6050}}\right)$$
$$\approx P(-1.286 \le Z \le 1.286)$$
$$\approx 0.80156$$

■

예제 8.24

A 음료수회사에서는 병에 음료수를 담아낼 때 매일 기계를 조정하여 일정량 (단위: ml)이 들어가도록 하지만 그날의 기계의 상황에 따라 오차가 발생한다. 오랜 관찰을 통하여 병에 들어가는 음료수량의 분산 $\sigma^2 = 4^2$임이 밝혀졌다. $n = 36$개의 표본을 통하여 얻은 표본평균이 모평균의 $1ml$이내에 들어올 확률은?

풀이 $\overline{X} \approx N(\mu, \dfrac{4^2}{36})$이므로 다음이 성립한다.

$$P\left(\frac{-1}{4/\sqrt{36}} \le \frac{\overline{X} - \mu}{4/\sqrt{36}} \le \frac{1}{4/\sqrt{36}}\right) \approx P(-1.5 \le Z \le 1.5) = 0.8664$$

■

■ 확률생성함수표(pgf)

분포	확률질량함수	확률생성함수(pgf)	
이항분포 $B(n,p)$	$\binom{n}{x}p^x(1-p)^{n-x}$ $x=0,1,2,\cdots,n$	$(pt+1-p)^n$	
포아송 분포 $Poisson(\lambda)$	$e^{-\lambda}\frac{\lambda^x}{x!}$ $x=0,1,2,\cdots$	$e^{\lambda(t-1)}$	
기하분포 $Geo(p)$	$p(1-p)^{x-1}$ $x=1,2,\cdots$	$\frac{pt}{1-(1-p)t}$	
음이항분포 $NB(r,p)$	$\binom{n-1}{r-1}p^r(1-p)^{n-r}$ $n=r,r+1,\cdots$	$\left(\frac{pt}{1-(1-p)t}\right)^r$	

■ 적률생성함수표(mgf)

분포	확률질량(밀도)함수	적률생성함수(mgf)	평균, 분산
이항분포 $B(n,p)$	$\binom{n}{x}p^x(1-p)^{n-x}$ $x=0,1,2,\cdots,n$	$(pe^t+1-p)^n$	$np, np(1-p)$
포아송 분포 $Poisson(\lambda)$	$e^{-\lambda}\frac{\lambda^x}{x!}$ $x=0,1,2,\cdots$	$e^{\lambda(e^t-1)}$	λ, λ
기하분포 $Geo(p)$	$p(1-p)^{x-1}$ $x=1,2,\cdots$	$\frac{pe^t}{1-(1-p)e^t}$	$\frac{1}{p}, \frac{1-p}{p^2}$
음이항분포 $NB(r, p)$	$\binom{n-1}{r-1}p^r(1-p)^{n-r}$ $n=r,r+1,\cdots$	$\left(\frac{pe^t}{1-(1-p)e^t}\right)^r$	$\frac{r}{p}, \frac{r(1-p)}{p^2}$
균일분포 $Unif(a, b)$	$\frac{1}{b-a}, a<x<b$	$\frac{e^{tb}-e^{ta}}{t(b-a)}$	$\frac{a+b}{2}, \frac{(b-a)^2}{12}$
지수분포 $Exp(\lambda)$	$\lambda e^{-\lambda x}, x>0$	$\frac{\lambda}{\lambda-t} \quad (t<\lambda)$	$\frac{1}{\lambda}, \frac{1}{\lambda^2}$
정규분포 $N(\mu, \sigma^2)$	$\frac{1}{\sqrt{2\pi}\sigma}exp(-\frac{(x-\mu)^2}{2\sigma^2})$ $-\infty<x<\infty$	$exp(\mu t+\frac{\sigma^2t^2}{2})$	μ, σ^2
감마분포 $\Gamma(\alpha, \lambda)$	$\frac{\lambda^\alpha}{\Gamma(\alpha)}x^{\alpha-1}e^{-\lambda x},\ x>0$	$(\frac{\lambda}{\lambda-t})^\alpha \ (t<\lambda)$	$\frac{\alpha}{\lambda}, \frac{\alpha}{\lambda^2}$

연습문제 A Exercises

8.1 정리 8.5의 중심극한의 정리(CLT)를 증명하라.

풀이 독립 동등분포를 하는 확률변수열 $X_1, X_2, \cdots, X_n$은 각각 평균 μ, 분산 $\sigma^2 < \infty$이고 공통의 적률생성함수 $M_X(t)$가 존재한다고 가정하자.

$S_n = X_1 + X_2 + \cdots + X_n$이라 두면 $T_n = \dfrac{S_n - n\mu}{\sigma\sqrt{n}} = -n\dfrac{\mu}{\sigma\sqrt{n}} + \dfrac{S_n}{\sigma\sqrt{n}}$

(8.2)를 이용하여 T_n의 적률생성함수를 구하면 아래와 같다.

$$\begin{aligned} M_{T_n}(t) &= exp(-n\frac{\mu}{\sigma\sqrt{n}}t)M_{S_n}(\frac{t}{\sigma\sqrt{n}}) \\ &= exp(-n\frac{\mu}{\sigma\sqrt{n}}t)(M_X(\frac{t}{\sigma\sqrt{n}}))^n \\ &= \left(exp(-\frac{\mu}{\sigma\sqrt{n}}t)M_X(\frac{t}{\sigma\sqrt{n}})\right)^n \end{aligned}$$

위 식의 양변에 로그를 취하면 다음과 같다.

$$\begin{aligned} \ln M_{T_n}(t) &= n\left(\ln M_X(\frac{t}{\sigma\sqrt{n}}) - \frac{\mu}{\sigma\sqrt{n}}t\right) \\ &= \frac{t^2}{\sigma^2}\left[\frac{\ln M_X(\frac{t}{\sigma\sqrt{n}}) - \mu(\frac{t}{\sigma\sqrt{n}})}{(t/\sigma\sqrt{n})^2}\right] \end{aligned} \tag{8.14}$$

한편 $M_X(0) = 1$, $M_X'(0) = \mu$, $M_X''(0) = E(X^2) = \mu^2 + \sigma^2$이다.

$$\begin{aligned} \lim_{t\to 0}\frac{\ln M_X(t) - \mu t}{t^2} &= \lim_{t\to 0}\frac{(M_X'(t)/M_X(t)) - \mu}{2t} \\ &= \lim_{t\to 0}\frac{M_X'(t) - \mu M_X(t)}{2tM_X(t)} \\ &= \frac{M_X''(0) - \mu M_X'(0)}{2} \\ &= \frac{E(X^2) - \mu^2}{2} \\ &= \frac{\sigma^2}{2} \end{aligned} \tag{8.15}$$

위 식의 첫 번째와 세 번째 등식은 루피탈(L'Hospital's rule)의 정리를 이용하였다.

(8.15)의 결과를 (8.14)에 적용하면 $n\to\infty$ 일 때 다음을 얻는다.

$$\ln M_{T_n}(t) \ \to\ \frac{t^2}{\sigma^2}\cdot\frac{\sigma^2}{2}=\frac{t^2}{2}$$

즉 $M_{T_n}(t) \ \to\ e^{t^2/2}$이다. 따라서 정리 8.5의 적률생성함수의 연속성의 정리를 이용하면 T_n의 분포가 $n\to\infty$ 일 때 표준정규분포로 근사하게 된다. 즉

$$P(T_n \le x) \ \to\ \Phi(x),\ \ \forall x \in R$$

8.2 정리 8.4의 강대수의 법칙(SLLN)을 $E(X_i^4)<\infty$ 조건 아래서 증명하라.

풀이 $E(X_i^4)=K<\infty$, $S_n=\sum_{i=1}^{n}X_i$라 하자.

먼저 $E(X_i)=0$라 가정하자.

$(X_1+X_2+\cdots+X_n)^4$을 전개하면 다음과 같은 항들이 나온다.

X_i^4, $X_i^3X_j$, $X_i^2X_j^2$, $X_i^2X_jX_k$, $X_iX_jX_kX_l$

여기서 다음이 성립한다.

$E(X_i^3X_j)=E(X_i^3)E(X_j)=0$

$E(X_i^2X_jX_k)=E(X_i^2)E(X_j)E(X_k)=0$

$E(X_iX_jX_kX_l)=E(X_i)E(X_j)E(X_k)E(X_l)=0$

따라서 $E(S_n^4)=nE(X_i^4)+6\binom{n}{2}E(X_i^2X_j^2)$ ($\because$ 1, 2, $\cdots$, n에서 2개를 고르는 가지 수는 $\binom{n}{2}$이고 i, j가 결정되면 $X_i^2X_j^2$이 나오는 가지 수는 $\binom{4}{2}=6$이다.)

또한 $0\le Var(X_i^2)=E(X_i^4)-(E(X_i^2))^2$이므로 $(E(X_i^2))^2\le E(X_i^4)=K$ 을 대입하면

$$\begin{aligned}E(S_n^4)&=nK+3n(n-1)E(X_i^2)E(X_j^2)\\&\le nK+3n(n-1)K\end{aligned}$$

즉 $E(\frac{S_n^4}{n^4})\le\frac{K}{n^3}+\frac{3K}{n^2}$

따라서 $E(\sum_{n=1}^{\infty}\frac{S_n^4}{n^4})=\sum_{n=1}^{\infty}E(\frac{S_n^4}{n^4})<\infty$이 성립하고 이는 확률 1로 $\sum_{n=1}^{\infty}\frac{S_n^4}{n^4}<\infty$ 임을 알 수 있다. 이는 확률1로 $\frac{S_n^4}{n^4}\to 0$임을 의미하고 이는 확률1로 $\frac{S_n}{n}\to 0$ $(n\to\infty)$이 성립한다.

이제 $E(X_i)=\mu$이면 $E(X_i-\mu)=0$이므로 $\{X_i-\mu\}$에 위의 결과를 적용하면 확률1로

$\frac{1}{n}\sum_{i=1}^{n}(X_i-\mu) \to 0$ 즉 확률 1로 $\frac{1}{n}\sum_{i=1}^{n}X_i \to \mu$이 성립한다.

8.3 $Z_1, Z_2, \cdots, Z_n$은 평균 0, 분산 1인 표준 정규분포를 하며 서로 독립인 확률변수들이다. $X_1, X_2, \cdots, X_n$ 을 다음과 같이 정의하자.

$$X_r = \sum_{k=1}^{n} a_{rk}Z_k + \mu_r \ , \ 1 \le r \le n, \ \mu_r \text{ 은 상수}$$

그리고 $Y=\sum_{r=1}^{n} t_r X_r$이라 하자. 다음을 증명하라.

(1) $E(X_r)=\mu_r,\ Var(X_r)=\sigma_r^2=\sum_{k=1}^{n}a_{rk}^2$

(2) $E(Y)=\sum_{r=1}^{n}t_r\mu_r,\ Var(Y)=Cov(\sum_{r=1}^{n}t_rX_r, \sum_{j=1}^{n}t_jX_j)=\sum_{r=1}^{n}\sum_{j=1}^{n}t_rt_jCov(X_r, X_j)$

(3) $X_1, X_2, \cdots, X_n$의 결합적률생성함수 $M_{X_1, X_2, \cdots, X_n}(t_1, t_2, \cdots, t_n)$이 다음과 같음을 보여라.

$$M_{X_1, X_2, \cdots, X_n}(t_1, t_2, \cdots, t_n)=E(exp(\sum_{r=1}^{n}t_rX_r))$$

$$=exp(\sum_{r=1}^{n}t_r\mu_r+\frac{1}{2}\sum_{r=1}^{n}\sum_{j=1}^{n}t_rt_jCov(X_r, X_j))$$

(힌트: 확률변수 Y는 독립인 표준정규분포를 따르는 확률변수들의 선형합이므로 정규분포를 따르고 정규분포를 하는 확률변수의 적률생성함수는 그의 평균과 분산에 의해 결정된다. 즉 $Y\sim N(\mu, \sigma^2)$이면 $E(e^Y)=exp(\mu+\frac{1}{2}\sigma^2)$이다.)

(4) 위의 X_r과 X_j가 서로 독립일 필요충분조건은 $Cov(X_r, X_j)=0$이다.

풀이 (4) $Cov(X_r, X_j)=0$이면 다음이 성립한다.

$$M_{X_r, X_j}(t_r, t_j)=exp(t_r\mu_r+t_j\mu_j+\frac{1}{2}(t_r^2 Var(X_r)+t_j^2 Var(X_j))$$

$$=exp(t_r\mu_r+\frac{1}{2}t_r^2 Var(X_r))exp(t_j\mu_j+\frac{1}{2}t_j^2 Var(X_j))$$

$$=M_{X_r}(t_r)M_{X_j}(t_j)$$

이는 X_r과 X_j가 서로 독립인 확률변수임을 나타낸다.

8.4 $X_1, X_2, \cdots, X_n$은 서로 독립이고 $N(\mu, \sigma^2)$분포를 따른다. 다음과 같이 정의한다.

$$\overline{X} = \frac{1}{n}\sum_{i=1}^{n} X_i, \quad S^2 = \frac{1}{n-1}\sum_{i=1}^{n}(X_i - \overline{X})^2$$

(1) $Cov(\overline{X}, X_i - \overline{X}) = 0, \quad 1 \le i \le n$

(2) 위의 (1)과 연습문제 8.3의 결과를 이용하여 $\overline{X}$와 S^2이 서로 독립임을 증명하라.

풀이 (2) $Z_i = \dfrac{X_i - \mu}{\sigma}$ 라 두면 $Z_i, \quad i = 1,2,\cdots,n$ 은 서로 독립이고 표준정규분포를 따르는 확률변수가 된다. 또한 $\overline{X}$와 $X_i - \overline{X}$는 모두 Z_i들의 선형결합으로 표현할 수 있으므로 연습문제 8.3(4)에 의해 $\overline{X}$와 $X_i - \overline{X}, \quad 1 \le i \le n$은 서로 독립이다. 따라서 $\overline{X}$와 S^2은 서로 독립이 된다.

8.5 $X_1, X_2, \cdots, X_n$이 서로 독립일 필요충분조건은 $X_1, X_2, \cdots, X_n$의 결합적률생성함수가 각 확률변수의 적률생성함수의 곱과 일치하는 것이다. 즉

$$M_{X_1, X_2, \cdots, X_n}(t_1, t_2, \cdots, t_n) = M_{X_1}(t_1)M_{X_2}(t_2)\cdots M_{X_n}(t_n) \qquad (8.16)$$

이를 증명하라.

풀이 $X_1, X_2, \cdots, X_n$이 서로 독립이라 가정하자.

$$\begin{aligned} M_{X_1, X_2, \cdots, X_n}(t_1, t_2, \cdots, t_n) &= E(e^{t_1X_1 + t_2X_2 + \cdots + t_nX_n}) \\ &= E(e^{t_1X_1}e^{t_2X_2}\cdots e^{t_nX_n}) \\ &= E(e^{t_1X_1})E(e^{t_2X_2})\cdots E(e^{t_nX_n}) \\ &= M_{X_1}(t_1)M_{X_2}(t_2)\cdots M_{X_n}(t_n) \end{aligned}$$

역으로 위의 (8.16) 식을 만족한다고 가정하자. 한편 i번째 확률변수가 X_i와 같은 분포를 하는 독립인 n개의 확률변수의 결합적률생성함수를 구하면 (8.16) 식의 우변과 같아지고 결합적률생성함수의 유일성 성질에 의해 $X_1, X_2, \cdots, X_n$은 서로 독립인 확률변수가 된다.

8.6 $X \sim Poisson(n)$이다. $P(X=n) = \dfrac{n^n e^{-n}}{n!}$과 중심극한의 정리를 써서 구한 $P(X=n)$의 근사값이 같다는 사실로부터 $n!$의 근사값을 나타내는 스터링의 공식(Stirling's formula)를 유도하라.

풀이 중심극한 정리에 의하면 $\dfrac{X-n}{\sqrt{n}} \approx N(0.1)$이다. 따라서

$$P(X=n) = P(\frac{n-0.5-n}{\sqrt{n}} < Z \leq \frac{n+0.5-n}{\sqrt{n}})$$
$$= P(-\frac{1}{2\sqrt{n}} < Z \leq \frac{1}{2\sqrt{n}})$$
$$\approx \frac{1}{\sqrt{2\pi}} e^0 \frac{1}{\sqrt{n}}$$

그러므로 $\dfrac{n^n e^{-n}}{n!} \approx \dfrac{1}{\sqrt{2\pi}} \dfrac{1}{\sqrt{n}}$

$$n! \approx \sqrt{2\pi}\, n^{n+1/2} e^{-n}$$

8.7 (8.4) 식과 (8.9) 식으로부터 S^2과 $\overline{X}$가 서로 독립임을 이용하여 $\dfrac{(n-1)S^2}{\sigma^2} \sim \chi^2(n-1)$ 임을 보여라.

풀이 (8.9) 로부터 $\dfrac{(n-1)S^2}{\sigma^2} + \left(\dfrac{\overline{X}-\mu}{\sigma/\sqrt{n}}\right)^2 = \displaystyle\sum_{i=1}^{n}\left(\dfrac{X_i-\mu}{\sigma}\right)^2$ 이다.

$Z \sim N(0,1)$이면 $Z^2 \sim \chi^2(1)$이므로 다음이 성립한다.

$$\sum_{i=1}^{n}(\frac{X_i-\mu}{\sigma})^2 \sim \chi^2(n), \quad (\frac{\overline{X}-\mu}{\sigma/\sqrt{n}})^2 \sim \chi^2(1)$$

$T = \dfrac{(n-1)S^2}{\sigma^2}$, $V = (\dfrac{\overline{X}-\mu}{\sigma/\sqrt{n}})^2$ 라 두면 T 와 V는 서로 독립이므로 다음이 성립한다.

$$M_{T+V}(t) = M_T(t) M_V(t)$$

이 때 $M_V(t) = (\dfrac{1}{1-2t})^{1/2}$이고 또한

$$M_{T+V}(t) = M_{\sum_{i=1}^{n}(\frac{X_i-\mu}{\sigma})^2}(t) = (\frac{1}{1-2t})^{n/2}$$ 이 된다.

따라서 $M_T(t) = (\dfrac{1}{1-2t})^{\frac{n-1}{2}}$ 이고 적률생성함수의 유일성의 정리를 이용하면

$T \sim \Gamma(\dfrac{n-1}{2}, \dfrac{1}{2})$ 즉 $\chi^2(n-1)$ 분포를 한다.

8.8 연습문제 6.2에서 정의한 $(\mu_x, \mu_y, \sigma_x^2, \sigma_y^2, \rho)$를 모수로 하는 이변량정규분포를 하는

2차원 확률변수 (X, Y)의 결합적률생성함수를 계산하라.

풀이 $M_{X,Y}(s, t) = E(e^{sX+tY}) = E[E(e^{sX+tY}|X)]$

$X = x$에서의 Y의 조건부 분포는 $N(\mu_y + \rho\frac{\sigma_y}{\sigma_x}(x-\mu_x), \sigma_y^2(1-\rho^2))$이다. 다음이 성립한다.

$$E(e^{tY}|X) = e^{(\mu_y + \rho\frac{\sigma_y}{\sigma_x}(X-\mu_x))t + \frac{\sigma_y^2(1-\rho^2)}{2}t^2)}$$

$$E(e^{sX+tY}|X) = e^{sX} \cdot E(e^{tY}|X)$$

따라서 구하는 결합적률생성함수는 다음과 같다.

$$E(e^{sX+tY}) = E(e^{sX}\ E(e^{tY}|X))$$

$$= E(e^{sX} \cdot e^{(\mu_y + \rho\frac{\sigma_y}{\sigma_x}(X-\mu_x))t + \frac{\sigma_y^2(1-\rho^2)}{2}t^2})$$

$$= e^{(\mu_y - \rho\frac{\sigma_y}{\sigma_x}\mu_x)t + \frac{\sigma_y^2(1-\rho^2)}{2}t^2}\ E(e^{(s+\rho\frac{\sigma_y}{\sigma_x}t)X})$$

$$= e^{(\mu_y - \rho\frac{\sigma_y}{\sigma_x}\mu_x)t + \frac{\sigma_y^2(1-\rho^2)}{2}t^2}\ M_X(s+\rho\frac{\sigma_y}{\sigma_x}t)$$

$$= e^{(\mu_y - \rho\frac{\sigma_y}{\sigma_x}\mu_x)t + \frac{\sigma_y^2(1-\rho^2)}{2}t^2}\ e^{\mu_x(s+\rho\frac{\sigma_y}{\sigma_x}t) + \sigma_x^2(s+\rho\frac{\sigma_y}{\sigma_x}t)^2/2}$$

이를 정리하면 (8.8) 식을 얻는다.

8.9 $(X_1, X_2, \cdots, X_m)$이 모수 $n, p_1, p_2, \cdots, p_m$을 갖는 다항분포를 할 때 $(X_1, X_2, \cdots, X_m)$의 결합적률생성함수를 구하여라.

풀이 $M_{X_1, X_2, \cdots, X_m}(t_1, t_2, \cdots, t_m) = \sum\cdots\sum e^{t_1x_1+\cdots+t_mx_m} p_{X_1,\cdots,X_m}(x_1, \cdots, x_m)$

$$= \sum\cdots\sum_{x_1+\cdots+x_m=n} e^{t_1x_1+\cdots+t_mx_m}\binom{n}{x_1, \cdots, x_m} p_1^{x_1}p_2^{x_2}\cdots p_m^{x_m}$$

$$= \sum\cdots\sum_{x_1+\cdots+x_m=n}\binom{n}{x_1, \cdots, x_m}(p_1e^{t_1})^{x_1}\cdots(p_me^{t_m})^{x_m}$$

$$= (p_1e^{t_1}+\cdots+p_me^{t_m})^n$$

8.10 $X_1, X_2, \cdots$ 독립 동등분포를 따르며 공통의 적률생성함수를 $M_X(t)$라 하자. 또한 N은 X_i들에 독립인 비음의 값을 갖는 확률변수로서 확률생성함수 $G(s)$를 갖는다. $T=\sum_{i=1}^{N} X_i$라 할 때 다음을 구하여라.

(1) T의 적률생성함수를 $M_X(t)$와 $G(s)$를 이용하여 나타내어라.

(2) (1)의 결과를 이용하여 $E(T)$, $Var(T)$를 구하여라.

풀이 (1) $M_T(t)=E(e^{tT})=E(E(e^{tT}|N))=E(M_X(t)^N)=G(M_X(t))$

(2) $E(T)=M'_T(0)=G'(M_X(0))M'_X(0)=E(N)E(X_1)$

$$E(T^2)=M_T''(0)=G''(M_X(0))(M_X'(0))^2+G'(M_X(0))M_X''(0)$$
$$=(E(N^2)-E(N))(E(X_1))^2+E(N)E(X_1^2)$$

따라서 $Var(T)=(E(X_1))^2\,Var(N)+E(N)\,Var(X_1)$.

연습문제 B Exercises

8.11 $P(X=1)=1/3,\ P(X=2)=2/3$인 확률변수 X의 적률생성함수를 계산하라.

8.12 $X \sim Unif(3, 5)$일 때 X의 적률생성함수를 구하고 이를 이용하여 $E(X)$, $E(X^2)$을 구하여라.

8.13 $X \sim Geo(p)\ (0 < p < 1)$일 때 X의 적률생성함수를 계산하고 X의 확률생성함수와 비교하라.

8.14 Y가 모수 μ와 σ^2을 갖는 로그노말분포를 한다. 즉 $\ln Y \sim N(\mu, \sigma^2)$이다. Y의 n차 모멘트를 정규분포의 적률생성함수를 사용하여 구하여라.

8.15 $X \sim \Gamma(\alpha, \lambda)$, $Y \sim \Gamma(\beta, \lambda)$이고 X와 Y가 서로 독립일 때 $X+Y \sim \Gamma(\alpha+\beta, \lambda)$임을 적률생성함수를 이용하여 구하여라.

8.16 $(X, Y) \sim Unif([0, 1]\times[0, 1])$일 때 X와 Y의 결합적률생성함수를 찾아라.

8.17 X와 Y의 결합적률생성함수가 다음과 같이 주어졌다.

$M_{X,Y}(s, t) = (pe^s + qe^t)^n$

(1) X의 주변확률분포를 찾아라.

(2) X와 Y는 서로 독립인가?

(3) 적률생성함수를 이용하여 $X+Y$의 분포를 찾아라.

8.18 $M_{aX+bY}(t) = M_{X,Y}(at, bt)$임을 보여라.

8.19 $X \sim B(n, p)$일 때 $X = \sum_{i=1}^{n} X_i$, $X_i \sim Bernoulli(p)$이고 서로 독립이다. 이러한 사실과 중심극한정리(정리 8.5)를 이용하여 $\dfrac{X-np}{\sqrt{np(1-p)}}$이 $n\to\infty$이면 표준정규분포에 근사함을 보여라.

8.20 $X \sim \Gamma(n,\lambda)$이면 $X_i \sim Exp(\lambda)$이고 서로 독립동등인 X_i들의 합 $X = \sum_{i=1}^{n} X_i$로 쓸 수 있다. 이러한 사실과 중심극한정리(정리 8.5)를 이용하여 n이 크면 X는 정규분포에 근사함을 설명하라.

8.21 $X \sim Poisson(n)$이면 $X_i \sim Poisson(1)$이고 서로 독립동등인 X_i들의 합 $X = \sum_{i=1}^{n} X_i$로 쓸 수 있다. 이러한 사실과 중심극한정리(정리 8.5)를 이용하여 n이 크면 X는 정규분포에 근사함을 설명하라.

8.22 기계의 부품을 생산하는 공장이 있다. 이 공장에서 생산하는 부품의 5%가 불량이라고 알려져 있다. 부품은 상자 단위로 판매하며 한 상자에는 10,000개의 부품이 들어간다. 판매조건으로 상자 당 k개의 불량품이 나오면 환불해 주기로 하였다. 환불되는 비율을 1% 미만이 되도록 하려면 k 값을 얼마로 정하면 될까? 체비세프 부등식과 중심극한의 정리를 이용하여 각각 구하여 보아라.

8.23 미국식 룰렛 게임에는 38개의 숫자가 있다. 이 중 18개는 빨간색, 18개는 검은색 그리고 나머지 2개는 녹색이다. 1불의 게임비를 내고 빨간색에 걸어 빨간색이 나오면 1불을 받고 그 외의 색이 나오면 걸었던 1불을 잃는 게임이다. X_i를 i번째 게임에서 이기면 1, 지면 -1이라 하면 $P(X_i = 1) = 18/38$, $P(X_i = -1) = 20/38$이다.

(1) 장기적으로 보았을 때 게임당 얼마의 손실이 있는가?

(2) 게임을 10,000번 반복할 때 1회당 평균 손실액이 $(\mu - \frac{1}{100}, \mu + \frac{1}{100})$일 확률을 구하여라.

8.24 X_i, $i = 1, 2, \cdots, n$은 서로 독립이고 $X_i \sim Exp(\lambda)$이며 N은 X_i와 독립이며 모수 p인 기하분포를 따른다. $T = \sum_{i=1}^{N} X_i$일 때 T의 분포를 구하여라.

8.25 $X \sim Poisson(\lambda)$일 때 X의 확률생성함수는 $Q_X(r) = e^{\lambda(r-1)}$이다. 이를 이용하여 $P(X=i)$, $i = 2, 3, 4$일 확률을 구하여라.

8.26 $Q_Y(r) = e^{4(r-1)}$이다. Y의 분포를 말하라.

8.27 $X_1, X_2, \cdots, X_n$은 비음의 정수값을 갖는 확률변수 열이며 서로 독립 동등분포를 하며 X와 같은 분포를 갖는다. $X_1 + X_2 + \cdots + X_n$의 확률생성함수를 X의 확률생성함수 $Q_X(r)$을 이용하여 나타내어라.

참고문헌

Ash, R. (1970). Basic Probability Theory, John Wiley & Sons, New York.

Breiman, L. (1969). Probability and Stochastic Processes: With a View Toward Applications. Houghton Mifflin Company, Boston.

Feller, W. (1957). An Introduction to Probability Theory and Its Application. Vol. I (3rd Ed.) Wiley. New York.

Pitman, J. (1992). Probability. Springer-Verlag, New York.

Ross, S. (2010). A First Course in Probability (8th Ed.), Pearson.

Scheaffer, R. L. and Young, L. J. (2010). Introduction to Probability and Its Applications (3rd Ed.) Brooks/Cole Boston.

Stirzaker, D. (2003). Elementary Probability (2nd Ed.) Cambridge University Press, Cambridge.

Stirzaker, D. (1999). Probability and Random Variables: a beginner's guide. Cambridge University Press, Cambridge.

Weiss, N. A. (2006). A Course in Probability, Pearson.

연습문제B 풀이

1장 B

1.12 (1) $\frac{10!}{5!5!}=252$

(2) $\frac{10!}{5!5!}\cdot\frac{1}{2!}=126$

1.13 (i) k가 짝수일 때 : $\sum_{n=1}^{k/2}\binom{k}{2n}(\frac{1}{6})^{2n}(\frac{5}{6})^{k-2n}$

(ii) k가 홀수일 때 : $\sum_{n=1}^{(k-1)/2}\binom{k}{2n}(\frac{1}{6})^{2n}(\frac{5}{6})^{k-2n}$

1.14 $6\cdot 6\cdot 6=216$

1.15 (1) $\binom{10}{2,\ 2,\ 2,\ 2,\ 2}=\frac{10!}{2^5}=113400$

(2) $\binom{10}{2,\ 2,\ 2,\ 2,\ 2}\times\frac{1}{5!}=945.$

1.16 (1) $19+18+17+\cdots+2+1=(19)(20)/2=190$

(2) $(11)(11)=121$

1.17 $9!(2)-8!(2)(2)=7257260-161280=564480$

1.18 (1) $[1,2]$ (2) $\varnothing$ (3) $[2,\ 5)$

1.19 (1) $\{(1,\ 3),\ (1,\ 4),\ (2,\ 3),\ (2,\ 4),\ (3,\ 3),\ (3,\ 4)\}$

(2) $\{(0,\ 0,\ 0),\ (0,\ 0,\ 1),\ (0,\ 1,\ 0),\ (0,\ 1,\ 1),\ (1,\ 0,\ 0),\ (1,\ 0,\ 1),\ (1,\ 1,\ 0),\ (1,\ 1,\ 1)\}$

(3) $\{(a,\ e),\ (b,\ e),\ (c,\ e),\ (a,\ f),\ (b,\ f),\ (c,\ f)\}$

1.20

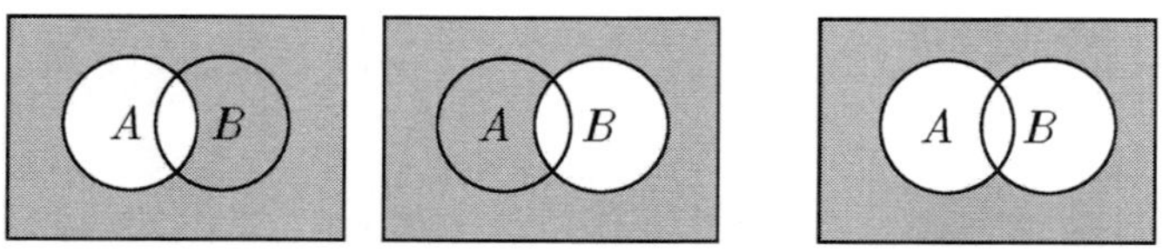

$A^C \quad \cap \quad B^C \quad = \quad (A\cup B)^C$

1.21 (1) $A = A \cup B \Leftrightarrow A \supset A \cup B \Leftrightarrow B \subset A$

(2) $A = A \cap B \Leftrightarrow A \subset A \cap B \Leftrightarrow A \subset B$

1.22 (1) $\forall i, j(i < j)$, $A_i \supset B_i$

$B_j = A_j - (\bigcup_{k=1}^{j-1} A_k)$이므로 $B_j \cap A_i = \varnothing$. 따라서 $B_i \cap B_j = \varnothing$.

(2) $\forall a \in \bigcup_{i=1}^{\infty} A_i$, $n = \min\{i \mid a \in A_i\}$이라 하면 $a \in A_n$, $a \notin A_i$, $1 \leq i \leq n-1$.

따라서 $a \in B_n$이고 $a \in \bigcup_{i=1}^{\infty} B_i$.

$\Rightarrow \bigcup_{i=1}^{\infty} A_i \subset \bigcup_{i=1}^{\infty} B_i$ - ①

$B_n \subset A_n$, $\forall n$이므로 $\bigcup_{i=1}^{\infty} A_i \supset \bigcup_{i=1}^{\infty} B_i$ - ②

$\therefore$ ① and ②에 의해 $\bigcup_{i=1}^{\infty} A_i = \bigcup_{i=1}^{\infty} B_i$이 성립한다.

1.23 $9 \times 10^6 + 9 \times 10^7 = 99{,}000{,}000$

1.24 (1) $10^4 \times 6^2$ (2) $\frac{10!}{4!} = 151{,}200$ (3) $(10^4 - 9^4) \times 6^2 = 123{,}804$

1.25 (1) $\frac{11!}{4!4!2!1!}$ (2) $\frac{7!}{2!3!2!}$

1.26 $\frac{8!}{3!3!2!}$

1.27 (1) $\frac{8!}{5!3!}$ (2) $\frac{5!}{3!2!} \times \frac{3!}{2!1!}$

1.28
$$\sum_{\substack{i,j,k \geq 0 \\ i+j+k=5}} \binom{5}{i,\ j,\ k} x^i y^j z^k = x^5 + y^5 + z^5 + \binom{5}{1,\ 2,\ 2} xy^2z^2 + \binom{5}{1,\ 2,\ 2} x^2yz^2 + \binom{5}{1,\ 2,\ 2} x^2y^2z$$
$$+ \binom{5}{3,\ 2} x^3y^2 + \binom{5}{3,\ 2} x^2y^3 + \binom{5}{3,\ 2} x^3z^2 + \binom{5}{3,\ 2} x^2z^3$$
$$+ \binom{5}{3,\ 2} y^3z^2 + \binom{5}{3,\ 2} y^2z^3 + \binom{5}{4,\ 1} y^4z^1 + \cdots$$

1.29 (1) $(1+1)^n$ (2) $(1+(-1))^n = 0$

2장 B

2.12 (1) $B = A \cup (A^c \cap B)$

$P(B) = P(A) + P(A^c \cap B)$ ($\because A$와 $(A^c \cap B)$는 배반사건)

$P(A^c \cap B) \geq 0$

따라서 $P(A) \leq P(B)$

(2) $A \cup B = A \cup (A^c \cap B)$

$P(A \cup B) = P(A) + P(A^c \cap B)$ ($\because A$와 $(A^c \cap B)$는 배반사건))

한편 $B = (A \cap B) \cup (A^c \cap B)$

$P(B) = P(A \cap B) + P(A^c \cap B)$ ($\because (A \cap B)$와 $(A^c \cap B)$는 배반사건)

$\therefore P(A^c \cap B) = P(B) - P(A \cap B)$)

따라서 $P(A \cup B) = P(A) + P(B) - P(A \cap B)$

2.13 (1) 오늘 $A \rightarrow$ 모레 C

A에서 시작하여 2번의이동 후 C에 도착하여야 하므로, $A \rightarrow B \rightarrow C$ 로이동하는 방법만이 존재한다. 이 때 $A \rightarrow B$로이동할 확률은 $\frac{1}{3}$, $B \rightarrow C$로이동할 확률은 $\frac{1}{4}$이다.

$\therefore \frac{1}{12}$

(2) 오늘 $C \rightarrow$이틀 뒤 C

C를 시작으로 왕복하는 경로는 총 4가지로 다음과 같다. 이 때 $C \rightarrow B$, $C \rightarrow F$, $C \rightarrow D$, $C \rightarrow H$로 이동할 확률은 $\frac{1}{4}$이고, $F \rightarrow C$, $D \rightarrow C$, $H \rightarrow C$로 이동할 확률은 $\frac{1}{3}$이다.

또한 $B \rightarrow C$일 확률은 $\frac{1}{4}$이다.

$C \rightarrow B \rightarrow C \quad \Rightarrow \frac{1}{4} \cdot \frac{1}{4}$

$$\left.\begin{array}{l} C \rightarrow F \rightarrow C \\ C \rightarrow D \rightarrow C \\ C \rightarrow H \rightarrow C \end{array}\right\} \Rightarrow \frac{1}{4} \cdot \frac{1}{3} \cdot 3$$

$\therefore \frac{1}{16} + \frac{1}{4} = \frac{5}{16}$

(3) 두 마리 중 한 마리는 A에서 출발하고 다른 한 마리는 D에서 출발해서 이틀 뒤 D에서 만난다. 이 때 이틀 뒤 두 마리가 만날 수 있는 장소는 B, C, E, F, G, H이다.

만나는 곳	경로	확률
E	$A \to B \to E$ & $D \to F \to E$	$\frac{1}{3}\cdot\frac{1}{4}\times\frac{1}{3}\cdot\frac{1}{3}$
B	$\begin{pmatrix} A \to E \to B \\ \text{or} \\ A \to G \to B \end{pmatrix}$ & $D \to C \to B$	$\left(\frac{1}{3}\cdot\frac{1}{3}+\frac{1}{3}\cdot\frac{1}{3}\right)\times\frac{1}{3}\cdot\frac{1}{4}$
G	$A \to B \to G$ & $D \to H \to G$	$\frac{1}{3}\cdot\frac{1}{4}\times\frac{1}{3}\cdot\frac{1}{3}$

E, B, G에서 만나는 방법과 F, C, H에서 만나는 방법은 동일하다.

$$\therefore \left(\frac{1}{3}\cdot\frac{1}{4}\times\frac{1}{3}\cdot\frac{1}{3} + \left(\frac{1}{3}\cdot\frac{1}{3}+\frac{1}{3}\cdot\frac{1}{3}\right)\times\frac{1}{3}\cdot\frac{1}{4}+ \frac{1}{3}\cdot\frac{1}{4}\times\frac{1}{3}\cdot\frac{1}{3} \right)\times 2=\frac{2}{27}$$

따라서 구하는 답은 (1) 1/12, (2)5/16. (3) 2/27.

2.14 (1) $\dfrac{\text{제대로 넣는 경우의 가지 수}}{\text{봉투에 넣는 가지 수}}=\dfrac{1}{4!}$

(2) 확률의 합-차공식이용

$E_i, i=1, 2, 3, 4$는 i번째 봉투에 제대로 된 추천서를 넣을 사건

$$P(\bigcup_{i=1}^{4}E_i)=\sum_{i=1}^{4}P(E_i)-\sum_{i_1<i_2}P(E_{i_1}\cap E_{i_2})+\sum_{i_1<i_2<i_3}P(E_{i_1}\cap E_{i_2}\cap E_{i_3})$$
$$-P(E_1\cap E_2\cap E_3\cap E_4)$$
$$=\frac{3!}{4!}\cdot {}_4C_1-\frac{2!}{4!}\cdot {}_4C_2+\frac{1!}{4!}\cdot {}_4C_3-\frac{1}{4!}\cdot {}_4C_4$$
$$=1-\frac{1}{2!}+\frac{1}{3!}-\frac{1}{4!}$$

참고: $\displaystyle\sum_{i=1}^{4}P(E_i)=\frac{\text{1개의 봉투에 제대로 넣는 경우의 수}}{\text{봉투에 넣는 경우의 수}}$

$$=\frac{\text{4개의 봉투 중 하나 선택}({}_4C_1)\times\text{ 나머지 3개는 어떻게 넣어도 상관 없다}(3!)}{4!}$$

같은 방법으로 $\displaystyle\sum_{i_1<i_2}P(E_{i_1}\cap E_{i_2})$, $\displaystyle\sum_{i_1<i_2<i_3}P(E_{i_1}\cap E_{i_2}\cap E_{i_3})$, $P(E_1\cap E_2\cap E_3\cap E_4)$를 구할 수 있다.

(3) $1-P(\bigcup_{i=1}^{4}E_i)=1-\left(1-\frac{1}{2!}+\frac{1}{3!}-\frac{1}{4!}\right)=\frac{1}{2!}-\frac{1}{3!}+\frac{1}{4!}$

2.15 $P(\text{비})=0.3$, $P(\text{바람})=0.5$, $P(\text{비}\cap\text{바람})=0.2$

(1) $P(\text{맑음})=1-P(\text{비})=0.7$

(2) $P(\text{맑음}\cap\text{바람})=P(\text{바람})-P(\text{비}\cap\text{바람})=0.5-0.2=0.3$

(3) $P(\text{비}\cup\text{바람})=P(\text{비})+P(\text{바람})-P(\text{비}\cap\text{바람})=0.3+0.5-0.2=0.6$

따라서 P(맑음)=0.7, P(맑고 바람)=0.3, P(비 또는 바람)=0.6

2.16 (1) 네 자리 수 모두 5이상 ⇒ 5-9중 4개를 뽑을 확률과 같다.

$$\therefore \frac{\binom{5}{4}}{\binom{10}{4}} = \frac{5}{210}$$

(2) $\binom{9}{3}/\binom{10}{4} = 2/5$, (3) $\binom{5}{4}/\binom{10}{4} = 1/42$,

(4) 네 자리 숫자가 연결된 숫자일 경우는 오름차순으로 연결된 경우와 내림차순으로 연결된 경우 2가지로 나누어 생각해 볼 수 있다. 천의 자리 숫자가 결정된다면 나머지 자리의 숫자는 자동으로 결정되므로

오름차순 : 0-6중 한 개가 천의 자리 수가 된다. $\Rightarrow \binom{7}{1}$

내림차순 : 9-3중 한 개가 천의 자리 수가 된다. $\Rightarrow \binom{7}{1}$

그러므로 구하고자 하는 확률은 $\dfrac{\binom{7}{1}+\binom{7}{1}}{\binom{10}{4}\cdot 4!} = \dfrac{1}{360}$

참고: 네 자리 숫자가 연결된 숫자일 경우를 찾을 때에는 4개의 숫자의 순서 또한 고려해야 한다. 그러므로 분모는 $\binom{10}{4}\cdot 4!$를 이용한다.

2.17 $\Omega = \{(m, s, g), (m, s, m), (m, s, h), (m, p, g), (m, p, m), (m, p, h),$
$(f, s, g), (f, s, m), (f, s, h), (f, p, g), (f, p, m), (f, p, h)\}$
학생인 사상 $= \{(m, s, g), (m, s, m), (m, s, h), (f, s, g), (f, s, m), (f,s,h)\}$
학생이고 심각한 상태인 사상= $= \{(m, s, h), (f, s, h)\}$

2.18 각 시행에서 (1,1)이 나올 확률은 1/36. n번 동안 (1,1)이 한번도 나오지 않을 확률은 $(\frac{35}{36})^n$.

즉 적어도 한번 이상 나올 확률은$1-(\frac{35}{36})^n$. $1-(\frac{35}{36})^n > 1/2$ 을 만족하는 n을 구하면

$$n > \frac{-\log 2}{\log(\frac{35}{36})} \approx \frac{0.3010}{0.01223} \approx 24.6 \text{ 즉 } n \geq 25$$

2.19 $\Omega = \{H, TH, TTH, TTTH, \cdots\}$
$A_n = \{H, TH, TTH, \cdots, TTTT\cdots\ TH\}$, $A_n \subset A_{n+1}$
$\bigcup_{n=1}^{\infty} A_n = \Omega$, $(\bigcup_{n=1}^{\infty} A_n)^c = \varnothing$

2.20 (1) $P(\bigcup_{i=1}^{\infty} A_i) \leq \sum_{i=1}^{\infty} P(A_i) = 0$ (Boole's 부등식이용)

(2) $P(A_i^c) = 0$, $\forall i$이므로 드모르간의 법칙과 (1)을 이용하면 다음이 성립한다.

$$P(\bigcap_{i=1}^{\infty} A_i) = P((\bigcup_{i=1}^{\infty} A_i^c)^c) = 1 - P(\bigcup_{i=1}^{\infty} A_i^c) = 1.$$

2.21 (1) $1-(5/6)^6 \approx 0.6651$

(2) $1-((5/6)^{12}+\binom{12}{1}(1/6)(5/6)^{11}) \approx 0.6187$

2.22 $P(A \cup B) = 1$이면 $P(A \cap B) = \frac{1}{10}$, $B \subset A$일 때 $P(A \cap B) = \frac{1}{2}$.

또한 $\frac{3}{5} \leq P(A \cup B) \leq 1$이 성립한다.

2.23 $\frac{1}{5}$

2.24 $1/\sqrt{2}$

2.25 (1) 모든 조를 나누는 경우의 수(조 구분 없음) : $\binom{40}{2,\,2,\,\cdots,\,2} \times \frac{1}{20!}$

모든 조가 동성으로 이루어지는 가지 수 : $\left\{\binom{20}{2,\,2,\,\cdots,\,2} \times \frac{1}{10!}\right\}^2$

따라서 구하는 확률은 $\dfrac{\left\{\binom{20}{2,\,2,\,\cdots,\,2} \times \frac{1}{10!}\right\}^2}{\binom{40}{2,\,2,\,\cdots,\,2} \times \frac{1}{20!}}$

(2) 남, 여 각 1명씩으로 구성된 조의 수 : 20! 따라서 구하는 확률은 $\dfrac{20!}{\binom{40}{2,\,2,\,\cdots,\,2} \times \frac{1}{20!}}$

(3) 남, 여 각 1명씩으로 구성된 4팀을 만드는 경우의 수: $\binom{20}{4}^2 4!$

나머지 16팀은 동성으로 구성하는 가지 수: $\left\{\binom{16}{2,\,2,\,\cdots,\,2} \times \frac{1}{8!}\right\}^2$

따라서 구하는 확률은 다음과 같다.

$$\frac{\binom{20}{4}^2 \times 4! \times \left\{\binom{16}{2,\,2,\,\cdots,\,2} \times \frac{1}{8!}\right\}^2}{\binom{40}{2,\,2,\,\cdots,\,2} \times \frac{1}{20!}}$$

2.26 (1) $1-(1-p)^n$

(2) $A=\bigcup_{n=1}^{\infty}A_n$ 따라서 $P(A)=P(\bigcup_{n=1}^{\infty}A_n)=\lim_{n\to\infty}P(A_n)=\lim_{n\to\infty}(1-(1-p)^n)=1$

(3) $P(X=k)=P($ k번째에서 처음 앞면을 얻었으므로 $k-1$번째까지는 모두 뒷면 그리고 k번째는 앞면이 나오는 사상$)$ $=(1-p)^{k-1}\cdot p,\quad k=1,2,3,\cdots.$

2.27 A는 두 번 지기(F) 전에 한번만 더 이기(S)면 경기에서 이기게 되므로 A가 이길 확률은
P(A가 이긴다) $=P(\{S,FS\})=P(\{S\})+P(\{FS\})=1/2+1/4=3/4$

2.28 $\dfrac{(N-1)!\times 2}{N!}=\dfrac{2}{N}$

2.29 (1) $\dfrac{(n-1)(n-2)\cdots(n-k+1)}{\binom{n}{k}k!}=\dfrac{1}{n}$

(2) $(\dfrac{n-1}{n})^{k-1}(\dfrac{1}{n})=\dfrac{(n-1)^{k-1}}{n^k}$

2.30 $\dfrac{\binom{10}{5}\binom{10}{5}}{\binom{20}{10}}$

2.31 $\dfrac{a\times(a+b-1)!}{(a+b)!}=\dfrac{a}{a+b}$

3장 B

3.11 3/4

3.12 $P($전류통과$)=p(1-(1-p)(1-p^2)^2)$

3.13 눈의 합이 5일 확률은 4/36=1/9, 눈의 합이 7일 확률은 6/36=1/6, 눈의 합이 5도 아니고 7도 아닌 확률은 1-(10/36)=26/36. 따라서 구하는 확률은 다음과 같다.

$1/9+(26/36)(1/9)+(26/36)^2(1/9)+(26/36)^3(1/9)+\cdots=(1/9)(\dfrac{1}{1-26/36})=\dfrac{2}{5}$

3.14 $\frac{3}{10}+(\frac{7}{10})(\frac{6}{9})(\frac{3}{8})+(\frac{7}{10})(\frac{6}{9})(\frac{5}{8})(\frac{4}{7})(\frac{3}{6})+(\frac{7}{10})(\frac{6}{9})(\frac{5}{8})(\frac{4}{7})(\frac{3}{6})(\frac{2}{5})(\frac{3}{4})$

3.15 (1) $P(A\cup B)=0.1+0.3-0.03=0.37$

(2) $P(A^c\cap B^c)=1-P(A\cup B)=1-0.37=0.63$

(3) $P(A\Delta B)=0.1-0.03+0.3-0.03=0.34$

3.16 상자 1 : 흰3, 검2

상자 2 : 흰3, 검4

상자 하나 선택해서 검은 공 뽑을 확률

$=\frac{1}{2}\times\frac{2}{5}+\frac{1}{2}\times\frac{4}{7}=\frac{17}{35}$

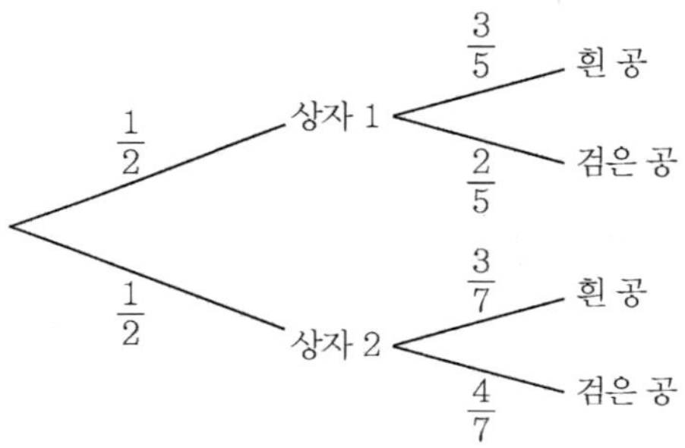

3.17 $P(A)=0.5, P(A\cup B)=0.7$

(1) $P(A\cap B)=0$

$P(A\cup B)=P(A)+P(B)-P(A\cap B)=0.7=0.5+P(B)$

$\therefore P(B)=0.2$

(2) $P(A)P(B)=P(A\cap B)$

$P(A\cup B)=P(A)+P(B)-P(A\cap B)=0.7=0.5+P(B)-0.5P(B)$

$\therefore P(B)=0.4, P(A\cap B)=0.2$

(1) 0.2

(2) $P(B)=0.4,\ P(A\cap B)=0.2$

3.18 $$P(WB|B)=\frac{P(WB\cap B)}{P(B)}$$

$$=\frac{P(B|WB)P(WB)}{P(WB)P(B|WB)+P(BB)P(B|BB)+P(WW)P(B|WW)}$$

$$=\frac{0.5(\frac{1}{2})}{(0.5)\frac{1}{2}+(0.2)(1)+(0.3)(0)}=\frac{0.25}{0.45}$$

3.19 D = 질병, E = 양성

$P(D)=0.001, P(E|D^c)=0.05, P(E^c|D)=0.02$

(1) $P(E)=?$

$P(E)=P(E\cap D)+P(E\cap D^c)=P(D)P(E|D)+P(D^c)P(E|D^c)$

$=0.001\times 0.98+0.999\times 0.05=0.05093$

(2) $P(D^c\cap E^c)=?$

$P(D^c\cap E^c)=P(D^c)P(E^c|D^c)=0.999\times 0.95=0.94905$

(3) $P(D|E)=?$

$$=\frac{P(E\cap D)}{P(E)}=\frac{P(D)P(E|D)}{0.05093}=\frac{0.001\times 0.98}{0.05093}=0.01924$$

3.20 (1) 1/60 (2) 36/60 (3) 13/30

3.21 $P_2=\dfrac{1}{n-2}$

$$P_3=(1-P_2)\frac{2}{n-2}=(\frac{n-3}{n-2})(\frac{2}{n-2})=\frac{2(n-3)}{(n-2)^2}$$

$$P_4=\frac{3(n-3)(n-4)}{(n-2)^3}$$

$$P_5=\frac{4(n-3)(n-4)(n-5)}{(n-2)^4}$$

$\vdots$

$$P_m=\frac{(m-1)(n-3)(n-4)\cdots(n-m)}{(n-2)^{m-1}}\quad(\ 2\le m\le n-1\ )$$

$$P_{n-1}=\frac{(n-2)!}{(n-2)^{n-2}}$$

따라서 $P_{20}=\dfrac{(20-1)(200-3)(200-4)\cdots(200-20)}{(200-2)^{20-1}}$

3.22 $P(A^c\cap B)=P(B)-P(A\cap B)=P(B)-P(A)P(B)=P(B)(1-P(A))=P(A^c)P(B)$

따라서 A^c와 B는 서로 독립이다. 같은 이유로 A와 B^c도 서로 독립이고 또한 같은 이유로 A^c와 B^c도 서로 독립이 된다.

3.23 $P(A|B)=1$이면 $P(A\cap B)=P(B)$이고 또한 $P(A\cup B)=P(A)$이 성립한다.

$$P(B^c|A^c)=\frac{P(A^c\cap B^c)}{P(A^c)}=\frac{1-P(A\cup B)}{1-P(A)}=1$$

3.24 (1) $P(A\cap B)\le P(A)=0$ 따라서 $P(A\cap B)=P(A)P(B)=0$

(2) $P(A)=1$이면 $P(A^c)=0$ 따라서 (1)에 의해 A^c와 B는 서로 독립이고 예제 3.10에 의해 $(A^c)^c=A$와 B는 서로 독립이다.

3.25 $D=$ 질병에 걸린 사상, $E=$ 양성반응을 보이는 사상이라 하자.

$$P(D|E)=\frac{P(E\cap D)}{P(E)}=\frac{P(D)P(E|D)}{P(D)P(E|D)+P(D^c)P(E|D^c)}$$
$$=\frac{(0.005)(0.95)}{(0.005)(0.95)+(0.995)(0.01)}$$
$$=\frac{95}{294}\approx 0.3231.$$

3.26 (1) 각 시행의 결과가 R_i가 아닐 확률은 $1-p_i$.

따라서 $P(A_i^c)=(1-p_i)^k$이고 $P(A_i)=1-(1-p_i)^k$ 가 된다.

(2) 각 시행이 결과가 R_i 도 아니고 R_j 도 아닐 확률은 $1-p_i-p_j$이고

$P((A_i\cup A_j)^c)=(1-p_i-p_j)^k$ 따라서 $P(A_i\cup A_j)=1-(1-p_i-p_j)^k$

(3) $P((A_i\cap A_j)^c)=P(A_i^c\cup A_j^c)=P(A_i^c)+P(A_j^c)-P(A_i^c\cap A_j^c)$

$P(A_i^c\cap A_j^c)=1-P(A_i\cup A_j)=(1-p_i-p_j)^k$ 따라서 구하는 확률은 다음과 같다.

$P(A_i\cap A_j)=1-(1-p_i)^k-(1-p_j)^k+(1-p_i-p_j)^k.$

(4) $P(A_i|A_j)=\dfrac{P(A_i\cap A_j)}{P(A_j)}=\dfrac{1-(1-p_i)^k-(1-p_j)^k+(1-p_i-p_j)^k}{1-(1-p_j)^k}$.

3.27 (1) $1-P(n$번의 시행 결과가 모두 실패$)=1-(1-p)^n$

(2) 처음부터 n번째까지의 시행 결과가 모두 성공인 사상을 A_n 라 하면 $P(A_n)=p^n$이고 $A_n\supset A_{n+1}$, $n=1, 2, 3, \cdots$ 가 된다. 확률의 연속성의 성질을 이용하면 다음이 성립한다.

P(모든 시행의 결과가 성공) $=P(\cap_{i=1}^{\infty}A_i)=\lim_{n\to\infty}P(A_n)=\lim_{n\to\infty}p^n=\begin{cases}0, & p<1\\ 1, & p=1\end{cases}$.

3.28 (1) $P(C|A)=\dfrac{10}{30}$

(2) $P(C|B_5)=0$, $P(C|B_6)=\dfrac{2}{5}$, $P(C|B_7)=\dfrac{2}{6}$, $P(C|B_8)=\dfrac{2}{5}$, $P(C|B_{10})=\dfrac{1}{3}$

(3) $P(D|B_5)=P(D|B_6)=0$, $P(D|B_7)=\dfrac{1}{6}$, $P(D|B_8)=\dfrac{1}{5}$, $P(D|B_{10})=\dfrac{1}{3}$.

3.29 (1) 1/2 (2) 1/3

3.30 (1) $(0.45)(0.32)+(0.3)(0.6)+(0.25)(0.55)=0.4615$

(2) $\dfrac{(0.45)(0.32)}{0.4615}\approx 0.3120$

3.31 $(\frac{5}{14})(\frac{9}{17})(\frac{12}{20})(\frac{8}{23}) = \frac{(9)(12)}{(7)(17)(23)} = \frac{108}{2737} \approx 0.0395$

3.32 확률이 같을 때: (1) p (2) $p^2+(1/2)p(1-p)+(1/2)p(1-p)=p$

$p_1 > p_2$일 때 : (1) $(1/2)(p_1+p_2)$

(2) $p_1p_2+(1/2)p_1(1-p_2)+(1/2)p_2(1-p_1)=(1/2)(p_1+p_2)$

3.33 B와 C중 누가 사면될 것이라는 것을 아는 것이 A가 사면될 확률에 아무런 영향을 주지 않는다. 아무런 정보가 없다면 A가 사면될 확률은 2/3이다.

만약 B와 C중 누가 사면될까를 알아보니 B가 사면된다는 대답을 얻었다. 이 경우 A가 사면될 확률을 다음과 같은 나무그림을 통하여 생각해 보자.

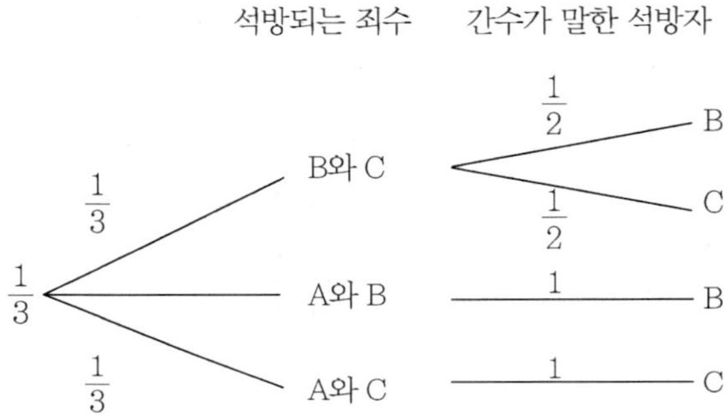

따라서 P(간수가 사면자가 B 라고 말하는 사상) = $(1/3)(1/2)+(1/3)(1)=1/2$.

P(A와 B가 사면되는 확률) = $1/3$.

따라서 구하는 확률 즉 P(A와 B가 사면 | B가 사면자라 말함)=$(1/3)/(1/2)=2/3$.

3.34 나무그림을 그려 보자

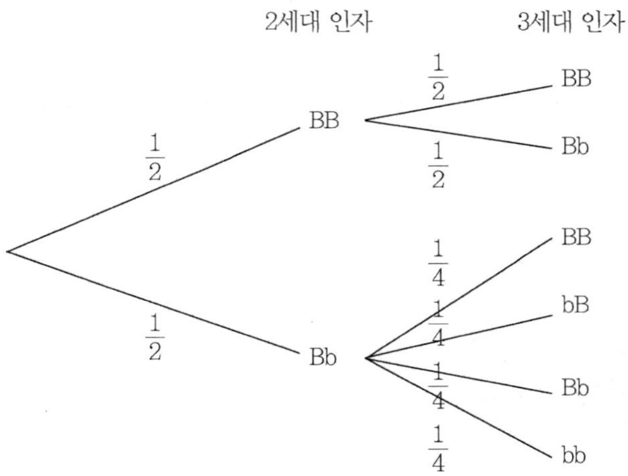

따라서 3세대 자녀가 검은 털을 가질 확률은 $1-(1/8)=7/8$

자녀의 유전인자가 Bb(또는 bB)일 확률은 $1/4+1/8+1/8=1/2$
따라서 검은 털을 가진 자녀의 유전인자가 Bb일 확률은 (1/2)/(7/8)=4/7

3.35 (1) P(세 아들 모두 정상) $=(1/2)(1/2)^3+(1/2)(1)=9/16$

(2) P(A가 보균자 | 세 아들 모두 정상) $=P$(A가 보균자) P(세 아들 모두 정상 | A가 보균자)/

P(세 아들 모두 정상) $=\dfrac{(1/2)(1/2)^3}{9/16}=1/9$

(3) (1/9)(1/2) = 1/18

3.37 $P(G|T)=P(T|G) \Leftrightarrow \dfrac{P(G\cap T)}{P(G)}=\dfrac{P(G\cap T)}{P(T)} \Leftrightarrow P(G)=P(T)$

3.38 B= 부작용이 일어나는 사상, A= 치료되는 사상이라 두면

$P(A)=P(A|B)P(B)+P(A|B^c)P(B^c)=(0.05)(0.3)+(0.95)(0.99)=0.9555$

$P(A\cap B^c)=P(B^c)P(A|B^c)=0.95\times 0.99=0.9405$

3.39 갑이 먼저 시작하여 갑이 이길 확률은 α라 하고 을이 먼저 시작한 게임에서 갑이 이길 확률을 β라 할 때 한번 던진 결과를 고려하면 다음 식이 성립한다.

$\alpha=\dfrac{1}{3}+(1-\dfrac{1}{3})\beta,\ \beta=(1-\dfrac{1}{2})\alpha$

위 두식을 풀면 $\alpha=\dfrac{1}{2},\ \beta=\dfrac{1}{4}$

또 다른 풀이는

$\alpha=1/3+(2/3\cdot 1/2)(1/3)+(2/3\cdot 1/2)^2(1/3)+\cdots$

$=(1/3)\dfrac{1}{1-1/3}=1/2.$

$\beta=(1/2)(1/3)+1/2(2/3\cdot 1/2)(1/3)+(1/2)(2/3\cdot 1/2)^2(1/3)+\cdots$

$=(1/6)\dfrac{1}{1-1/3}=1/4$

3.40 (1) 두 가지 방법으로 풀어보자.

방법 1: 갑이 게임에서 이기려면 연속해서 두 번을 이겨야 한다. 한번 이기고 한번 져서 다시 듀스로 갈 확률은 $2p(1-p)$이므로 다음이 성립한다.

P(갑이 게임을 이길 확률)

$=p^2+(2p(1-p))p^2+(2p(1-p))^2p^2+\cdots$

$=\dfrac{p^2}{1-2p(1-p)}$

방법 2: 갑이 이길 확률을 α라 하면 다음식이 성립한다.

$\alpha=p^2+2p(1-p)\alpha+(1-p)^2\cdot 0$

따라서 구하는 확률 $\alpha = \dfrac{p^2}{1-2p(1-p)}$

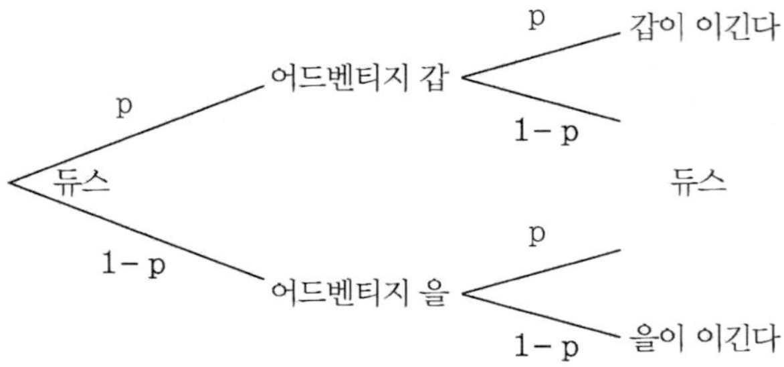

(2) 다음과 같이 정의 하자.

W_k = 갑이 이기고 이 때 을은 k 포인트를 얻는 사상,

W_d= 갑이 듀스에서 이기는 사상

그러면 $P($ 갑이 이긴다$) = P(W_0) + P(W_{15}) + P(W_{30}) + P(W_d)$와 같다.

W_0는 갑이 연속해서 4번 이기면 되므로 $P(W_0) = p^4$

W_{15}은 갑이 세 번 이기는 동안 을이 한번 이기고 마지막에 갑이 이기면 된다. 따라서

$P(W_{15}) = \binom{4}{1} p^3(1-p)\, p = 4p^4(1-p)$

W_{30}는 갑이 세 번 이기는 동안 을이 두 번 이기고 마지막 다시 갑이 이기면 된다. 따라서 D를 듀스로 가는 사상으로 두면 듀스가 되기 위해서는 6번 게임 중 갑이 3번, 을이 3번 이기면 된다. 즉 $P(D) = \binom{6}{3} p^3(1-p)^3 = 20p^3(1-p)^3$이 되고 따라서 (1)의 결과를 이용하면 다음을 얻는다.

$P(W_d) = P(D)P(W_d|D) = 20p^3(1-p)^3 \dfrac{p^2}{1-2p(1-p)}$

갑이 이길 확률은 이들 네 확률을 더하면 된다.

3.41 B= 세 개 중 하나가 불량인 사상

$$P(B) = \left(\frac{1}{2}\right)\frac{\binom{5}{1}\binom{15}{2}}{\binom{20}{3}} + \left(\frac{1}{2}\right)\frac{\binom{7}{1}\binom{23}{2}}{\binom{30}{3}}$$

$$P(\text{상자 } 1|B) = \frac{1}{P(B)}\left(\frac{1}{2}\right)\frac{\binom{5}{1}\binom{15}{2}}{\binom{20}{3}}$$

4장 B

4.12 $f_Y(y)=\frac{\alpha}{2}\frac{1}{\sqrt{y}}e^{-\alpha\sqrt{y}},\ y>0$

4.13 $X\sim Unif[a,b]$ 라 두고 $E(\alpha-X)^2$을 최소로 하는 α값을 결정하면 $\frac{a+b}{2}=\mu$

4.14 $P(d<X\le d+\Delta d)=F_X(d+\Delta d)-F_X(d)=\frac{1}{\pi r^2}[\pi(d+\Delta d)^2-\pi d^2]$이므로 양변을 Δd로 나누고 $\Delta d\to 0$ 으로 보내면 좌변은 확률밀도함수가 되므로 다음이 성립한다.

$f_X(x)=\frac{2x}{r^2},\ 0<x<r,\ E(X)=\frac{2}{3}r$

4.15 (1) $T\in R,\ \{w\,|\,X(w)\le T\}\subset\{w\,|\,Y(w)\le T\}$

$P(X\le T)\le P(Y\le T)$

(2) $\{w\,|\,X(w)\le T(w)\}\subset\{w\,|\,Y(w)\le T(w)\}$

$P(X\le T)\le P(Y\le T)$

4.22 (4.8) 식과 4장 부록에 있는 이항급수(binomial series)를 이용한다.

$$\sum_x p_X(x)=\sum_{k=r}^{\infty}\binom{k-1}{r-1}p^r(1-p)^{k-r}=\sum_{k=r}^{\infty}\binom{-r}{k-r}p^r(p-1)^{k-r}$$

$$=p^r\sum_{j=0}^{\infty}\binom{-r}{j}(p-1)^j$$

$$=p^rp^{-r}=1$$

4.23 $pq^2\frac{d^3}{dq^3}\sum_{k=1}^{\infty}q^k=pq^2\frac{d^3}{dq^3}[\frac{q}{(1-q)}]=\frac{6q^2}{(1-q)^3}$

따라서 위 식과 $E(X(X-1)(X-2))=E(X^3)-3E(X^2)+2E(X)$를 이용하면 된다.

4.24 $E(X)=E(2^Y)=\sum_{k=1}^{\infty}2^k(1-p)^{k-1}p$

$$=\frac{p}{1-p}\sum_{k=1}^{\infty}(2(1-p))^k$$

$$=\begin{cases}\frac{2p}{2p-1}, & p>\frac{1}{2}\\ \infty & p\le\frac{1}{2}\end{cases}$$

4.25 (1) $P(X=i+1)=\lambda^{i+1}\dfrac{e^{-\lambda}}{(i+1)!}=\dfrac{\lambda}{i+1}P(X=i)$

(2) $P(X=0)=e^{-2}=0.1353$

$P(X=1)=\dfrac{2}{1}\times 0.1353=0.2706$

$P(X=2)=\dfrac{2}{2}\times 0.2706=0.2706$

$P(X=3)=\dfrac{2}{3}\times 0.2706=0.1804.$

4.26 200개중 불량품의 개수를 X라 하면 $X\approx Poisson(np=2)$. 따라서
$P(X\geq 2)=1-p_X(0)-p_X(1)=1-e^{-2}-2e^{-2}=1-3e^{-2}\approx 0.594$

4.27 X를 1 단계에서 선택한 5개의 제품 중 불량품의 개수, Y를 2단계에서 선택한 10개의 제품 중 불량품의 개수라 하자. 다음을 계산하면 된다.

(1) $P(X=1,\ Y\geq 1)$ (2) $P(X=0)+P(X=1,\ Y=0$ 또는 $1)$

$$50\text{개 제품}\begin{cases}40\text{개: 양품}\\10\text{개: 불량품}\end{cases}$$

1단계	2단계
50개중 5개 선택 5개 모두 양품 : pass 1개 불량 : 2단계 2개이상 불량 : fail	45개중 10개 선택 2개이상 불량 : fail 0개 혹은 1개 불량 : pass

(1) Let $\begin{cases}X\text{: 1단계에서 선택한 제품 중 불량품의 개수}\\Y\text{: 2단계에서 선택한 제품 중 불량품의 개수}\end{cases}$

$$\begin{aligned}P(X=1,\ Y\geq 1)&=P(Y\geq 1|X=1)P(X=1)\\&=(1-P(Y=0|X=1))P(X=1)\\&=\left(1-\frac{\binom{36}{10}}{\binom{45}{10}}\right)\frac{\binom{40}{4}\binom{10}{1}}{\binom{50}{5}}=0.396969\end{aligned}$$

(2) 통과될 확률 = P(1단계에서 모두 양품) + P(2단계에서 0개 혹은 1개 불량)

$\Rightarrow P(X=0)+P(X=1,\ Y=0\text{또는}1)$

$$P(X=0)=\frac{\binom{40}{5}}{\binom{50}{5}}=0.31056$$

$$\begin{aligned}P(X=1,\ Y=0\text{ 또는 }1)&=P(Y=0\text{ 또는 }1|X=1)P(X=1)\\&=(P(Y=0|X=1)+P(Y=1|X=1))P(X=1)\\&=\left(\frac{\binom{36}{10}}{\binom{45}{10}}+\frac{\binom{36}{9}\binom{9}{1}}{\binom{45}{10}}\right)\times\frac{\binom{40}{4}\binom{10}{1}}{\binom{50}{5}}=0.148928\end{aligned}$$

$$\therefore P(X=0)+P(X=1,\ Y=0\,\text{or}\,1)=0.31056+0.148928\approx 0.4595$$

4.28 X : 적어도 한 번의 성공과 적어도 한 번의 실패가 있기까지의 총 시행 횟수

$n=2 \Rightarrow (1-p)p$

$n=3 \Rightarrow (1-p)^2p+p^2(1-p)$

$n=k \Rightarrow (1-p)^{k-1}p+p^{k-1}(1-p)$

$\therefore P(X=n)=(1-p)^{n-1}p+p^{n-1}(1-p), \quad n=2,3,4\cdots$

$$E(X)=\sum_{k=2}^{\infty}kP(X=k)=\sum_{k=2}^{\infty}k((1-p)^{k-1}p+p^{k-1}(1-p))$$

$$=\sum_{k=2}^{\infty}k(1-p)^{k-1}p+\sum_{k=2}^{\infty}kp^{k-1}(1-p)$$

$$=\boxed{\sum_{k=1}^{\infty}k(1-p)^{k-1}p}-p+\boxed{\sum_{k=1}^{\infty}kp^{k-1}(1-p)}-(1-p)$$

(성공률이 p인 기하분포의 평균, 성공률이 $(1-p)$인 기하분포의 평균)

$$=\frac{1}{p}-p+\frac{1}{1-p}-(1-p)=\frac{1}{p(1-p)}-1$$

$$Var(X)=E(X^2)-\{E(X)\}^2=\frac{3p^2-3p+1}{p^2(1-p)^2}-2$$

$$\because E(X^2)=\sum_{k=2}^{\infty}k^2P(X=k)=\sum_{k=2}^{\infty}k^2((1-p)^{k-1}p+p^{k-1}(1-p))$$

$$=\boxed{\sum_{k=1}^{\infty}k^2(1-p)^{k-1}p}-p+\boxed{\sum_{k=1}^{\infty}k^2p^{k-1}(1-p)}-(1-p)$$

(성공률 p인 기하분포의 $E(X^2)$, 성공률 $1-p$인 기하분포의 $E(X^2)$)

$$=\frac{(1-p)+1}{p^2}-p+\frac{p+1}{(1-p)^2}-(1-p)=\frac{(2-p)(1-p)^2+p^2(p+1)}{p^2(1-p)^2}-1$$

4.29 (1) $P(X=Y)$

$$\sum_{k=1}^{\infty}P(X=Y=k)=\sum_{k=1}^{\infty}P(X=k,Y=k)$$

$$=\sum_{k=1}^{\infty}P(X=k)P(Y=k) \quad (\because X,Y\text{독립})$$

$$=\sum_{k=1}^{\infty}(1-p_1)^{k-1}p_1(1-p_2)^{k-1}p_2$$

$$=\sum_{k=1}^{\infty}((1-p_1)(1-p_2))^{k-1}p_1p_2$$

$$=\frac{p_1p_2}{1-(1-p_1)(1-p_2)}=\frac{p_1p_2}{p_1+p_2-p_1p_2}$$

(2) $P(X<Y)=\sum_{y=1}^{\infty}\sum_{x=1}^{y-1}P(X=x,Y=y)$

$$= \sum_{y=1}^{\infty}\sum_{x=1}^{y-1}(1-p_1)^{x-1}p_1(1-p_2)^{y-1}p_2$$

$$= p_1p_2\sum_{y=1}^{\infty}(1-p_2)^{y-1}\sum_{x=1}^{y-1}(1-p_1)^{x-1}$$

$$= p_1p_2\sum_{y=1}^{\infty}(1-p_2)^{y-1}\frac{1-(1-p_1)^{y-1}}{1-(1-p_1)}$$

$$= p_2\sum_{y=1}^{\infty}((1-p_2)^{y-1}-((1-p_1)(1-p_2))^{y-1})$$

$$= p_2\left\{\frac{1}{1-(1-p_2)}-\frac{1}{1-(1-p_1)(1-p_2)}\right\}$$

$$= 1-\frac{p_2}{1-(1-p_1)(1-p_2)}$$

4.30 (1) 시스템이 작동할 확률을 α라 하면

$$\alpha = \binom{8}{0}p^0(1-p)^8+\binom{8}{1}p^1(1-p)^7+\binom{8}{2}p^2(1-p)^6$$

따라서 구하는 확률은 $1-\alpha$

(2) $\alpha_1 = (1-p)^5+5p(1-p)^4$

$\alpha_2 = (1-p)^7+7p(1-p)^6+21p^2(1-p)^5$

따라서 $\alpha_1 > \alpha_2$를 만족하는 p를 찾으면 된다.

$\alpha_1-\alpha_2 =-(1-p)^4p^2(10-15p) > 0, \qquad p > \dfrac{2}{3}$

4.31 (2) $A\cap B=\varnothing$ 이면 $\omega\in A\cup B$는 $\omega\in A$ 또는 $\omega\in B$ 이나 동시에 들어가진 않음을 뜻한다. 따라서 좌변이 1일 때는 $\omega\in A\cup B$이고 이는 $I_A=1$이거나 $I_B=1$이므로 $I_A+I_B=1$이 된다.

(4) $I_{A\cap B}=1 \Leftrightarrow \omega\in A\cap B \Leftrightarrow \omega\in A$ 그리고 $\omega\in B \Leftrightarrow I_A=1$ 그리고 $I_B=1 \Leftrightarrow I_A\cdot I_B=1$.

4.32 (1) $2p(1-p)$

(2) $\dfrac{2p^2(1-p)}{\binom{3}{2}p^2(1-p)}=2/3$

(3) 10일 후 2단위 증가하기 위해서는 10일 동안 6단위 증가하고 4단위 감소하면 된다. 따라서 구하는 확률은 $\binom{10}{6}p^6(1-p)^4$

4.33 $Skew\,X=\dfrac{E(X-\mu)^3}{\sigma^3}=\dfrac{E(X^3)-3\mu E(X^2)+3\mu^2E(X)-\mu^3}{\sigma^3} \quad 1-p=q$

(1) $X\sim Bernoulli(p)$

$E(X)=p\,,\ \ \sigma^2 = Var(x)=p(1-p)\ ,\ \ E(X^3)=p$

$$\therefore Skew\,X = \frac{p(1-p)(1-2p)}{p(1-p)\sqrt{p(1-p)}} = \frac{(1-p)-p}{\sqrt{pq}} = \frac{q-p}{\sqrt{pq}}$$

(2) $X \sim Poisson(\lambda)$

$E(X) = \lambda$, $\sigma^2 = Var(x) = \lambda$, $E(X^2) = \lambda^2 + \lambda$

$$\therefore Skew\,X = \frac{\lambda}{\lambda\sqrt{\lambda}} = \lambda^{-1/2}$$

$$\because E(X^3) = \sum_{x=0}^{\infty} x^3 \frac{e^{-\lambda}\lambda^x}{x!} = \lambda \sum_{x=1}^{\infty} x^2 \frac{e^{-\lambda}\lambda^{x-1}}{(x-1)!} = \lambda \sum_{j=0}^{\infty} (j+1)^2 \frac{e^{-\lambda}\lambda^j}{j!} = \lambda E[(X+1)^2]$$

(3) $X \sim Geo(p)$

$$E(X) = \frac{1}{p}, \quad Var(X) = \frac{1-p}{p^2}, \quad E(X^2) = Var(X) + \{E(X)\}^2 = \frac{2-p}{p^2}$$

$$\begin{aligned} E(X^3) &= \sum_{i=1}^{\infty} i^3 q^{i-1} p = \sum_{i=1}^{\infty} (i-1+1)^3 q^{i-1} p \\ &= \sum_{i=1}^{\infty} (i-1)^3 q^{i-1} p + \sum_{i=1}^{\infty} 3(i-1)((i-1)+1) q^{i-1} p + \sum_{i=1}^{\infty} q^{i-1} p \\ &= \sum_{j=0}^{\infty} j^3 q^j p + \sum_{j=0}^{\infty} 3j(j+1) q^j p + 1 = q\sum_{j=1}^{\infty} j^3 q^{j-1} p + 3q\sum_{j=1}^{\infty} j^2 q^{j-1} p + 3q\sum_{j=1}^{\infty} j q^{j-1} p + 1 \end{aligned}$$

따라서 $E(X^3) = \dfrac{p^2+6q}{p^3}$

$$\therefore skew\,X = \frac{\dfrac{p^2+6q}{p^3} - 3\dfrac{1}{p}\dfrac{2-p}{p^2} + 3\left(\dfrac{1}{p}\right)^2 \dfrac{1}{p} - \left(\dfrac{1}{p}\right)^3}{\dfrac{1-p}{p^2}\sqrt{\dfrac{1-p}{p^2}}} = \frac{2-p}{\sqrt{1-p}} = \frac{1+q}{\sqrt{q}}$$

4.34 $\begin{cases} P(X=n) = (1-p)^{n-1} p \\ P(Y=m) = (1-p)^{m-1} p \end{cases}$ X와 Y: 서로독립

$$\begin{aligned} P(Z=k) = P(X+Y=k) &= \sum_{n=1}^{k-1} P(X=n, Y=k-n) \\ &= \sum_{n=1}^{k-1} P(X=n) P(Y=k-n) \\ &= \sum_{n=1}^{k-1} (1-p)^{k-2} p^2 \\ &= (k-1)(1-p)^{k-2} p^2, \ k = 2, 3, 4, \cdots \end{aligned}$$

4.36 $\begin{cases} \text{고객수: } X \sim Poisson(\lambda) \\ \text{물품 구입하는 고객의 수: } Y \sim ?? \end{cases}$

$$P(Y=y) = \sum_{x=0}^{\infty} P(Y=y|X=x) P(X=x) = \sum_{x=0}^{\infty} \binom{x}{y} p^y (1-p)^{x-y} \frac{e^{-\lambda}\lambda^x}{x!}$$

$$= \sum_{x=0}^{\infty} \frac{x!}{y!(x-y)!} p^y (1-p)^{x-y} \frac{e^{-\lambda}\lambda^x}{x!} = \frac{(\lambda p)^y e^{-\lambda p}}{y!} \sum_{x=y}^{\infty} \frac{(\lambda(1-p))^{x-y} e^{-\lambda(1-p)}}{(x-y)!}$$

$$= \frac{(\lambda p)^y e^{-\lambda p}}{y!} \sum_{j=0}^{\infty} \frac{(\lambda(1-p))^j e^{-\lambda(1-p)}}{j!} \quad (let \ \ j = x-y)$$

$$= \frac{(\lambda p)^y e^{-\lambda p}}{y!} \quad (\because \ \ J \sim Poisson(\lambda(1-p)))$$

$\therefore \ Y \sim Poisson(\lambda p)$

4.37 $X \sim Geo(p)$

(1) $P(X=x) = (1-p)^{x-1}p, \quad x = 1, 2, 3, \cdots$

(2) $P(X \le 10) = P(X=1) + P(X=2) + \cdots + P(X=10) = \sum_{x=1}^{10} P(X=x) = 1-(1-p)^{10}$

(3) 1년 = 52주

$$P(X \le 72 | X > 52) = P(52 < X \le 72) = \sum_{x=53}^{72} (1-p)^{x-1}p = (1-p)^{52}(1-(1-p)^{20})$$

4.38 (1) X는 성공률이 p인 베르누이 시행을 n번 반복하였을 때의 성공 횟수를 나타내므로 $X < r$이면 성공 횟수가 최대 $r-1$임을 의미한다. 즉 n번 시행 때까지 최대 성공 횟수가 $r-1$. 또한 $Y > n$의 의미는 Y는 r번째 성공을 얻기까지의 시행횟수이고 이것이 n보다 크다는 의미는 n번째 까지 최대 $r-1$번의 성공 밖에 거두지 못했다는 의미이므로 두 확률은 같다.

(2) $P(X < r) = \sum_{k=0}^{r-1} \binom{n}{k} p^k (1-p)^{n-k}$ 즉 모두 r개의 항을 계산해야 한다.

$P(Y > n) = 1 - P(Y \le n) = 1 - \sum_{k=r}^{n} \binom{k-1}{r-1} p^r (1-p)^{k-r}$이므로 총 $n-r+1$개의 항을 계산하게 된다. 따라서 n이 r에 비해 대단히 크면 $P(Y > n)$을 구하기 위하여 $P(X < r)$을 계산하는 것이 보다 경제적이라 하겠다.

4.40 $B(n,p)$에서 n이 크고 p가 작으면 포아송근사를 이용할 수 있다. p가 커서 1에 가까운 값이면 $q = 1-p$는 0에 가까운 값이 된다. 따라서 $Y = n - X$라 두면 $Y \sim B(n, 1-p)$즉 X는 성공률 p인 베르누이 시행에서의 성공횟수가 되고 Y는 성공률 $q = 1-p$ (실패률)인 베르누이 시행을 n번 했을 때의 성공횟수가 된다. 따라서 다음이 성립한다.

$P(X > 280) = P(n - X < n - 280) = P(Y < 20)$이고 $Y \approx Poisson(9)$이므로

$$P(X > 280) \approx \sum_{k=0}^{19} \frac{9^k e^{-9}}{k!}$$

4.41 X : 1을 얻을 때까지 복원 추출한 횟수

(1) $P(X = 5 | X > 3 \, \text{and} \, 상자1 \, 선택)$

$$P(X>3 \text{ and } 상자1\ 선택)=P(X>3|상자1)P(상자1)=\sum_{n=3}^{\infty}\left(\frac{3}{4}\right)^n\frac{1}{4}\times\frac{1}{2}=\frac{1}{2}\left(\frac{3}{4}\right)^3$$

$$P(X=5 \text{ and } 상자1\ 선택)=P(X=5|상자1)P(상자1)=\left(\frac{3}{4}\right)^4\frac{1}{4}\times\frac{1}{2}=\frac{1}{8}\left(\frac{3}{4}\right)^4$$

$$\therefore P(X=5|X>3 \text{ and } 상자1\ 선택)=\frac{\frac{1}{8}\left(\frac{3}{4}\right)^4}{\frac{1}{2}\left(\frac{3}{4}\right)^3}=\frac{3}{16}$$

(2) $P(상자1\ 선택|X>3)=\dfrac{P(X>3|상자1)P(상자1)}{P(X>3|상자1)P(상자1)+P(X>3|상자2)P(상자2)}$

$$P(X>3)=P(X>3|상자1)P(상자1)+P(X>3|상자2)P(상자2)$$
$$=\left(\sum_{n=3}^{\infty}\left(\frac{3}{4}\right)^n\frac{1}{4}\right)\times\frac{1}{2}+\left(\sum_{n=3}^{\infty}\left(\frac{1}{2}\right)^n\frac{1}{2}\right)\times\frac{1}{2}=\frac{1}{2}\left\{\left(\frac{3}{4}\right)^3+\left(\frac{1}{2}\right)^3\right\}$$

$$\therefore P(상자\ 1|X>3)=\frac{\frac{1}{2}\left(\frac{3}{4}\right)^3}{\frac{1}{2}\left\{\left(\frac{3}{4}\right)^3+\left(\frac{1}{2}\right)^3\right\}}=\frac{\left(\frac{3}{4}\right)^3}{\left\{\left(\frac{3}{4}\right)^3+\left(\frac{1}{2}\right)^3\right\}}$$

(3) $P(X=6|X>4)=\dfrac{P(X=6|상자1)P(상자1)+P(X=6|상자2)P(상자2)}{P(X>4|상자1)P(상자1)+P(X>4|상자2)P(상자2)}$

$$P(X>4)=P(X>4|상자1)P(상자1)+P(X>4|상자2)P(상자2)$$
$$=\left(\sum_{n=4}^{\infty}\left(\frac{3}{4}\right)^n\frac{1}{4}\right)\times\frac{1}{2}+\left(\sum_{n=4}^{\infty}\left(\frac{1}{2}\right)^n\frac{1}{2}\right)\times\frac{1}{2}=\frac{1}{2}\left\{\left(\frac{3}{4}\right)^4+\left(\frac{1}{2}\right)^4\right\}$$

$$P(X=6 \text{ and } X>4)=P(X=6)=P(X=6|상자1)P(상자1)+P(X=6|상자2)P(상자2)$$
$$=\left(\left(\frac{3}{4}\right)^5\frac{1}{4}\right)\times\frac{1}{2}+\left(\left(\frac{1}{2}\right)^5\frac{1}{2}\right)\times\frac{1}{2}=\frac{1}{2}\left\{\left(\frac{3}{4}\right)^5\frac{1}{4}+\left(\frac{1}{2}\right)^5\frac{1}{2}\right\}$$

$$\therefore P(X=6|X>4)=\frac{\left(\frac{3}{4}\right)^5\frac{1}{4}+\left(\frac{1}{2}\right)^6}{\left(\frac{3}{4}\right)^4+\left(\frac{1}{2}\right)^4}$$

(4) $P(X>s+t|X>s)=P(X>t)$ 만족하는지 확인.

$$P(X>s)=P(X>s|상자1)P(상자1)+P(X>s|상자2)P(상자2)$$
$$=\left(\sum_{n=s}^{\infty}\left(\frac{3}{4}\right)^n\frac{1}{4}\right)\times\frac{1}{2}+\left(\sum_{n=s}^{\infty}\left(\frac{1}{2}\right)^n\frac{1}{2}\right)\times\frac{1}{2}=\frac{1}{2}\left\{\left(\frac{3}{4}\right)^s+\left(\frac{1}{2}\right)^s\right\}$$

$$P(X>s+t)=\frac{1}{2}\left\{\left(\frac{3}{4}\right)^{s+t}+\left(\frac{1}{2}\right)^{s+t}\right\}$$

$$\therefore P(X>s+t|X>s)=\frac{P(X>s+t)}{P(X>s)}=\frac{\left(\frac{3}{4}\right)^{s+t}+\left(\frac{1}{2}\right)^{s+t}}{\left(\frac{3}{4}\right)^s+\left(\frac{1}{2}\right)^s}\neq\frac{1}{2}\left\{\left(\frac{3}{4}\right)^t+\left(\frac{1}{2}\right)^t\right\}=P(X>t)$$

$\Rightarrow$ X가 비기억성 성질을 만족하지 않는다.

4.42 주어진 식을 전개하면 다음과 같다.

$$\frac{\binom{Np}{k}\binom{N(1-p)}{n-k}}{\binom{N}{n}}$$

$$=\binom{n}{k}\frac{Np(Np-1)\cdots(Np-k+1)N(1-p)(N(1-p)-1)\cdots(N(1-p)-n+k+1)}{N(N-1)(N-2)\cdots(N-n+1)}$$

위 식의 우변을 N으로 나누고 $N\rightarrow\infty$를 취하면 원하는 결론을 얻을 수 있다.

4.46 N을 들여 놓는 신문 부수라 하면 하루 판매부수가 모수 n, p인 이항분포를 따르므로 $N \le n$이 되고, X를 하루 판매부수라 하면 $70N$ 만큼의 초기비용이 들고, 총 판매액은 다음과 같다.

$$\text{E(총 판매액)}=\sum_{k=0}^{N-1}(110k)\binom{n}{k}(p)^k(1-p)^{n-k}+(110N)\,P(X\ge N)$$

기대이익= E(총 판매액) −초기비용 = E (총 판매액)− $70N$이므로 이를 최대로 하는 N을 찾으면 된다. 따라서 $n=10, p=1/3$을 대입하면 기대이익은 다음과 같다.

$$\text{기대이익}=\sum_{k=0}^{N-1}(110k)\binom{10}{k}(1/3)^k(2/3)^{10-k}+(110N)\,P(X\ge N)\text{-}70N$$

계산에 의하면 기대이익의 최댓값은 $N=3$일 때 73.74147이 된다.

5장 B

5.11 적분의 성질에 의해 명백하다.

5.12 $F(x)=\begin{cases}0, & x<0\\ \dfrac{x}{8}+\dfrac{3}{16}x^{2}, & 0\le x\le 2\\ 1 & 2<x\end{cases}$

5.13 $F_Y(y)=1-F(\frac{y-b}{a}),\ f_Y(y)=-\frac{1}{a}f(\frac{y-b}{a})$

5.14 $y\ge 0,\ F_Y(y)=F_X(y)-F_X(-y)$이고 따라서 $f_Y(y)=f_X(y)+f_X(-y),\ y\ge 0.$

5.15 $f_Y(y)=\frac{1}{n}y^{\frac{1}{n}-1},\ 0\le y\le 1$

5.16 $E(X^n) = \int_0^\infty x^n \lambda e^{-\lambda x} dx$

$$= x^n(-e^{-\lambda x})]_0^\infty - \int_0^\infty n x^{n-1}(-e^{-\lambda x})dx$$

$$= \frac{n}{\lambda}\int_0^\infty x^{n-1}\lambda e^{-\lambda x}dx$$

$$= \frac{n}{\lambda}E(X^{n-1})$$

5.17 (1) $F_Y(y) = P(Y \le y) = P((\frac{X}{\beta})^\alpha \le y) = P(X \le \beta y^{\frac{1}{\alpha}})$

$$= F_X(\beta y^{\frac{1}{\alpha}}) = 1 - e^{-(\frac{\beta y^{\frac{1}{\alpha}}}{\beta})^\alpha} = 1 - e^{-y}$$

Y는 $\lambda = 1$의 지수분포를 따른다.

(2) $E(X) = \int_0^\infty x \frac{\alpha}{\beta^\alpha} x^{\alpha-1} e^{-\left(\frac{x}{\beta}\right)^\alpha} dx = \int_0^\infty \beta y^{\frac{1}{\alpha}} e^{-y} dy \quad \because y = (\frac{x}{\beta})^\alpha$로 치환

$$= \beta\Gamma(1+\frac{1}{\alpha})$$

마찬가지 방법으로 $E(X^2) = \beta^2\Gamma(1+\frac{2}{\alpha})$

$Var(X) = \beta^2\Gamma(1+\frac{2}{\alpha}) - (\beta\Gamma(1+\frac{1}{\alpha}))^2$

5.18 (1) $Y = |Z|$이므로 $y > 0$ 인 y에 대하여 다음이 성립한다.

$P(Y \le y) = P(|Z| \le y) = P(-y \le Z \le y) = \Phi(y) - \Phi(-y)$

따라서 $f_Y(y) = f_Z(y) + f_Z(-y) = 2f_Z(y), \quad y \ge 0$

(2) $Y = \frac{1}{Z}, \quad -\infty < y < \infty$

$$P(Y \le y) = P(\frac{1}{Z} \le y) = \begin{cases} P(Z \ge \frac{1}{y}) & y < 0 \\ P(Z < 0) + P(Z \ge \frac{1}{y}), & y > 0 \end{cases}$$

$$= \begin{cases} 1 - P(Z \le \frac{1}{y}), & y < 0 \\ \frac{1}{2} + P(Z \ge \frac{1}{y}), & y > 0 \end{cases}$$

(3) $Y = \frac{1}{Z^2}$ $y > 0$인 y에 대해서 다음이 성립한다.

$$P(Y \le y) = P(\frac{1}{Z^2} \le y) = P(Z^2 \ge \frac{1}{y})$$

$$= P(Z \geq \frac{1}{\sqrt{y}}) + P(Z \leq -\frac{1}{\sqrt{y}})$$

$$= 1 - F_Z(\frac{1}{\sqrt{y}}) + F_Z(-\frac{1}{\sqrt{y}})$$

따라서 $f_Y(y) = \frac{1}{2} y^{-3/2}\left(f_Z(\frac{1}{\sqrt{y}}) + f_Z(-\frac{1}{\sqrt{y}})\right)$

5.19 $X \sim Unif(0, a),\ Y = \min(X, \frac{a}{2})$

(1) Y의 분포함수?

$$Y = \begin{cases} X\ , X < \frac{a}{2} \\ \frac{a}{2}\ , X \geq \frac{a}{2} \end{cases}$$

$$F_Y(y) = P(Y \leq y) = \begin{cases} P(X \leq y) = F_X(y) = \frac{y}{a}, & y < \frac{a}{2} \\ 1 & ,\ y \geq \frac{a}{2} \end{cases}$$

(2) Y는 연속확률변수인가?

$y = \frac{a}{2}$ 점에서 $F_Y(y)$는 불연속이다. 따라서 Y는 연속도 아니고 이산도 아니다.

(3) $E(Y) = E(\min(X, \frac{a}{2})) = \int_0^a \min(x, \frac{a}{2}) \frac{1}{a} dx = \int_0^{\frac{a}{2}} x \frac{1}{a} dx + \int_{\frac{a}{2}}^a \frac{a}{2} \frac{1}{a} dx$

$$= \int_0^{\frac{a}{2}} x \frac{1}{a} dx + \frac{a}{2} \frac{1}{2} = \frac{3a}{8}$$

5.20 (1) $F_1(x),\ F_2(x)$가 분포함수이고 $\alpha \geq 0,\ 1-\alpha \geq 0$이므로

$\alpha F_1(x) + (1-\alpha) F_2(x)$는 비감소함수이다.

(2) $\lim_{x \to a^+} [\alpha F_1(x) + (1-\alpha) F_2(x)] = \alpha \lim_{x \to a^+} F_1(x) + (1-\alpha) \lim_{x \to a^+} F_2(x)$

$= \alpha F_1(a) + (1-\alpha) F_2(a)$

(3) $\lim_{x \to \infty} [\alpha F_1(x) + (1-\alpha) F_2(x)] = \alpha \lim_{x \to \infty} F_1(x) + (1-\alpha) \lim_{x \to \infty} F_2(x) = \alpha \cdot 1 + (1-\alpha) \cdot 1 = 1$

(4) $\lim_{x \to -\infty} [\alpha F_1(x) + (1-\alpha) F_2(x)] = \alpha \lim_{x \to -\infty} F_1(x) + (1-\alpha) \lim_{x \to -\infty} F_2(x)$

$= \alpha \cdot 0 + (1-\alpha) \cdot 0 = 0$

(1), (2), (3), (4)를 만족하므로 $\alpha F_1(x) + (1-\alpha) F_2(x)$는 확률분포함수이다.

5.21 $F_Y(y) = P(\log X \geq -\lambda y) = P(X \geq e^{-\lambda y}) = 1 - e^{-\lambda y}$

따라서 $f_Y(y) = \lambda e^{-\lambda y},\ y > 0$이므로 모수 λ인 지수분포가 된다.

5.22 $F_Y(y) = P(Y \le y) = P(F(X) \le y) = P(X \le F^{-1}(y)) = F(F^{-1}(y)) = y, \quad 0 \le y \le 1$

따라서 $Y \sim Unif(0, 1)$이다.

5.23 명제 5.4의 식 (5.5)를 이용하면

$$f(x) = \frac{1}{\sqrt{2\pi}\,\sigma x} exp(-(\ln x - \mu)^2/2\sigma^2),\ x > 0$$

연습문제 5.1에서 $E(X) = e^{\mu + \sigma^2/2}$, $Var(X) = e^{2\mu + \sigma^2} \cdot (e^{\sigma^2} - 1)$을 구하였다.

5.25 $\lambda(t) = 24t^2 = \dfrac{f(t)}{1-F(t)} = \dfrac{d}{dt}[-\ln(1-F(t))]$

$$-\ln(1-F(t)) = \int_0^t 24s^2 ds = 8t^3$$

$$F(t) = 1 - e^{-8t^3}$$

$f(t) = 24t^2 e^{-8t^3},\ t \ge 0$이므로 $\alpha = 3,\ \beta = 1/2$인 웨이블 분포이다.

5.26 $y > \beta$인 y에 대해 다음이 성립한다.

$$\begin{aligned} F_Y(y) &= P(Y \le y) = P(\beta e^X \le y) \\ &= P(X \le \ln\frac{y}{\beta}) \\ &= 1 - e^{-\lambda \ln\frac{y}{\beta}} \end{aligned}$$

위 식의 양변을 y에 대해 미분하면 다음을 얻는다.

$$\begin{aligned} f_Y(y) &= -e^{-\lambda \ln\frac{y}{\beta}}(-\lambda\frac{1}{y}) \\ &= \lambda\beta^\lambda y^{-(\lambda+1)},\ y > \beta \end{aligned}$$

5.29 $m = 50(1.96)$

5.31 $E(X) = \mu$라 두면 $\forall n \ge 1$에 대해서 $P(|X-\mu| > \dfrac{1}{n}) \le \dfrac{Var(X)}{(1/n)^2} = 0.$

$$P(|X-\mu| > 0) = P(\bigcup_{n=0}^{\infty} |X-\mu| > \frac{1}{n}) \le \sum P(|X-\mu| > \frac{1}{n}) = 0.$$

따라서 $P(|X-\mu| = 0) = 1$ 즉 $P(X = \mu) = 1$이 성립한다.

6장 B

6.11 $F(x,y)=\begin{cases}1-e^{-x}-xe^{-y}, & 0<x<y<\infty \\ 1-e^{-y}-ye^{-y}, & 0<y<x<\infty\end{cases}$

$F_X(x)=1-e^{-x}, \quad f_X(x)=e^{-x}, \quad x>0$

$F_Y(y)=1-e^{-y}-ye^{-y}, \quad f_Y(y)=ye^{-y}, \quad y>0$

6.12 (1) (a) $X\sim N(\mu, \sigma^2)$, $Y=aX+b$이면 $Y\sim N(a\mu+b, a^2\sigma^2)$

(b) $X_1\sim N(\mu_1, \sigma_1^2)$, $X_2\sim N(\mu_2, \sigma_2^2)$이고 X_1과 X_2가 서로 독립이면

$X_1+X_2\sim N(\mu_1+\mu_2, \sigma_1^2+\sigma_2^2)$

위의 (a)와 (b)를 결합하면 원하는 결론을 얻을 수 있다.

(2) $x=\dfrac{1}{\sigma}u, \quad y=\dfrac{v-\tau\rho\dfrac{u}{\sigma}}{\tau(1-\rho^2)^{1/2}} \quad J(x,y)=\tau\sigma(1-\rho^2)^{1/2}$를 식 (6.18)에 대입

6.13 $P(Z\le z)=P(X\le z,\ Y\le z)=\int_0^z\int_0^y e^{-y}\,dxdy=-ze^{-z}-e^{-z}+1$

$f_Z(z)=ze^{-z}, \quad z>0$이다.

6.14 $P(X\le YZ)=\int_0^1\int_0^1\int_0^{yz}1\,dxdydz=\int_0^1\int_0^1 yz\,dydz=\dfrac{1}{4}$

$P(X+Y\le Z)=-\int_0^1\int_0^{1-x}\int_{x+y}^1 dzdydx=\dfrac{1}{6}$

6.15 $P(N_1=n_1, N_2=n_2, N_3=n_3, N_{4이상}=n_4)$

$=\dfrac{10!}{n_1!n_2!n_3!n_4!}(\dfrac{1}{6})^{n_1}(\dfrac{1}{6})^{n_2}(\dfrac{1}{6})^{n_3}(\dfrac{1}{2})^{n_4}, \quad n_1+n_2+n_3+n_4=10$

이는 모수 10,1/6,1/6,1/6,1/2을 갖는 다항분포이다.

6.16 $f_X(x)=\lambda e^{-\lambda x}, \quad x>0,\ f_Y(y)=\mu e^{-\mu y},\ y>0$ 즉 $X,\ Y$는 각각 모수 λ와 μ를 갖는 지수 분포를 따른다.

$P(X<Y)=\int_0^\infty\int_0^y \lambda\mu e^{-\lambda x}e^{-\mu y}\,dxdy$

$=\int_0^\infty \mu e^{-\mu y}(1-e^{-\lambda y})dy=1-\dfrac{\mu}{\mu+\lambda}=\dfrac{\lambda}{\mu+\lambda}$

6.17 삼각형의 면적이 1/2이므로 $f(x,y)=2,\quad 0 \le x \le y \le 1$이다.

$f_X(x)=2(1-x),\quad 0<x<1$

$f_Y(y)=2y,\ 0<y<1$

따라서 조건부 확률밀도함수는 다음과 같다.

$$f_{X|Y}(x|y)=\frac{1}{y},\quad 0<x<y$$

$$f_{Y|X}(y|x)=\frac{1}{1-x},\quad x<y<1$$

$$P(X>1/2\,|Y=y)=\int_{1/2}^{y}\frac{1}{y}\,dx=\begin{cases}\frac{1}{y}(y-\frac{1}{2}), & \frac{1}{2}<y<1\\ 0, & \text{그 밖에서}\end{cases}$$

6.18 (1) $P(X^2+Y^2\le 1)$

$$P(X^2+Y^2\le 1)=\int_0^1\int_0^{\sqrt{1-x^2}}1\,dy\,dx=\int_0^1\sqrt{1-x^2}\,dx$$

$$=\int_0^{\pi/2}\cos^2\theta\,d\theta=\int_0^{\pi/2}\frac{1+\cos 2\theta}{2}d\theta=\frac{\pi}{4}$$

(2) $P(X^2+Y^2\le 1|X+Y\ge 1)=\dfrac{\pi/4-1/2}{1-1/2}=\dfrac{\pi-2}{2}$

(3) $P(Y\le X^2)$

$$P(Y\le X^2)=\int_0^1\int_0^{x^2}1\,dy\,dx=\frac{1}{3}$$

(4) $P(|X-Y|<1/2)$

$$P(|X-Y|<1/2)=P(-\frac{1}{2}<X-Y<\frac{1}{2})$$

$$=\int_0^{1/2}\int_0^{x+1/2}1dy\,dx+\int_{1/2}^1\int_{x-1/2}^1 1dydx=3/4$$

(5) $P(Y\ge X|Y\ge 1/2)=\dfrac{\int_{1/2}^1\int_x^1 1dy\,dx+\int_0^{1/2}\int_{1/2}^1 1dy\,dx}{1/2}=3/4$

(1)$\frac{\pi}{4}$ (2)$\frac{\pi}{2}-1$ (3)$\frac{1}{3}$ (4)$\frac{3}{4}$ (5)$\frac{3}{4}$

6.19 $P(Z\le z)=1-P(Z>z)=1-P(X>z)P(Y>z)=1-(1-p_1)^z(1-p_2)^z$

6.20 $f_{X+Y}(z)=\int_0^z f_X(x)f_Y(z-x)dx$

$$=\begin{cases}\int_0^z a^{-2}dx=za^{-2}, & 0\le z\le a\\ \int_{z-a}^a a^{-2}dx=(2a-z)a^{-2}, & a\le z\le 2a\end{cases}$$

6.21 $X+Y \geq 2$이므로 $k \geq 2$인 임의의 k에 대하여 다음이 성립한다.

$$\begin{aligned} P(X+Y=k) &= \sum_{i=1}^{k-1} p_X(i) p_Y(k-i) \\ &= \sum_{i=1}^{k-1} p(1-p)^{i-1} p(1-p)^{k-i-1} \\ &= (k-1)p^2(1-p)^{k-2}, \quad k \geq 2\text{인 정수} \end{aligned}$$

이는 $X+Y \sim NB(2,p)$임을 보여준다.

여기에 수학적 귀납법을 쓰면 $\sum_{i=1}^{n} X_i \sim NB(n,p)$를 보일 수 있다.

6.22
$$\begin{aligned} 1 &= \int_{-\infty}^{\infty}\int_{-\infty}^{\infty}\int_{-\infty}^{\infty} f(x_1,x_2,x_3)dx_3dx_2dx_1 \\ &= \int_0^1\int_0^{1-x_1}\int_0^{1-x_1-x_2} cx_1x_2(1-x_3)dx_3dx_2dx_1 \\ &= \frac{c}{144} \end{aligned}$$

따라서 $c=144$

$$\begin{aligned} f_{X_1}(x_1) &= \int_0^{1-x_1}\int_0^{1-x_1-x_2} 144x_1x_2(1-x_3)dx_3dx_2 \\ &= 144\int_0^{1-x_1}\left(\frac{1}{2}x_1x_2 - \frac{1}{2}x_1^3x_2 - \frac{1}{2}x_1x_2^3 - x_1^2x_2^2\right)dx_2 \\ &= 144\left(\frac{1}{8}x_1 - \frac{1}{3}x_1^2 + \frac{1}{4}x_1^3 - \frac{1}{24}x_1^5\right), \quad 0 \leq x_1 \leq 1 \end{aligned}$$

위 식의 중간과정에서 얻게 되는 (X_1, X_2)의 주변확률밀도함수를 쓰면 다음과 같다.

$$f_{X_1,X_2}(x_1,x_2) = 144\left(\frac{1}{2}x_1x_2 - \frac{1}{2}x_1^3x_2 - \frac{1}{2}x_1x_2^3 - x_1^2x_2^2\right),\ 0 \leq x_1,x_2 \leq 1, \quad x_1+x_2 \leq 1$$

이를 이용하여 다음 계산을 하자.

$$P\left(X_1+X_2 \leq \frac{1}{2}\right) = \int_0^{1/2}\int_0^{1/2-x_1} f_{X_1,X_2}(x_1,x_2)dx_2dx_1 = 0.15625$$

6.23 (1) $P(X>3, Y>3) = \sum_{x=4}^{\infty}\sum_{y=4}^{\infty}\frac{p^2}{(1-p)^2}(1-p)^{x+y} = \frac{p^2}{(1-p)^2}\frac{(1-p)^4}{p}\frac{(1-p)^4}{p} = (1-p)^6$

(2)
$$\begin{aligned} P(X>Y) = P(X \geq Y+1) &= \frac{p^2}{(1-p)^2}\sum_{y=1}^{\infty}\sum_{x=y+1}^{\infty}(1-p)^{x+y} \\ &= \frac{p^2}{(1-p)^2}\sum_{y=1}^{\infty}(1-p)^y\frac{(1-p)^{y+1}}{1-(1-p)} \\ &= \frac{p}{(1-p)}\sum_{y=1}^{\infty}(1-p)^{2y} = \frac{1-p}{2-p} \end{aligned}$$

$$(3)\ P(X>3Y)=P(X\geq 3Y+1)=\sum_{y=1}^{\infty}\sum_{x=3y+1}^{\infty}\frac{p^2}{(1-p)^2}(1-p)^{x+y}$$

$$=\frac{p}{1-p}\sum_{y=1}^{\infty}(1-p)^{4y}$$

$$=\frac{p(1-p)^3}{1-(1-p)^4}$$

$$(4)\ P(X=Y)=\frac{p^2}{(1-p)^2}\sum_{x=1}^{\infty}(1-p)^{2x}=\frac{p^2}{(1-p)^2}\frac{(1-p)^2}{1-(1-p)^2}=\frac{p^2}{1-(1-p)^2}$$

6.24 r번 째 순서통계량이 x보다 작거나 같으므로 n개중 r개 이상이 x보다 작거나 같고 나머지는 x보다 크면 된다. 따라서

$$P(X_{(r)}\leq x)=\binom{n}{r}P(X\leq x)^r(1-P(X\leq x))^{n-r}+\binom{n}{r+1}P(X\leq x)^{r+1}$$

$$(1-P(X\leq x))^{n-r-1}+\cdots+(P(X\leq x))^n$$

$$=\sum_{k=r}^{n}\binom{n}{k}(F(x))^k(1-F(x))^{n-k}$$

$$f_{X_{(r)}}(x)=n\binom{n-1}{r-1}f(x)F(x)^{r-1}(1-F(x))^{n-r}$$

6.25 $f(x)=1,\ 0<x<1,\ F(x)=x,\ 0<x<1$를 $f_{X_{(r)}}(x)$ 공식에 대입하면 바로 얻는다. 또한 $X_{(r)}$이 모수 r 과 $n-r+1$를 갖는 베타분포를 따르므로 베타분포 평균 및 분산 구하는 공식에 대립하면 된다.

6.26 (1) $J(x,y)=x$이므로 $f_{U,V}(u,v)=f(u,\frac{v}{u})|\frac{1}{u}|$

(2) $J(x,y)=\frac{1}{y}$이므로 $f_{W,Z}(w,z)=|z|f(wz,z)$

6.27 $Z=Y$라 두고 (W,Z)의 결합분포를 구하면 6.26 (2)에서 구한바와 같이 $f_{W,Z}(w,z)=|z|f(wz,z)$이다.

$$f_{W,Z}(w,z)=|z|f(wz,z)=\frac{1}{2\pi}exp(-\frac{1}{2}(w^2z^2+z^2))|z|,\ -\infty<w,z<\infty$$

따라서 W의 주변분포를 계산하자.

$$f_W(w)=\frac{1}{2\pi}\cdot 2\int_0^{\infty}e^{-\frac{1}{2}(w^2z^2+z^2)}zdz$$

$$=\frac{1}{2\pi}\cdot 2\cdot\frac{1}{1+w^2}$$

$$=\frac{1}{\pi(1+w^2)},\quad -\infty<w<\infty$$

6.28 $f(x,y)=\dfrac{1}{2\pi}e^{-\frac{1}{2}(x^2+y^2)}, \quad -\infty < x,y < \infty$

$x^2+y^2=r^2$이고 $J(x,y)=\begin{vmatrix} \dfrac{x}{\sqrt{x^2+y^2}} & \dfrac{y}{\sqrt{x^2+y^2}} \\ -\dfrac{y}{x^2+y^2} & \dfrac{x}{x^2+y^2} \end{vmatrix} = \dfrac{1}{\sqrt{x^2+y^2}} = \dfrac{1}{r}$ 이므로

$f_{R,\Theta}(r,\theta)=\dfrac{1}{2\pi}re^{-\frac{1}{2}r^2}, \quad 0<r<\infty, \quad 0<\theta<2\pi$

$f_R(r)=re^{-\frac{1}{2}r^2}, 0<r<\infty$, $f_\Theta(\theta)=\dfrac{1}{2\pi}, \quad 0<\theta<2\pi$

즉 R 과 Θ는 서로 독립이다.

(참고 $u=u(x)$ 가 미분가능하면 $\dfrac{d}{dx}(\tan^{-1}u)=\dfrac{u'}{1+u^2}$ 이다.)

6.29 $f(x_1,x_2,x_3)=\lambda^3e^{-\lambda(x_1+x_2+x_3)}, \quad x_1>0, x_2>0, x_3>0$

$x_1=y_1, \quad x_2=y_2-y_1, \quad x_3=y_3-y_2$이고 제이코비안행렬식을 구하면

$J(x_1,x_2,x_3)=\begin{vmatrix} 1 & 0 & 0 \\ 1 & 1 & 0 \\ 1 & 1 & 1 \end{vmatrix} = 1$

따라서 다음이 성립한다.

$$\begin{aligned} f_{Y_1,Y_2,Y_3}(y_1,y_2,y_3) &= f_{X_1,X_2,X_3}(y_1,y_2-y_1,y_3-y_2)|J|^{-1} \\ &= \lambda^3e^{-\lambda(y_1+y_2-y_1+y_3-y_2)}, \quad y_1>0, \quad y_2-y_1>0, \quad y_3-y_2>0 \\ &= \lambda^3e^{-\lambda y_3}, \quad 0<y_1<y_2<y_3 \end{aligned}$$

$$\begin{aligned} f_{Y_2}(y_2) &= \int_{y_2}^{\infty}\int_0^{y_2}\lambda^3e^{-\lambda y_3}dy_1dy_3 \\ &= \int_{y_2}^{\infty}\lambda^3e^{-\lambda y_3}y_2dy_3 \\ &= \lambda^2\, y_2\, e^{-\lambda y_2}, \quad y_2>0 \end{aligned}$$

즉 $Y_2 \sim \Gamma(2,\lambda)$ 이다.

6.30 (1) $X\sim B(6n,\frac{1}{6})$, $Y\sim B(6,\frac{1}{6})$, X와 Y는 서로 독립

(2) $$\begin{aligned} P(X=n-1) &= \binom{6n}{n-1}(\frac{1}{6})^{n-1}(\frac{5}{6})^{5n+1} \\ &= \binom{6n}{n}(\frac{1}{6})^{n}(\frac{5}{6})^{5n}\times\frac{5n}{5n+1} \\ &= P(X=n)\frac{5n}{5n+1} \end{aligned}$$

(3) $P(A_{n+1}) = P(X+Y \ge n+1)$

$$= \sum_{r=0}^{6} P(X+Y \ge n+1 | Y=r) P(Y=r)$$

$$= \sum_{r=0}^{6} P(X \ge n+1-r) P(Y=r) \qquad (X,\ Y\text{는 독립})$$

$$= P(Y=0)P(X \ge n+1) + P(Y=1)P(X \ge n) + P(Y=2)P(X \ge n-1) + \cdots + P(Y=6)P(X \ge n-5)$$

$$\le P(X \ge n) + P(X=n)(-P(Y=0) + P(Y=2) + 2P(Y=3) + \cdots + 5P(Y=6))$$

((1)의 결과이용)

$$= P(X \ge n) + P(X=n)E(Y-1),\ (Y \sim B(6 \cdot \frac{1}{6}))$$

$$= P(X \ge n)$$

$$= P(A_n)$$

6.31 $Y_{n-1} = \sum_{i=1}^{n-1} X_i \sim \Gamma(n-1, \lambda)$ 즉, $f_{Y_{n-1}}(x) = \frac{\lambda^{n-1}}{(n-2)!} x^{n-2} e^{-\lambda x}, \quad x > 0$이라 가정하고

$Y_n = Y_{n-1} + X_n$의 분포를 합성곱공식을 써서 구해보자.

$$f_{Y_n}(z) = \int_0^z f_{Y_{n-1}}(x) \lambda e^{-\lambda(z-x)} dx$$

$$= \frac{\lambda^{n-1} \lambda e^{-\lambda z}}{(n-2)!} \int_0^z x^{n-2} dx$$

$$= \frac{\lambda^n e^{-\lambda z}}{(n-2)!} \times \frac{z^{n-1}}{(n-1)}$$

$$= \frac{\lambda^n}{\Gamma(n)} z^{n-1} e^{-\lambda z}, \qquad z > 0$$

$$\sim \Gamma(n, \lambda)$$

6.32 $p_Z(z) = P(X+Y=z) = \sum_{x=1}^{z-1} p_X(x) p_Y(z-x)$

$$= \sum_{x=1}^{z-1} q^{x-1} p\, q^{z-x-1} p$$

$$= (z-1) p^2 q^{z-2}, \qquad z = 2,3,4,\cdots$$

$$p(x|z) = \frac{p_{X,Z}(x,z)}{p_Z(z)} = \frac{P_{X,Y}(x, z-x)}{p_Z(z)} = \frac{p^2 q^{x-1} q^{z-x-1}}{(z-1)p^2 q^{z-2}} = \frac{1}{z-1},\ 1 \le x \le z-1,\ x\text{는 정수}$$

따라서 $Z=z$ 조건 아래서 X의 조건부 분포는 $1,2,\cdots,z-1$에서 이산균일분포를 한다.

즉 $p_{X|Z}(1|z) = p_{X|Z}(2|z) = p_{X|Z}(3|z) = \cdots = p_{X|Z}(z-1|z) = \frac{1}{z-1}$

6.33 (1) $X \sim Unif(0,1)$이라 하자.

$P($모두가 x 보다 크고 y 보다 작다$) = (P(x < X < y))^n = (y-x)^n$

(2) $P(X_{(1)} > x,\ X_{(n)} > y) = P(X_{(1)} > x) - P(X_{(1)} > x,\ X_{(n)} < y) = (1-x)^n - (y-x)^n$

(3) $P(k$개는 x 보다 작고 나머지는 y 보다 크다$)$

$= \binom{n}{k}(P(X < x))^k (P(X > y))^{n-k} = \binom{n}{k} x^k (1-y)^{n-k}$

6.34 (1) $h_{X,Y}(\lambda, y) = f_X(\lambda) p_{Y|X}(y|\lambda) = \dfrac{\beta^\alpha}{\Gamma(\alpha)} \lambda^{\alpha-1} e^{-\beta\lambda} e^{-\lambda} \dfrac{\lambda^y}{y!},\quad y = 0,1,2,\cdots,\quad \lambda > 0$

(2) $p_Y(y) = \dfrac{\beta^\alpha}{y!\Gamma(\alpha)} \cdot \dfrac{\Gamma(\alpha+y)}{(\beta+1)^\alpha} = \binom{-\alpha}{y}\left(\dfrac{\beta}{\beta+1}\right)^\alpha (-1)^y,\quad y = 0,1,2,\cdots$

(3) $Y = y$일 때의 X의 조건부 분포는 $\Gamma(y+\alpha, \beta+1)$

6.35 (1) X와 Y의 결합확률분포표를 만들면 다음과 같다.

X \ Y	0	1	2	행 합 (X의 분포)
0	1/8	1/8	0	1/4
1	1/8	2/8	1/8	1/2
2	0	1/8	1/8	1/4
열 합 (Y의 분포)	1/4	1/2	1/4	총합 1

(2) $P(X=0, Y=0) = 1/8 \neq (1/4)(1/4) \equiv P(X=0)P(Y=0)$따라서 독립이 아니다.

(3) 위 표로부터 다음을 얻는다.

$P(X+Y=4) = 1/8,\ P(X+Y=3) = 2/8,\ P(X+Y=2) = 2/8$
$P(X+Y=1) = 2/8,\ P(X+Y=0) = 1/8$

6.36 $f_{U,V}(u,v) = 2! f_X(u) f_Y(v),\quad 0 \le u \le v \le 1$

이 때 $f_X(u) = 1,\ 0 \le u \le 1,\quad f_Y(v) = 1,\ 0 \le v \le 1$

6.37 $f_R(r) = re^{-\frac{1}{2}r^2},\quad r > 0$. 레일리 분포를 따른다.

6.38 $f_{(k)}(x) = n\binom{n-1}{k-1} x^{k-1}(1-x)^{n-k},\quad 0 < x < 1$이므로

$\displaystyle\int_0^1 x^{k-1}(1-x)^{n-k}dx = \frac{(k-1)!(n-k)!}{n!} = \frac{\Gamma(k)\Gamma(n-k+1)}{\Gamma(n+1)}$이 성립한다.

6.39 $J(x,y) = \begin{vmatrix} 1 & 1 \\ \frac{1}{y} & \frac{-x}{y^2} \end{vmatrix} = -\frac{x+y}{y^2} = -\frac{(v+1)^2}{u}$

$$J(u,v) = \begin{vmatrix} \frac{v}{v+1} & \frac{u}{(v+1)^2} \\ \frac{1}{v+1} & \frac{-u}{(v+1)^2} \end{vmatrix} = -\frac{u}{(v+1)^2}$$

7장 B

7.14 $Cov(X+Y, X-Y) = E((X+Y)(X-Y)) - E(X+Y)E(X-Y)$
$= E(X^2 - Y^2) - (E(X))^2 + (E(Y))^2 = Var(X) - Var(Y) = 0$

7.16 $X=x$일 때 $Y \sim N(x+3, 4)$. 따라서 $x=172$일 때 $Y \sim N(172+3, 4)$.
$E(Y|X=172) = 172+3 = 175$이다.

7.17 $f_{Y|X}(y|x) = \frac{1}{\sqrt{2\pi}} e^{-\frac{(y-x)^2}{2}}$ 이므로 X와 Y의 결합분포는 다음과 같다.

$$f_{X,Y}(x,y) = \frac{1}{2\pi} e^{-\frac{x^2}{2}} e^{-\frac{(y-x)^2}{2}}, \quad -\infty < x, y < \infty$$

따라서 Y의 주변확률밀도함수를 구하면 다음과 같다.

$$f_Y(y) = \int_{-\infty}^{\infty} \frac{1}{2\pi} e^{-\frac{x^2}{2}} e^{-\frac{(y-x)^2}{2}} dx = \frac{1}{\sqrt{2\pi}\sqrt{2}} e^{-\frac{y^2}{4}}, \quad -\infty < y < \infty \quad \text{즉 } Y \sim N(0, 2)$$

$Y=y$일 때의 X의 조건부확률밀도함수 $f_{X|Y}(x|y) = \frac{f_{X,Y}(x,y)}{f_Y(y)} = \frac{\sqrt{2}}{\sqrt{2\pi}} e^{-(x-y/2)^2}$

즉 $Y=y$일 때의 X의 조건부 분포는 $N(\frac{y}{2}, \frac{1}{2})$. $E(X|Y=y) = \frac{y}{2}$, $Var(X|Y=y) = \frac{1}{2}$ 가 된다.

7.18 $f_{X|Y}(x|y) = \frac{f(x, y)}{\int_{-\infty}^{\infty} f(x, y) dx} = \frac{\frac{1}{y} e^{-\frac{x}{y}}}{\int_0^{\infty} \frac{1}{y} e^{-\frac{x}{y}} dx} = \frac{1}{y} e^{-\frac{x}{y}}, x > 0 \sim Exp(\frac{1}{y})$

따라서 $E(X|Y=y) = y$.

7.19 (1) $x=\frac{1}{\sigma}u,\ y=(v-\frac{\tau\rho u}{\sigma})\tau^{-1}(1-\rho^2)^{-1/2}$ 그리고 $J(x,y)=\tau\sigma(1-\rho^2)^{1/2}$. 따라서

$$f_{U,V}(u,v)=\frac{1}{2\pi}\frac{1}{\tau\sigma\sqrt{1-\rho^2}}exp\left(-\frac{1}{2}(1-\rho^2)^{-1}[\frac{u^2}{\sigma^2}-\frac{2\rho uv}{\sigma\tau}+\frac{v^2}{\tau^2}]\right),\ -\infty<u,v<\infty$$

(2) $U\sim N(0,\sigma^2)$이고 V 또한 서로 독립인 두 정규분포의 합의 분포이므로 다시 정규분포가 되고 평균과 분산은 각각의 평균과 분산의 합이 된다. 따라서

$V\sim N(0,\tau^2\rho^2+\tau^2(1-\rho^2))=N(0,\tau^2)$

$$\begin{aligned}E(UV)&=E[\sigma X(\tau\rho X+\tau(1-\rho^2)^{1/2}Y)]\\&=\sigma\tau\rho E(X^2)+\sigma\tau(1-\rho^2)^{1/2}E(XY)\\&=\sigma\tau\rho Var(X)+0=\sigma\tau\rho\end{aligned}$$

따라서 다음을 얻는다.

$Cov(U,V)=E(UV)-E(U)E(V)=\sigma\tau\rho$

$\rho(U,V)=\frac{Cov(U,V)}{\sigma\tau}=\rho$

(3) $U=u$ 조건 아래서 $V=\frac{\tau\rho u}{\sigma}+\tau(1-\rho^2)^{1/2}Y$ 즉 V는 평균 $\frac{\tau\rho u}{\sigma}$, 분산 $\tau^2(1-\rho^2)$ 인 정규분포를 한다. 즉

$$f_{V|U}(v|u)=\frac{1}{\sqrt{2\pi\tau^2(1-\rho^2)}}exp\left(-\frac{1}{2\tau^2(1-\rho^2)}(v-\frac{\tau\rho u}{\sigma})^2\right)$$

$V=v$ 조건 아래서 U는 평균 $\frac{\sigma\rho v}{\tau}$, 분산은 $\sigma^2(1-\rho^2)$인 정규분포를 따름을 확인해 보시오.

7.20 (1) 마코브 부등식을 사용하면 $P(X\geq 20)\leq\frac{E(X)}{20}=\frac{1}{2}$

체비세프 부등식을 사용하면 $P(X\geq 20)\leq P(|X-10|>10)\leq\frac{Var(X)}{10^2}=\frac{25}{100}=\frac{1}{4}$

또한 $h(x)=x^2\geq 0$ 비감소함수이므로 $P(X\geq 20)=P(X^2\geq 20^2)\leq\frac{E(X^2)}{400}=\frac{125}{400}$

따라서 체비세프 부등식이 가장 작은 상한을 제시한다.

(2) $X\sim B(n,p)$이면 $E(X)=np=10,\ Var(x)=npq=25$이므로 $q=2.5$가 되어야 하나 이는 모순. 따라서 이항분포가 될 수 없다.

7.21 (1) 체비세프 부등식을 이용하면

$$P(X>130)\leq P(|X-100|>30)\leq\frac{10^2}{30^2}=\frac{1}{9}$$

(2) 100을 중심으로 좌우대칭이면 $P(X>130)=P(X<70)$이 되므로

$$P(X>130)=\frac{1}{2}P(|X-100|>30)\leq\frac{1}{2}\frac{1}{9}=\frac{1}{18}\approx 0.0556$$

(3) $P(X>130)=P(\frac{X-100}{10}>\frac{130-100}{10})=P(Z>3)\approx 0.0013$

7.22 (1) $P(B) = P(X > a) = a^{-1}$

$x \ge a$이면 $P(X \ge x|B) = \dfrac{P(X \ge x, X \ge a)}{P(B)} = \dfrac{x^{-1}}{a^{-1}} = \dfrac{a}{x}$. 따라서

$p(x|B) = P(X \ge x|B) - P(X \ge x+1|B) = \dfrac{a}{x(x+1)}$

(2) $P(X \ge x|B) = \dfrac{e^{-x(x-1)}}{e^{-a(a-1)}}$, $x \ge a$

7.23 $E(X|B) = \dfrac{E(XI_B)}{P(B)}$이므로

$P(B)E(X|B) + P(B^c)E(X|B^c) = E(XI_B) + E(XI_B^c) = E(X)$

7.24 $\rho(X,\ Y+Z) = \dfrac{Cov(X,\ Y+Z)}{\sqrt{VarX}\sqrt{Var(Y+Z)}}$

$= \dfrac{Cov(X,\ Y) + Cov(X,\ Z)}{\sqrt{VarX}\sqrt{VarY + VarZ}}$

$= \dfrac{\sqrt{VarY}}{\sqrt{VarY + VarZ}}\rho(X,\ Y) + \dfrac{\sqrt{VarZ}}{\sqrt{VarY + VarZ}}\rho(X,\ Z)$

$\rho(X,\ Y)$와 $\rho(X,\ Z)$ 앞의 계수의 제곱의 합이 1이 됨은 자명하다.

7.26 $E(W|N=n) = E(\sum_{i=1}^{n} X_i|N=n) = n\dfrac{1}{\theta}$

따라서 $E(W|N) = \dfrac{N}{\theta,}$ $E(W) = E(E(W|N)) = E(\dfrac{N}{\theta}) = \dfrac{1}{\theta}\dfrac{1}{p} = \dfrac{1}{p\theta}$

$Var(W|N=n) = Var(\sum_{i=1}^{n} X_i|N=n) = n\,Var(X_i) = n\dfrac{1}{\theta^2}$

따라서 $Var(W|N) = N\dfrac{1}{\theta^2}$

한편 $Var(W) = E(N\dfrac{1}{\theta^2}) + Var(\dfrac{N}{\theta})$

$= \dfrac{1}{\theta^2}E(N) + \dfrac{1}{\theta^2}Var(N)$

$= \dfrac{1}{\theta^2}\dfrac{1}{p} + \dfrac{1}{\theta^2}\dfrac{1-p}{p^2} = \dfrac{1}{p^2\theta^2}$

6.10 (3)에서 $W \sim Exp(p\theta)$임을 보였다. 따라서 지수분포의 평균과 분산을 이용하면 $E(W) = \dfrac{1}{p\theta}$, $Var(W) = \dfrac{1}{p^2\theta^2}$이 되므로 두 결과가 일치하는 것을 알 수 있다.

7.27 (1) $f(x,y) = x^{-1},\ 0 \le y \le x \le 1$

(2) $f_Y(y) = -\log y,\ 0 < y \le 1$

(3) $f_{X|Y}(x|y) = -\dfrac{x^{-1}}{\log y}$

(4) $E(X|Y) = -\dfrac{(1-Y)}{\log Y}$

7.28 (1) $f_X(x) = \dfrac{1}{2}(2-x),\ 0 < x < 2,\ f_Y(y) = \dfrac{1}{2}y,\ 0 < y < 2$

(2) 7/16, 1/16

(3) $f_{X|Y}(x|y) = \dfrac{1}{y},\ 0 \le x \le y,\ f_{X|Y}(x|y=1) = 1,\ 0 \le x \le 1$

(4) 1/2

(5) 1, 1/9

(6) −2/3, 2/9

7.29 (1) 1 (2) 2/3

7.30 (1) 1/4, 7/8 (2) 1/3

7.33 $E(X) = 1/3 + 1/3(2 + E(X)) + 1/3(3 + E(X))$

따라서 $E(X) = 6$

7.35 $Corr(X, Y) = \dfrac{E[XY] - \mu_x \mu_y}{\sigma_x \sigma_y}$와 같이 정의되므로

$Corr(X, Y)$를 구하기 위해서는 $E[XY]$가 필요하다. 6.2 (2)에서 조건부 분포를 구하였기 때문에 $E[XY] = E[E[XY|Y]]$ 임을 이용하여 $E[XY]$를 구하면 효율적이다.

$$E[XY|Y=y] = E[Xy|Y=y] = yE[X|Y=y] = y\left(\mu_x + \rho\frac{\sigma_x}{\sigma_y}(y-\mu_y)\right)$$

따라서 $E[XY|Y] = \mu_x Y + \rho\dfrac{\sigma_x}{\sigma_y}(Y^2 - \mu_y Y)$이다.

$$\begin{aligned} E[XY] &= E[E[XY|Y]] \\ &= E\left[\mu_x Y + \rho\frac{\sigma_x}{\sigma_y}(Y^2 - \mu_y Y)\right] \\ &= \mu_x\mu_y + \rho\frac{\sigma_x}{\sigma_y}\left(E[Y^2] - \mu_y^2\right) \\ &= \mu_x\mu_y + \rho\sigma_x\sigma_y \end{aligned}$$

그러므로 $Corr(X, Y) = \dfrac{E[XY] - \mu_x\mu_y}{\sigma_x\sigma_y} = \dfrac{\mu_x\mu_y + \rho\sigma_x\sigma_y - \mu_x\mu_y}{\sigma_x\sigma_y} = \rho$이 된다.

8장 B

8.11 $M_X(t)=\frac{1}{3}e^t+\frac{2}{3}e^{2t}$

8.12 $f_X(x)=\frac{1}{2}$, $3<x<5$이므로 $M_X(t)=E(e^{tX})=\int_3^5\frac{1}{2}e^{tx}dx=\frac{1}{2t}(e^{5t}-e^{3t})$

따라서 $E(X)=M_X{}'(0)=4$, $E(X^2)=M_X{}''(0)=\frac{49}{3}$

8.13 X의 확률생성함수는 예제 8.2에서 구한 바와 같이 다음과 같다.

$$Q_X(r)=\frac{pr}{1-r(1-p)},\ (|r|\le\frac{1}{1-p})$$

$$M_X(t)=\sum_{k=1}^{\infty}e^{tk}(1-p)^{k-1}p=\frac{p}{1-p}\sum_{k=1}^{\infty}(e^t(1-p))^k$$

$$=\frac{p}{1-p}\frac{e^t(1-p)}{1-e^t(1-p)}$$

$$=\frac{pe^t}{1-e^t(1-p)}$$

세 번째 등식이 성립하는 범위는 $e^t(1-p)<1$ $i.e.$ $t<-\ln(1-p)$이다.

8.14 $Z=\ln Y\sim N(\mu,\sigma^2)$이므로 $M_Z(t)=exp(\mu t+\frac{\sigma^2t^2}{2})$

한편 $E(e^{tZ})=E(e^{t\ln Y})=E(Y^t)$이므로 $E(Y^t)=exp(\mu t+\frac{\sigma^2t^2}{2})$

위 식의 t에 n을 대입하면 다음이 성립한다.

$$E(Y^n)=exp(n\mu+\frac{\sigma^2n^2}{2})$$

8.15 $M_X(t)=(\frac{\lambda}{\lambda-t})^\alpha$, $M_Y(t)=(\frac{\lambda}{\lambda-t})^\beta$이고 X와 Y가 서로 독립이므로

$M_{X+Y}(t)=M_X(t)M_Y(t)=(\frac{\lambda}{\lambda-t})^{\alpha+\beta}$ 이는 $X+Y\sim\Gamma(\alpha+\beta,\lambda)$임을 보여준다.

8.16 $M_{X,Y}(t,s)=E(e^{tX+sY})=\int_0^1\int_0^1 e^{tx+sy}\cdot 1\,dxdy$

$$=\int_0^1 e^{tx}dx\int_0^1 e^{sy}dy$$

$$=\frac{1}{ts}(e^t-1)(e^s-1)$$

$$=\frac{1}{t}(e^t-1)\frac{1}{s}(e^s-1)=M_X(t)M_Y(s)$$

따라서 X와 Y는 서로 독립이다.

8.17 (1) $M_X(s)=M_{X,Y}(s,0)=(pe^s+q)^n$, $X\sim B(n,p)$

$M_Y(t)=M_{X,Y}(0,t)=(p+qe^t)^n$, $Y\sim B(n,q)$

(2) $M_{X,Y}(s,t)\neq M_X(s)M_Y(t)$이므로 X와 Y는 서로 독립이 아니다.

(3) $M_{X+Y}(t)=E(e^{t(X+Y)})=E(e^{tX+tY})=M_{X,Y}(t,t)=(pe^t+qe^t)^n=e^{nt}$

따라서 $P(X+Y=n)=1$이 된다.

8.18 $M_{aX+bY}(t)=E(e^{t(aX+bY)})=E(e^{taX+tbY})=M_{X,Y}(at,bt)$

8.19 X_i는 독립 동등분포를 하고 $E(X_i)=p$, $Var(X_i)=p(1-p)$이므로 이를 (8.8) 식에 대입하면 $n\to\infty$일 때 $\dfrac{\sum X_i-np}{\sqrt{np(1-p)}}\to Z\sim N(0,1)$임을 알 수 있다.

8.20 $E(X_i)=\frac{1}{\lambda}$, $Var(X_i)=\frac{1}{\lambda^2}$이므로 중심극한의 정리에 의해 다음이 성립한다.

$$\frac{\sum_{i=1}^n X_i-\frac{n}{\lambda}}{\sqrt{\frac{n}{\lambda^2}}}=\frac{X-\frac{n}{\lambda}}{\frac{\sqrt{n}}{\lambda}}\to Z\sim N(0,1)$$

즉 $X\approx N(\frac{n}{\lambda},\frac{n}{\lambda^2})$, ($n$이 클 때)

8.21 $E(X_i)=Var(X_i)=1$이므로 $\dfrac{\sum_{i=1}^n X_i-n}{n}\approx N(0,1)$이므로 $X\approx N(n,n)$, (n이 클 때)

8.22 X를 한 상자에 들어 있는 불량품의 개수라 하면 $X\sim B(10{,}000,\,0.05)$가 된다. 구하는 확률은 $P(X>k)\le 0.01$, $E(X)=\mu=500$, $Var(X)=\sigma^2=10{,}000(0.05)(0.95)=475$이다.
체비세프 부등식을 이용하면 다음과 같다.

$$P(X>k) \le P(|X-500| \ge k-500) \le \frac{475}{(k-500)^2} \le 0.01$$

따라서 $k \ge 500 + \sqrt{47500} \approx 718$

이번에는 중심극한의 정리에 의해 $X \sim B(10{,}000,\, 0.05) \approx N(500,\, 475)$. 따라서

$$P(X \ge k) = P\left(\frac{X-500}{\sqrt{475}} \ge \frac{k-500}{\sqrt{475}}\right) = P\left(Z \ge \frac{k-500}{\sqrt{475}}\right) \le 0.01$$

따라서 $k = 551$이 된다.

컴퓨터를 사용하여 정확한 확률을 구하여 보면 다음과 같다.

$P(X>550) \approx 0.01106,\ P(X>551) \approx 0.00983$.

따라서 구하고자 하는 $k=551$이 되고 이는 중심극한의 정리를 사용하여 구한 답과 일치한다.

8.23 (1). $\mu = E(X_i) = -1/19$(불)

(2) $E(X_i^2) = 1,\ Var(X_i) = \frac{360}{361}$. 따라서 중심극한의 정리를 적용하면 다음을 얻는다.

$$\frac{\sum_{i=1}^{n} X_i + \frac{n}{19}}{\sqrt{n\frac{360}{361}}} \approx N(0,\, 1) \quad (n\text{이 클 때})$$

$Y := \dfrac{\sum_{i=1}^{10000} X_i}{10000}$이라 두면 이는 10000번 시행 후의 평균 손실(이득) 액수이다.

$$Y \sim N\left(-\frac{1}{19},\ \frac{360}{3610000}\right)$$

따라서 다음이 성립한다.

$$P\left(Y \in \left(\mu - \frac{1}{100},\ \mu + \frac{1}{100}\right)\right) = P\left(-\frac{1}{0.9986} < Z < +\frac{1}{0.9986}\right) \approx 0.6894$$

8.24 연습문제 8.10을 이용하자. $M_X(t) = \frac{\lambda}{\lambda - t},\ G(s) = \frac{ps}{1-qs}$

$M_T(t) = G(M_X(t)) = \frac{p\lambda}{\lambda - t - q\lambda} = \frac{p\lambda}{p\lambda - t}$ 이는 적률생성함수의 유일성의 정리에 의해 T의 분포가 모수 $p\lambda$를 갖는 지수분포를 따름을 의미한다.

8.25 X의 확률생성함수를 n차 미분하면 $Q_X^{(n)}(r) = \lambda^n e^{\lambda(r-1)}$이다.

$$Q_X^{(n)}(r)]_{r=0} = n!P(X=n)$$

$$Q_X^{(n)}(r)]_{r=0} = \lambda^n e^{\lambda(r-1)}]_{r=0} = \lambda^n e^{-\lambda}$$

따라서 $P(X=n) = \dfrac{\lambda^n e^{-\lambda}}{n!},\ n = 0, 1, 2, 3, \cdots$

8.26 확률생성함수의 유일성의 성질에 의해서 $Y \sim Poisson(4)$가 된다.

8.27 $$Q_{X_1+\cdots+X_n}(r) = E(r^{X_1+\cdots+X_n}) = E(r^{X_1}r^{X_2}\cdots r^{X_n})$$
$$= E(r^{X_1})E(r^{X_2})\cdots E(r^{X_n})$$
$$= (Q_X(r))^n$$

부록

I. 이산분포 요약

대표적인 이산분포를 간단히 정리하면 다음과 같다.

1. 성공률 p인 베르누이 시행을 했을 때

분포	X	모수	평균(μ)	분산(σ^2)
베르누이 분포	한번 시행에서 성공하면 1 실패하면 0	p	p	pq
이항분포	n번 시행했을 때 성공 횟수	n, p	np	npq
기하분포	처음 성공할 때까지의 시행 횟수	p	$\frac{1}{p}$	$\frac{1-p}{p^2}$
음이항분포	r번째 성공때까지의 총 시행횟수	r,p	$\frac{r}{p}$	$\frac{r(1-p)}{p^2}$
포아송 분포	이항분포의 근사분포($\lambda = np, \quad n \to \infty$)	λ	λ	λ

■ 이항분포(n, p): 최빈값(mode) $[(n+1)p]$

포아송 근사 $P(X=k) \approx \frac{e^{-\lambda}\lambda^k}{k!}, \quad (\lambda = np, \quad p \approx 0)$

정규근사 n이 충분히 클 때

$$P(a < X \le b) \approx \Phi(\frac{b+0.5-\mu}{\sigma}) - \Phi(\frac{a-0.5-\mu}{\sigma})$$

여기서 Φ는 표준정규분포의 분포함수

n개의 서로 독립인 베르누이 분포를 따르는 확률변수들의 합의 분포

■ 기하분포(p): 꼬리확률(tail probability) $P(X > n) = (1-p)^n$

■ 음이항분포(r,p): r개의 서로독립인 기하분포를 하는 확률변수들의 합의 분포

■ 포아송 분포: 최빈값 $[\lambda]$, 정규근사 모수 λ가 클 때

2. 타입 1이 r개, 타입 2가 $N-r$개 들어있는 N개의 유한모집단에서 n개를 추출한다.

분포	X	모수	평균	분산
초기하분포	n개 중 들어있는 타입 1의 개수	N,r,n	$n\frac{r}{N}$	$n\frac{r}{N}(1-\frac{r}{N})(\frac{N-n}{N-1})$

■ 초기하분포:

포아송 근사 $p=\frac{r}{N}$은 충분히 작고 r과 N은 클 때

이항근사: $n \ll N$ 그리고 r과 $N-r$은 클 때

II. 연속분포 요약

대표적인 연속분포를 간단히 정리하면 다음과 같다.

분포(모수)	확률밀도함수/ 분포함수	평균	분산
균일분포(a,b)	$\frac{1}{b-a},\ a<x<b$ $F(x)=\frac{x-a}{b-a},\quad a<x<b$	$\frac{a+b}{2}$	$\frac{(b-a)^2}{12}$
정규분포(μ,σ^2)	$\frac{1}{\sqrt{2\pi}\,\sigma}exp(-\frac{(x-\mu)^2}{2\sigma^2}),\ -\infty<x<\infty$	μ	σ^2
지수분포(λ)	$\lambda e^{-\lambda x},\quad x>0$ $F(x)=1-e^{-\lambda x},\quad x>0$	$\frac{1}{\lambda}$	$\frac{1}{\lambda^2}$
감마분포(α,λ)	$\frac{\lambda^\alpha}{\Gamma(\alpha)}x^{\alpha-1}e^{-\lambda x},\ x>0$	$\frac{\alpha}{\lambda}$	$\frac{\alpha}{\lambda^2}$
웨이블분포 $(\alpha,\ \beta)$	$\frac{\alpha}{\beta^\alpha}x^{\alpha-1}e^{-(\frac{x}{\beta})^\alpha},\ x>0$ $F(x)=1-e^{-(\frac{x}{\beta})^\alpha},\quad x>0$	$\beta\Gamma(1+\frac{1}{\alpha})$	$\beta^2[\Gamma(1+\frac{2}{\alpha})-(\Gamma(1+\frac{1}{\alpha}))^2]$
베타분포$(a,\ b)$	$\frac{1}{B(a,b)}x^{a-1}(1-x)^{b-1},\ 0<x<1$	$\frac{a}{a+b}$	$\frac{ab}{(a+b)^2(a+b+1)}$
코쉬분포(θ)	$\frac{1}{\pi}\frac{1}{1+(x-\theta)^2},\ -\infty<x<\infty$	없음	없음
로그노말분포 (μ,σ^2)	$\frac{1}{\sqrt{2\pi}\,\sigma x}exp(-\frac{(\ln x-\mu)^2}{2\sigma^2}),\ x>0$	$e^{\mu+\frac{\sigma^2}{2}}$	$e^{2\mu+\sigma^2}(e^{\sigma^2}-1)$
레일리분포 (σ^2)	$\frac{x}{\sigma^2}exp(-\frac{x^2}{2\sigma^2}),\quad x>0$ $F(x)=1-e^{-\frac{x^2}{2\sigma^2}},\quad x>0$	$\sigma\sqrt{\frac{\pi}{2}}$	$\sigma^2(2-\frac{\pi}{2})$

■ 지수분포: 위험률함수 $\lambda(t)=\lambda$, 비기억성을 가짐

작은 p에서의 Geo(p)의 근사분포, 포아송과정에서의 도착간격시간

■ 감마분포: $X \sim \Gamma(n, \lambda)$일 때 $P(X \le t) = 1 - \sum_{k=0}^{n-1} \frac{(\lambda t)^k e^{-\lambda t}}{k!}$

$\chi^2(n) = \Gamma(\frac{n}{2}, \frac{1}{2})$

포아송과정에서 n번째 사건이 일어날 때까지 기다린 시간

모수 r, p인 음이항분포에서 p가 작을 때의 근사분포

■ 정규분포: Z가 표준정규분포이면 $E(Z^m)=0$, m이 홀수

$E(Z^{2m}) = \frac{(2m)!}{m!2^m}$, $m = 0,1,2,\cdots$

$E(|Z|) = \sqrt{\frac{2}{\pi}}$

$Z^2 \sim \Gamma(\frac{1}{2}, \frac{1}{2})$

Z_1, Z_2가 서로 독립이고 표준정규분포를 따르면 $Z_1/Z_2 \sim$ 표준코쉬분포

■ 베타분포: $B(a,b) = \frac{\Gamma(a)\Gamma(b)}{\Gamma(a+b)}$

$a=b=1$이면 $Unif(0,1)$

정규근사 a와 b가 클 때

III. 생성함수표(generating function)

확률생성함수표(pgf)

분포	확률질량함수	확률생성함수(pgf)	
이항분포 $B(n,p)$	$\binom{n}{x} p^x (1-p)^{n-x}$ $x = 0,1,2,\cdots,n$	$(pt+1-p)^n$	
포아송 분포 $Poisson(\lambda)$	$e^{-\lambda}\frac{\lambda^x}{x!}$ $x = 0,1,2,\cdots$	$e^{\lambda(t-1)}$	
기하분포 Geo(p)	$p(1-p)^{x-1}$ $x = 1,2,\cdots$	$\frac{pt}{1-(1-p)t}$	
음이항분포 $NB(r,p)$	$\binom{n-1}{r-1} p^r (1-p)^{n-r}$ $n = r, r+1, \cdots$	$\left(\frac{pt}{1-(1-p)t}\right)^r$	

적률생성함수표(mgf)

분포	확률질량(밀도)함수	적률생성함수(mgf)	평균, 분산
이항분포 $B(n,p)$	$\binom{n}{x} p^x (1-p)^{n-x}$ $x=0,1,2,\cdots,n$	$(pe^t+1-p)^n$	$np,\ np(1-p)$
포아송 분포 $Poisson(\lambda)$	$e^{-\lambda}\frac{\lambda^x}{x!}$ $x=0,1,2,\cdots$	$e^{\lambda(e^t-1)}$	$\lambda,\ \lambda$
기하분포 Geo(p)	$p(1-p)^{x-1}$ $x=1,2,\cdots$	$\frac{pe^t}{1-(1-p)e^t}$	$\frac{1}{p},\ \frac{1-p}{p^2}$
음이항분포 $NB(r,p)$	$\binom{n-1}{r-1} p^r (1-p)^{n-r}$ $n=r,r+1,\cdots$	$\left(\frac{pe^t}{1-(1-p)e^t}\right)^r$	$\frac{r}{p},\ \frac{r(1-p)}{p^2}$
균일분포 $Unif(a,b)$	$\frac{1}{b-a},\quad a<x<b$	$\frac{e^{tb}-e^{ta}}{t(b-a)}$	$\frac{a+b}{2},\ \frac{(b-a)^2}{12}$
지수분포 Exp(λ)	$\lambda e^{-\lambda x},\quad x>0$	$\frac{\lambda}{\lambda-t}\quad (t<\lambda)$	$\frac{1}{\lambda},\ \frac{1}{\lambda^2}$
정규분포 $N(\mu,\sigma^2)$	$\frac{1}{\sqrt{2\pi}\sigma}exp(-\frac{(x-\mu)^2}{2\sigma^2})$ $-\infty<x<\infty$	$\exp(\mu t+\frac{\sigma^2t^2}{2})$	$\mu,\ \sigma^2$
감마분포 $\Gamma(\alpha,\lambda)$	$\frac{\lambda^\alpha}{\Gamma(\alpha)}x^{\alpha-1}e^{-\lambda x},\ x>0$	$(\frac{\lambda}{\lambda-t})^\alpha\quad (t<\lambda)$	$\frac{\alpha}{\lambda},\ \frac{\alpha}{\lambda^2}$

VI. 합(Sum)과 무한급수(infinite series)

1. $(a_i)_{i\geq 1}$는 실수값 수열이고 $s_n=\sum_{i=1}^{n}a_i$는 부분합을 가르킨다. $n\to\infty$ 일 때 $s_n\to s<\infty$ 이면 무한급수(infinite series) $\sum_{i=1}^{\infty}a_i$가 s로 수렴한다고 말한다.

2. 이항급수(binomial series)는 $f(x)=(1+x)^a$, a는 임의의 실수에 대한 $x=0$에 대한 테일러급수전개(Taylor series expansion)식이다. 즉 다음이 성립한다.

   $$(1+x)^a=\sum_{k=0}^{\infty}\binom{a}{k}x^k,\qquad |x|<1$$

3. 몇 가지 합 및 무한급수에 관한 공식들을 정리해 보자.

   (1) $\sum_{i=1}^{n}i=\frac{1}{2}n(n+1)$

(2) $\sum_{i=1}^{n} i^2 = \frac{1}{6}n(n+1)(2n+1)$

(3) $\sum_{i=1}^{n} i^3 = (\sum_{i=1}^{n} i)^2 = \frac{1}{4}n^2(n+1)^2$

(4) $\sum_{n=1}^{\infty} \frac{1}{n^2} = \frac{\pi^2}{6}$

(5) $\sum_{n=1}^{\infty} \frac{1}{n} = \infty$, 그러나 $r > 1$일 때 $\sum_{n=1}^{\infty} \frac{1}{n^r} < \infty$

(6) $\sum_{i=0}^{n} x^i = \frac{1-x^{n+1}}{1-x}$

(7) $\sum_{n=0}^{\infty} x^n = \frac{1}{1-x}, \quad |x| < 1$

(8) $\sum_{i=0}^{\infty} \binom{n+i-1}{i} x^i = (1-x)^{-n}$, $\sum_{i=0}^{\infty} (i+1)x^i = (1-x)^{-2}$ (앞 식에서 $n=2$ 일 때)

V. 미분(Derivatives)

$$f'(x) = \frac{d}{dx} f(x)$$

1. 기본공식

$f = c$ (c는 상수) 이면 $f'(x) = 0$

$(cf+g)'(x) = cf'(x) + g'(x)$

$(fg)'(x) = f'(x)g(x) + f(x)g'(x)$

$\frac{d}{dx} f(g(x)) = f'(g(x))g'(x)$

2. 많이 쓰는 미분 공식

$\frac{d}{dx} x^n = nx^{n-1}, \quad n = 1, 2, \cdots$

$\frac{d}{dx} \log(x) = \frac{1}{x}, \ x > 0$

$\frac{d}{dx} e^{ax} = ae^{ax}$

$$\frac{d}{dx}\sin(x) = \cos(x)$$

$$\frac{d}{dx}\cos(x) = -\sin(x)$$

$$\frac{d}{dx}\arcsin(x) = \frac{1}{\sqrt{1-x^2}}, \quad |x| < 1$$

$$\frac{d}{dx}\arccos(x) = \frac{-1}{\sqrt{1-x^2}}, \quad |x| < 1$$

$$\frac{d}{dx}\arctan(x) = \frac{1}{1+x^2}$$

3. Taylor의 정리

함수 $f: R \to R$은 a를 포함하는 개구간에서 $(n+1)$차 미분가능하고 $[a, x]$에서 연속이면 다음이 성립한다. $n \ge 1$인 정수일 때

$$f(x) = f(a) + f'(a)(x-a) + \frac{f''(a)}{2!}(x-a)^2 + \cdots + \frac{f^{(n)}(a)}{n!}(x-a)^n + R_n$$

여기서 $R_n = \dfrac{f^{(n+1)}(\xi)}{(n+1)!}(x-a)^{n+1}, \quad \xi \in (a, x)$

이 때 $\lim_{n\to\infty} R_n = 0$이면 아래와 같은 테일러급수 전개(Taylor series expansion)가 가능해진다.

$$f(x) = \sum_{n=0}^{\infty} \frac{f^{(n)}(a)}{n!}(x-a)^n$$

VI. 적분(Integrals)

1. 적분의 기본성질

$a < b$, c는 상수라 가정하자.

$$\int_a^b c\,dx = c(b-a)$$

$$\int_a^b (cf(x) + g(x))dx = c\int_a^b f(x)dx + \int_a^b g(x)dx$$

$f(x) \le g(x), \forall x$이면 $\int_a^b f(x)dx \le \int_a^b g(x)dx$

$a < c < b$이면 $\int_a^b f(x)dx = \int_a^c f(x)dx + \int_c^b f(x)dx$

$$\int_a^b f(x)g'(x)dx = f(x)g(x)]_a^b - \int_a^b f'(x)g(x)dx$$

2. 기본적인 부정적분 공식

$$\int x^n dx = \frac{x^{n+1}}{n+1} \quad (n \neq -1,\ \ x > 0)$$

$$\int \frac{1}{x} dx = \log(x) \ (x > 0)$$

$$\int e^{ax} dx = \frac{1}{a} e^{ax}$$

$$\int \log(x) dx = x\log(x) - x \ (x > 0)$$

$$\int \sin(x)dx = -\cos(x)$$

$$\int \cos(x)dx = \sin(x)$$

$$\int \frac{1}{\sqrt{1-x^2}} dx = \arcsin(x) \ (\ |x| < 1)$$

$$\int \frac{1}{1+x^2} dx = \arctan(x)$$

3. 몇 가지 정적분 공식

$$\int_{-\infty}^{\infty} e^{-\frac{1}{2}x^2} dx = \sqrt{2\pi}$$

$$\int_0^1 x^m (1-x)^n dx = \frac{\Gamma(m+1)\Gamma(n+1)}{\Gamma(m+n+2)} = \frac{m!\,n!}{(m+n+1)!}$$

$$\int_0^{\infty} x^{\alpha-1} e^{-\lambda x} dx = \lambda^{-\alpha}\Gamma(\alpha)$$

$\int_0^{\infty} x^n e^{-x} dx = n!$ ($n \geq 0$, n은 정수)

4. 부분적분(Integration by parts) 공식

$$\int_a^b f(x)g'(x)dx = f(x)g(x)]_a^b - \int_a^b f'(x)g(x)dx$$

5. 미분적분학의 기본법칙(fundamental theorem of Calculus)

- 제1법칙: $f(x)$는 $[a,\ b]$ 위에서 연속함수이고 $\forall x \in [a,\ b]$, $F(x) = \int_a^x f(t)dt$라 하면 F는 $[a,\ b]$에서 연속함수이고 미분가능함수이며 $F'(x) = f(x)$, $x \in [a,\ b]$
- 제2법칙: 함수 $f : [a,\ b] \to R$, $f(x) = g'(x)$, $x \in [a,\ b]$라 하고 f가 $[a,\ b]$에서 적분가능하면 다음이 성립한다.

$$\int_a^b f(x)dx = g(b) - g(a).$$

6. $\frac{\partial}{\partial x}\int_0^{g(x)} f(u,y)du = \frac{\partial\, g(x)}{\partial\, x} f(g(x),y)$

7. 라이브니쯔의 적분규칙(Leibniz's integral rule)

적분을 미분할 때, 즉

$\int_a^b f(x,t)dx$, $t \in (t_0,\ t_1)$의 미분에 대해 f와 $\frac{\partial f}{\partial x}$이 $[a,\ b] \times [t_0,\ t_1]$에서 연속이면 다음이 성립한다.

$$\frac{d}{dt}\int_a^b f(x,t)dx = \int_a^b \frac{\partial}{\partial t} f(x,t)dx$$

이 결과를 일반화 하면 다음과 같다.

$$\frac{d}{dt}\int_{a(t)}^{b(t)} f(x,t)dx = \frac{db(t)}{dt} f(b(t),t) - \frac{da(t)}{dt} f(a(t),t) + \int_{a(t)}^{b(t)} \frac{\partial}{\partial t} f(x,t)dx$$

VII. 지수함수와 로그함수(exponential function and log function)

$b > 0, x > 0, y > 0$ 일 때

$\log_b(xy) = \log_b(x) + \log_b(y)$

$\log_b(\frac{x}{y}) = \log_b(x) - \log_b(y)$

$\log_b(x^y) = y\log_b(x)$ (이는 $y \le 0$일 때도 성립)

$e = 2.71828\ldots$인 상수

$\exp(x) = e^x = \sum_{n=0}^{\infty} \frac{x^n}{n!}$, $(1 + \frac{x}{n})^n \to e^x$ $(n \to \infty)$

$\frac{d}{dx}(e^x) = e^x$

$e^x = 1 + x + \epsilon(x)$, 여기서 $x \to 0$일 때 $\dfrac{\epsilon(x)}{x} \to 0$

$e^{-x} \approx 1 - x \approx \dfrac{1}{1+x}$ (x가 작을 때)

$e^x \ge 1 + x, \quad \forall x$

지수함수 e^x 의 역함수는 밑이 e인 로그함수, 즉 자연로그함수이다.

$\log(x) = \log_e(x) = \ln x$

$\log_e(1+x) = \log(1+x) = x - \dfrac{x^2}{2} + \dfrac{x^3}{3} - \dfrac{x^4}{4} + \cdots \qquad (-1 < x < 1)$

$\log(1+x) = x - \delta(x)$ 여기서 $\dfrac{\delta(x)}{x} \to 0$ ($x \to 0$일 때)

$\log(1+x) \le x, \quad \forall x$

찾아보기

이 외 숙

- 이화여자대학교 사범대학 수학교육과 졸업(이학사)
- 이화여자대학교 대학원 수학과(이학석사)
- 인디애나대학 수학과 졸업(Ph.D. in Mathematics, 확률론 전공)
- 1995~1996 스탠포드대학 통계학과 visiting scholar
- 1999~2000 캘리포니아대학, 버클리 통계학과 visiting scholar
- 2007~2009 인디애나대학 수학과 visiting scholar
- 현) 이화여자대학교 통계학과 교수

기초확률론

2013년 8월 5일 초판 발행
2022년 12월 15일 초판 2쇄 발행

저 자 / 이외숙
발행자 / 오판근
발행처 / 교우사

주 소 / 서울특별시 동대문구 약령시로 8 교우빌딩 2층
전 화 / 925-2861(代), 편집부 / 925-2825
팩 스 / 925-2860
E-mail / kyowoo@kyowoo.co.kr
http://www.kyowoo.co.kr

등록 / 1994. 3. 24 제6-0256호

ISBN 978-89-8172-991-2 (93410)

값 32,000원